教育部高等学校材料类专业教学指导委员会规划教材

传统陶瓷工艺基础

董伟霞 包启富 汪永清 等 著

FUNDAMENTALS OF TRADITIONAL CERAMIC TECHNOLOGY

U0231007

化学工业出版社

·北京·

内 容 简 介

　　《传统陶瓷工艺基础》主要包括陶瓷生产所用原料、坯釉料制备、坯料成型与模具、坯体干燥、粘接、修坯与施釉、烧成与窑具、陶瓷装饰以及陶瓷制品产生缺陷等内容。书中系统地叙述了各种陶瓷原料的性能、作用，陶瓷工业对主要原料的质量要求等，并根据"碳达峰"和"碳中和"战略，增加了陶瓷工业对环境的影响，对陶瓷绿色发展提出了一些建议，对陶瓷所使用的标准采用国家颁布的最新标准，并加入了陶瓷墨水等相关新技术。同时，在烧成部分除介绍烧成一般概念及措施外，还简要地叙述了中国陶瓷窑炉的发展史。

　　本书是高等学校本科无机非金属材料工程专业和高职高专院校陶瓷制造技术与工艺、陶瓷设计与工艺等专业的教学用书，同时也可供陶瓷工业生产企业中的技术人员和科研人员参考。

图书在版编目（CIP）数据

传统陶瓷工艺基础/董伟霞等著 . —北京：化学工业
出版社，2023.8
ISBN 978-7-122-43442-5

Ⅰ.①传… Ⅱ.①董… Ⅲ.①陶瓷-工艺学-基本知识
Ⅳ.①TQ174.6

中国国家版本馆 CIP 数据核字（2023）第 080524 号

| 责任编辑：陶艳玲 | 文字编辑：胡艺艺　杨振美 |
| 责任校对：边　涛 | 装帧设计：史利平 |

出版发行：化学工业出版社（北京市东城区青年湖南街 13 号　邮政编码 100011）
印　　装：三河市双峰印刷装订有限公司
787mm×1092mm　1/16　印张 20　字数 496 千字　2023 年 9 月北京第 1 版第 1 次印刷

购书咨询：010-64518888　　　　　售后服务：010-64518899
网　　址：http://www.cip.com.cn
凡购买本书，如有缺损质量问题，本社销售中心负责调换。

定　　价：79.00 元

前言

党的二十大报告提出，推进文化自信自强，铸就社会主义文化新辉煌。 瓷器是中国古代的一项伟大发明，在漫长的历史岁月中，勤劳智慧的中国先民们点土成金，写下光辉灿烂的篇章，为人类文明作出了巨大的贡献。 本书旨在通过概念、原理与实践性知识的关系，以概念、原理性知识为导向，加强陶瓷共性知识的阐述，并有针对性地选择实践中运用到的科学方法，使理论与实践相结合，以培养学生科学创新精神和工程实践能力。 同时，让学生通过本书的学习，在传承和创新中，形成中华民族的陶瓷文化自信，更加坚定中国文化自信。

本教材取材于2017年景德镇陶瓷大学主编并出版的《陶瓷工艺基础》以及各院校使用的教材，并广泛参考了国内外有关的书籍杂志，根据工程认证理念（OBE），由景德镇陶瓷大学相关教师进行了内容调整。 本书内容主要包括陶瓷生产所用原料、坯釉料制备、坯料成型与模具、坯体的干燥、粘接、修坯与施釉、烧成与窑具、陶瓷装饰以及陶瓷制品产生缺陷等内容。 针对"碳达峰"和"碳中和"战略，增加了陶瓷工业对环境的影响；对陶瓷绿色发展提出了一些建议，并对传统陶瓷所使用的标准采用国家颁布的最新标准。 在第1章原料部分除增加天然矿物原料如黏土、长石和石英等的质量要求外，还对其选矿工艺及流程进行了详细论述；并紧跟陶瓷工业发展，将目前陶瓷生产中具有代表性的原料如化工原料（包括先进陶瓷粉体、着色剂、化工添加剂等）等均经整理编入本教材中，以体现陶瓷工业的与时俱进。 在陶瓷装饰部分增加了许多国内外学者，尤其是本书著者们所获得的科研成果。国内外近年发展起来的新工艺、新技术，如陶瓷墨水等新技术也都在本教材中做了简要介绍。 通过本次内容的调整使该教材更适于教学、科研和生产技术人员使用。

本教材由景德镇陶瓷大学无机非金属材料专业的董伟霞、包启富、汪永清等编写而成。绪论和第1章由顾幸勇教授负责编写，包启富教授完成了第6章、第7章、第8章的撰写工作，汪永清教授对第7章陶瓷墨水进行了编写，其余部分由董伟霞教授完成，并对全书进行了统稿。 在审稿中得到景德镇陶瓷大学周健儿教授的协助，在此表示感谢。 同时也要感谢研究生刘宏宇、王浩、曹体浩、徐晨浪、陈永建、刘煜新等对资料的整理和收集工作！ 另外，借助本教材出版的机会向所有对之前出版的《陶瓷工艺基础》一书提出宝贵意见和建议的读者表示衷心感谢！

著者虽从事陶瓷研究开发工作和教学工作多年，但限于水平，书中难免有不当之处，敬请读者批评指正。

著者
2023 年 1 月

目录

0 绪论 ————————————————————————————— 001

　0.1 陶瓷的概念 / 001

　0.2 陶瓷的分类 / 001

　0.2.1　按用途分类 / 001

　0.2.2　按坯体的物理性能分类 / 002

　0.3 常用陶瓷的组成与性能 / 005

　0.3.1　日用陶瓷 / 005

　0.3.2　高压电瓷 / 008

　0.3.3　卫生陶瓷 / 009

　0.3.4　瓷质砖 / 010

　0.4 我国陶瓷技术发展概述 / 012

　0.5 当前我国陶瓷主要地区分布 / 014

　0.6 传统陶瓷工业对环境的影响 / 015

　0.7 陶瓷企业清洁生产的内容 / 017

　思考题 / 017

第1章 原料 ————————————————————————— 018

　1.1 概述 / 018

　1.2 可塑性原料——黏土 / 019

　1.2.1　黏土的定义与成因 / 019

　1.2.2　黏土的分类 / 019

　1.2.3　黏土的组成 / 020

　1.2.4　黏土的工艺性能 / 023

　1.2.5　黏土在陶瓷生产中的作用 / 028

　1.3 瘠性原料 / 028

　1.3.1　石英类原料 / 028

　1.3.2　熟料与废瓷粉 / 031

　1.4 熔剂性原料 / 032

1.4.1　长石类原料　/ 032

1.4.2　含碱硅酸铝类——碱土硅酸盐类原料　/ 037

1.4.3　含碱硅酸铝类——碱性硅酸盐类原料　/ 038

1.4.4　碳酸盐类原料　/ 039

1.4.5　钙的磷酸盐类原料　/ 040

1.4.6　高铝质矿物原料　/ 041

1.4.7　锆英石　/ 041

1.4.8　工业废渣　/ 041

1.5　常用化工原料　/ 042

1.5.1　常用化工熔剂原料　/ 042

1.5.2　常用乳浊剂化工原料　/ 045

1.5.3　常用着色剂化工原料　/ 046

1.5.4　常用添加剂化工原料　/ 047

1.6　原料处理　/ 051

1.6.1　黏土原料的洗涤及精选　/ 051

1.6.2　长石原料的精选　/ 053

1.6.3　原料的预烧　/ 059

思考题　/ 061

第2章　坯、釉料制备　————————————————　062

2.1　坯、釉料制备的主要工序及设备　/ 062

2.1.1　原料的粉碎及设备　/ 062

2.1.2　筛分及设备　/ 067

2.1.3　除铁与搅拌　/ 067

2.1.4　泥浆脱水　/ 068

2.1.5　陈腐与练泥　/ 070

2.2　坯料制备　/ 071

2.2.1　坯料的种类和成型性能　/ 071

2.2.2　坯料配料计算　/ 071

2.2.3　坯料组成的表示方法　/ 071

2.2.4　注浆坯料的制备　/ 090

2.2.5　可塑性坯料的制备　/ 092

2.2.6　压制坯料的制备　/ 096

2.3　釉料制备　/ 098

2.3.1　釉的作用及特点　/ 098

2.3.2　釉的分类　/ 099

2.3.3　釉的性质　/ 101

2.3.4　釉浆品质要求　/ 107

2.3.5　釉浆的调制工艺　/ 108

2.3.6　确定釉配方的依据　/ 109

2.3.7　釉料的系统调试方案　/119

2.3.8　生料釉的制备　/122

2.3.9　熔块釉料的制备　/125

2.3.10　特种釉料的制备　/132

思考题　/138

第 3 章　坯料成型与模具　143

3.1　器形的合理设计　/142

3.2　成型方法的分类与选择　/143

3.3　可塑成型　/144

3.3.1　概念及其分类　/144

3.3.2　可塑成型工艺原理　/145

3.3.3　旋压成型　/146

3.3.4　滚压成型　/148

3.3.5　车坯成型　/152

3.3.6　塑压成型　/153

3.3.7　注塑成型　/156

3.3.8　其他可塑成型方法　/159

3.4　注浆成型　/160

3.4.1　注浆成型对泥浆的要求　/160

3.4.2　注浆成型的三个阶段　/161

3.4.3　基本注浆方法　/162

3.4.4　强化注浆方法　/163

3.5　压制成型　/165

3.5.1　干压成型　/165

3.5.2　等静压成型　/167

3.6　成型模具　/171

3.6.1　概述　/171

3.6.2　石膏种类　/172

3.6.3　石膏原矿质量鉴别　/172

3.6.4　石膏模的制作　/173

3.6.5　浇注石膏模型　/178

3.6.6　不同成型方法对石膏模具的要求　/181

3.6.7　新型材料模具　/181

思考题　/182

第 4 章　坯体的干燥　183

4.1　干燥过程　/183

4.1.1　坯体中所含水分的类型及结合形式　/ 183

4.1.2　干燥过程与坯体的变化　/ 184

4.1.3　影响干燥速度的主要因素　/ 185

4.2　干燥制度的确定　/ 186

4.3　干燥方法和干燥设备　/ 187

4.3.1　热空气干燥　/ 187

4.3.2　辐射干燥　/ 189

4.3.3　联合干燥　/ 190

4.4　干燥中常见缺陷分析　/ 191

4.4.1　坯体的干燥收缩　/ 191

4.4.2　产生干燥缺陷的原因　/ 191

思考题　/ 192

第5章　粘接、修坯与施釉   193

5.1　粘接与修坯　/ 193

5.1.1　粘接　/ 193

5.1.2　修坯　/ 194

5.2　施釉　/ 195

5.2.1　釉浆施釉　/ 195

5.2.2　静电施釉　/ 197

5.2.3　干法施釉　/ 197

5.2.4　影响施釉的因素　/ 198

5.2.5　取釉　/ 198

思考题　/ 199

第6章　烧成与窑具   200

6.1　窑炉概述　/ 200

6.2　制定烧成制度的依据　/ 204

6.2.1　坯体在烧成过程中的物理化学变化　/ 205

6.2.2　制品尺寸及形状　/ 207

6.2.3　釉烧方式　/ 207

6.2.4　选择窑炉　/ 207

6.3　烧成制度的制定与控制　/ 207

6.3.1　温度制度　/ 208

6.3.2　气氛制度　/ 210

6.3.3　压力制度　/ 210

6.4　烧成方式　/ 211

6.5　快速烧成　/ 212

6.5.1　快速烧成的意义　/212

6.5.2　快速烧成的工艺措施　/213

6.6　装窑　/214

6.6.1　装钵　/214

6.6.2　倒焰窑的装窑　/215

6.6.3　隧道窑的装车　/216

6.7　窑具　/218

6.7.1　窑具种类　/218

6.7.2　窑具的性能要求　/218

6.7.3　窑具材质的类型及损坏情况分析　/219

6.7.4　新型高温窑炉保护陶瓷涂料　/221

6.8　烧成缺陷分析　/221

6.8.1　变形　/222

6.8.2　烟熏　/222

6.8.3　发黄　/223

6.8.4　起泡　/223

6.8.5　针孔　/224

6.8.6　黑点　/224

6.8.7　橘釉　/225

6.8.8　炸釉、惊裂　/225

6.8.9　生烧　/225

思考题　/226

第 7 章　陶瓷装饰 _____ 227

7.1　概述　/227

7.2　陶瓷颜料　/227

7.2.1　陶瓷颜料分类　/228

7.2.2　陶瓷颜料制造　/230

7.2.3　陶瓷颜料发色机理及其影响色剂呈色因素　/231

7.3　釉上装饰　/234

7.3.1　釉上彩　/234

7.3.2　釉上贴花　/235

7.3.3　贵金属装饰　/236

7.3.4　光泽彩　/237

7.3.5　其他釉上装饰方法　/238

7.4　釉下装饰　/239

7.4.1　釉下彩　/239

7.4.2　其他釉下装饰方法　/242

7.5　釉中彩　/242

7.6 颜色釉 / 242

7.6.1 低温颜色釉 / 243

7.6.2 高温颜色釉 / 245

7.7 艺术釉 / 256

7.7.1 结晶釉 / 256

7.7.2 无光釉 / 260

7.7.3 裂纹釉 / 261

7.7.4 变色釉 / 262

7.7.5 金属光泽釉 / 262

7.7.6 乳浊釉 / 264

7.7.7 偏光釉 / 265

7.7.8 虹彩釉 / 266

7.8 新型功能釉 / 267

7.8.1 变色釉 / 267

7.8.2 抗菌陶瓷釉 / 268

7.8.3 荧光釉 / 268

7.8.4 自释釉 / 268

7.8.5 自洁釉 / 269

7.8.6 感光釉 / 269

7.8.7 免烧釉 / 269

7.8.8 珠光釉 / 269

7.8.9 闪光釉 / 270

7.9 坯体装饰 / 270

7.9.1 色坯、斑点、绞胎 / 270

7.9.2 镂空、刻花、堆雕 / 272

7.9.3 化妆土 / 275

7.9.4 渗花 / 276

7.9.5 陶瓷墨水 / 277

7.10 釉料、颜料中铅、镉离子的溶出 / 282

7.10.1 溶出原因 / 283

7.10.2 溶出量的影响因素 / 284

思考题 / 286

第8章 陶瓷制品缺陷及其分析   287

8.1 日用陶瓷制品缺陷分析 / 287

8.2 墙地砖制品缺陷分析 / 287

8.2.1 裂纹 / 287

8.2.2 夹层（起层、层裂、分层） / 288

8.2.3 缺花 / 288

8. 2. 4　尺寸误差　/ 288

8. 2. 5　变形　/ 290

8. 2. 6　色差　/ 291

8. 2. 7　釉面缺陷　/ 291

8. 2. 8　吸湿膨胀性　/ 293

8. 2. 9　阴阳色　/ 293

8. 2. 10　针孔　/ 293

8. 2. 11　露底　/ 293

8. 2. 12　黑心　/ 293

8. 2. 13　龟裂　/ 293

8. 3　卫生陶瓷制品缺陷分析　/ 294

8. 3. 1　斑点　/ 294

8. 3. 2　棕眼　/ 294

8. 3. 3　脏　/ 295

8. 3. 4　缺釉　/ 295

8. 3. 5　橘釉　/ 296

8. 3. 6　色脏　/ 296

8. 3. 7　波纹　/ 297

8. 3. 8　坯泡　/ 297

8. 3. 9　裂纹　/ 298

8. 3. 10　变形　/ 299

8. 3. 11　烟熏　/ 299

8. 3. 12　磕碰　/ 299

8. 3. 13　色差　/ 299

8. 3. 14　熔洞　/ 300

8. 3. 15　冲水不合格　/ 300

8. 3. 16　坑包　/ 300

8. 3. 17　釉薄　/ 301

附录 1　缺陷术语中英文对照表　302

附录 2　不同日用陶瓷产品合格等级标准　304

附录 3　陶瓷常用名词注释　308

参考文献　309

绪论

导读：本章主要阐述陶瓷的概念、分类，我国陶瓷技术的发展和作用，传统陶瓷工业对环境的影响，陶瓷企业清洁生产的内容，并对如何发展我国传统陶瓷产业提出一些建议。通过本章学习，希望学习者能够熟悉掌握陶瓷的概念、陶瓷的分类、我国陶瓷发展简史和陶瓷在现代化建设中的作用，并能够熟悉传统陶瓷工业对环境的影响，了解传统陶瓷产业的发展趋向。

0.1　陶瓷的概念

陶瓷是陶器和瓷器的总称。陶瓷的传统概念是指所有以黏土等无机非金属矿物为原料的人工工业产品。它包括由黏土或含有黏土的混合物经混炼、成型、烧成而制成的各种制品，从最粗糙的土器到最精细的精陶和瓷器都属于它的范围。它的主要原料是取之于自然界的硅酸盐矿物（如黏土、长石、石英等），因此与玻璃、水泥、搪瓷、耐火材料等工业同属于"硅酸盐工业"（silicate industry）的范畴。

① 狭义概念（传统概念）。陶瓷一般为陶器、瓷器等以黏土为主要原料的制品的通称。一般以黏土、长石、石英等为主要原料制成。

② 广义概念。凡用传统的陶瓷制作方式制成的无机多晶产品，均属陶瓷之列（是用陶瓷生产方法制造的无机非金属固体材料和制品的通称）。

③ 微观结构上看。陶瓷制品胎体是由结晶相、玻璃相、气相构成的复杂多相系统。

0.2　陶瓷的分类

陶瓷制品的品种繁多，它们之间的化学成分、矿物组成、物理性质以及制造方法，常常互相接近交错，无明显的界限，而在应用上却有很大的区别，因此很难硬性地归纳为几个系统，因此到目前为止国际上还没有一个统一的分类方法，常用的两种分类方法介绍如下。

0.2.1　按用途分类

① 日用陶瓷。如餐具、茶具、缸、坛、盆、罐等。

② 艺术陶瓷。如花瓶、雕塑品、陈设品等。

③ 工业陶瓷。指应用于各种工业的陶瓷制品。

工业陶瓷又分为建筑卫生陶瓷、化工陶瓷、化学瓷、电瓷、耐火材料、先进陶瓷六个类型。

建筑卫生陶瓷。如砖瓦、排水管、面砖、外墙砖、卫生洁具等。

化工陶瓷。用于各种化学工业的耐酸容器、管道、塔、泵、阀以及搪瓷反应锅的耐酸砖等。

化学瓷。用于化学实验室的瓷坩埚、蒸发皿、燃烧舟、研钵体等。

电瓷。用于电力工业高低压输电线路上的绝缘子、电机用套管、支柱绝缘子、低压电器和照明用绝缘子，以及电信用绝缘子、无线电用绝缘子等。

耐火材料。用于各种高温工业窑炉。

先进陶瓷。是指采用高度精选或人工合成的原料，保持精确的化学组成，采用严格的、精确控制的工艺方法，达到设计要求的显微结构和精确的尺寸精度，获得高新技术应用的优异性能的陶瓷材料。简而言之，是指通过精细控制制造过程，达到预先设计的组成、显微结构和性能，用于高新技术领域的无机非金属材料，即精细陶瓷，如高铝质瓷、镁质瓷、钛镁石质瓷、锆英石质瓷、锂质瓷、磁性瓷以及金属陶瓷等。

一般将应用于制造陶瓷发动机、切削工具、磨削材料、密封件和轴承等领域的，应用其力学性能（如高强度、耐磨、高弹性模量、高硬度）和热学性能（耐高温、热绝缘、抗热冲击等）的先进陶瓷称为结构陶瓷。而将应用其性能，如电、磁、光、声、化学、放射性生物医学等功能的先进陶瓷称为功能陶瓷。

0.2.2 按坯体的物理性能分类

按所用原料及坯体的致密程度分为土器、陶器、炻器、半瓷器以及瓷器（porcelain），原料从粗到精，坯体从粗松多孔逐步到达致密、烧结，烧成温度也逐渐从低趋高。

（1）土器

土器是在较低温度下烧成的，所用原料杂质较多，制品结构疏松多孔，颜色多样且不均匀的最原始、最低级的陶瓷器，例如，一般建筑墙体材料、屋面材料、低档花盆等。

通常以一种易熔黏土制造，在某些情况下也可以在黏土中加入熟料或砂与之混合，以减少收缩。这些制品的烧成温度变动很大，要依据黏土的化学组成（所含杂质的性质与多少）而定。以之制造砖瓦，如气孔率过高，则坯体的抗冻性能不好，过低又不易挂住砂浆，所以吸水率一般要保持在 5%～15% 之间。烧成后坯体的颜色，取决于黏土中着色氧化物的含量❶和烧成气氛，在氧化焰中烧成多呈黄色或红色，在还原焰中烧成则多呈青色或黑色。我国建筑材料中的青砖，即以含有 Fe_2O_3 的黄色或红色黏土为原料，在临近止火温度时用还原焰烧成，使 Fe_2O_3 被还原成 FeO 而呈青色。

（2）陶器

陶器可分为普通陶器和精陶器两类。普通陶器是指在 1100～1200℃烧成，坯体多孔但结合较牢固者。在普通陶器坯体的表面，有时覆盖一层透明或混浊的釉层，例如，土陶盆、罐、缸、瓮等日用器皿，卫生用品、彩陶、装饰制品以及耐火砖等具有多孔性着色坯体的制

---

❶ 本书中含量指质量分数。

品。精陶器（简称精陶）坯体在 1180～1250℃ 烧成，坯体比较致密且均匀，但仍含较多气孔，吸水率较大，一般为 10%～22%，颜色从象牙色到白色，表面多覆盖透明釉，釉多采用含铅和硼的易熔釉。它与炻器比较，因熔剂总量较少，烧成温度不超过 1300℃，所以坯体未充分烧结；与瓷器比较，对原料的要求较低，坯料的可塑性较大，烧成温度较低，不易变形，因而可以简化制品的成型、装钵和其他工序。但精陶器的机械强度和冲击强度比瓷器、炻器小，同时它的釉比瓷器和炻器的釉软，当釉层损坏时，多孔的坯体容易沾污而影响卫生。精陶器常用于制造日用器皿、建筑面砖、卫生设备（浴盆、面盆、便器等）、彩陶及工艺美术制品等。

传统的精陶按坯体组成不同，可分为黏土质、石灰质、长石质、混合质四种。黏土质精陶接近普通陶器。石灰质精陶以石灰石为熔剂，其烧成范围较窄，强度不高，吸水率大，热稳定性较差，易发生后期釉裂。若以白云石或滑石代替部分石灰石，可扩大烧成范围，提高机械强度和坯体的热膨胀系数。如同时引入石灰石和长石作为混合熔剂，可使烧成范围增宽，烧成温度降低至 1200℃ 以下。其制造过程与长石质精陶相似，而质量不及长石质精陶，因此近年来已很少生产，而为长石质精陶所取代。长石质精陶又称硬质精陶，以长石为熔剂，是陶器中最完美和使用最广的一种，很多国家用以大量生产日用餐具（杯、碟、盘等）及卫生陶器以代替价昂的瓷器。混合质精陶是在精陶坯料中加入一定量熟料，目的是减少收缩，避免废品，这种坯料多应用于大型和厚胎制品（如浴盆、盥洗盆等）。

各类精陶坯体的组成列于表 0-1，本书中除特殊说明外，组成均用质量百分数表示。为了缩短烧成时间和减少后期龟裂，可在黏土质精陶坯料中加入少量硅灰石、滑石或叶蜡石，或者以这些原料为主配成坯料。

表 0-1 传统精陶坯体的组成

类型	组成/%（质量分数）				
	黏土	高岭土	石英	长石	石灰石
黏土质	75～85	—	15～25	—	—
石灰质	45～60	—	25～40	—	10～15
	60～75	—	15～30	—	10～35
长石质	45～60	20～30	25～40	8～15	
	20～30		30～50	5～15	
混合质	45～60		25～40	3～5	5～7

世界各国生产的日用精陶坯料，大多属于传统的以黏土为主、长石作熔剂的配方体系。为了减少变形，保证坯料具有良好的可塑性和工艺性能，采用多种黏土配合的方法，总用量为 60% 左右。坯料中的石英多数以晶质形态加入，不足部分通过黏土中的游离石英补充。熔剂除长石外，通过瓷石或其他含碱金属氧化物较高的黏土补充。根据坯料的化学组成范围，日用精陶坯体可分为高硅和高铝两类。高硅配方中 SiO_2 含量大于 65%，Al_2O_3 含量小于 22%。这类坯料成型时易产生触变性，烧成范围较窄，热膨胀系数较大，吸湿膨胀也较大，坯釉中间层较厚。高铝配方中 SiO_2 含量小于 65%，Al_2O_3 含量大于 22%（一般为 25%～30%）。这类坯料成型时无触变性，烧成范围较宽，热膨胀系数较小，吸湿膨胀不大，坯釉中间层偏薄，但在坯釉中间层处往往能生成结构致密的尖晶石复合体，所以坯釉结合得

仍然牢固。日用精陶坯料中 K_2O、Na_2O 较少，一般控制在 $1.5\%\sim2.5\%$，且希望 K_2O 含量多于 Na_2O 的含量；CaO、MgO 等碱土金属氧化物的含量一般在 1% 左右。当在坯料中外加 $1\%\sim3\%$ 的石灰石、滑石或白云石，使 CaO、MgO 总量增至 $1.5\%\sim2.5\%$ 时，可改变精陶产品中玻璃相的成分，从而降低吸湿膨胀，改善坯釉结合性能。还可加入 $5\%\sim10\%$ 的废素精陶粉，不仅降低成本，还有利于改善坯釉结合性能。

（3）炻器

炻器在我国古籍上称"石胎瓷"，坯体致密，已接近完全烧结，这一点已很接近瓷器。但它还没有玻化，仍有 3% 以下的吸水率，细炻器的吸水率小于 1%，通常坯体较厚，呈色且不透明。炻器具有较高的机械强度，无釉炻器的耐酸性（氢氟酸除外）可达 95% 以上，耐碱性为 $79\%\sim88\%$，因此主要应用于生产化学器皿、地砖、外墙砖、耐酸砖等。炻器还具有较好的热稳定性，能经受加热到 $250℃$ 的热交换，热导率低于瓷器，因此炻器也用于制造日用餐具、茶具。大部分炻器为白色，而多数允许在烧后呈现颜色，所以对原料纯度的要求不及瓷器那样高，原料取得容易。炻器具有很高的强度和良好的热稳定性，适应于现代机械化洗涤，并能顺利地通过从冰箱到烤炉的温度急变，现今由于旅游业的发达和饮食的社会化，在国际市场上炻器比搪陶具有更大的销售量。

（4）半瓷器

半瓷器的坯料接近于瓷器坯料，但烧后仍有 $3\%\sim5\%$ 的吸水率，所以它的使用性能不及瓷器，比精陶则要好些。

（5）瓷器

瓷器是陶瓷器发展的更高阶段。它的特征是坯体已完全烧结，完全玻化，因此很致密，对液体和气体都无渗透性，胎薄处呈半透明，断面呈贝壳状，以舌头去舔，感到光滑而不被黏住。根据瓷坯组成、烧成温度以及玻璃相的含量，瓷器又分为软质瓷和硬质瓷两类。

硬质瓷具有陶瓷器中最好的性能，用以制造高级日用器皿、电瓷、化学瓷等。标准硬质瓷坯料的配方为高岭土 50%，石英 25%，长石 25%；其化学组成为 SiO_2 64.4%，Al_2O_3 24.4%，K_2O 4.2%，烧失量 3.3%，这是陶瓷配方的基础。硬质瓷的配方为黏土 $40\%\sim55\%$，石英 $20\%\sim30\%$，长石 $20\%\sim30\%$，坯式为 $(0.18\sim0.3)RO \cdot Al_2O_3 \cdot (3.5\sim4.8)SiO_2$，烧成温度在 $1320\sim1450℃$ 之间，瓷坯中玻璃相含量较少，致密度较高，可用来制造日用瓷、卫生瓷、建筑瓷以及化学瓷、高压电瓷、电阻瓷等。

软质瓷的熔剂较多，烧成温度较低，因此机械强度不及硬质瓷，热稳定性也较低，但其透明度高，富于装饰性，所以多用于制造艺术陈设瓷。熔块瓷与骨质瓷（亦称骨灰瓷）烧成温度与软质瓷相近，其优缺点也与软质瓷相似，应同属软质瓷的范围。这两类瓷器由于生产中的难度较大（坯体的可塑性和干燥强度都很差，烧成时变形严重），成本较高，生产并不普遍。英国是骨质瓷的著名产地，我国唐山也有大量骨质瓷生产。软质瓷的配方为黏土 $20\%\sim40\%$，石英 $20\%\sim40\%$，长石 $30\%\sim60\%$，坯式为 $(0.3\sim0.45)RO \cdot Al_2O_3 \cdot (4.8\sim6)SiO_2$，坯中熔剂含量较多，因此瓷坯中玻璃相较多，透光度高，除长石外，还可引入钙、镁的碳酸盐，骨灰，滑石以及熔块作为熔剂，烧成温度范围为 $1250\sim1320℃$。例如，长石瓷、骨质瓷、熔块瓷等，通常用来制造日用器皿、美术装饰品及建筑陶瓷等。

0.3 常用陶瓷的组成与性能

0.3.1 日用陶瓷

我国国家标准（GB/T 5001—2018）关于日用陶瓷的分类见表 0-2、表 0-3 和表 0-4。

表 0-2 日用陶瓷分类

性能特征	陶器	瓷器
吸水率/%	>5.0	≤5.0
胎体特征	未玻化或玻化程度差，结构不致密，断面呈土状	玻化程度高，结构致密，断面呈石状或贝壳状

表 0-3 陶器分类

性能特征	粗陶器	普陶器	细陶器
吸水率/%	>5.0		
胎体特征	断面颗粒粗，气孔大，结构不均匀，制作粗糙	断面颗粒细，气孔较小，结构较均匀，制作规整	断面颗粒细，气孔小，结构均匀，制作精细

表 0-4 瓷器分类

性能特征	炻瓷器	普瓷器	细瓷器
吸水率/%	≤5.0	≤1.0	≤0.5
胎体特征	透光性差，断面呈石状，制作较精细	有一定透光性，断面呈石状或贝壳状，制作较精细	透光性好，断面细腻，呈贝壳状，制作精细

依据成瓷所用熔剂及瓷质的不同，日用陶瓷按组成分类主要有长石质瓷、绢云母质瓷、骨质瓷、滑石瓷四种类型。

(1) 长石质瓷

长石质瓷是以长石作熔剂的长石-石英-高岭土三组分系统瓷。这三种矿物按不同的比例，在一定温度内通过一系列物理化学反应，可得到不同类型的瓷。其成瓷范围和耐火度分布如图 0-1 所示。

硬质瓷坯料中黏土矿物含量较高（40%以上），Al_2O_3 含量较高，碱性氧化物含量低，烧成温度一般在 1300℃以上，瓷器中莫来石晶相的量也较多，因此具有较高的强度、良好的介电性能、高的化学稳定性和热稳定性，常用来生产高级日用瓷。软质瓷则相反，配方中长石含量较多，烧成温度比硬质瓷低，含玻璃相较多，且瓷质较软。长石质瓷的组成点位于 K_2O-Al_2O_3-SiO_2 三元系统相图上莫来石组成点（M）与低共熔点（E）的连线两侧、莫来石的析晶区内（图 0-2）。当烧成温度小于 1450℃时，该区域内的相组成为：莫来石 10%~20%，残余石英 8%~12%，方石英 6%~10%，玻璃相 50%~60%。我国生产的长石质日用瓷化学组成范围为：SiO_2 65%~75%，Al_2O_3 19%~28%，R_2O+RO（碱金属氧化物＋碱土金属氧化物）4%~6.5%（其中 R_2O 不小于 2.5%）。

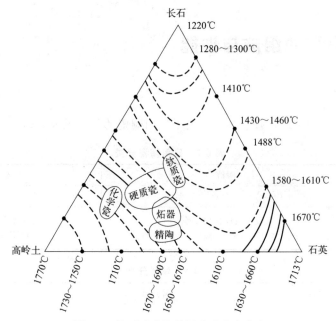

图 0-1　长石质成瓷范围及耐火度分布

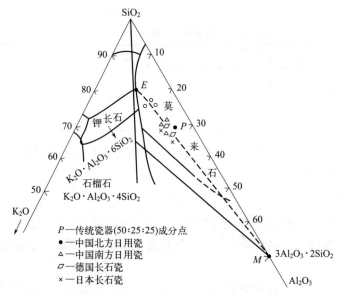

图 0-2　硬质瓷组成在 K_2O-Al_2O_3-SiO_2 系统相图中的位置

（2）绢云母质瓷

　　绢云母质瓷是以瓷石中的绢云母为熔剂的绢云母-石英-高岭土系统瓷，是我国南方一些省区尤其是江西景德镇地区生产的传统日用瓷。它是由 $30\%\sim70\%$ 的高岭土和 $70\%\sim30\%$ 的瓷石配制而成。瓷石中含有绢云母、水白云母和石英等矿物。云母类矿物具有一定的可塑性和干燥强度，烧成时可同时起到黏土和长石的作用，再按一定比例加入高岭土组成坯料，在一定温度范围内烧制成瓷。其烧成温度随配料中高岭土比例的增加而升高，一般在 $1250\sim1450℃$ 范围内（我国多在 $1350℃$ 以下）。绢云母质瓷由玻璃相、莫来石、石英和方石英等物相构成，其组成与长石质瓷相仿，因此除具有长石质瓷的一些性能特点之外，还具有半透明度较高的特点，同时由于多采用还原焰烧成，色调呈现"白里泛青"。绢云母质瓷的化学组成范围为：SiO_2 60%～70%，Al_2O_3 20%～28%，R_2O+RO 4.5%～7%。与长石质瓷相比，Al_2O_3 含量稍高，SiO_2 含量稍低，碱性成分大致相近。

(3) 骨质瓷

骨质瓷是以动物骨粉（羟基磷酸钙）及其代用品为主要原料，加入一定数量的高岭土、石英、长石或瓷石配制而成的软质瓷，具有高白度、高透明度及高强度。各原料的配比范围大致为：骨粉 40%～55%，高岭土 25%～45%，长石 8%～22%，石英 9%～20%。瓷坯烧成温度约为 1300℃，升温过程中除发生如普通长石质坯体中发生的物理化学作用外，当温度升高到接近 1000℃时，瓷坯内还发生下列化学反应。

$$Ca(OH)_2 \cdot 3Ca_3(PO_4)_2 \longrightarrow 3Ca_3(PO_4)_2 + CaO + H_2O\uparrow$$
（羟基磷酸钙）

$$CaO + Al_2O_3 \cdot 2SiO_2 \longrightarrow CaO \cdot Al_2O_3 \cdot 2SiO_2$$
（偏高岭石）　　　　　　（钙长石）

在长石与石英颗粒或高岭土团粒接触点处，将出现相应的三元共熔液相。品质优良的骨质瓷相组成为：磷酸三钙 [β-$Ca_3(PO_4)_2$]42%～46%，钙长石 34%～39%，玻璃相 16%～20%，残留石英<3%，气孔 5%～8%。其粒径均在微米级范围内。

骨质瓷成瓷的物理化学基础是 $Ca_3(PO_4)_2$-SiO_2-$CaO \cdot Al_2O_3 \cdot 2SiO_2$ 的三元系统相图，如图 0-3 所示。在该系统中，磷酸三钙是助熔剂，但其助熔作用并不是由于本身的低温熔融（其本身熔点并不低，为 1734℃），而是与其他两组分共熔所产生。该相图中的三元低共熔点组成为：$Ca_3(PO_4)_2$ 11%，$CaO \cdot Al_2O_3 \cdot 2SiO_2$ 51%，SiO_2 38%，熔点 1290℃。骨质瓷的组成点就选在低共熔点附近，其坯式大致范围为：

$$\left.\begin{array}{l}0.15\sim0.40\ K_2O\\1.80\sim3.00\ CaO\end{array}\right\} \cdot Al_2O_3 \left\{\begin{array}{l}2.80\sim4.40\ SiO_2\\0.60\sim1.00\ P_2O_5\end{array}\right.$$

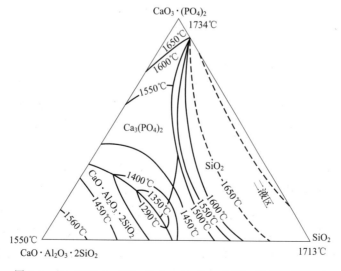

图 0-3　$Ca_3(PO_4)_2$-SiO_2-$CaO \cdot Al_2O_3 \cdot 2SiO_2$ 三元系统相图

(4) 滑石瓷

滑石瓷是一种以滑石为主体成分的镁质瓷，根据配方中滑石含量和其他成分的不同，可以制成多种类型的镁质瓷。如滑石-黏土质瓷、原顽辉石瓷、堇青石瓷、镁橄榄石瓷、莫来石-堇青石瓷等。日用滑石瓷是以滑石为主要原料的滑石-黏土-长石三组分瓷，在 MgO-Al_2O_3-SiO_2 三元系统相图上，其组成点落在偏滑石与偏高岭石连线上接近偏滑石一侧，且偏滑石与偏高岭石之比大于 4 的区域（如图 0-4 中 A 区），该直线穿过最低共熔点 E(1345℃)，位于方石英与原顽辉石晶界之间，所以日用滑石瓷的相组成包括原顽辉石、方石英、玻璃相和少量气孔。其化学成分主要是 SiO_2、MgO，另有一定量的 Al_2O_3 和少量的 CaO、BaO、K_2O、Na_2O 等，其配方范围为：滑石 65%～75%，高岭土 8%～12%，长石 6%～10%，碳酸钡 2%～5%，强可塑性黏土 4%～6%。

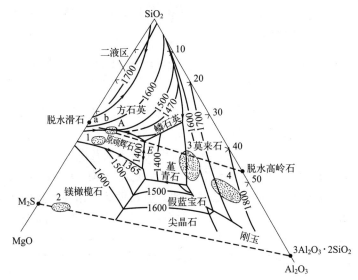

图 0-4 镁质瓷在 MgO-Al_2O_3-SiO_2 三元系统相图上的分布

1—原顽辉石瓷；2—镁橄榄石瓷；3—堇青石瓷；4—莫来石-堇青石瓷

0.3.2 高压电瓷

普通高压电瓷瓷坯属于由长石-石英-黏土配成的硬质瓷，由于需具有耐高电压和高强度等特性，在配料时添加了适量的高铝矾土或工业氧化铝等，因此显微结构中除具有与普通陶瓷相同的组成外，还出现一定量的柱状和粒状刚玉晶体。通常坯料组成选在硬质瓷标准组成点 B 的附近（图 0-5），以满足瓷绝缘子力学、介电、热稳定性三方面的性能要求。

国内生产的高压电瓷配方多为高碱、高铝及高硅质三大类，其组成范围及对性能的影响见表 0-5。表中数据表明，随着坯料中 Al_2O_3 和 SiO_2 含量增加，瓷坯机械强度提高，但高硅质坯的热稳定性较低，高铝质坯的热稳定性较高。因此，制造高强度电瓷，可采取两种途径，一是采用高硅质配方，二是采用高铝质配方。组成中碱性氧化物的含量以及 K_2O/Na_2O 的值对电性能有明显的影响，在瓷坯烧结的情况下，碱性氧化物含量越高，电性能则越差，Na_2O 含量多的瓷件还易老化。所以一般线路类高压瓷要求 K_2O＋Na_2O

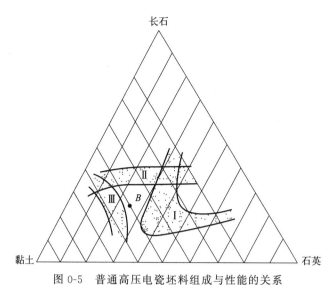

图 0-5　普通高压电瓷坯料组成与性能的关系

Ⅰ—力学性能高的区域；Ⅱ—介电性能好的区域；Ⅲ—热稳定性好的区域；B—硬质瓷标准组成点

$\leqslant 5.0\%$，且 $K_2O/Na_2O>3.5\%$；电器、电站类瓷坯中，K_2O/Na_2O 的值可略低，但不应小于 1.5%。

表 0-5　高压电瓷坯料的组成与性能

项目		高碱质	高硅质	高铝质
矿物组成/%（质量分数）	黏土	45～60	45～55	45～55
	石英	20～30	30～40	—
	长石	25～35	18～22	25～30
	工业氧化铝或矾土	—	—	20～40
化学组成/%（质量分数）	SiO_2	68～72	72～75	40～55
	Al_2O_3	20～24	20～23	40～55
	K_2O+Na_2O	3.5～5.0	2.5～3.0	3.5～4.5
	Fe_2O_3	<1.0	<1.0	<1.0
	$CaO+MgO$	0.2～0.8	<1.2	<1.5
	TiO_2	0.4～0.8	0.4～0.8	0.4～0.8
抗折强度/MPa		70～90	105～115	120～175
热稳定性（破坏温度）/℃		155～205	130～205	180～230
烧成温度/℃		1230～1300	1280～1320	1260～1320

0.3.3　卫生陶瓷

　　卫生陶瓷坯体除长石质精陶和耐火黏土质精陶外，还有两类性质和组成稍有差异、国内外名称尚不统一的坯料系统。① 半瓷质，坯体中含黏土物质 $40\%\sim50\%$，石英 $30\%\sim40\%$，长石 $15\%\sim25\%$，瓷坯吸水率为 $0.5\%\sim3\%$。②瓷质，坯体中含黏土物质 $40\%\sim50\%$，石英 $25\%\sim35\%$，长石 $20\%\sim30\%$，此外还含有碱土熔剂矿物 1% 以上，其吸水率 $<0.5\%$。上述两种坯体的化学组成范围为：SiO_2 $64\%\sim73\%$，Al_2O_3 $20\%\sim28\%$，R_2O+RO $5\%\sim8\%$（其中 $K_2O+Na_2O\geqslant3\%$）。组成变化虽然较大，但与日用陶瓷坯料组成范围

相仿，其组成点落在 K_2O-Al_2O_3-SiO_2 三元相图中莫来石组成点（M）与最低共熔点（E）的连线上更接近最低共熔点 E 的区域，瓷质更接近于日用硬质瓷坯的矿物组成。

在原料的选择上，由于卫生陶瓷多用乳浊釉，所以允许采用铁、钛含量较高的黏土。坯体中一般 Fe_2O_3＋TiO_2＞0.8％，有时高达 1.8％。

由于卫生陶瓷的烧成温度较低，为了在更低温度下获得较好的烧结效果，特别是近年来提倡低温快烧技术，引入坯料中的熔剂种类增多，除保持原有长石含量外，还引入 1％～4％的其他矿化剂，如碳酸镁、碳酸钙、碳酸钡、白云石、透辉石、硅灰石、滑石、氧化锌、萤石、磷灰石以及霞石正长岩、含锂化合物、珍珠岩或天然玻璃态矿物甚至人工合成的高温熔块等，不仅降低烧成温度，还可改善快烧性能和烧成坯体的性能。表 0-6 是卫生陶瓷常用坯料配方类型。

表 0-6 卫生陶瓷坯料配方类型

配方类型	配方/%（质量分数）			
	长石	石英	高岭土	另引入原料及含量
传统配方	20～30	30～40	45～55	—
瓷石类	15～20	—	45～55	瓷石 30～40
叶蜡石类	15～25	0～5	35～40	叶蜡石 35～45
伊利石类	—	20～30	40～50	伊利石 20～30
瓷砂类	6～8	0～5	25	瓷砂 65～70

0.3.4 瓷质砖

瓷质砖是 20 世纪 80 年代后期发展起来的建筑装饰材料，由有"建材王国"之称的意大利率先生产，90 年代初传入我国，包括有釉与无釉瓷质砖、抛光与不抛光瓷质砖、渗花瓷质砖、大颗粒瓷质砖和外墙瓷质砖、广场砖、防滑瓷质砖等。抛光砖富丽堂皇，不抛光砖清淡高雅，被广泛用于高级建筑和现代住宅的装修上。

瓷质砖的化学成分与天然花岗岩相似，但克服了天然花岗岩的一些内在缺陷和加工的困难，因此它不仅具有天然花岗岩的装饰效果，且在同等强度的情况下，具有比天然花岗岩砖薄、轻、易于粘接和价格低廉等优点。与大理石相比，除具有强度高、耐磨损、耐酸碱腐蚀等优点外，还从根本上克服了大理石易龟裂、风化的弱点，成为比大理石使用寿命更长的建筑陶瓷装修材料。与釉面砖相比，瓷质砖除了档次更高、装修效果更好外，不会因后期龟裂、脱釉而变色破损，也不会因吸湿膨胀而变形拱起。瓷质砖的主要性能见表 0-7。

表 0-7 瓷质砖的主要性能指标

性能	瓷质砖（企标）	花岗岩	大理石	人造大理石
吸水率/%	＜0.5	—	0.4～1.4	＜0.1
抗折强度/MPa	＞30	8.8～23.5	6.5～19.6	＞29.4
热稳定性	15～105℃（10 次）	—	0～80℃（30 次）	—
莫氏硬度/级	≥6	6～7	3～4	—
热膨胀系数/℃$^{-1}$	＜9×10^{-6}	—	—	—

续表

性能	瓷质砖(企标)	花岗岩	大理石	人造大理石
抗冻性	−15～15℃(20 次)	—	—	—
耐磨强度/mm^3	<205	490	—	—

瓷质砖的化学组成范围为：SiO_2 65%～73%，Al_2O_3 16%～23%，CaO+MgO 1%～3%，K_2O+Na_2O 4%～7%，Fe_2O_3<1.5%，TiO_2<1%。为降低烧成费用，瓷质砖一般采用辊道窑一次快速烧成，烧成温度一般控制在1200℃左右，烧成周期为40～60min。生产常用的熔剂原料有钾长石、钠长石、伟晶岩、锂辉石、滑石、珍珠岩和霞石正长岩等及其复合熔剂。采用复合熔剂，其助熔作用比单一熔剂强，如钾长石、钠长石以2∶1引入时，二者可以优势互补，还可以降低坯料的烧成温度；采用烧结范围较宽的珍珠岩与霞石正长岩、滑石、废玻璃等混合使用，可克服单一熔剂烧结温度范围较窄的缺点，并可减少熔剂原料的总量。

现代瓷质砖尺寸有越做越大的趋势，因此它的热塑性变形性能也越来越重要。为了改善坯体的热塑性变形性能，可以在配方中适当增加氧化铝含量，如增加黏土或焦宝石，使坯体中生成的莫来石量增加。而更重要的是调整熔剂的品种和加入量，促使莫来石在较低温下大量生成，从而提高坯体的抗热变形能力。

坯体的烧成收缩率是设计瓷质砖配方时必须考虑的另一个重要因素。可以适当增加配方中石英的含量，利用石英向方石英转变时产生的体积膨胀抵消坯体在烧成过程中的收缩，从而降低坯体的烧成收缩率。此外设计配方时，还应考虑泥浆的流动性能对球磨效率、泥浆输送及喷雾干燥、能耗也有直接的影响。黏度高，流动性就差，球磨时间就长，出浆送浆困难，球磨效率低，能耗就大。我国部分生产厂家瓷质砖坯料配方见表0-8。

表0-8 瓷质砖坯料配方

序号	配方/%(质量分数)
1	青草岭泥 20,桃红泥 20,东湖泥 10,膨润土 5,钾长石 16,钠长石 29
2	锂辉石 15,长石 10,石英 15,黑毛土 5,碱石 30,白土 20,滑石 5
3	叶蜡石 6,西岙泥 10,中山泥 38,福建长石 41,海城滑石 5
4	木节土 10,伊利石 25,瓷石 20,瓷土 20,高岭石 10,叶蜡石 10,黑滑石 5
5	石英 22,长石 13,叶蜡石 18,石英岩 30,木节土 7,灰黏土 10
6	长石 28,石英 25,硅灰石 5,白泥 22,高州土 20
7	朔州土 15,东沟土 30,伟晶岩 20,钾长石 5,章村土 15,膨润土 5,石英 10
8	朔州土 15,东沟土 25,伟晶岩 35,章村土 15,膨润土 5,滑石 5
9	瓷石 25,长石 25,大青土 20,石英 15,坊子土 10,透辉石 5
10	蓼花瓷砂 30,修水钾长石 20,星子高岭土 18,东乡土 20,高安黑泥 5,石英 5,膨润土 2
11	黑泥 12,滑石 3,高岭土 8,风化长石 12,叶蜡石 37,大坡砂 5,中温砂 9,钠长石 8,长石粉 6
12	黑泥 12,高岭土 8,风化长石 12,低温砂 37,大坡砂 5,中温砂 9,长石 14,滑石粉 3
13	长石 20,陶石 50,砂岩 11,水曲柳 15,滑石 4
14	张村黄矸 35,张村红矸 20,钠长石 20,石英 15,章村土 7,滑石 3
15	透辉石 25,钠长石 25,诸暨黏土 20,广东黏土 15,镁质泥 15
16	石英 25,长石 41,生焦宝石 18,白矸 16

色泥的配方一般是在白坯料的基础上，外加色料构成，但是棕红色泥需重新设计配方。这是由于当棕红坯料中含较多的钙、镁氧化物时，在高温烧成时 CaO 与铁化合物形成共熔物（CaO 8%与 Fe_2O_3 92%的共熔点为 1203℃）和在反射光线下呈黄褐色的 CaO·Fe_2O_3 针状晶体，致使棕红瓷质砖的赤色调变为暗棕色；如果棕红配方中含有较多的有机质，高温烧成时由于氧化不充分，生成 CO 气体，与 Fe_2O_3 发生反应，把 Fe_2O_3 还原为 FeO，从而使棕红色调变成暗棕色。因此，在选择棕红色泥的配方时，要控制配方中的碱土金属氧化物量。同时要控制软质黏土加入量，选择有机质较少的黏土。另外，由于棕红色料的助熔作用，可以减少熔剂用量，甚至可以考虑不用熔剂，瘠性原料全部用中温砂，有利于有机质充分氧化。

与普通瓷质砖相比，渗花砖坯料要求较高：①坯体有较高的白度；②坯体有足够的强度以适应印花；③坯体有良好的渗透性，以保证渗花釉渗透足够深度。为使坯体具有良好的渗透性，应尽可能选用有利于釉料渗透的长石、石英和低温砂等瘠性原料，少用塑性原料。在选用黏土时，应尽量选用可塑性好、有机物黏土，或其他吸附物少的黏土，前两种有利于减少黏土用量，后一种避免阻塞毛细孔而影响渗透性。对于高塑性黏土缺乏的地区，可适当添加坯体增强剂或羧甲基纤维素（CMC）等有机添加剂，以保证坯体具有足够的强度和良好的渗透性。

0.4 我国陶瓷技术发展概述

我国陶瓷技术的发展有着悠久的历史。"China"意为"中国"，而"china"另一个意思即为"瓷器"，据考证，它是我国景德镇在北宋真宗景德元年之前（公元 1004 年之前）的古名昌南镇的音译。由此可见，我国是陶瓷之国，瓷器是我国劳动人民的伟大发明之一。

陶器的出现距今约 8000 年。随着陶器制作的不断发展，到新石器时代，即仰韶文化时期，出现了彩陶，故仰韶文化又称"彩陶文化"。在新石器时代晚期，长江以北从仰韶文化过渡到龙山文化，长江以南则从马家浜文化进入良渚文化。山东历城县（今济南市章丘）龙山镇出现了"黑陶"，所以这个时期称为"龙山文化"时期，又称"黑陶文化"时期。龙山黑陶在烧制技术上有了显著进步，它广泛采用了轮制技术，因此，器形浑圆端正，器壁薄而均匀，将黑陶制品表面打磨光滑，乌黑发亮，薄如蛋壳，厚度仅 1mm，人称"蛋壳陶"。进入殷商时代，陶器从无釉到有釉，在技术上是一个很大的进步，是制陶技术上的重大成就，为从陶过渡到瓷创造了必要的条件，这一时期釉陶的出现是我国陶瓷发展过程中的"第一次飞跃"。

汉代以后，釉陶逐渐发展成瓷器，无论从釉面还是胎质来看，瓷器的出现无疑是釉陶的又一次重大飞跃。在浙江出土的东汉越窑青瓷是迄今为止我国发掘的最早瓷器，距今已有 1700 年。当时的釉具有半透明性，而胎还是欠致密的。第三次飞跃是瓷器由半透明釉发展到半透明胎。唐代越窑的青瓷、邢窑的白瓷，宋代景德镇湖田和湘湖窑的影青瓷都享有盛名。到元、明、清朝代，彩瓷发展很快，釉色从三彩发展到五彩、斗彩，一直发展到粉彩、珐琅彩、低温颜色釉、高温颜色釉。

在一个相当长的历史时期，我国的陶瓷发展经历了三个阶段，取得三个重大突破。三个阶段即是陶器、原始瓷器（过渡阶段）、瓷器，三个重大突破即是原料的选择和精制、窑炉的改进和烧成温度的提高、釉的发现和使用。尽管如此，长期以来陶瓷发展是靠工匠技艺的传授，产品主要是日用器皿、建筑材料（如砖、玻璃）等，通常称为普通陶瓷（或称传统陶瓷）。我国学者刘秉诚从传统陶瓷的表现结构出发，认为我国陶瓷的发展历程经历了三个重大飞跃。

第一个飞跃是商、周时代的釉陶。

第二个飞跃是做出了比较美观的釉面。在此阶段主要着重于釉的发展，由极薄的釉发展到形成一定厚度并且表面致密光润具有近代瓷感的釉。由于其观感上已与釉陶有很大的不同，发生了突变和飞跃，使当时人们意识到无法再以一个"陶"字继续混称下去，遂创造了"瓷"字来称呼这些当时有所发展的釉陶，从而逐渐发明了瓷器。但应明确，当时的瓷器着重于釉面的"晶莹明彻，光润如玉"，而不注重瓷胎，这种"重釉轻胎倾向"一直贯穿宋代以来的五大名窑（简称汝、定、官、哥、钧）。

① 官窑的基本含义是皇家、官方营建，主持烧造瓷器的官场。不计工本，以最好的材料、最好的窑制、手艺最精良的工匠烧制瓷器。官窑产品以生活用品和陈设用器为主。特点：胎质细腻坚致，器壁薄，胎色黑或紫褐；釉色有天青、粉青、月白、绿、米黄色，釉层肥腴莹润，玉质感很强，釉面有各种开片；器形有碗、盘、碟、洗、盏托、直颈瓶等，还有仿古铜、玉器样式的瓷器。北宋时官窑在河南开封，南宋时在浙江临安（杭州），北宋官窑的另一种含义是汝窑的贡器，釉色主要是粉青。

② 浙江的哥窑、弟窑相传皆为龙泉窑系，龙泉青瓷有两种主要类型：黑胎青瓷和白胎青瓷，相传是章姓兄弟二人所开，黑胎青瓷为哥窑龙泉青瓷，白胎青瓷为弟窑龙泉青瓷。哥窑青瓷土脉细致，质颇薄，色青，浓淡不一，有紫口铁足，多断纹，号百圾碎，冠绝当时；弟窑青瓷质厚，用白土造器，外涂幻水翠浅，纯粹如美玉，影露白痕，无纹片，是整个龙泉窑系的主流。

③ 定窑有北定、南定两处，北定在河北曲阳，南定在江西景德镇，定窑继承了刑窑制瓷传统，以白釉为主，兼出红、紫、黑、绿定，花纹加工有划花、刻花、印花三种。

④ 钧窑为河南禹县所制，是应用铜红釉最早的窑，所有的钧窑系釉都是液-液分相釉。

⑤ 汝窑在河南临汝，汝窑制品以卵青色为主，器物通体有极细纹片，其釉青色是我国烧瓷技术采用铁还原着色的一个划时代发展。

第三个飞跃是瓷器由半透明釉发展到半透明胎。江西景德镇由于具有适宜的原料，首先产生了这个飞跃。宋代景德镇湖田、湘湖窑影青瓷的胎的白度和半透明度都很高，已接近现代细瓷的水平，可作为标志。景德镇一带的陶瓷原料有其地质特点，不仅具有高岭村附近的白土（相当于片状高岭石和管状埃洛石的混合物），并且主要矿物为石英和水云母类矿物以及部分高岭石或长石的各种瓷石。故景德镇瓷器的配方不同于目前的长石质瓷器，而属于水云母质系统，即以水云母作熔剂的高岭-石英-水云母质瓷胎和石灰石-石英-水云母质瓷釉的瓷器。于是，为具有半透明釉的瓷发展到具有半透明胎的瓷创造了条件。景德镇瓷器造型优美，品种繁多，装饰丰富，风格独特。瓷质"白如玉、明如镜、薄如纸、声如磬"，景德镇陶瓷艺术是我国文化宝库中的重要财富。

我国是世界传统陶瓷制造中心和生产大国，年产量和出口量居世界首位，陶瓷制品也是我国出口创汇的主要产品之一，日用陶瓷占全球70%，陈设艺术瓷占全球65%。中研普华研究院报告《2022—2027年陶瓷市场投资前景分析及供需格局研究预测报告》统计分析显示：2018年陶瓷行业资产规模为9743.24亿元，2019年陶瓷行业资产规模为10459.35亿元，2020 年陶瓷行业资产规模为 10967.21 亿元，同比增速为 4.85％。陶瓷产业营销是推动陶瓷产业发展的重要力量，在陶瓷产业的长时间发展过程中，营销模式呈现出不断发展和优化的趋势，对陶瓷产业的现代化发展产生了重要的影响。陶瓷行业已成为一个充分发展和不断创新的行业，陶瓷生产在我国已有悠久的历史，现代陶瓷工艺在秉承以往优良烧制传统的基础上，开始采用现代化工艺元素和智能化生产技术。未来，陶瓷行业将呈现多元化、个性化、环保化等发展趋势。

随着新技术（如电子技术、空间技术、激光技术、计算机技术等）的兴起，以及基础理论和测试技术的发展，陶瓷材料研究突飞猛进。为了满足新技术对陶瓷材料提出特殊性能的要求，无论从原材料、工艺或性能上均与普通陶瓷有很大差别的一类陶瓷应运而生，这就是先进陶瓷。据官方记载最先应用发展是德国在 1905 年率先开始研究氧化铝刀具，1912 年首款氧化铝刀具在英国诞生，我国在 20 世纪 50 年代才开始从事氧化铝陶瓷刀具的研究，直到 20 世纪末我国才在某些军用领域实现技术反超，21 世纪以来很多国家已先后成功实现了先进陶瓷材料以及产品的批量化稳定生产与制备。中国工程院发布的《面向 2035 的新材料强国战略研究》中指出，几乎每一个领域对于新材料的需求中都涉及先进陶瓷，这足以体现先进陶瓷在当今社会的战略地位。目前国外先进陶瓷发展处于领先地位的主要有美国、日本、欧盟、俄罗斯等。日本在先进陶瓷材料的产业化、民用领域方面占据领先地位；美国先进陶瓷在航空航天、核能等领域的应用处于领先地位；欧盟在先进陶瓷部分细分应用领域和机械装备领域处于领先地位；俄罗斯、乌克兰在结构陶瓷和陶瓷基复合材料方面实力雄厚；我国在某些尖端先进陶瓷的理论研究和实验水平已经达到先进水平，几乎涉猎了所有先进陶瓷材料的研究、开发和生产，部分先进陶瓷产品在我国已能批量生产，并能占领一定的国际市场。伴随着先进陶瓷各种功能的不断发掘，其在微电子工业、通信产业、自动化控制和未来智能化技术等方面作为支撑材料的地位将日益显著，市场容量也将进一步提升。2020 年，全球先进陶瓷市场规模约 998 亿美元，年均增长约 8％，预计 2024 年可达 1346 亿美元。从未来的销售趋势来看，先进陶瓷产业市场规模年平均增长率总体为 6.3％，而美国为 4.6％，欧洲为 5.2％，略低于该增长率，亚太地区（包含日本）为 7.4％。2022 年，预测亚太地区（包含日本）的全球市场份额为 53％，美国为 26％，欧洲为 13％，亚太地区的销售额/份额和增长率呈逐年升高趋势，未来将进一步主导市场。当前，国内先进陶瓷产业与国外存在一定差距，特别是基础技术、应用技术和产业化方面，满足不了国民经济迅速发展的要求，因此仍需继续努力。

0.5 当前我国陶瓷主要地区分布

当前我国日用陶瓷生产基地主要分布在江西景德镇、黎川、井冈山，广西北流，山西怀仁、应县，河北唐山、邯郸，湖南醴陵，福建德化，广东潮州和饶平，山东淄博、临沂等，其中 2004 年 4 月中国轻工业联合会和陶瓷工业协会授予潮州"中国瓷都"称号，科学技术部批准潮州为"国家日用陶瓷特色产业基地"。而景德镇被定义为"千年瓷都"。

当前我国建筑陶瓷生产基地主要分布在广东佛山（南庄镇被誉为"中国建陶第一镇"）、山东淄博、河北唐山、福建晋江（磁灶镇被授予"中国陶瓷重镇"称号），这四个地方成为全国四大建筑陶瓷生产基地，还有现在正在崛起的江西高安、江西丰城、江西九江、广西藤县、重庆荣昌、四川夹江、辽宁沈阳法库等。

当前我国卫生洁具陶瓷生产基地主要分布在广东佛山、山东博山、河北唐山、上海，被称为"三山一海"。此外还有广东潮州、福建泉州、河南禹州和河南长葛等基地。

福建德化是全国最大的工艺瓷生产和出口基地，被授予"中国陶瓷之乡""中国民间（陶瓷）艺术之乡"称号。

"耐火之乡"是江苏宜兴、河南巩义。

0.6 传统陶瓷工业对环境的影响

(1) 原料开采过程对环境产生的影响

陶瓷生产使用的原料大多数是天然矿物原料，传统陶瓷行业每年原料的消耗量可达几千万吨以上。原料开采多以露天开采为主，这种开采方法造成土地和植被的严重破坏，水土流失，使矿区的生态环境遭到重创。

(2) 生产过程产生的废水

传统陶瓷工业通常采用湿法生产工艺，废水主要来自坯料和釉料的制备和地面冲洗，在建筑陶瓷生产中还有喷雾干燥塔冲洗和抛光冷却水。这些废水大多数是直接排放或稍作沉淀处理后排放。这些废水中除含有大量的难以自然沉淀的固体悬浮物外，更含有一定量的铅、镉、汞等生物毒性显著的重金属。某日用陶瓷厂排放废水的水质水量见表 0-9。

表 0-9　某日用陶瓷厂排放废水的水质水量

废水源（车间）	给水/(m³/d)	排放水质/(mg/L)			排放水量		排放情况	废水成因
		SS①	油	COD$_{Cr}$	m³/h	m³/d		
原料	260	9750	14	180	6.3	150	连续	淘洗、压榨、冲地
成型	67	7630	7	125	7.5	60	间歇	抹水、除尘、施釉
烧成	90	230	13	—	3.8	90	连续	冷却、烟气净化
彩烧	80	—	—	—	3.3	80	连续	清洗、贴花
锅炉	57	—	—	—	3.0	10	间歇	软化、冲洗
其他	240	—	—	—	4.5	110	连续	匣钵制造、模型制造、试制
合计	794				28.5	500		

①指固体悬浮物。

(3) 生产过程中产生的废气

陶瓷工业生产过程中产生的废气主要是高温烟气和生产性粉尘。各种燃煤、燃重油、燃气窑炉燃烧产生的烟气污染物主要包括气相（SO_2、NO_x、CO_2、CO）和固相（烟尘）两类。

SO_2 是全世界范围内大气污染的主要气态污染物，它是燃料中的硫在燃烧时氧化的产物。1t 原煤中含硫 5～30kg，燃烧后成倍生成 SO_2，SO_2 在空气中遇水形成硫酸雾，其毒性比 SO_2 高 10 倍。高标号重油含硫量也较高，燃烧时同样产生 SO_2。

NO_x 主要是指一氧化氮（NO）、二氧化氮（NO_2）、氧化亚氮（N_2O）、三氧化二氮

（N_2O_3）等。通常 NO 在空气中进一步氧化成 NO_2。NO_2 是形成光化学烟雾的主要物质。燃烧过程中生成的 NO_x 来自两个方面：主要是空气中的 N_2 在高温下被氧化生成 NO_x，其生成量与火焰温度和氧、氮的浓度有关，温度越高，氧和氮的浓度越高，NO_x 生成的量越大；燃料本身所含氮被分解氧化也生成 NO_x。

碳氧化物 CO_2 和 CO 是煤和重油燃烧产生的主要废气，完全燃烧生成 CO_2，不完全燃烧生成 CO，它们也是导致大气污染的主要原因。大气中 CO_2 浓度升高，大量吸收红外光，阻碍了热量向大气层以外扩散，使地球表面大气层的温度不断升高，全球变暖，即所谓"温室效应"。"温室效应"引起地球的生态环境急剧恶化。空气中 CO 含量的提高，能够对人体产生一系列的危害，直至使人 CO 中毒死亡。

烟尘中的主要污染物是炭黑，它是不完全燃烧的产物。形成黑烟的原因，一是重油雾化后急剧受热到 650℃ 以上时，重油易发生不对称裂化，形成易燃的轻的碳氢化合物和难燃的重的碳氢化合物及游离碳粒；二是重油油滴蒸发成油气后，高温下缺氧发生热解，产生含少量 H_2 的油烟碳粒。

$$C_n H_m \longrightarrow 游离\, nC + \frac{m}{2}H_2 - Q$$

$$C_n H_m \longrightarrow \left(n - \frac{m}{4}\right)C + \frac{m}{4}CH_4 - Q$$

这些难燃的重碳氢化合物、游离碳粒、油烟碳粒随烟气排出，即可见到浓浓的黑烟，并且这种黑烟会随燃料的质量和燃烧条件的好坏而变化，其林格曼黑度一般为 4 左右，不符合国际标准。

另外，有时釉料配方中需要引入一定量的铅丹、氧化锌、氟硅酸钠等有毒化工原料，这些成分在高温烧成时有少量的挥发，使烟气中含有这些有毒成分。

（4）生产过程中产生的粉尘

陶瓷生产过程一般都要经过坯釉料制备、成型、施釉、烧成、装饰、彩烧等工艺过程，同时大多数陶瓷企业还有配套的石膏模型制造和耐火材料（匣钵、棚板等）制造车间。主要产生粉尘污染的车间有原料制备车间、成型车间、（以煤为燃料的）烧成车间、石膏模车间和匣钵车间等。

在陶瓷企业危害最为严重的粉尘是游离二氧化硅，空气中游离二氧化硅的含量直接关系到操作工人尘肺病的发生和发展，极大地影响工人的身体健康，生产配方中游离二氧化硅的含量与粉尘的浓度相关，粉尘浓度越高，粉尘中游离二氧化硅的含量越高。粉尘中游离二氧化硅含量较高的区域有颚式破碎机出料口、提升机上部和下部、干法轮碾机、人工配料区、干法装磨区、喷雾干燥出料口、干压成型机、干法施釉区、日用陶瓷干法修坯区等。某陶瓷厂部分作业点的粉尘浓度测试结果见表 0-10。

表 0-10　某陶瓷厂部分作业点的粉尘浓度

尘源	粉尘浓度/（mg/m³）	尘源	粉尘浓度/（mg/m³）
颚式破碎机出料口	3000～3200	干法装磨	150
提升机上部	2500～3000	压砖机	1000
提升机下部	5200	施釉	125
人工配料	400		

(5) 生产过程中产生的固体废弃物

陶瓷生产过程中产生的固体废弃物主要有废品陶瓷、废石膏模型、废窑具和废泥渣等。

废品是陶瓷生产的各个环节都可能产生的,根据生产工艺不同,废品通常分为生坯废品、素烧废品、釉坯废品、烧成和彩烧废品等。石膏模型是目前日用和卫生陶瓷生产必不可少的模具。这些模具的正常使用寿命大多数只有80~100次。废石膏模型也是陶瓷企业主要的固体废弃物之一。

废窑具主要包括废匣钵和废棚板等,废匣钵来自采用有匣钵烧成的陶瓷企业,在烧成和装卸过程中由于各种原因导致匣钵破损、变形、相互粘连或与制品粘连,使匣钵无法继续使用成为废匣钵。棚板作为无匣钵烧成时支撑和隔离坯体的耐火材料,在使用过程中由于各种原因破损成为废弃物。

废泥渣包括废泥和废渣两部分。废泥是指含坯釉原料的废水经沉淀处理后得到的沉淀物,通常又将其分为含色釉料废泥和不含色釉料废泥两种,前者化学组成复杂,含污染环境的物质较多,对环境影响比较大。废渣主要由陶瓷砖抛光磨边产生,其主要成分是砂轮磨料中的碳化硅、碱金属化合物及可溶性盐类。

0.7 陶瓷企业清洁生产的内容

① 陶瓷原料标准化。目前我国陶瓷原料的生产企业分布广泛、生产规模偏小、生产设备简陋、工艺落后、环境污染严重、陶瓷原料产品的质量不稳定。这一原料生产的现状不仅造成陶瓷原料矿产资源的巨大浪费,也对工人的身体健康和产地的生态环境造成了很大的影响。不稳定的原料质量在很大程度上制约了陶瓷企业高效生产设备的使用。需要行政干预、政策倾斜和法律法规的健全以及宏观调控和市场规律的共同作用,逐步实现陶瓷原料的标准化。

② 大力开发、利用低质原料。这不仅有利于对优质陶瓷原料的保护,而且还可以降低生产成本,提高企业的经济效益。低质原料主要包括含氧化铁和氧化钛等显色氧化物较高的黏土、长石和石英等陶瓷原料,以及各种工业尾矿、废渣、垃圾等,如煤矸石、粉煤灰、金矿尾砂、冶金矿渣、化工废渣、废玻璃、废陶瓷、废耐火材料等。

③ 优质陶瓷原料的合理使用。如在微晶玻璃/陶瓷复合墙地砖的生产中,第一次布料(底层)可采用低质原料,第二次布料采用优质的微晶玻璃料,使用少量的优质原料就可以生产优质的微晶玻璃/陶瓷复合墙地砖。

🖊 思考题

1. 简述陶瓷的概念,以及传统陶瓷与先进陶瓷的相同点和不同点。
2. 陶与瓷按照坯体的物理性能可以分为哪几类?它们各自有什么特点?
3. 宋代五大名窑指哪些?简述其中每个窑系瓷的特点。
4. 简述我国陶瓷的三大突破和三大飞跃。
5. 高档日用细瓷有哪几种?简述每种细瓷的特点和性能。

第1章

原料

导读：本章主要对可塑性原料、瘠性原料、熔剂性原料和常用化工原料进行论述，并对陶瓷原料的标准化、原料处理进行阐述。通过本章的学习，希望学习者们能够了解陶瓷工业的原料类型，原料质量与陶瓷生产工艺、产品性能的关系。主要掌握黏土的成因及产状，黏土的化学组成、矿物组成和颗粒组成的具体含义；熟练掌握黏土的工艺性质。了解石英的种类和性质，熟练掌握石英的晶型转变及其对工业生产的重要性，并熟练掌握石英在陶瓷生产中的作用。了解长石的种类和性质；熟练掌握钾长石、钠长石的化学组成、性质和熔融特性；熟练掌握长石类原料在陶瓷生产中的作用。了解其他熔剂原料和常用化工原料在陶瓷生产中的作用。了解调整坯料性能的添加剂的种类、性能及作用等，并能够掌握原料处理方法，了解陶瓷原料标准化。

1.1 概述

陶瓷制品的生产离不开原料，陶瓷工业使用的原料品种繁多，但从原料的来源分析，不外乎两大类：天然原料（天然矿物或岩石）、人工合成原料（化工原料）。本章着重介绍天然原料。

硅酸盐陶瓷材料制品，即普通陶瓷，多是采用天然矿物原料，这些原料都是从地球表层部分挖掘出来，然后再经过一定的选用处理而得到的。自然界的矿物是自然的化合物，是地壳经过各种物理化学作用的产物，而岩石是矿物的集合体，是多种矿物组合而成的。但是某些原料天然矿物中没有或者是非常少难以提纯，而一些陶瓷制品（先进陶瓷）对原料的要求又很高，这时候就要根据所需原料的化学组成选择合适的其他原料进行人工合成，这类原料我们可以叫它人工合成原料。

根据原料的工艺性能，把陶瓷原料归纳为以下三大类。

① 可塑性原料。如各类黏土等，赋予坯料可塑性、结合性和成型性质，保证干坯强度及烧结的各种使用性能，是成型能够进行的基础。

② 瘠性原料。又称为非可塑性原料，或减黏原料，如石英、熟料、工业废渣等，可以降低坯料的可塑性，降低制品的干燥收缩，缩短干燥时间并防止坯体变形。

③ 熔剂性原料。如长石、萤石、方解石、硅灰石、氧化锌等，在高温下熔融，形成黏稠的玻璃熔体，是坯料中碱金属氧化物的主要来源，有利于降低陶瓷坯体的烧成温度。同时熔体能填充于各结晶颗粒之间，有助于坯体的致密和减少空隙。

除了这三类原料外，陶瓷工业中还需要其他的一些辅助材料，主要是石膏和耐火材料，以及各种外加剂如助磨剂、助滤剂、解凝剂、增塑剂和增强剂等。

根据原料用途可分为瓷坯原料、瓷釉原料、色料以及彩料。

① 色料：以过渡金属、稀土金属或其他金属为发色元素，以某种晶型为载色母体的人工合成的用于陶瓷着色的矿物，如氧化钴（蓝色，像青花），钴的含量越高，蓝色就越正，含量少就发灰；锰含量高时，青花就蓝中泛紫或蓝中泛红；氧化铁含量高时青花就发黑；等等。

② 彩料：陶瓷彩饰用的材料（在景德镇可经常看到在陶瓷的表面有各种颜色和图案，这些颜色都是用彩料装饰出来的），也有人把彩料归于色料一类。

根据原料的组成分为黏土质原料、硅质原料、长石质原料、钙质原料、镁质原料、有机原料等。

根据原料的获得方式分为矿物原料、化工原料等。

1.2　可塑性原料——黏土

黏土是可塑性原料，它是传统陶瓷成型不可缺少的原料，黏土与水调和后形成可塑泥团，能塑造成型，干燥后具有一定的强度，烧后变得致密坚硬。黏土的这种性能使其成为陶瓷生产的基础原料和硅酸盐工业的主要原料。

1.2.1　黏土的定义与成因

黏土是多种含水铝硅酸盐矿物、部分非黏土矿物或有机物天然细颗粒矿物的集合体。构成黏土的主要矿物称为黏土矿物，其粒径多数小于 $2\mu m$，为具有层状结构的含水铝硅酸盐晶体矿物。一切黏土均含有大量黏土矿物。黏土具有较高的耐火度、可塑性、结合性和烧结性等特点。黏土呈现白色、黄色、灰色、红色、黑色等各种颜色。

黏土主要是由铝硅酸盐类岩石（火成的、变质的、沉积的，如长石、伟晶花岗岩、斑岩、片麻岩等）在长期地质作用下，经内化水解而形成的。例如，高岭土是由火成岩和变质岩中的长石和其他铝硅酸盐矿物，在潮湿气候和酸性介质中经风化或热液的作用形成的，其化学反应方程式如下。

$$K_2O \cdot Al_2O_3 \cdot 6SiO_2 + 2H_2O + CO_2 \longrightarrow Al_2O_3 \cdot 2SiO_2 \cdot 2H_2O + 4SiO_2 + K_2CO_3$$
$\quad\quad$（钾长石）$\quad\quad\quad\quad\quad\quad\quad\quad\quad\quad\quad$（高岭石）

火山熔岩或凝灰岩在碱性环境中则形成膨润土类黏土。伊利石类黏土一般由水云母矿物变化而来，大多数黏土是在风化与蚀变作用下形成的，也有在低温热液作用下形成的。

1.2.2　黏土的分类

由于黏土用途广泛，各行业对黏土要求不同，因此，对黏土的划分也不同。一般按照地质成因、可塑性、耐火度、化学组成和用途等划分。

（1）按地质成因分类

① 原生黏土（即一次黏土或称残余黏土）。它是长石质岩等母岩经风化、蚀变作用后形

成的残留在原生地，与母岩未经分离的黏土。因此一次黏土含母岩矿物和铁质较多，颗粒较粗，耐火度高、可塑性差。

② 次生黏土（亦称二次黏土或沉积黏土、球土）。是一次黏土从原生地经风化、水力搬运到远地沉积下来而形成的，这类二次黏土颗粒较细，夹带有机物和其他杂质，可塑性高，但耐火度低，常因混入杂质呈色而显色，如北方的紫木节土。

（2）按可塑性分类

① 强可塑性黏土（又称软质黏土或结合黏土）。其分散度大，多呈疏松状、板状或页状，熔剂氧化物含量高，易熔，耐火度＜1350℃。多用于建筑砖瓦和粗陶等制品，如膨润土、木节土、球土等。

② 中等可塑性黏土。其分散度较小，难熔，耐火度介于1350℃和1580℃之间，杂质含量少，如湖南界牌桃红泥和苏州阳山高岭土等。

③ 低可塑性黏土（又称硬质黏土）。其分散度小，多呈致密块状、石状，耐火度＞1580℃，如焦宝石、叶蜡石、瓷石、碱石等。

（3）按耐火度分类

① 耐火黏土。耐火度在1580℃以上，较纯，烧后多呈白色、灰色或淡黄色，是细陶瓷、耐火制品、耐酸制品的主要原料。

② 难熔黏土。耐火度在1350～1580℃，含10%～15%的杂质，可作炻瓷器、陶器、耐酸制品、装饰砖及瓷砖的原料。

③ 易熔黏土。一般耐火度在1350℃以下，含有大量的杂质，其中危害最大的是黄铁矿，在一般烧成温度下它能使制品产生气泡、熔洞等缺陷，多用于建筑砖瓦和粗陶等制品。

（4）按化学组成分类

① 高铝黏土。Al_2O_3含量高于40%，主要有铝矾土等黏土矿物。

② 铝质黏土。含30%～40%的Al_2O_3，主要有高岭土类黏土。

③ 富硅黏土。含15%～30%的Al_2O_3，硅含量高，铝含量低。

④ 低铝黏土。Al_2O_3含量低于15%。

此外按硬度可分为软质黏土（如二次黏土）、半软质黏土和硬质黏土；按用途可分为瓷土、陶土、砖黏土；按黏土的矿物组成可分为高岭土、膨润土、伊利石等。

1.2.3 黏土的组成

黏土是多种矿物的混合体，要全面了解和研究黏土，必须从矿物组成、化学组成和颗粒组成这三个方面进行研究。常采用测定其组成（矿物、化学组成）进行原料种类的鉴别。各种陶瓷原料的组成数据在生产上有重要的指导意义，它可以帮助我们初步估计工艺性能，提供配料的依据。

1.2.3.1 黏土的矿物组成

自然界中的黏土矿物种类很多，根据黏土矿物的结构和组成不同，陶瓷工业中所使用的黏土矿物主要类型为高岭石类、蒙脱石类和伊利石类三大类及水铝英石和其他杂质矿物。

（1）高岭石类

高岭石是一种含水铝硅酸盐矿物，化学式$Al_2O_3 \cdot 2SiO_2 \cdot 2H_2O$，结构式$Al_4(Si_4O_{10})(OH)_8$，

其化学组成为 39.50% Al_2O_3、46.54% SiO_2、13.96% H_2O，是六角鳞片状晶体。高岭石类矿物包括高岭石（$Al_2O_3 \cdot 2SiO_2 \cdot 2H_2O$）、埃洛石 $[Al_2O_3 \cdot 2SiO_2 \cdot nH_2O（n=4\sim6）]$、地开石、珍珠陶土等。它们的晶体结构基本相同，只是结构单元的排列稍有变化，导致物理化学性能有所差异。

以高岭石为主要矿物成分的黏土即为高岭土，高岭土中高岭石类矿物含量越多，杂质越少，其化学组成越接近高岭石的理论组成，耐火度也越高，烧后洁白，但其分散度较小，可塑性差；反之，杂质多，耐火度低，烧后不白，但可塑性好。它是陶瓷工业中的主要原料。日用陶瓷用高岭土标准如下。

高岭土的 Al_2O_3 含量为一级≥35%，二级≥32%，三级≥28%；

富硅高岭土的 Al_2O_3 含量为一级≥20%，二级≥18%，三级≥14%。

（2）蒙脱石类（俗称膨润土）

蒙脱石类矿物又名微晶高岭石、胶岭石，是常见的黏土矿物。化学式 $Al_2O_3 \cdot 4SiO_2 \cdot nH_2O$，结构式 $Al_4(Si_8O_{20})_n(OH)_4 \cdot nH_2O$，通常 n 大于 2。蒙脱石呈现不规则细粒状或鳞片状，颗粒一般小于 $0.5\mu m$，属胶体微粒。通常呈土状、块状结合体，外观为白或灰白、浅黄、浅红等颜色，油脂光泽，硬度 1~2，耐火度低。

以蒙脱石为主要矿物的黏土称为膨润土，由于蒙脱石矿物颗粒很细，相应的可塑性好，干燥后强度大，但干燥收缩也大，过量将会造成工艺困难。陶瓷坯体中用量不宜太多，一般在 5% 左右。蒙脱石吸附水量相当大，吸水后体积膨胀达 20~30 倍，具有良好的阳离子交换性和悬浮性，易吸附其他阳离子，常根据其吸附其他离子的种类分为钠蒙脱石（吸附钠离子）和钙蒙脱石（吸附钙离子），相应的黏土称为钠膨润土和钙膨润土。钠膨润土分散性强，在水中能形成稳定的悬浮液，可在釉浆中作为悬浮剂；钙膨润土分散性差，不易形成稳定的悬浮液，多为凝聚集合体。蒙脱石广泛应用于石油、造纸、食品、化学、钻探、采矿、农业、制药、铸造、陶瓷和精细化学产品等，据不完全统计现含膨润土的产品多达 500 余种。

（3）伊利石类 $[(K_2O \cdot 3Al_2O_3 \cdot 6SiO_2 \cdot 2H_2O) \cdot nH_2O]$

伊利石类矿物主要是伊利石，伊利石的成分和晶体结构均与水云母相似，所以伊利石也称为水云母。它是白云母经强烈的化学风化作用或低温热液作用向蒙脱石或高岭石转变的中间产物。它的结构与蒙脱石相似，但层间为钾离子，无膨胀性，结晶较粗，因此可塑性低，干燥后强度小，干燥收缩也小。

常见的伊利石类矿物有绢云母和瓷石，绢云母是白云母风化的中间产物的一种，由于矿物表面有绢丝光泽而得名，可用作涂料、化妆品、颜料、耐火材料等，它的耐化学腐蚀性强，对紫外线具有极佳的屏蔽作用（80%），绝缘，难溶于酸碱溶液。绢云母兼具了云母类矿物和黏土矿物的多种特点，当用作颜料等用途时，染料粒子易进入绢云母粉的晶格层间，从而保持颜料长久不褪色，这主要是依赖其细鳞片状结晶体结构。

瓷石是由石英、绢云母和少量其他矿物所组成的硬质黏土，可以单独成瓷。瓷石本身含有构成瓷的多种成分，并具有制瓷工艺与烧成所需要的性能。我国很早就利用瓷石来制作瓷器，尤其是江西、湖南、福建等地的传统细瓷生产中，均以瓷石作为主要原料。这类黏土一般可塑性较低，干燥收缩和烧成收缩小，烧成范围窄，使用时应注意这些特点，如景德镇的南港瓷石、三宝蓬瓷石、安庆祁门瓷石等。景德镇很早以前制瓷就是使用瓷石单独作原料烧成坯体，后来随着制瓷业的发展形成了瓷石和高岭土二元系统，一直发展到现在虽然总体来说还是这二元系统，但是里面已经掺杂了许多少量的各式各样的其他原料。

以伊利石类矿物为主要矿物的黏土，由于 K_2O 含量较高，Al_2O_3 含量低，故耐火度低，烧成温度低，陶瓷工业中常用这类黏土取代部分熔剂原料。

除上述三种主要黏土矿物外，陶瓷工业还常用叶蜡石、水铝英石等矿物原料。

（4）水铝英石 $[Al_2O_3 \cdot nSiO_2 \cdot nH_2O(n \geqslant 1)]$

水铝英石是一种非晶质的含水铝硅酸盐，它能溶解于盐酸，而其他黏土矿物不溶于盐酸，但能溶解于硫酸。它在自然界中并不常见，往往少量夹杂在其他黏土中，呈无定形状态存在。它在水中能形成胶凝层，包围在其他黏土颗粒上，从而提高黏土的可塑性。

（5）杂质矿物

黏土中除含黏土矿物外，常由于黏土在形成过程中风化未完全，或由于其他因素而混入一些非黏土矿物和有机物质。它们常因为黏土成因情况的不同，有的含量少，有的含量较多，对黏土的性质和质量将产生一定的影响。

① 石英和母岩残渣。石英和未风化的母岩残渣由于颗粒较粗会影响黏土的可塑性和干燥后强度，可用重选法除去。

② 碳酸盐及硫酸盐。常见的碳酸盐如 $CaCO_3$、$MgCO_3$ 等矿物能降低黏土的耐火度，过多时常引起吸烟或坯泡。黏土中硫酸盐类主要有钾、钠、钙、镁、铁的硫酸盐。这类盐类能在坯体表面形成一层白霜，其中以 Na_2SO_4 最为严重，在淘洗和压滤时有的可溶性硫酸盐会被水带走，但也有小部分残留在坯料中，而有些硫酸盐分解温度较高，易引起坯泡，所以不宜使用含硫酸盐高的黏土。

③ 铁和钛的矿物。铁矿物如黄铁矿、褐铁矿等，其中弱磁性的铁矿物是难以除去的。黏土中的铁矿物不仅可使坯体显色，且降低耐火度、影响介电性能及化学稳定性。钛矿物如金红石、锐钛矿和板钛矿，当与铁矿物共存时，在还原焰中烧成呈灰色，在氧化焰中烧成呈浅黄色或象牙色。表 1-1 是氧化铁在氧化焰中烧成时的呈色。

表 1-1　Fe_2O_3 在氧化焰中烧成时的呈色

$Fe_2O_3/\%$（质量分数）	呈色	适于制造品种
<0.8	白色	细瓷、精瓷、白炻器
0.8	灰白色	一般细瓷、白炻器
1.3	黄白色	一般细瓷、炻器
2.7	浅黄色	炻器、陶器
4.2	黄色	炻器、陶器
5.5	浅红色	炻器、陶器
8.5	紫红色	陶器
10	暗红色	砂瓦器

④ 有机物质。很多黏土中含有不同数量的有机物质，如褐煤、蜡、腐殖酸衍生物，这些有机物质质量的多少和种类的不同，可使黏土呈灰至黑等各种颜色。有机物质在煅烧过程中可被烧掉，但烧尽所需时间与其含量有关，含量过高的有机物质会造成产品表面起泡或针

孔，因此烧成中一定要加强氧化或原料预烧。一定量的腐殖质可增强黏土的可塑性和泥浆的流动性与稳定性。

1.2.3.2 黏土的化学组成

化学组成是影响黏土质量的一项重要指标，黏土的分级标准主要是根据黏土的化学组成来确定的。自然界的黏土大多数是由两种以上的矿物组成，随着矿物形成和地质条件的不同，同时含有少量的碱金属或碱土金属氧化物以及铁、钛等着色氧化物。如纯高岭土的理论化学组成仅含有氧化铝、氧化硅和水，而实际组成高岭土矿物的并不是百分之百的高岭石，因此，在化学组成上，除了氧化铝和氧化硅外，高岭土还含有 Fe_2O_3、TiO_2、MgO、K_2O、Na_2O、CaO 等氧化物，它们一定程度上影响着黏土的工艺性能和烧后色泽。根据黏土的化学分析即可基本判断黏土的质量，具体作用如下。

① 可为矿物组成提供一定的参考。黏土中如果 Al_2O_3 含量高，比如在 35％ 以上时，通常属高岭石类的黏土，黏土的化学组成越接近理论值，黏土越纯，质量越好。

② 估计耐火度。MgO、K_2O、Na_2O、CaO 等碱金属和碱土金属氧化物具有与 SiO_2、Al_2O_3 在较低温度下熔融成玻璃态物质的能力，因此，在化学分析结果中，如果这类碱性或碱土氧化物的含量高，可以判定该种黏土易于烧结，烧结温度也低。黏土中的 K_2O、Na_2O 含量高，则黏土中含有长石或伊利石类矿物，因而耐火度低。如果 Al_2O_3 含量高，而同时 K_2O 等碱性成分含量又低，则可判断这种黏土比较耐火，烧结温度也高。

③ 推断烧后呈色。陶瓷烧后色泽主要受 Fe_2O_3 与 TiO_2 的影响。如果 Fe_2O_3 与 TiO_2 含量高，黏土烧后白度较差。根据 Fe_2O_3 与 TiO_2 含量的高低，可作烧后色泽判断的依据，一般铁钛氧化物总量在 1％ 以下时对烧后色泽影响不大。

④ 估计成型性能。如 SiO_2 含量很高，说明除黏土矿物外还可能有游离的石英存在，可塑性差，但收缩较小。若黏土灼烧量大于 15％，则说明黏土中含有机物质和吸附水比较多，可使黏土呈灰褐至紫黑的色调，且吸水性强，干燥后生坯收缩较大。

⑤ 推断产生气泡或膨胀的可能性。如果黏土中的 CaO、MgO 较多，则黏土中可能含有碳酸盐或硫酸盐，碳酸盐过多时会引起坯体坯泡，烧成温度范围变小。

1.2.3.3 黏土的颗粒组成

颗粒组成是指黏土中含有不同体积分数的大小颗粒。黏土矿物颗粒极小，直径一般在 $2\mu m$ 以下。黏土矿物中蒙脱石颗粒均比高岭石颗粒细，石英、长石等矿物多半在粗颗粒中。颗粒细度会影响黏土的某些工艺性能。黏土的细颗粒越多，则可塑性越强，干燥收缩越大，结合性越好，干燥强度越高。

1.2.4 黏土的工艺性能

黏土的工艺性能主要取决于黏土的化学组成、矿物组成与颗粒组成。化学组成与矿物组成是决定黏土耐火度的主要因素，如高岭石类矿物组成的黏土，氧化铝含量高，因而耐火度高，而伊利石类矿物组成的黏土，氧化铝含量低，氧化钾含量高，因而耐火度低。矿物组成与颗粒组成决定黏土的可塑性、结合性、干燥强度和干燥收缩度等，如片状高岭石可塑性较差，而蒙脱石、埃洛石等矿物的颗粒较细，因而可塑性较好，但干燥收缩大。

（1）可塑性

可塑性是黏土的主要工艺特性，是各种陶瓷制品的成型基础。可塑性是指含适量水分的黏土泥团，在外力作用下产生变形而不开裂，除去外力后仍保持其形状不变的性能。但到目前为止，陶瓷工艺中尚未直接用物理量来确定可塑性，一般常用"可塑性指数"和"可塑性指标"来反映可塑性大小。

向黏土中加水时，加水量不足则不能形成可塑性软泥，容易散碎，水量过多，又会变得黏糊。当黏土既容易成型又不黏手时，可塑性最佳，此时的泥团称为标准工作泥团，黏土中含水量叫作可塑水量。塑限含水量是指黏土或坯料由固体状态进入塑性状态的最低含水量；液限含水量是黏土或坯料由塑性状态进入流动状态的最高含水量；可塑性指数是指液限含水量与塑限含水量之差。根据可塑性指数的大小可以看出黏土塑性成型时适宜含水量的范围，黏土塑性越好，其可塑性指数越大。可塑性指数大则成型水分范围大，成型时不易受周围环境湿度及模具的影响，成型性能好；但可塑性指数小，渗水性强，利于压滤榨泥。一般根据以下标准划分黏土的可塑性强弱：强可塑性黏土（可塑性指数＞15）；中可塑性黏土（7≤可塑性指数≤15）；弱可塑性黏土（1≤可塑性指数＜7）；非可塑性黏土（可塑性指数＜1）。

可塑性指标是指在工作水分下，黏土受外力作用最初出现裂纹时应力与此时的应变量的乘积。此时黏土含水量叫作相应含水率。

测定方法是将需要试验的黏土加水捏炼后制成圆球，然后在上面加压至泥球出现开裂即止。可塑性指标越高，黏土的成型性能越好。

可塑性是黏土原料的一个重要指标，它是陶瓷成型的基础。可塑性差，成型困难，易开裂；而可塑性太强时，榨泥困难，干燥收缩大或在成型过程中黏滚头。因此，在坯料配方时，需要引入适量的黏土来调节坯料的可塑性。

不同的黏土矿物，可塑性也不同，蒙脱石类黏土较高岭石类、伊利石类黏土的可塑性好，蒙脱石＞埃洛石＞高岭土、伊利石，水铝英石含量高，则可塑性好。对于同样的黏土，其颗粒越细，有机物质含量越高，可塑性越好。黏土的颗粒越细，分散程度越大，比表面积越大，可塑性就越好。板状、短柱状的黏土可塑性好。黏土与水之间，必须按照一定的数量比例配合，才能产生良好的可塑性。水量不够，可塑性体现不出来或者不完全。坯料中有机物含量越多，则可塑性越高。如果黏土中空气含量高，则可塑性降低。提高坯料可塑性的措施如下。

① 淘洗或长期风化，即除去所夹杂的非可塑性物质；

② 湿黏土或坯料长期陈腐；

③ 将泥料经过真空处理，并多次练泥；

④ 引入适量的强塑性黏土，有时引入适量胶体物质。

降低坯料可塑性的措施如下。

① 加入非可塑性原料，如石英、熟瓷粉；

② 将部分黏土预先煅烧。

（2）结合性

结合性是黏土能黏结一定细度的瘠性物料，形成可塑泥团并有一定干燥强度的性质。它是坯体进行干燥、修坯和上釉等工序的基础，也是配料调节泥料性质的重要因素。

黏土结合性的强弱，用结合力来表示。结合性越好的黏土，结合力越大。工程上要用测定分离黏土质点所需力来表示黏土的结合力是困难的，通常根据往黏土内加入不同比例的标准石英砂（颗粒组成：0.25～0.15mm 占 70%，0.15～0.09mm 占 30%）的量的多少来判断其结合性。加砂量大于 50% 时仍可形成可塑泥团为结合力强的黏土，25%～50% 时仍可形成可塑泥团是结合力中等的黏土，25% 以下时仍可形成可塑泥团为结合力弱的黏土。

黏土的这种结合力，在很大程度上是由黏土矿物的结构决定的。一般来说，可塑性强的黏土其结合力也大。

(3) 离子交换性

黏土颗粒带有负电荷，能吸附带正电荷的离子。在水溶液中，这些吸附的离子又可被其他带相同电荷的离子所置换。离子交换能力用交换容量表示，即每 100g 干黏土所吸附能够交换的阳离子（或阴离子）的数量，单位为 mol/(100g)。影响离子交换能力的因素除离子的性质外，还有黏土矿物的种类和颗粒细度、结晶程度。颗粒越细，交换量就越大，如蒙脱石类矿物离子交换量较大，而结晶良好的高岭石类矿物离子交换量较小。

(4) 触变性

泥料（泥浆或泥团）受振动或搅拌后其黏度降低而流动性增大，静置后恢复原状（变稠或固化）的性能称为触变性，触变性又称为稠化度或厚化度。其产生的原因是泥浆中细小颗粒在静止状态时形成一种网状结构，颗粒间空隙增大，水分充斥在构架之间，经振动或搅拌，构架结构被破坏，水分重新析出而获得流动性。

泥浆触变性的大小常用稠化度来表示。所谓稠化度是将检测完流动性的泥浆进行充分搅拌后，倒入黏度计的容器内，在容器内静置 30min 后，从恩氏黏度计流出 100mL 泥浆所需时间（s）与静置 30s 后流出同体积泥浆所需要的时间之比。

陶瓷生产中用泥浆的流动度来表示泥浆的流动性。流动度为黏度的倒数，用恩氏黏度计测定，即 100mL 泥浆从恩氏黏度计中流出所需的时间。

触变性直接影响排出余浆后浆面的光滑程度，同时也对湿坯体的性能、产品质量等有一定的影响。稠化度过大的泥浆在成型中会很快凝聚，造成坯体各部薄厚不均，表面不平，坯体脱模时产生变形或开裂，同时也不利于对泥浆进行管道输送。对于稠化度大的泥浆，可加一定量的解凝剂（如腐殖酸钠、水玻璃）；而稠化度过低时，成坯速度减慢，降低了生坯强度，影响脱模和修坯的操作。对于稠化度过低的泥浆可加入少量的絮凝剂（如氯化铵等）或增加可塑性原料的用量。一般工业上，泥浆的稠化度应控制在 1.2～1.5。

(5) 干燥性能

泥料经过大约 110℃ 的干燥后，自由水和吸附水相继排出，颗粒之间的距离缩短而产生的收缩称为干燥收缩，它包括线收缩和体积收缩两个部分，其计算公式如式(1-1)、式(1-2)、式(1-3)所示。黏土的收缩大小主要取决于黏土的矿物组成、含水量、吸附离子及其他工艺性能等。细颗粒及呈纤维状离子的黏土收缩大。一般片状高岭石、伊利石类矿物干燥收缩小，而蒙脱石、埃洛石矿物干燥收缩大。它们的收缩范围如表 1-2 所示。

表 1-2　各类黏土的收缩范围

黏土	干燥线收缩/%	烧成线收缩/%
高岭石类	3～10	2～17
伊利石类	4～11	9～15

续表

黏土	干燥线收缩/%	烧成线收缩/%
蒙脱石类	12～23	6～10
埃洛石类	7～15	8～12

干燥线收缩率：
$$\varepsilon_{干}=(L_0-L_1)/L_0\times100\% \tag{1-1}$$
式中，L_0 为湿试样的原始长度；L_1 为试验干燥后的长度。

干燥体积收缩率：
$$\varepsilon_v=(V_0-V_1)/V_0\times100\% \tag{1-2}$$
式中，V_0 为试样的原始体积；V_1 为试验干燥后的体积。

线收缩率与体积收缩率的关系：
$$\varepsilon_{干}=[1-(1-\varepsilon_v)^{1/3}]\times100\% \text{ 或 } \varepsilon_v=[1-(1-\varepsilon_{干})^3]\times100\% \tag{1-3}$$

干燥灵敏度表示黏土或坯体在干燥时产生变形和干燥的倾向的大小。灵敏度大，其干燥过程中易开裂变形。干燥灵敏度与黏土的干燥体积收缩率成正比，与干燥后黏土总气孔率呈反比，如公式(1-4) 所示。

$$K_{敏}=干燥体积收缩率/干试样总气孔率=V_{干}/\{V_0[(G_0-G_{干})/(V_0-V_{干})]\} \tag{1-4}$$

式中，$K_{敏}$ 为干燥灵敏度；V_0 为湿试样体积，cm^3；$V_{干}$ 为干试样体积，cm^3；G_0 为湿试样质量，g；$G_{干}$ 为干试样质量，g。

根据干燥灵敏度指数的大小，把黏土的干燥性能分为三种：安全——$K_{敏}\leqslant1$；较安全——$1<K_{敏}<2$；不安全——$K_{敏}\geqslant2$。

(6) 烧结性能

① 物理化学变化。黏土在陶瓷坯料中占 40%～60%，其在加热时的变化决定着坯料的烧成行为，不同黏土在加热过程中热反应或热效应的不同，可以是鉴定黏土矿物类型的依据。随着温度的升高，会发生一系列物理化学变化：

a. 室温～<200℃，排除自由水。

b. 200～300℃，排除吸附水。

c. 925～1000℃，排除结构水，有机物氧化，碳酸盐分解，石英晶型转变，黏土矿物晶型转变，开始收缩，生坯有一定硬度。

各种碳酸盐的分解温度不同，其分解一般要到1000℃左右才能结束，如碳酸镁在 500～850℃、碳酸钙在 550～1050℃、碳酸亚铁在 800～1000℃、白云石 $MgCO_3\cdot CaCO_3$ 在 730～950℃。大量的有机物和碳素以及在坯料中添加的各种添加剂等，在加热时都会发生氧化反应。有机物含碳在 350℃以上与氧气发生反应，一般在 600℃结束，碳素是在 600℃以上与氧气反应。黏土中夹杂的硫化物会在 800℃左右完全氧化，这些杂质必须氧化完全，产生的气体应完全排掉，否则将会引起制品起泡。

d. 1000℃～烧成温度，杂质继续分解氧化，形成液相，莫来石形成并增加。黏土坯体迅速收缩，气孔率减小，强度增大，如果继续升温，坯体会软塌变形。

② 烧成收缩。黏土或坯体烧结后，由于黏土中产生了液相填充在空隙中，以及某些结晶物质生成等一系列物理化学变化又使体积进一步收缩，称为烧成收缩。其计算式如式(1-5) 和式(1-6) 所示。

烧成线收缩率：
$$\varepsilon_{烧}=(L_1-L_2)/L_1\times100\% \tag{1-5}$$
式中，L_1 为干试样长度；L_2 为烧成后试样长度。

黏土总收缩率：
$$\varepsilon_{总} = (L_0 - L_2)/L_0 \times 100\% \tag{1-6}$$

式中，L_0 为湿试样长度；L_2 为烧成后试样长度。

很明显，黏土的总收缩不等于干燥收缩与烧成收缩的简单数值和。测定收缩率是制造模型尺寸的依据，在设计坯体尺寸、石膏模型尺寸时都应考虑；过大的收缩率会导致有害应力，出现产品开裂，因而测定收缩率可作为配方调整的依据。影响收缩的因素很多，如同一种黏土原料的收缩程度会随加工方法不同而不同。颗粒越细，收缩越大。注浆成型收缩大，可塑成型收缩小，真空练泥后收缩小，水分含量高收缩大。高度收缩由于重力作用而收缩大，水平收缩小，这些因素在生产中应引起注意。

根据收缩计算公式可得出制模的缩放公式。已知产品尺寸，但容积需扩大时，各部分尺寸 L 计算公式为：
$$L = L_0 / \sqrt[3]{1 - S_v} \tag{1-7}$$

式中，L 为扩大后产品尺寸；L_0 为原产品尺寸；S_v 为体积收缩率或体积扩大的百分率。

产品容积缩小，各部分尺寸计算公式为：
$$L = L_0 \times \sqrt[3]{1 - S_v} \tag{1-8}$$

式中，L 为制品缩小后产品尺寸；L_0 为原产品尺寸；S_v 为体积收缩率或体积缩小的百分率。

③ 烧结、烧结温度、烧结范围。黏土是多种矿物组成的混合物，因此，它没有固定的熔点，但能在相当大的温度范围内逐渐软化。黏土的烧结是当黏土被加热到一定温度时，由于易熔物的熔融开始出现液相，液相填充在未熔颗粒之间的空隙中，靠其表面张力作用的拉紧力，使黏土达到收缩最大、密度最大、强度最大、气孔率最小的状态。烧结时的对应温度称为烧结温度，烧结温度因黏土而异，一般低于熔融温度几十摄氏度至几百摄氏度不等。

在烧结开始，温度继续上升时，有一个稳定的阶段，在此阶段中，气孔率、体积密度、收缩等没有显著变化，这一阶段称为烧结范围。当超过某一温度时，黏土（或坯料）中液相急剧增多，以致不能维持原有形状而产生变形，即气孔率开始增大，密度开始逐渐下降时的最低温度称为软化温度；从烧结温度到软化温度间的温度范围称为烧结温度范围。如果继续升高温度，黏土开始软化熔融成玻璃态。

黏土的烧结性能是陶瓷生产工艺中一个重要的技术指标，因为陶瓷制品都需要高温才能获得。黏土的烧结性能与黏土的矿物组成、颗粒细度有密切关系。如黏土中长石、碳酸盐类较多，则耐火度低，若含熔剂物质少，则烧结温度高。在传统的陶瓷生产中由于窑炉温差较大，希望黏土具有较宽的烧结范围（在 100～150℃为宜）、较低的烧结温度及较高的软化温度。因为较低的烧结温度有利于节约能源和生产成本；较宽的烧结范围便于实际生产控制；而较高的软化温度可减少产品变形。

（7）耐火度

耐火度是用于表征黏土抵抗高温作用而不致熔化的性能。陶瓷耐火材料的高温荷重软化温度是表征陶瓷耐火材料对高温和荷重同时作用的抵抗能力，也表征陶瓷耐火材料呈现明显塑性变形的软化温度范围，也是表征陶瓷耐火材料高温力学性能的一项重要指标。因此正确地测定陶瓷耐火材料的高温荷重软化温度对生产部门选择材料、改进工艺条件以及使用部门合理选用陶瓷耐火材料都具有重要意义。耐火度测定一般采用三角锥法和高温荷重法。

根据黏土的化学组成计算耐火度，其参考公式为式(1-9)。

$$T_{耐}=[360+(w_A-w_R)]/0.228 \tag{1-9}$$

式中，$T_{耐}$ 为耐火度；w_A 为黏土中氧化铝与氧化硅总量为100%时，氧化铝的质量分数；w_R 为黏土中氧化铝与氧化硅总量为100%时，其他熔剂氧化物的质量分数。

三角锥法需在没有荷重的情况下测定，将它插在耐火底座上，并与底座呈80°角，视锥尖端弯到触及底座时的温度为试样的耐火度，耐火度是黏土和耐火材料等的重要指标。

$$T_{烧}=KT_{耐} \tag{1-10}$$

式中，$T_{烧}$ 为烧制温度。对于日用瓷，一般 K 取 0.85；建筑陶瓷一般取 0.75~0.8 之间。

1.2.5 黏土在陶瓷生产中的作用

① 黏土的可塑性是坯料成型的基础；

② 黏土使泥浆和釉浆得以悬浮和稳定；

③ 黏土使瘠性物料得以结合，使坯体具有一定的干燥强度，同时黏土的细分散颗粒与较粗的瘠性物料相混合，可得到最大的堆积密度，有利于成型和烧结；

④ 黏土是坯釉料化学组成中氧化铝的主要来源，氧化铝能提高制品的强度，减少高温变形，且在釉中可以提高釉的弹性，降低膨胀系数，提高热稳定性，提高釉的抗腐蚀能力。釉料中黏土含量以5%~10%为宜。

1.3 瘠性原料

1.3.1 石英类原料

石英是自然界中构成地壳的主要成分。一部分是以硅酸盐化合物状态存在，构成各种矿物岩石；另一部分则以独立状态存在，成为单独的矿物实体。虽然它们的化学成分相同，均为 SiO_2，但由于成为各类岩石以及矿物的条件不同，而有许多种状态和同质异形体。又由于成矿之后所经历的地质作用不同，而呈现出多种状态。从最纯的结晶态的二氧化硅（水晶）到无定形的二氧化硅均属于它的范畴。

(1) 石英的种类及特点

在陶瓷工业中，石英是一种主要的不可缺少的基本原料。石英在陶瓷生产中的作用如下。

① 石英是坯料的主要成分之一，作为瘠性原料，可调节坯料的可塑性和干燥速度，降低干燥收缩，减少干燥变形；在烧成时，石英的加热膨胀能部分抵消坯体的收缩；石英可在高温下熔融，提高液相黏度，减小坯体的烧成收缩和变形；适当颗粒细度的石英可提高陶瓷制品的强度、透光度和白度；可生产高石英瓷。

② 石英在釉中可提高釉的熔融温度和釉的黏度，降低釉的膨胀系数，提高釉的耐酸性、机械强度和耐磨性。

③ 石英可作为耐火材料，以熔融石英玻璃为骨架的熔融石英匣钵，热性能好，可应用于玻璃工业和冶金工业。

常用的石英类原料主要有以下几种。

① 脉石英（SiO_2）是由熔融岩浆在地壳的较浅部分经急冷凝固而形成的脉状岩石。在岩浆岩中以矿脉形式出现的较纯的石英，硬度高，莫氏硬度为7，一般氧化硅的含量大于99%，在加热过程中石英晶体发生多种变化，体积剧烈膨胀。使用原矿时，应预先煅烧，再加工碾碎。脉石英是陶瓷工业的主要原料，在工艺上可用石英调节原料的可塑性和配方中硅铝比例。

② 石英砂岩是在沉积岩中以氧化硅等物质胶结石英砂组成的岩石。根据胶结的物质不同可分为石灰质砂岩、黏土质砂岩、石膏质砂岩、云母质砂岩和硅质砂岩等，二氧化硅含量为90%～95%，硅质砂岩和黏土质砂岩具有实用价值。石英砂岩外观呈白色、黄色、红色等颜色的岩石状。它的强度和硬度较低，但耐火度高，可达到1700℃，因此有的石英砂岩可直接加工做耐火材料。

③ 石英砂（硅砂）是一种变质岩，在变质作用下由石英岩、石英砂岩及含硅高的岩石风化而成，有的风化后经流水搬运，在海滨、湖泊及河流中沉积而成。石英砂主要矿物为石英，并含有少量的黏土及长石等矿物。但其杂质较多，成分波动范围大，SiO_2 为89%～99%不等，需特别注意。石英砂经淘洗加工后，纯度可大大提高，经加工后的石英砂可用于陶瓷坯釉料、耐火材料及玻璃工业。

④ 燧石是一种硅质化学沉积岩，常呈层状或结核状，产于其他岩石夹层或煤系地层的顶底板岩石中。主要由玉髓与石英或蛋白石（无定形的非晶质 SiO_2，含多水）构成。主要化学成分为 SiO_2，并含有少量的 Al_2O_3、Fe_2O_3、CaO、MgO、K_2O、Na_2O 等杂质。外观呈浅灰、深灰或白色，硬度较大。陶瓷工业常用于研磨介质与球磨机内衬。纯净的燧石可加工粉碎后用于陶瓷坯釉料，在冶金工业常用作耐火材料。

⑤ 硅藻土是溶解在水中的部分二氧化硅被细微的硅藻类水生物吸取沉积演变而成的。其主要矿物组成为石英，并含少量黏土矿物，具有可塑性。硅藻土具有很多孔，是制造绝缘材料和轻质砖、过滤体等材料的重要原料。

⑥ 海卵石（也叫鹅卵石）是石英岩风化块状物经长期搬运磨滚沉积在古海滨或近代沿海地带的圆滚状石英石，其主要矿物成分为石英，硬度大，耐磨，陶瓷工业主要用海卵石做研磨体。

（2）石英的晶型转化

石英在加热过程中，随着温度等条件的变化使得硅氧四面体之间的连接方式发生变化，直接导致了石英的存在状态发生改变。石英有三种存在状态以及八种变体：870℃下以石英状态存在，随着温度的升高在1470℃下以鳞石英状态存在，在1713℃下以方石英存在，当超过这个温度后，石英熔融变成熔融态。石英的相对密度随其结晶形态的变化而改变，一般来说，温度升高其相对密度减小，冷却时相对密度增大。因此其在2.23～2.65之间变化，最小相对密度的是α-方石英，最大为β-石英。各种石英形态的密度如表1-3所示。

表 1-3　各种石英形态的密度

名称	密度/(g/cm³)	该形态的稳定温度范围/℃
β-石英	2.65(20℃)	573 以下
α-石英	2.533(573℃)	573～870
α-鳞石英	2.228(870℃)	870～1470

续表

名称	密度/(g/cm³)	该形态的稳定温度范围/℃
β-鳞石英	2.24(117℃)	117～163
γ-鳞石英	2.31(20℃)	117 以下
α-方石英	2.22(300℃)	＞1713
β-方石英	2.34(20℃)	180～270

注：石英玻璃密度 2.20～2.21g/cm³，该形态的稳定温度范围为＞1713℃。

石英在加热或冷却过程中会发生多次的晶型转化，这些转化是可逆的，如图 1-1 所示。

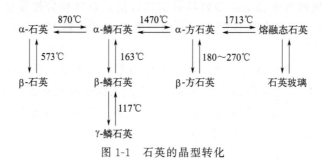

图 1-1　石英的晶型转化

图 1-1 中垂直方向表示快速转化，水平方向表示缓慢转化，这些转化是可逆的。通常将 α-石英称为高温型，β-石英称为低温型。自然界中的石英主要由 β-石英产出，高温石英较少，鳞石英、方石英更少。陶瓷制品中石英除转变成硅酸盐玻璃外，还有少量方石英和游离石英。在硅质耐火材料中，主要矿物为鳞石英，其次为方石英，残余石英对陶瓷制品不利。

石英在加热或冷却过程中由于晶型转化引起的体积变化，对坯体造成相当大的内应力而产生微裂纹，甚至导致坯体开裂，影响产品的抗热震性和机械强度。所以加热过程中的体积变化在生产中是非常重要的。例如在 573℃时 β-石英转化为 α-石英的可逆反应中，虽然体积变化只有 0.82%，但其转化迅速，且可逆，这时制品极易开裂。所以在坯体的烧成中必须控制升温和冷却速度，如表 1-4 所示。

表 1-4　石英晶体转化中体积变化

转化	温度/℃	体积变化/%
β-石英⇌α-石英	573	±0.82
α-石英⇌α-鳞石英	870	±16.0
α-鳞石英⇌α-方石英	1470	±4.7
α-方石英⇌熔融石英	1713	±0.1
α-鳞石英⇌β-鳞石英	163	±0.2
β-鳞石英⇌γ-鳞石英	117	±0.2
α-方石英⇌β-方石英	180～270	±2.8
石英玻璃⇌α-方石英	1713	−0.9

高温型缓慢转化，如 870℃时 α-石英转化为 α-鳞石英，尽管体积变化达 16.0%，但由于液相产生，且其反应速度极为缓慢，转化时间也很长，因此对陶瓷制品影响就相对来说小很多，但是在烧成时也需要加以注意。

在实际生产中，常利用石英晶型转化这一特性，将块状石英预烧，一般在 1000℃ 左右，并急冷，使其结构变疏松，有利于石英的粉碎，同时也可减少制品在烧成过程中的开裂情况。

陶瓷坯釉中石英晶型转化与纯石英晶型转化不同，因为陶瓷坯釉中除石英外还含有其他氧化物，这些氧化物对石英晶型转化将产生影响。利用矿化剂可以控制石英的晶型转化，如耐火材料硅砖不加矿化剂烧成制品几乎全部是方石英，鳞石英极少，而加入矿化剂后，制品能获得较多的鳞石英，也有人报道过如果在陶瓷坯料中加入 1%～3% 的滑石，可使游离石英含量大大减少。

（3）日用陶瓷用石英标准

SiO_2 是陶瓷坯料中重要组成部分，在建筑陶瓷中它的含量在 70% 以上，SiO_2 成分除了黏土、长石供给一部分外，石英是主要供给者。不同的产品和用途，对石英的质量要求也不同，但总是希望其 SiO_2 含量要高而着色氧化物要低。标准 QB/T 1637—2016 规定块石英应为白色或乳白色，透明或半透明，无严重铁质污染。石英砂应为白色、灰白色或黄白色，无明显云母和其他杂质。此外，石英和石英砂在电炉中升温至 （1350±25）℃，保温（30±3）min，自然冷却后，优等品白度≥90%，一等品白度≥75%，合格品白度≥60%。表 1-5 列出了日用陶瓷用石英级别。

表 1-5　日用陶瓷用石英级别 （QB/T 1637—2016）

名称	级别	化学成分/%（质量分数）		
		$SiO_2 \geqslant$	$Fe_2O_3 + TiO_2 \leqslant$	$TiO_2 \leqslant$
块石英	优等品	99	0.08	0.02
	一等品	98	0.15	0.03
	合格品	96	0.25	0.05
石英砂	优等品	98	0.10	0.03
	一等品	97	0.20	0.05
	合格品	95	0.40	0.10

1.3.2　熟料与废瓷粉

陶瓷原料经煅烧后都称为熟料，最常见的有黏土熟料、矾土熟料及熟坯料等。熟料在陶瓷工业中应用广泛，特别是制造耐火材料，熟料可达到 50% 以上。在工业陶瓷的热压铸中，熟料几乎可达到 100%。在大型陶瓷制品中加入熟料可减少干燥收缩和烧成收缩，防止制品的变形。在陶瓷工业中加入熟料的目的：调节坯釉的工艺性能，如可塑性、流动性能；减少干燥和烧成收缩，防止产品变形；改变原料的内部结构和矿物组成，如矾土在煅烧前矿物组成一般为高岭石和水铝石类，经高温煅烧后，其矿物组成为莫来石、刚玉等。

废瓷粉是将废瓷粉碎后得到的。有颜色的废瓷不能使用，要分批粉碎，分批检验。废瓷粉常用作瘠性原料，其具体作用如下。

① 变废为宝，将废瓷加工后变为优质的陶瓷原料，减少了废料的运输；

② 调节坯料的可塑性，减少干燥收缩，在烧成过程中减少坯体的烧失量和烧成收缩，有利于控制产品变形；

③ 可替代部分长石，以减少长石用量，降低成本。

在釉中加入瓷粉能提高釉的始熔温度，减少釉层中的气泡，提高釉面光泽度，有利于坯釉结合，提高热稳定性。

1.4 熔剂性原料

熔剂性原料是指降低陶瓷坯釉烧成温度和熔融温度，促进陶瓷烧结的原料，陶瓷工业中常用的天然矿物熔剂性原料主要有长石、方解石、白云石、滑石、萤石、含锂矿物等。

1.4.1 长石类原料

长石在陶瓷生产中的作用如下。

① 在烧成前，作为非可塑性原料，可缩短干燥时间，减少干燥收缩和变形；

② 长石是坯釉中的主要熔剂原料，长石在坯中占25％左右，在釉中占50％左右，主要是降低烧成温度；

③ 长石在高温下熔融成长石玻璃，填充于坯体颗粒之间，并能溶解其他矿物如高岭石、石英等，提供坯体的致密度，有助于提高制品的机械强度和化学稳定性，提高制品透光度。

1.4.1.1 长石的种类

长石是三大原料（可塑性原料、非可塑性原料以及熔剂性原料）之一，是最常用的熔剂性原料。在地壳中分布广泛，是不含水的碱金属与碱土金属铝硅酸盐。自然界长石的种类很多，一般纯的长石较少，多数都是以各类岩石的集合体产出，共生矿物有石英、云母等。根据架状硅酸盐结构的特点，归纳起来都是由下列四种长石组合而成。

钠长石 $Na_2O \cdot Al_2O_3 \cdot 6SiO_2$，其理论化学组成为 11.8％ Na_2O，19.4％ Al_2O_3，68.8％ SiO_2；

钾长石 $K_2O \cdot Al_2O_3 \cdot 6SiO_2$，其理论化学组成为 16.9％ K_2O，18.4％ Al_2O_3，64.7％ SiO_2；

钙长石 $CaO \cdot Al_2O_3 \cdot 2SiO_2$，其理论化学组成为 20.1％ CaO，36.6％ Al_2O_3，43.3％ SiO_2；

钡长石 $BaO \cdot Al_2O_3 \cdot 2SiO_2$，其理论化学组成为 40.85％ BaO，27.15％ Al_2O_3，32.0％ SiO_2。

钠长石与钾长石在高温时可以形成连续固溶体，但温度降低则可混性减弱，固溶体会分解，这种长石也称微斜长石。钠长石与钙长石能以任何比例混熔，形成连续的类质同象系列，低温下也不分离，就是常见的斜长石。钾长石与钙长石在任何温度下几乎都不混熔；钾长石与钡长石可形成不同比例的固溶体，地壳上分布不广。

长石族中类质同象极为普遍，上述四种主要成分形成一系列类质同象矿物，以它们为端元成分，构三个类质同象系列。

① 钾钠长石系列为 $K[AlSi_3O_8]$-$Na[AlSi_3O_8]$组合，亦称碱性长石系列，此系列在高温时能以任意比例相混熔，组成完全类质同象系列，随着温度的降低钾长石和钠长石的混熔性逐渐减弱，并熔离成钾长石和钠长石，构成条纹长石。

② 钠钙长石系列（斜长石系列）为 $Na[AlSi_3O_8]$-$Ca[Al_2Si_2O_8]$组合，此系列在任何温度下均成连续类质同象系列。

③ 钾钡长石系列（钡冰长石系列）为 $K[AlSi_3O_8]$-$Ba[Al_2Si_2O_8]$ 组合，其端元成分在自然界产出很少，通常是少量钡离子，在高温条件以类质同象形式进入长石，构成有限类质同象系列。

而钾长石和钙长石几乎在任何温度下都是不混熔的。Or-Ab-An 系列的混熔性及同温度间的关系如图 1-2 所示，它表明在不同温度下的相互混熔情况。

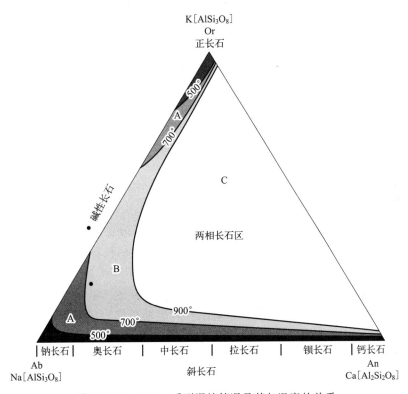

图 1-2　Or-Ab-An 系列混熔情况及其与温度的关系

A—在任何温度下稳定的晶体；B—仅在高温下稳定的晶体；C—不混熔区：在任何温度下都不稳定的晶体

在自然界中，天然纯净的钾长石、钠长石、钙长石、钡长石都很少，大量存在的是钾钠长石和钙钠长石，即两种长石矿物的混合物。在日用以及建筑陶瓷工业中常用钾长石和钠长石。生产中所谓的钾长石或者钠长石其实都是钾钠长石，只是含量多少而已，像钾长石其实就是以钾长石为主、钠长石为少量的钾钠长石。在生产中也确实需要钾长石与钠长石这两种物质共同存在，因为两者在高温时可以形成低共熔物，降低烧成温度。在日用陶瓷生产中，一般选择以钾长石为主的钾钠长石，因为钠长石在大约 1120℃ 开始熔融，1250℃ 则开始全部熔融，在高温下液相的黏度很低，易引起产品变形。而钾长石在 1150℃ 开始熔融，到 1530℃ 则全部熔化成为液相，熔体的黏度比钠长石大很多，而且熔融范围也比钠长石要宽，且随着温度的升高黏度降低也较慢。这是因为钾长石在高温时生成了不易熔化合物白榴子石以及二氧化硅熔体。所以一般适合于陶瓷生产的长石要求其熔化温度低于 1230℃，K_2O 与 Na_2O 的总量不小于 11%，一般是要大于 13%，其中 K_2O 与 Na_2O 质量比大于 3，一般来说，Na_2O 含量小于 3%，CaO 和 MgO 总量不大于 1.5%，Fe_2O_3 小于 0.5%。

像透长石（50%钠长石）、正长石（30%钠长石）以及微斜长石（20%钠长石）都属于钾钠长石，这一类长石是陶瓷的良好原料。同时由于钠长石与钙长石能以任何比例混熔，因此也产生了斜长石族这么一类矿物，但它在建筑以及日用陶瓷生产中用得比较少。

1.4.1.2 长石的熔融特性

（1）长石作为熔剂性原料应具备的条件

长石在陶瓷坯料中是作为熔剂性原料使用的，在釉料中也是形成玻璃相的主要成分。为了使坯料便于烧结而又防止变形，长石应具有较低的熔融温度，较宽的熔融温度范围、较高的熔融液相黏度和良好的熔解其他物质的能力。

（2）长石的理论熔融温度和熔融特点

长石的理论熔融温度：钾长石 1150℃，钠长石 1100℃，钙长石 1550℃，钡长石 1715℃。尽管长石是一种结晶物质，因其经常是几种长石的互熔物，同时又有一些杂质如石英、云母、氧化铁等，所以陶瓷生产中使用的长石没有一个固定的熔点，只是在一个不太严格的温度范围内逐渐软化熔融，变为玻璃态物质，其反应如下。

$$K_2O \cdot Al_2O_3 \cdot 6SiO_2 \longrightarrow K_2O \cdot Al_2O_3 \cdot 4SiO_2 + 2SiO_2$$
$$（白榴子石）$$

煅烧实践证明，长石变为滴状玻璃体时的温度并不低，一般在 1220℃以上，其一般熔融温度范围为：钾长石 1130~1450℃，钠长石 1120~1250℃，钙长石 1250~1550℃。

① 钾长石在陶瓷坯料中的特点。钾长石的熔融温度不是太高，且其熔融温度范围宽，这与钾长石的熔融反应有关。钾长石从 1130℃开始软化熔融，在 1220℃时分解，生成白榴子石与 SiO_2 共熔体，成为玻璃态黏稠物，温度升高逐渐全部变成液相。由于钾长石的熔融物中存在白榴子石和硅氧熔体，故黏度大，气泡难以排出，熔融物呈稍带透明的乳白色。钾长石这种熔融后形成黏度较大的熔体，并且随着温度升高熔体黏度逐渐降低的特性，在陶瓷生产中有利于烧成控制和防止变形。

② 钠长石在陶瓷坯料中的特点。钠长石的开始熔融温度比钾长石低，其熔化时没有新的晶相产生，液相的组成和未熔长石的组成相似，形成的液相黏度较低，故熔融范围较窄，且其黏度随温度的升高而降低的速度较快，所以一般认为在坯料中使用钠长石容易引起产品变形，一般适用于低温陶瓷。但钠长石在高温时对石英、黏土、莫来石的熔解却最快，熔解度也最大，以之配制釉料是非常合适的。

③ 钙长石的熔化温度较高，高温下的熔体不透明，黏度也小，冷却时容易析晶，化学稳定性也差。

④ 斜长石的化学组成波动范围较大，无固定熔点，熔融范围窄，熔液黏度较小，配成瓷件的半透明性强，强度较大。

陶瓷生产中适用的长石要求共熔温度低于 1230℃，熔融范围应不小于 30~50℃。

（3）长石与其他矿物的关系

① 长石对高岭土耐火度的影响。从图 1-3 可见，长石与高岭土作用时，高岭土的耐火度随长石的增加而降低，由纯高岭土 1770℃降到 1220℃，即每份长石能降低高岭土耐火度 5.5℃左右，掌握了这一规律，就可以利用长石和高岭土配制所需烧成温度的坯料配方。

② 钠长石与钾长石之间的关系。如图 1-4 所示，当钠长石与钾长石的比例为（2～4.5）∶（8～5.5）时，其熔融温度低。因此，配制时可将两种长石按比例配置，使其达到最低温度。

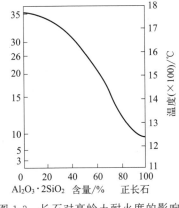

图 1-3　长石对高岭土耐火度的影响

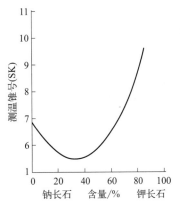

图 1-4　钠长石与钾长石之间的关系

③ 钾长石与 MgO 之间的关系。从图 1-5 可知，当滑石的含量为 0～5％时，钾长石与滑石的耐火度随滑石的增加而降低，大于 5％时，它们的耐火度随滑石的增加而升高。

④ 钾长石与 CaO 之间的关系。从图 1-6 可以看出，少量的 CaO（3％左右）可以降低钾长石的熔融温度，随着 CaO 的增加反而提高熔融温度，但是当提高到 16％～35％之间时，又降低熔融温度，大于 35％左右时，熔融温度又反而升高，变化呈波浪式，无固定规律。

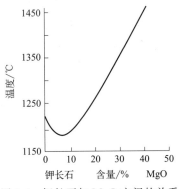

图 1-5　钾长石与 MgO 之间的关系

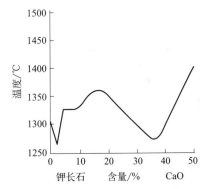

图 1-6　钾长石与 CaO 之间的关系

⑤ 钾长石、钠长石与 MgO 之间的关系。对于钾长石，当 MgO 含量很少时，它们的耐火度降低，当 MgO 含量大于 20％时，它们的耐火度随 MgO 的增加而升高。对于钠长石，当 MgO 含量为 0～10％时，它们的耐火度随 MgO 增加而降低，当 MgO 含量大于 10％时，它们的耐火度随 MgO 的增加而升高。

从以上实验结果可知，当低熔点熔剂矿物或氧化物与高熔点熔剂矿物或氧化物作用，且高熔点熔剂矿物或氧化物含量较少时，它们的耐火度降低，反之，它们的耐火度升高。

1.4.1.3　工业上对长石产品的一般要求

目前，我国长石产品还没有制定统一的产品质量标准，工业应用部门主要要求其含铁量低，表 1-6 为我国长石产品的一般质量要求。

表 1-6　我国长石产品的一般质量要求

产品级别	化学成分	含量/%(质量分数)	主要用途
特级品	Fe_2O_3	<0.3	作白色釉药用
I级品	Fe_2O_3	<0.5	釉药、白坯、平板玻璃用
II级品	Fe_2O_3	<0.8	坯料和电瓷用
III级品	Fe_2O_3	<1.0	搪瓷用

表 1-7 为陶瓷工业对钾长石的质量要求，表 1-8 为不同种类陶瓷对钾长石的质量要求。

表 1-7　陶瓷工业对钾长石的质量要求　　　　单位:%（质量分数）

产品级别	K_2O+Na_2O	Na_2O	Fe_2O_3	Al_2O_3	$CaO+MgO$
特级品	≥12	<4	≤0.15	≥17	<2
I级品	≥11	<4	≤0.2	≥17	<2
II级品	≥11	—	≤0.5	≥17	<2

表 1-8　不同种类陶瓷对钾长石的质量要求　　　　单位:%（质量分数）

类型	K_2O+Na_2O	K_2O/Na_2O	SiO_2	Al_2O_3	Fe_2O_3	TiO_2	$CaO+MgO$
卫生瓷和日用瓷	≥11~15	>2	<75	≥17	<0.5	<0.5	≤1.5
电瓷	>14	—	<70	>17	<0.2~0.5	—	—
无线电陶瓷	12.5~16.5	>3	60~66	18~22	<0.1	微量	<0.5

日用陶瓷所用长石要求其中含 K_2O 或 Na_2O，碱金属尽可能多，着色氧化物尽可能少，如表 1-9。块状产品应无明显云母和其他杂质，无严重铁质污染，外观通常为肉红色、白色、淡黄色。产品经 1350℃ 煅烧后，优等品、一等品为透明或乳白色玻璃体；合格品为透明或浅黄色玻璃体。陶瓷生产中一般都用钾长石（钾钠长石中含钾量较多者），这是因为其熔融物的黏度比钠长石大，随温度变化的速度也慢，烧成温度范围也就较宽，因而易于烧成，还可防止高温变形等。长石中含铁量的要求严格，不仅因为其使制品白度降低，还因为长石常与云母、角闪石伴生，这些含铁矿物不在高温下不能与长石互溶，因而使制品出现黑色斑点。

表 1-9　日用陶瓷用长石等级（QB/T 1636—2017）

类别	等级	化学成分/%(质量分数)				
		$Fe_2O_3+TiO_2$	TiO_2	K_2O+Na_2O	K_2O	Na_2O
钾长石	优等品	≤0.10	≤0.03	≥12.00	≥10.00	—
	一等品	≤0.25	≤0.05	≥11.00	≥8.00	—
	合格品	≤0.60	≤0.10	≥10.00	$K_2O>Na_2O$	
钠长石	优等品	≤0.10	≤0.03	≥10.00	—	≥9.00
	一等品	≤0.25	≤0.05	≥9.00	—	≥8.00
	合格品	≤0.60	≤0.10	≥8.00	$Na_2O>K_2O$	

1.4.1.4　长石矿物的利用发展趋势

长石矿物是一类用量大、用途广的工业矿物，我国是长石生产和消耗大国。随着我国产业结构的调整，各工业部门对长石矿物产品质量的要求将会越来越高。因此需要：

① 研究开发长石矿物的新产品和新用途，如长石经超细粉碎后，作为填料级长石，产品价格可提高 6～7 倍。

② 继续加强长石选矿技术和选矿设备的研究和开发，推广使用无氟无酸浮选工艺，加强超细磨设备的研制和推广使用。

③ 学习和借鉴国外长石产品质量标准的分类方法，结合我国长石工业的实际情况，制定我国各类长石质量标准，满足不同的工业部门对长石产品的需求。

1.4.2　含碱硅酸铝类——碱土硅酸盐类原料

1.4.2.1　滑石与蛇纹石

滑石与蛇纹石都属于高镁质矿物。滑石的化学式为 $3MgO \cdot 4SiO_2 \cdot H_2O$，理论化学组成为 31.7% MgO，63.5% SiO_2，4.8% H_2O。外观为白色或稍带粉红色，一般为粗鳞片状，具有滑腻感。滑石是含水层状硅酸镁矿物，莫氏硬度只有 1～1.5，指甲可刻划。滑石加热到 870℃ 开始脱去结晶水，950℃ 全部脱水，熔点 1550℃，有良好的耐热性、润滑性、抗酸性、绝缘性及对油类有强烈吸附性等性能。但是由于其为片状结构，所以破碎时易呈片状颗粒，不易粉碎，也容易引起制品开裂，所以一般在使用的时候常对其进行预烧来破坏其原有结构，预烧温度在 1200～1410℃ 之间。

滑石可用于制造白度高、透明度好的滑石日用瓷，也称镁质瓷。电瓷工业应用滑石生产高频瓷，在长石质瓷坯料中加入少量滑石能降低坯体烧成温度，提高致密度，扩大烧结范围，减少瓷胎中游离石英的含量，增加制品的半透明性和热稳定性。精陶坯料中以滑石代替长石，可减少制品的吸湿膨胀和后期龟裂，同时可降低干燥及烧成收缩。

滑石能降低釉的膨胀系数，防止釉开裂，在釉中能形成增强反光能力的棱柱状晶体，从而可增强釉的乳浊程度，有利于提高白度，还能增宽釉的熔融温度范围，避免釉面烟熏。

滑石具有电绝缘性高、耐热性好、与强酸和强碱一般都不起作用、吸油性和遮盖力强、润滑性及机械加工性能良好等特点，是一种很有发展前途的多功能材料，可广泛应用于油漆、造纸、陶瓷、纺织、橡胶、化妆品、医药、塑料、皮革等工业。滑石粉的用途和其细度密切相关，而它的细度又与其性质关系极大，滑石越细，比表面积越大，白度越高，吸油量也越大，使用价值也就越高。因此，进一步研究滑石粉的细度、粒度组成、白度、吸油量之间的关系，具有实际意义。

蛇纹石的矿物实验式为 $3MgO \cdot 2SiO_2 \cdot H_2O$，理论化学组成为 43.0% MgO，44.1% SiO_2，12.9% H_2O，在天然矿石中，一般杂质含量较多，常含有 Fe、Ni、Mn、Ti、Co、Cr 等化合物。蛇纹石外观为绿色、浅绿、黄绿、暗绿以及黑色，硬度为 2.5～3.5，在 400～600℃ 脱水，700℃ 完全脱水，生成物为镁橄榄石（$2MgO \cdot SiO_2$）和 $MgO \cdot SiO_2$。1000℃ 左右，$MgO \cdot SiO_2$ 生成顽辉石，随着温度的升高，变为斜顽辉石。1400～1500℃ 完全烧结，主要为镁橄榄石、斜顽辉石，此外还有磁铁矿和尖晶石包裹体。

蛇纹石不能直接使用原矿，应先在 1400℃ 下预烧处理，使夹杂的纤维状石棉和白云岩矿物破坏分解，易于细磨成型。蛇纹石类矿物由于具有耐热、隔热、耐腐蚀等性能，所以主要用于耐火材料（堇青石匣钵），含铁量低的可用作陶瓷坯料。

1.4.2.2 硅灰石（CaO·SiO$_2$）

硅灰石的存在形式：高温变体 β-CaSiO$_3$（单斜晶系），低温变体 α-CaSiO$_3$（三斜晶系）。通常在自然界中以三斜晶系存在。

硅灰石在陶瓷坯料中具有助熔作用，可降低坯体的烧结温度，由于热膨胀系数小，热稳定性能好，本身在低温时（室温～800℃）干燥收缩与烧成收缩都小，特别适合于低温快速烧成坯体，相类似原料还有透辉石、叶蜡石、珍珠岩等。但其烧成范围较窄，容易过烧使坯体变形，坯体白度低。若加入 Al$_2$O$_3$、ZrO$_2$、SiO$_2$ 等，可提高坯体中液相的黏度，从而达到拓宽烧成温度范围的目的。

1.4.2.3 透辉石（CaO·MgO·2SiO$_2$）与透闪石（2CaO·5MgO·8SiO$_2$·H$_2$O）

偏硅酸钙镁类物质，不含有机物和结构水。与硅灰石类似也适用于陶瓷低温快烧原料，其干燥收缩和烧成收缩都较小（用作釉面砖坯料干燥收缩几乎为 0%，烧成收缩也小于 0.3%），热膨胀系数小，但烧成温度范围较窄。

透闪石与透辉石和硅灰石在陶瓷中用途相近，透闪石在 1050℃ 才排出结构水，同时伴生碳酸盐，烧失量大，不适合快烧，在陶瓷工业中应用较少。

1.4.3 含碱硅酸铝类——碱性硅酸盐类原料

1.4.3.1 伟晶花岗岩和霞石正长岩

天然矿物中优质的长石资源并不多，工业生产中常使用一些长石的代用品，主要有伟晶花岗岩和霞石正长岩等。伟晶花岗岩和霞石正长岩含氧化铁量较多，需磁选去除氧化铁。

（1）伟晶花岗岩

伟晶花岗岩是一种颗粒很粗的岩石（与细花岗岩相对应），其矿物成分主要是石英和正长石、斜长石以及少量的白云母等，大多是岩浆中酸性最大的溶液冷却后的产物。石英成分波动较大，适用于陶瓷工业的伟晶花岗岩中石英含量不能太多，一般石英含量为 25%～30%，长石含量为 60%～70%，其余杂质较少。

伟晶花岗岩的化学组成举例如下。

SiO$_2$ 69.89%，Al$_2$O$_3$ 15.08%，Fe$_2$O$_3$ 2.05%，CaO 2.07%，MgO 0.66%，K$_2$O 4.29%，Na$_2$O 4.73%，灼减 0.54%。

组成中以 Fe$_2$O$_3$ 最有害，使用时应磁选，如含黑云母杂质必须考虑筛选。一般要求 Fe$_2$O$_3$ 控制在 0.5% 以下，碱成分不小于 8%，CaO 含量不大于 2%，游离石英不大于 30%，$m(K_2O)/m(Na_2O)$（质量比）不小于 2。

（2）霞石正长岩

霞石正长岩的矿物组成主要为长石类（正长石、微斜长石、钠长石）及霞石 [(Na,K)AlSiO$_4$] 的固溶体。次要矿物为辉石、角闪石等。它的外观是浅灰绿或浅红褐色，有脂肪光泽。霞石正长岩的化学组成举例如表 1-10。

表 1-10　霞石正长岩的化学组成　　　　　　　单位：%（质量分数）

序号	SiO_2	TiO_2	P_2O_5	Al_2O_3	Fe_2O_3	CaO	MgO	K_2O	Na_2O	灼减
1	57.60	0.38	—	23.9	0.96	0.85	0.23	6.53	8.25	0.91
2	36.70	1.77	5.90	22.70	3.60	11.35	2.20	6.60	7.90	1.53

霞石正长岩在 1060℃左右开始熔化，随着碱含量的不同而变化，在 1150～1200℃内完全熔融。由于霞石正长岩中 Al_2O_3 的含量比正长石高（一般在 23%左右），以及几乎不含游离石英，而且高温下能熔解石英，故其熔融后的黏度较高。用霞石正长岩代替长石使用，可使坯体烧成时不易沉塌，制得的产品不易变形，热稳定性好，力学强度有所提高。但它的含铁量往往较多，需要精选。

在国外，俄罗斯和美国常采用霞石正长岩为陶瓷坯体的原料。根据实践结果，坯内含有 20%霞石正长岩、10%锂辉石时，可将坯体的烧成温度降低为 1050℃。

1.4.3.2　锂辉石和锂云母

常用的含锂矿物有锂辉石和锂云母两种，锂辉石又称为 α-锂辉石（850℃），它是低温稳定性变体，其他的变体有 β、γ 型，其中 β 型属于高温稳定性（1000℃），γ 型属于高温亚稳定性（1100℃）。三者具有不同的晶型结构，α-锂辉石是单斜、β-锂辉石是四方、γ-锂辉石是六方。

含锂矿物最主要可应用于低膨胀陶瓷材料，在陶瓷坯体中引入适量锂辉石，可降低坯体的热膨胀系数，降低烧成温度，缩短烧成周期。

1.4.4　碳酸盐类原料

常用的碳酸盐类熔剂原料主要有方解石、大理石、石灰石、白垩、白云石等。

1.4.4.1　方解石与石灰石

两者主要成分都是碳酸钙（$CaCO_3$）。理论化学组成：56.0% CaO，44.0%CO_2。

方解石是结晶程度很高的碳酸钙，杂质含量低，有很多异种，无色透明的菱面体方解石称为冰洲石，较纯；矿物多为白色或淡红色，带有杂质时呈灰色、黄色，有玻璃光泽，菱面体完全解理，小刀可刻划，性质脆，易粉碎，密度为 $2.8g/cm^3$，是陶瓷常用熔剂原料。

粗粒方解石的石灰岩称为石灰石。石灰岩一般含杂质较多，杂质矿物有白云石、石英、铁、锰等。矿石外观为白色、浅红色、灰黑色等，较硬且致密。大理石主要用于加工建筑装饰材料。

细粒疏松的方解石与一些有孔软体动物类的方解石屑的白色沉积岩称为白垩。

方解石加热至 860℃时开始分解，940℃反应最剧烈，分解成 CaO 和 CO_2。在陶瓷坯体中或釉料中常以方解石形式引入 CaO。CaO 虽是难熔物质，熔点为 2700℃，但在陶瓷坯釉中却可与其他矿物发生反应，生成低熔点的硅酸钙玻璃。因此，CaO 是强熔剂氧化物之一，碳酸钙是强熔剂原料。

方解石分解前在坯料中作为瘠性料，分解后起助熔作用，并在烧成过程中易与黏土和石英发生反应，降低烧成温度，缩短烧成时间，增加产品的透明度，使坯釉结合更牢固。一般来说，在硬质坯料中宜少含碳酸钙，因为 CaO 高温下黏度小，会降低长石玻璃的黏度，使坯体易变形，烧成范围变小。在低温瓷坯中可以少量应用碳酸钙，碳酸钙在釉面砖坯料中应用较多，一般用石灰石、方解石、大理石，其用量为 5%～15%。碳酸钙主要应用于釉料中，是釉料常用的熔剂原料。在普通陶釉中，方解石或石灰石用量可达 20%～30%。碳酸钙是青花瓷釉中不可缺少的熔剂。

1.4.4.2 白云石

白云石又叫苦灰石，是异种沉积岩，是碳酸钙和碳酸镁的复盐。其化学式为 $CaCO_3 \cdot MgCO_3$，理论化学组成为 30.4% CaO，21.9% MgO，47.7% CO_2。白云石大约在 800℃开始分解，先是碳酸镁分解，分解出 MgO 及 CO_2，在 950℃时碳酸钙全部分解。

白云石多呈灰白色，微浅红色，具有玻璃光泽，硬度为 3.5，性脆，密度为 2.85g/cm³。常含的杂质矿物有石英、碳酸镁、黏土和铁化合物等。白云石表面粗糙、断口参差，这是它与大理石的主要区别。白云石为强熔剂矿物，加入坯料中能同时引入 CaO 和 MgO 起助熔作用，降低坯体的烧成温度，扩大烧结范围，增加制品透明度，并能促进石英的熔解和莫来石的生成。同时将它引入釉中代替方解石能解决因控制不当引起的乳浊现象，提高釉的热稳定性以及在一定程度上防止吸烟。烧成过程中吸收了游离的碳素和碳化物，如果这些被吸收的碳素和碳化物在还原中、末期未被烧去则称为吸烟。吸烟可导致釉面变黄，降低白度以及透明度。加入白云石能降低釉的热膨胀系数，增加釉的白度，提高釉的高温黏度，但用量不宜过多，过多会影响釉面的光泽，以致使釉面无光。

白云石是耐火材料的重要原料，如白云石碳砖、镁质白云石碳砖，是钢铁工业转炉的优质材料之一。用作耐火材料的白云石一般要经过高温煅烧，并要求杂质少，镁含量高，要求其化学组成含 MgO≥20%，2%≤$Al_2O_3 + Fe_2O_3 + SiO_2 + Mn_3O_4$≤3%，其中 1%≤$SiO_2$≤1.5%。

1.4.4.3 菱镁矿

菱镁矿（$MgCO_3$）亦称菱苦土，外形与方解石十分相似。菱镁矿杂质成分较多，除含 MgO 外，还含有 Al_2O_3、Fe_2O_3、SiO_2、CaO 等杂质。500℃菱镁矿开始分解，800℃分解完全。800～1100℃出现含钙矿物和镁铁矿物。1100～1200℃方解石小颗粒和微量镁铁矿物生成。1200℃以上，钙镁橄榄石生成，1350～1700℃开始烧结，晶体长大。主要用作耐火材料、建材原料、化工原料和提炼金属镁及镁化合物等。

菱镁矿高温分解出的 MgO 可以减弱坯体中由于杂质所产生的黄色，能提高坯釉白度，促进坯体的半透明性，提高坯体的机械强度。在釉中还可以拓宽釉的熔融范围，改善釉层的弹性和稳定性。但引入量不宜过多，否则会提高釉的高温黏度，降低光泽度。菱镁矿是合成董青石的重要原料，也是生产耐火材料的主要原料。

1.4.5 钙的磷酸盐类原料

（1）骨灰

骨灰是脊椎动物骨骼经一定温度煅烧后的产物。其中绝大部分有机物被烧掉，而剩下无机盐类，主要成分是羟基磷灰石，可制备骨质瓷。

（2）磷灰石

磷灰石是天然的磷酸钙矿物，可少量引入长石釉中，自然界中以氟磷灰石最为常见。羟基磷灰石是目前研究广泛的生物陶瓷原料，它具有良好的生物相容性，可作为人类骨骼或牙齿的替代品。

1.4.6 高铝质矿物原料

（1）高铝矾土

主要矿物是水铝石和高岭石，还有黏土矿物、铁矿物、钛矿物等一些少量的其他矿物。这就导致它在煅烧过程中发生一系列的物理-化学变化，主要分为分解、二次莫来石、重结晶烧结阶段，其中尤其是第二个阶段，是一次莫来石和二次莫来石的形成阶段。因为无论是在日用陶瓷还是在建筑陶瓷中，莫来石形成有利于改善瓷器的热学和力学性能。

（2）硅线石

天然硅线石是一种高级耐火材料，它在高温时可转变为莫来石，这种物质可耐极高的温度，加上本身氧化铝含量也很高，因此具有较高的熔点和耐火度，在重负荷下具有抗高温、抗热冲击能力和良好的抗渣性。同质异形体包括蓝晶石和红柱石。硅线石在加热过程中，不可逆地转化为莫来石和方石英（或玻璃质），并伴有一定的体积膨胀，冷却后不收缩。

1.4.7 锆英石

锆英石极耐高温，其熔点达 2750℃，并耐酸腐蚀。世界上有 80% 的锆英石直接用于铸造工业、陶瓷、玻璃工业以及制造耐火材料。锆英石微粉广泛用作建筑卫生陶瓷的乳浊剂，并提高釉的白度和耐磨性，增大抗釉面龟裂性和釉面硬度。缺点是：其本身硬度较大，难以研磨粉碎（研磨时间需要 100～200h）；加入釉中后釉在高温时黏度大，易缩釉。

1.4.8 工业废渣

变废为宝，改善环境，降低成本已受到社会各界的高度重视。近年来，工业废渣在建筑卫生陶瓷等行业的应用和研究已取得了显著成绩，获得了良好的经济效益和社会效益。工业废渣包括生产工业废渣和尾矿。

（1）磷矿渣

磷矿渣是磷矿石生产后排除的废渣，含有大量的氧化钙，是快速烧成的理想原料。

（2）高炉矿渣

高炉矿渣主要为硅酸钙（镁）和铝硅酸钙（镁）的熔融体。主要成分是氧化钙、氧化硅和氧化铝，因此可以作为生产建筑瓷的原料。

（3）粉煤灰

粉煤灰是发电厂的废渣，主要成分是氧化硅和氧化铝。粉煤灰在建筑卫生陶瓷中用于以耐火材料为主的材料中。粉煤灰主要成分是玻璃体，经常用它来提炼出一种很小的如颗粒状的空心球状物质——漂珠（图 1-7），这种物质的密度非常低，小于水，强度也很低，是癖性物质，通常用来制作耐火材料。在高温时，空心球烧失，在材料中会留下一个个若干的小孔，达到耐火绝热的作用。同时利用粉煤灰的活性可以生产粉煤灰硅酸盐水泥，也有将粉煤灰与磷矿渣一起混合生产硅酸盐水泥的报道。

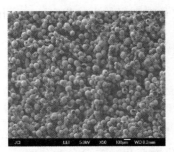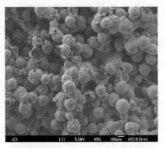

图 1-7　漂珠的 SEM 照片

（4）煤矸石

煤矸石是煤矿的副产品和废渣，主要矿物成分是高岭石、石英、伊利石。我国早在 20 世纪 50 年代就已开始煤矸石利用的研究，并取得了一定的经验。近年来，煤矸石作建筑材料发展相当迅速，开拓了多种利用途径，开发出较成熟和较先进的技术。比如用于耐火材料、水泥、烧结砖、筑路和填充材料等，且应用的情况都很好。

1.5　常用化工原料

陶瓷工业中所需原料自然界含量极少或不纯，需要对其提纯，化工原料因此而产生，陶瓷工业中常用化工原料种类很多，按用途可分为熔剂原料、乳浊剂原料、着色原料、工业陶瓷原料等几种类型。化工原料质量稳定、杂质含量少，有利于提高产品质量，但成本较高。

1.5.1　常用化工熔剂原料

它是陶瓷工业常用原料之一，特别是生产建筑陶瓷墙地砖和低温瓷釉料时用量较多，在艺术陶瓷釉料中也广泛使用。常用化工熔剂原料有氧化锌、硼砂、硼酸、红丹、碳酸钠、碳酸钡、硝酸钾等。

1.5.1.1　氧化锌

氧化锌又名锌粉、锌白，一般为白色粉末，无臭无味，高温煅烧后变为淡黄色，熔点为 1975℃。氧化锌根据技术指标可分为特级氧化锌（99.7%）、一级氧化锌（99.5%）、二级氧化锌（99.4%）、三级氧化锌（98%）。

氧化锌在釉中有较强的助熔作用，能够降低釉的膨胀系数，提高产品的热稳定性，同时能增加釉面的光泽与白度，提高釉的弹性，在扩大熔融范围的同时能够增加釉色的光彩，不过在含有铬的黑釉中不宜使用。氧化锌主要有以下几个作用。

① 用作熔剂。氧化锌在低温熔块釉中作为熔剂使用时，用量一般在 5%～10% 之间，在低温生料釉中用量一般为 5% 左右。

② 用作乳浊剂。在含有 Al_2O_3 较高的釉料中加入氧化锌可提高釉的乳浊性。氧化锌能

与 Al_2O_3 生成锌尖晶石（$ZnO \cdot Al_2O_3$）晶体。在锌乳浊釉中，Al_2O_3 能够提高釉面的白度和乳浊度，SiO_2 则可以提高釉面的光泽。

③ 用作结晶剂。氧化锌是锌结晶釉不可缺少的结晶剂，能形成较大的晶体，氧化锌的用量高达 $20\%\sim30\%$。

④ 能够与氧化钴形成锌钴尖晶石，从而在釉中形成美丽的天蓝色。

⑤ 用作陶瓷颜料。氧化锌可以作为陶瓷颜料的助熔剂、矿化剂及颜料载体。

氧化锌在使用中应该注意以下几点：在使用前须经过高温煅烧，煅烧温度在 1200℃ 左右。如果不煅烧直接加入生釉中，将会影响釉料的工艺性能，如使釉成"豆腐脑状"，收缩大，引起缩釉缺陷，在加入熔块料中则无需煅烧。氧化锌在釉料中用量过大将会影响釉面光泽，氧化锌对一些色釉发色有影响，尤其是以铬发色的色料。

1.5.1.2　含硼化工原料

硼化物是釉中很重要的原料，它有下述作用。

① 硼化物极易熔融，并且易与熔融的硅酸盐混合；

② 具有很强的助熔能力；

③ 用量适当可降低釉的膨胀系数；

④ 低温下有黏稠性，高温下黏度变小，使釉易于流动；

⑤ 增大釉的折射率，提高光泽度、透明度；

⑥ 应用于颜色釉中有助于发色；

⑦ 引入氧化硼可增加釉的弹性，降低釉的抗张强度；

⑧ 硼化物是1050℃以下低温釉必不可少的原料，还可防止析晶，加入量太多引起乳浊，并降低其化学稳定性。

其缺点为：

① 引入 B_2O_3，使釉的硬度降低；

② 降低釉的化学稳定性；

③ 加入 B_2O_3 量太多（>15%）出现反常现象。

引入 B_2O_3 的主要原料有硼酸、硼砂、硬硼钙石和硼酸钙等。

(1) 硼酸（H_3BO_3）

硼酸又名正硼酸，是氧化硼的水合物，理论化学组成为 56.3% B_2O_3，43.7% H_2O。按技术指标可分为一级品（≥99%）和二级品（≥96%）。外观为白色粉末状结晶或鳞片状珠光结晶体，有滑腻感，无气味，味微酸苦，溶于水和酒精、甘油等有机物溶剂，水溶液呈弱酸性。价格贵，较少用作原料，可直接添加，但最好先制成熔块。在 300℃ 加热分解为氧化硼和水，氧化硼为半透明物，与空气接触吸收湿气，表面呈暗白色，硼酸在釉中的作用与硼砂相似。

(2) 硼砂（$Na_2B_4O_7 \cdot 10H_2O$）

硼砂又名焦性硼酸钠、硼酸钠、月石砂、黄水砂、四硼钠。理论化学组成为 16.3% Na_2O，36.5% B_2O_3，47.2% H_2O。外观为无色半透明或白色结晶粉末，无气味、味咸，溶于水和甘油，微溶于酒精，硼砂在空气中可缓慢风化，320℃时失去全部结晶水，同时体积迅速膨胀，熔融时生成无色玻璃状物质。价格便宜，用量多，是墙地砖釉料的重要熔剂原料，是熔块釉中不可缺少的常用熔剂。硼砂加热到 60℃脱水成五水硼砂，90℃变为二水硼砂，130℃变为一水硼砂，350～460℃失去全部结晶水成无水硼砂，加热至 741℃熔化成透明玻璃状物。熔融状硼砂易熔解各重金属氧化物，与氧化铜反应呈蓝色，与氧化铬呈绿色，与氧化锰呈紫色，与氧化铁呈棕色。因为硼砂助熔与助发色效果很好，所以硼砂成为釉料主要原料之一。使用硼砂会引入氧化钠，如欲降低釉中之钠成分，可以改用不含钠之硼酸。在生料中如以熔块形式引入 1%～2%的氧化硼，能迅速减小热膨胀系数，提高制品的热稳定性。

(3) 硬硼钙石（2CaO·3B$_2$O$_3$·5H$_2$O）和硼酸钙（CaO·2B$_2$O$_3$·H$_2$O）

硬硼钙石不溶于水，是卫生瓷生料釉中重要原料之一。

硼酸钙是一种天然含结晶水矿物，不溶于水。硼酸钙会使乳白釉微带蓝色，与铅合用时，烧成范围宽，釉面也较平滑有光泽。

1.5.1.3 含 PbO 化工原料

铅化合物除了红丹外，常用的有黄丹和铅白。铅化合物在配釉中有下述作用。

① 对光折射率大，光泽度好，可以减小弹性模量，提高釉的弹性，增大抗张强度；

② 与碱类金属相比，可降低膨胀系数；

③ 减少釉的高温黏度；

④ 提高釉的透明度和光泽度；

⑤ 具有很强的发色作用。

其缺点为：

① 有毒，先制成熔块方可避免。

② 铅釉中如果铅含量太高，氧化铝和氧化硅含量太低，釉面容易被碳酸类溶液所腐蚀而引起中毒。釉上颜料中含有较多的铅，如果控制不好，铅溶出量超过标准会影响质量。铅釉硬度低，因而耐磨性差。铅会降低锆釉的乳浊效果，且高温易挥发。提高釉中氧化铝和氧化硅的含量能降低溶出量，减少挥发。

③ 抗大气性差，会产生薄膜，使釉面光泽变暗淡。

④ 生铅釉烧成操作不当，易还原显现灰黑色。

⑤ 耐磨性即釉面硬度随 PbO 量增加而降低。

⑥ 釉强度随 PbO 增多而降低。

(1) 四氧化三铅

四氧化三铅（Pb$_3$O$_4$）俗称红丹或铅丹，红色氧化铅，分子量 685.57。橙红色晶体或粉末，密度 9.1g/cm^3，不溶于水和醇，溶于热碱溶液，有氧化作用，溶于乙酸、硝酸中，易与硫化氢作用生成黑色的硫化铅，暴露于空气中生成碳酸铅变成白色，具有氧化性，有毒。四氧化三铅中，有 2/3 的铅氧化数为＋2，1/3 的铅氧化数为＋4，化学式可写作 2PbO·PbO$_2$。根据结构应属于铅酸二价铅盐（Pb$_2$[PbO$_4$]），在加热至 500℃以上时分解为一氧化铅和氧气。其由一氧化铅在空气中加热至 500℃制得，化学式为 6PbO＋O$_2$ ⟶ 2Pb$_3$O$_4$。

(2) 二氧化铅

二氧化铅又名密陀僧，又称棕色氧化铅，化学式 PbO$_2$，分子量 239.19，棕色细片粉末，密度 9.375g/cm³，难溶于水和乙醇。将二氧化铅加热，它会逐步转变为铅的低氧化态氧化物并放出氧气。具有不同的形态，在陶瓷上使用的品种有黄色或微红色的所谓片状密陀僧，由铅在空气中氧化而成。它的熔融作用很强，使釉具有良好的流动性和较宽的烧成范围，在 800～900℃ 烧成的低温色釉中，PbO_2 与 SiO_2 之比应控制在 3∶1 以内，铅含量过高，易引起釉面龟裂和增大铅溶出量。

（3）铅白

铅白 [$2PbCO_3 \cdot Pb(OH)_2$] 分子量775.63，是由碳酸铅和氢氧化铅组成的化合物，为白色粉末状，六方晶体，熔点 400℃，不溶于水及乙醇，可溶于乙酸、硝酸。成本高，一般不用于大规模生产。

1.5.2 常用乳浊剂化工原料

常用乳浊剂有二氧化锡、硅酸锆、二氧化锆、氧化铈、二氧化钛、氟化物、磷化物等。

（1）二氧化锡

二氧化锡（SnO_2）外观为白色粉末，密度为 6.95g/cm³，熔点为 1127℃，1800～1900℃ 时升华，不溶于水、稀酸和碱液，溶于热浓盐酸和浓硫酸。工业二氧化锡含量大于96%。二氧化锡在硅酸盐熔体中溶解度很小，因此具有很强的乳浊性，是质地优良、应用广泛的乳浊剂，可用于建筑卫生瓷等氧化焰烧成的白色制品。

二氧化锡在釉中釉面白度好，色泽柔和，并白里泛青色调。釉中应用 4%～6% 的二氧化锡，可获得发色均匀的白色乳浊釉，特别是在含有氧化硼的熔块釉中乳浊效果更好。但锡釉成本较高，不适用于还原焰烧成。

（2）二氧化锆

二氧化锆（ZrO_2）又称斜锆石，自然界中的二氧化锆很少，常与锆英石伴生，一般从锆英石提取。二氧化锆外观为白色或黄色粉体，无臭无味，密度为 5.89g/cm³，熔点为2715℃，是优良的乳浊剂。ZrO_2 含量为 99%，杂质少，白度好，乳浊性强，可适应氧化焰和还原焰烧成。可提高釉面白度、硬度和耐磨度，增强热稳定性。价格高，故釉料成本高。除了作为釉料乳浊剂，还可用作陶瓷颜料载体、电子陶瓷和耐火材料等。

（3）硅酸锆

硅酸锆（$ZrSiO_4$）是由锆英石精制而得的，理论化学组成为 67.1% ZrO_2，32.9%SiO_2。硅酸锆颗粒小，乳浊性强，白度高，烧成范围宽。在1540℃ 开始缓慢分解成 ZrO_2 和SiO_2，当温度超过 1700℃ 时迅速分解，有其他氧化物时分解温度低。当 Na_2O 和 K_2O 与$ZrO_2 \cdot SiO_2$ 作用时，900℃ 开始分解，1200℃ 时迅速分解；当 CaO 与 $ZrO_2 \cdot SiO_2$ 作用时，1300℃ 迅速分解成 ZrO_2 和 SiO_2；当 Al_2O_3 与 $ZrO_2 \cdot SiO_2$ 作用时，1400℃ 开始缓慢分解；当 MgO、TiO_2 与 $ZrO_2 \cdot SiO_2$ 作用时，1200℃ 以上时能促进 $ZrO_2 \cdot SiO_2$ 的分解，分解的ZrO_2 在 1200～1400℃ 与 TiO_2 形成固溶体。硅酸锆在釉中经高温熔融后分解，在冷却过程中又生成 $ZrO_2 \cdot SiO_2$ 微晶体，从而使釉具有乳浊性。硅酸锆还可减小膨胀系数，增加制品的热稳定性，可提高釉面白度和硬度，增加釉的耐磨性。高温黏度大，能扩大釉的烧成温度范围。对气氛不敏感，与其他乳浊剂相比价格较低。

(4) 二氧化钛

工业二氧化钛（TiO_2）为白色粉末，密度为 $3.75 \sim 4.25g/cm^3$，不溶于水，熔点为 1560℃。可作为低温乳浊釉，当温度高于 1100℃时 TiO_2 与 Fe_2O_3 反应变成乳黄色，而在还原焰中变成灰色。如要稳定的乳浊釉，需钛酸盐。钛釉不适合作颜色釉的乳浊基釉，只适合氧化焰烧成。还可用作色料、结晶剂、电子陶瓷等。TiO_2 一般应在 1300℃左右预烧，以改变其工艺性能。

(5) 氧化铈

氧化铈（CeO_2）的折射率高，乳浊性强，乳浊性是氧化锡的两倍以上，可用于低温乳浊釉，对气氛不敏感，可直接加入釉中使用，而不需制成熔块。氧化铈在含氧化铝和氧化硅较多的釉中乳浊效果更好，但氧化铈较稀少，目前未广泛采用。乳浊剂种类较多，还有磷酸盐、萤石、水晶石、滑石等。

(6) 氧化钡

氧化钡（BaO）是助熔剂，少量引入可以提高釉的光泽度和机械强度，代替 CaO 和 ZnO 能提高釉的弹性。常由碳酸钡、重晶石硫酸钡、氯化钡引入。其折射率仅次于氧化铅，可大大提高釉的折射率，增加釉面光泽。

BaO 在陶瓷工业中作为改性剂有以下重要功用。

① 在釉配方中加入少量的 BaO，可以增加釉的弹性，促进坯釉的结合，提高釉的光泽度；

② 在高温釉、中温釉、熔块釉中，BaO 是强助熔剂原料；

③ 在建筑陶瓷中，加入少量的 BaO 或 $BaSO_4$、$BaCO_3$ 配制釉料，会生成钡长石晶体，所以是配制无光釉的理想原料；

④ $BaCO_3$ 有毒，一般须制成熔块；

⑤ 日用瓷中加入少量的钡化合物能显著提高釉的光泽度和折射率。

(7) 氧化锶

氧化锶（SrO）在陶瓷工业中由于价格较贵较少使用，但随着陶瓷工业的发展，加入极少量的 SrO 对于烧制优质产品有明显的效果，SrO 具有改性作用，所以，SrO 愈来愈被陶瓷工业所应用。SrO 所起的作用如下。

① 日用瓷中以 SrO 代替部分 CaO，则会增加釉的流动性，降低釉的软化温度；

② 在釉料配方中加入不超出 1%的 SrO，可明显提高釉浆的流动性；

③ 在釉料中加入 1.5%左右的 SrO，可显著增加釉的透明度、光泽度；

④ 在卫生陶瓷釉中，加入 1%~1.5%的 SrO，可提高釉的光泽度，增大釉的抗酸能力和抗釉面龟裂性，减少棕眼，促进坯釉良好结合；

⑤ 在颜色釉中加入少量 SrO，可促进发色。

锶化合物原料主要是来自天然产出的 $SrCO_3$，我国江苏溧水区有天然的含锶原料天青石，重庆的合川区也有优质的天青石产出。

1.5.3 常用着色剂化工原料

陶瓷着色剂是指使陶瓷坯体、釉料、颜料呈现色彩的物质。一般采用呈色的金属氧化物、化合物或合成的颜料。根据需要的色调所常用的金属氧化物有钴化物（蓝色）、锰化物（褐色及紫色）、镍化物（绿色、蓝色及红色）、铀化物（黄色、红色及黑色）、铬化物（红色及绿色）、铁化物（黄色、红褐色及红色）、铜化物（绿色）、钛化物（黄色）、金化物（黄绿色）等。

一般极少单独使用上述金属化合物，而绝大部分使用上述几种金属化合物或其他无机化合物，按一定比例混合、煅烧、粉碎，制成所要色调的色料。显色状态除色料组成外，还与烧成温度和窑内气氛有关。

1.5.4　常用添加剂化工原料

陶瓷的添加剂有很多种，根据实用要求，分别具有分散、增塑、黏合、悬浮、絮凝、平滑、防腐、润湿等作用。它们的加入量不大，但可以明显地改进陶瓷坯、釉浆的物理性能。陶瓷添加剂为有机与无机二者的复合物、衍生物，它们的出现有力地促进了陶瓷朝高质量、高效率的方向发展。

添加剂的使用基本原则如下。

① 要了解各种添加剂的特性和共性，以及它们之间的相容性和相互作用的情况，使各添加剂充分发挥各自的作用，达到协同效应。

② 了解添加剂与各原料的相互作用。一般亲水系统采用水溶性高分子；憎水系统则采用油溶性有机添加剂和高分子添加剂。

③ 根据配方和使用要求选择添加剂。尽量少加或不加添加剂，因为不论无机还是有机高分子添加剂，在提高制品质量的同时，亦会产生一些副作用。如无机添加剂残留在制品中，有可能会降低强度；有些无机添加剂在烧结过程中会与制品形成低共熔物，破坏晶体结构，改变先进陶瓷应具有的特殊性能；有机化合物和高分子添加剂在烧结过程中会逸出，产生一些气泡，并且会有大量的碳素遗留，造成产品的纯度降低。某些先进陶瓷制品对纯度要求很高，不允许有杂质，使用添加剂就要十分慎重。

④ 要保证添加剂的质量稳定。加入坯、釉浆后存放的时间不能过长，否则会使其发生生物降解，导致使用性能急剧降低。如有机化合物和高分子添加剂常会因为霉菌作用而降解。

1.5.4.1　增塑剂

增塑剂又称为塑化剂，是增加坯料可塑性或釉料悬浮性的各类添加剂。润滑剂在粉体加工中所起的作用实际上是一种增塑作用，它其实是属于塑化剂（增塑剂）的一类。凡对坯料起增加可塑性作用的添加剂都可归类于塑化剂。润滑性主要是通过表面活性剂的吸附降低粒子间的动、静摩擦系数，表面活性剂（如甘油、聚乙二醇）能在粒子表面形成疏水基向外的反向吸附，降低粒子间的相互作用，增大彼此间的润滑性。

成型助剂的主要作用是提高粉料的流动性，减少坯体因内应力过大造成的开裂，一般亦可称为增塑剂。

（1）腐殖酸钠

它俗称胡敏酸钠，是腐殖酸的钠盐，外观呈胶状或黑色粉末状，一般是用泥炭、褐煤或某些土壤与烧碱溶液作用而制成的。它在陶瓷坯釉中的主要作用是增强泥料的可塑性和泥浆的流动性、悬浮性，增加坯体干燥强度，增强釉的附着力，加快釉的干燥速度，减少釉面气孔和施釉开裂。腐殖酸钠对石膏模也有显著作用，在坯料中用量一般为 0.1%～0.3%，在釉料中用量一般为 0.1%～0.5%，同时，坯釉中应减少球磨水量。与无机分散剂的相容性好，并且对黏土的分散效果好，但用量不能超过 0.3%，过多会彼此黏结，降低流动性，严重时会导致絮凝。

（2）聚乙烯醇

聚乙烯醇（PVA）是一种重要的分散聚合稳定剂，在工业中应用已有几十年了。外观为白色絮状粉末，可溶于水和乙醇、乙二醇、甘油等有机溶剂，有弹性又有黏性，是在轧膜成型中广泛采用的有机塑化剂。使用 PVA 时，一般应加热到 80℃左右。当坯料中含有 CaO、BaO、ZnO、MgO、氧化硼和硼酸盐、磷酸盐时，则不宜用 PVA 作为增塑剂。

PVA 在陶瓷工业中主要用作黏合剂和增强剂，可单独使用也可与其他表面活性剂配合使用。其是固态，不溶于冷水，溶于温水，所以加入的时候一般需要加热水煮。

（3）淀粉

它是较强的增塑剂，可提高坯体可塑性，并能使瘠性物料可塑化，能提高坯体的干燥强度，增强釉料的悬浮性和附着力，其缺点是干燥速度较慢，时间长了淀粉会发酵变质而使物料有气味。使用时取适量淀粉加入适量冷水（5∶100）搅拌均匀，然后加热熟化，再加入坯釉中混合均匀即可达到增塑目的。

（4）聚乙酸乙烯酯

聚乙酸乙烯酯（PAC）外观为无色透明珠状体或黏稠体，能溶于低分子量的酮、醇、酯、苯和甲苯，不溶于水和甘油。由乙酸乙烯酯聚合成聚乙酸乙烯酯时，常采用无机悬浮稳定剂促进聚合反应。稳定剂有 BaO、MgO、Al_2O_3、ZnO、PbO、硼酸盐、高岭土、滑石粉、$CaCO_3$、$BaSO_4$ 等。因此，聚乙酸乙烯酯适合作含有上述物质坯料的塑化剂，但聚乙酸乙烯酯所用溶剂为有机溶剂，有毒，使用时注意加强劳动保护措施。

（5）羧甲基纤维素

羧甲基纤维素（CMC）是用碱纤维素和一氯乙酸在碱性溶液中生成的。一般为白色粉末状，吸湿性强，能溶于水，不溶于有机溶剂。它烧后不能完全挥发，留有氯化钠与氧化钠等物质在坯体中，用量不宜过多，过多时会导致坯料泥浆中气泡较多。多用于釉中，其黏度较低，用量为 0.2%～0.4%，可得到理想的釉浆性能和致密平滑的釉面。

（6）石蜡

石蜡是一种熔点不高的碳氢化合物的混合物，为白色固体，熔点为 50℃左右，具有冷流动性（即室温时在压力下流动），高温时呈热塑性。它是工业陶瓷热压铸成型的常用塑化剂。使用时，应将石蜡加热到 60～80℃，再与物料搅拌均匀，同时应加入少量表面活性物质，如油酸、蜂蜡、硬脂酸等。石蜡作为塑化剂不易挥发，缺点是加入坯体中需经加热到一定温度时才能排除。

1.5.4.2 解凝剂

解凝剂又称为分散剂、解胶剂、减水剂、稀释剂，主要作用是防止粒子的团聚，使原料各组分均匀分散于介质中。泥浆中加入解胶剂，是提高泥浆流动性的好办法。它可降低泥浆含水量，增加泥浆流动性，缩短注坯时间，降低收缩，减少变形，增加泥浆的悬浮性，使原料颗粒不易沉淀，使坯体容易脱模，从而减少坯体开裂。

解凝剂有三类：无机电解质、有机酸盐类和聚合电解质。

（1）无机电解质

无机电解质，一般为含钠的无机盐，如水玻璃（$Na_2O \cdot nSiO_2$）（通常与碳酸钠、磷酸钠复配，分散效果更佳）、碳酸钠等。通常三聚磷酸钠 $[Na_5P_3O_{10}(STPP)]$ 目前用得较多，其价格低、综合性能好；它与黏土泥浆中的絮凝离子 Ca^{2+}、Mg^{2+} 等进行离子交换，生成不溶性或溶解度极小的盐类，使泥浆呈碱性，促进泥浆稀释。水玻璃、碳酸钠用量一般在 0.3% 左右。

在解胶过程中，由碳酸盐生成的多价金属盐的溶解度比硅酸盐的大，碳酸钠作为一种解胶剂，其作用不如硅酸钠。

① 水玻璃（$Na_2O \cdot nSiO_2$）。它又名泡花碱，含水时可用 $Na_2O \cdot nSiO_2 \cdot mH_2O$ 表示。它有固体和液体两种，陶瓷工业中一般使用液体。液体水玻璃外观呈绿色或黄色。水玻璃是一种可溶性硅酸盐，由不同比例氧化物（通常为 Na_2O）及二氧化硅所组成，水玻璃的技术参数常用模数表示，即水玻璃中 Na_2O 与 SiO_2 的分子比，也就是 $Na_2O \cdot nSiO_2$ 中的 n 值。不同组成的水玻璃对陶瓷泥浆黏度的影响是不同的，在大多数情况下，各种供使用的水玻璃的模数在 1.5～3.5 之间。最常用的是模数为 2.6～2.8 的水玻璃溶液。当模数大于 4 长期放置会析出胶体 SiO_2。由于它含有较多的 SiO_3^{2-}，水玻璃的稀释作用比 Na_2SiO_3 激烈，因此，一般都采用水玻璃作为解胶剂而不用硅酸钠。水玻璃主要用于注浆坯料的稀释，用量一般为 0.3% 左右。

② 碳酸钠（Na_2CO_3）。它是陶瓷工业中常用的解凝剂，为白色粉末，密度为 $2.53g/cm^3$，熔点为 850℃，能溶于水，水溶液呈碱性。在泥浆中加入碳酸钠时，泥浆中钙离子与钠离子交换，生成碳酸钙沉淀，从而增强泥浆的流动性。另外，注浆泥坯料中加入碳酸钠时，钠离子与石膏反应生成碳酸钙沉淀，因此，碳酸钠对石膏模有腐蚀作用。

（2）有机酸盐类

有机酸盐类加入泥浆中生成保护胶体，并能与泥浆中 Ca^{2+}、Mg^{2+} 生成难溶化合物而促进泥浆稀释。常用的是腐殖酸钠（$NaHCOOOR$）、柠檬酸和丹宁酸盐。鞣性减水剂（AST）是一种新型表面活性物质。它是以鞣性植物（橡椀）作为原料，在碱性介质中经蒸煮和磺化后制得的棕色固体粉末，能溶于水。它可作为泥浆稀释剂，具有分散、减水剂缓凝等作用，因此 AST 作为注浆泥中的解凝剂，和纯碱或水玻璃合用时，可降低泥浆含水量，改善注浆性能，提高坯体质量，用于原料球磨时，能提高球磨效率，用于调制石膏浆时，能提高模具强度，延长使用寿命。

单宁酸是多聚赖氨酸葡萄糖或多聚棓酰奎尼酸酯的混合物，外观为黄褐色或深棕色的无定形粉末，在光照下和空气中颜色逐渐变深，在 210～215℃ 分解成焦性没食子酸和二氧化碳气体。单宁酸是一种减水剂，与纯碱、水玻璃等混合使用，稀释效果更佳。橡椀烤胶是橡树外壳的提取物，为黑色粉末状，主要成分是丹宁，可用于泥浆稀释。

腐殖酸钠既是泥浆稀释剂又是泥浆增塑剂，是一种理想的添加剂。

柠檬酸在分散瘠性溶液中用处很大，其作为分散剂用于分散氧化铝悬浮液中效果尤为突出，它在碱性条件（pH=9～10）下多以电离态（柠檬酸离子）形式存在，同时具有较大的Zate 电位，电位大，颗粒之间的势能差值大，颗粒分散得越均匀、越稳定。

（3）聚合电解质

聚合电解质在水溶液中能充分吸附于固体粒子表面。如 $ROCH_2COONa$ 和阿拉伯树胶。

在一些发达国家，目前已基本不使用水玻璃、碳酸钠等传统的电解质，而是使用有机或无机复合物以及合成聚合电解质。因为陶瓷粉粒在水中悬浮，形成水/固分散系统，不溶于水，在分散体系中，未被保护的粒子如果得不到足以使其稳定的能量，会在水中非常容易沉淀下来。而聚合电解质能在解凝的同时使泥浆的稳定性更好。

1.5.4.3 黏合剂

黏合剂分为坯用黏合剂和釉用黏合剂两类。用于生坯可增加黏合性，达到增加坯体强度的目的；用于釉料可提高釉料的附着能力，提高釉层强度，因此黏合剂一般又可称为增强剂。往往作为黏合剂的添加剂，同时又具有增塑和分散等多重作用。在陶瓷生产中，陶瓷添加剂的专一性是不明显的，它们往往具有多功能性。

根据陶瓷黏合剂的作用机理，又分为永久性黏合剂和暂时性黏合剂，差别有以下几点。

（1）永久性黏合剂

永久性黏合剂本身与基质反应，能够形成化学键合，如高岭土、膨润土等，最后在烧结中成为制品的一部分。永久性黏合剂主要是无机化合物，这类化合物品种较多，如磷酸盐（磷酸钠、磷酸硼）和硅酸盐。

（2）暂时性黏合剂

暂时性黏合剂主要是高分子化合物，它们本身形成化学键或通过分子间力结合，在常温和低温时可起到均匀分散和提高黏结力的作用，而且会形成化学交联或物理吸附网络，提高坯体的强度，但在高温下，这些高分子化合物会发生氧化和分解，故称之为暂时性黏合剂或临时性黏合剂。

目前多使用暂时性黏合剂，高分子黏合剂不影响坯体成分，而且在 500℃ 开始则发生挥发、分解和氧化，留下的灰分为 0.5%～2%，对产品的最终性能不会带来负面影响。常用糊精、淀粉、阿拉伯树胶、羧甲基纤维素、聚乙烯醇、聚丙烯酰胺以及海藻酸盐等。

聚丙烯酰胺（PAM）温度超过 120℃ 时易分解，具有絮凝、沉降、补强等作用，易溶于水。聚丙烯酰胺是一种新型功能高分子化学品，是目前最常用的水溶性高分子，被称为"工业味精"，因为它们具有广泛的用途，可用作分散剂、黏合剂、絮凝剂、增强剂、增塑剂等等。有些黏合剂加入量少时也可以作为解凝剂。

海藻酸钠也可作为高分子分散剂，对不含黏土的泥、釉料的分散效果优于无机分散剂，但用量较大，用量小会引起絮凝。只有使粒子表面充分形成保护膜时才能产生所需的分散性能。所以海藻酸钠更多作为黏合剂。

聚丙烯酸可缓慢溶于水形成极黏稠的透明液体，黏度约为 CMC 和海藻酸钠的 15～20倍。聚丙烯酸钠是性能良好的分散剂，但分子量不能过大，否则会产生絮凝作用。

（3）坯体黏合剂

通常将坯体黏合剂加入料浆中混合均匀，加入量为 0.1%～0.2%，然后喷雾干燥造粒，用这种粉料压制坯体成坯强度通常可提高 20%～50%。

釉中使用的黏合剂使用前最好陈腐 1～2 天，使釉浆充分稳定，使黏合剂发挥最佳效果。尤其是一次烧成的建筑饰面材料，由于坯体表面致密，气孔小，吸附力差，要在含黏土少的釉料中引入增黏剂，以提高坯釉结合强度。

1.5.4.4　絮凝剂

絮凝剂的作用与解凝剂相反，它能促使分散的泥团颗粒沉降。絮凝剂可用于淘洗泥料，加沉淀，压滤时用以加速过滤速度，注浆时用以调节泥料黏度、加快吸浆速度，以及在粒度分析中加快沉降速度等。常用的絮凝剂有硫酸镁、氯化钙等。此外，氯化铵是一种较好的悬浮剂，当釉料悬浮性较差时，加少量千分之一于釉中可获得较好的悬浮性，但用量不能过多，否则釉浆流动性较差，可能引起釉开裂。

1.6　原料处理

传统陶瓷生产的天然矿物原料在生成与开采、运输过程中都不可避免地混入（或共生）各种杂质。这些杂质的存在降低了原料的品位，会直接影响制品的性能及外观质量。因此需对原料精选、分离、提纯，以除去各种杂质（含铁杂质）。

天然的长石与石英原料表面夹带有污泥、水锈等杂质，在长石中还常夹杂云母等矿物。污泥可用洗石机进行清洗（碎屑可在振动筛上用水冲洗），而云母与铁质等矿物则需用锤子手工敲去。

将开采的陶瓷原料用科学的方法按化学组成、颗粒组成分成若干个等级，使每个等级的原料的化学组成、颗粒组成在一个规定的范围内波动，这就是原料的标准化、系列化。

对陶瓷原料进行标准化具有很重要的意义，可以合理利用原料资源，更好地控制陶瓷产品的质量。若原料的化学成分不稳定，每一批原料都不一样，另外，原料的颗粒组成不合理也不稳定，就很难生产出优质产品。

1.6.1　黏土原料的洗涤及精选

对黏土进行精选就是将从矿区中挖来的原料进行优质处理的过程。这也是原料标准化的一个必备的过程。精选的目的是将其中粗粒杂质，如砂砾、石英砂、长石屑、石灰石粒、硫铁矿以及树皮树根等除去，以净化原料。由于精选工序较复杂，成本也较高，通常只对含杂质较多的高岭土与黏土以及质量要求较高的陶瓷原料进行精选。

黏土的精选通常有以下几种方法。

1.6.1.1　分级法

黏土矿物原料的精选常用的分级法中包括了水簸、水力旋流、风选、筛选、淘洗。

(1) 淘洗法

淘洗法是根据黏土中细粒的黏土与粗粒的杂质在水中有不同的沉降速度的原理来进行的。黏土和粗粒都是不溶于水的，但是由于细度不同，重量也不同，粗颗粒（大部分杂质）

就先沉降下来，而黏土的悬浮性很好，所以在较长的时间后才会沉降。根据这个沉降时间的不同就可以把粗颗粒除去。淘洗系统一般由粉碎机、搅拌机、除砂沟、沉淀池与压滤机等组成。淘洗时按下列步骤进行。

① 粉碎不能在水中自行崩解的大块黏土，如原料中混有块状杂质，宜进行一次粗筛。

② 将粉碎好的高岭土或软质黏土（如是软质黏土需分散）与水混合在搅拌池中搅拌获得悬浮体。

③ 将上述悬浮液由搅拌池流入除砂沟，经过一定距离流动，粗粒杂质在除砂沟中沉淀，而泥浆流至沉淀池。悬浮液由搅拌池流入除砂沟时需过筛，以除去木屑、树皮、杂草等夹杂物。

④ 泥浆在沉淀池中经一定时间的沉降后，把沉淀池上部的清水排除，留下较浓的黏土物质。

⑤ 把浓缩后的泥浆用泵送压滤机脱水，然后干燥。

其中控制好浆料在除砂沟内的流速，设计合理的除砂沟长度和深度，是最大限度地清除砂砾杂质的关键。

淘洗法操作方便，设备简单，因此使用较广泛，但它占地面积较大，劳动强度高而且生产效率低。此外，淘洗法对分离大于 $50\mu m$ 的机械混合物效果较好，而要分离几微米的杂质与黏土矿物晶格中的杂质就很难，如需制备纯度要求更高的原料，则需用强制分离法、化学精选法或电解精选法。目前，我国南方瓷区多用淘洗法精选高岭土及瓷石等原料。

（2）水力旋流法

水力旋流法是利用粗粒重颗粒易受离心作用的原理。由于所需设备具有结构简单、投资小、维护方便、分离精度高及生产量波动范围大等优点，在国内外广泛用于精选高岭土矿。图 1-8 为水力旋流器的结构示意图。料浆在相当高压力下通过给浆管 2，沿圆筒的切线方向进入水力旋流器的短圆筒 4，在离心力的作用下，粗、重的颗粒被抛向水力旋流器的器壁，沿着边壁向下滑行到圆锥底部的排砂管 3 排出，而含细粒的泥浆则由溢流管 1 排出。

原料经过精选后，化学组成和矿物组成均有改变，一般而言，精选后黏土矿物相应增加，氧化硅含量降低，氧化铝含量提高，同时氧化铁含量也提高，在配料时应特别注意。在黏土矿开采地点设立原料精选工厂，采用淘洗和水力旋流器集中处理原料是比较合理的。这样既可保证原料品质，又能减少陶瓷生产工厂的运输量和场地面积。

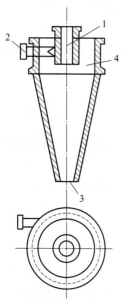

图 1-8 水力旋流器结构
1—溢流管；2—给浆管；
3—排砂管；4—短圆筒

1.6.1.2 其他方法

黏土原料中的铁钛氧化物杂质往往会降低原料的使用价值。黏土中含铁矿物有针铁矿（$HFeO_2$）、水针铁矿（$HFeO_2 \cdot nH_2O$）、赤铁矿（Fe_2O_3）、黄铁矿（FeS_2）、菱铁矿（$FeCO_3$）、钛铁矿（$FeTiO_3$）等，主要由磁选法、超声波法、升华法、溶解法、电解法等进行去除，可大大提高原料的精选质量。

（1）磁选法

磁选法原理是利用矿物磁性差别分离原料中含铁矿物。

除粗颗粒的强磁性矿物效果较好，对分散状的铁、赤铁矿和钛铁矿效果较好。但对黄铁矿等弱磁性物质及细颗粒含铁杂质效果不明显。主要装置有电磁除铁器、稀土永磁除铁棒。目前，各瓷厂所用的磁选机只能去除强磁性含铁矿物。而高梯度强磁分离装置中的铁磁性选分介质，在磁场中磁化时，周围会产生很强的磁场力，并能从通过介质的待选矿浆中吸出磁性较弱的铁钛氧化物和云母等杂质，从而降低黏土原料的铁钛含量。目前，我国已研制出了高梯度磁选机，其磁场强度达到 1.5～1.96T，具有良好的除铁效果。

（2）超声波法——除铁法

料浆置于超声波下高频振动、互相碰撞摩擦，使颗粒表面的氧化铁、氢氧化铁薄膜脱离剥出。

（3）化学法

原料中所含的铁变为可溶盐，然后用水冲洗将其除去。对于颗粒状悬浮于原料颗粒上的铁粉等杂质，物理法几乎无能为力，而采用化学法处理会有较好的效果。可除去原料中难以以颗粒形式分离的微细含 Fe 杂质 FeS、$Fe(OH)_3$。

① 酸洗法。常用硫酸和盐酸溶解长石和石英中的氧化铁（温度升高有利于反应）。

② 氧化法。次氯酸钠、过氧化氢分解硫化铁及原料有机物。

③ 还原法。SO_2、亚硫酸钠、连二亚硫酸钠（$Na_2S_2O_4$）可除去吸附在黏土颗粒表面的氧化铁，高岭土中存在的三价铁的氧化物不溶于水，也难溶于稀酸，但在 $Na_2S_2O_4$ 存在的条件下，可将氧化铁中的三价铁还原为二价铁。由于二价铁可溶于水，经过滤、洗涤即可除去。

（4）物理化学法

物理化学法主要包括电解法和浮选法。

① 电解法是利用电化学原理除去颗粒中的 Fe。

② 浮选法是以不同矿物表面被水润湿的性质互不相同为原理的精选法。亲水矿物在水中沉积而疏水矿物却易于浮起。为了增强浮选效果通常都要用与被选原料相适应的"浮选剂"（捕集剂）来促进疏水矿物悬浮。捕集剂在料浆中是呈离子状态的，因而能有选择地被疏水矿物所吸附，且液气、液固、气固各界面的吸附作用使疏水矿物附着在捕集剂形成的泡沫上，随泡沫浮起。

浮选法适用于精选含有铁矿物与有机物的黏土，其捕集剂可采用铵盐（NH_4NO_3）、Na_2CO_3 及松油等。疏水的含铁矿物与有机物捕集剂浮出，而亲水的高岭土则沉积于料浆中。浮选后的高岭土料浆需经过洗涤、脱水、干燥。但需注意用浮选法精制高岭土时产品中可能带入少量捕集剂，会影响精制料的性能。常加入"浮洗剂"（石油碘酸、磺酸盐、铵盐）使疏水矿物悬浮，可除去 Fe、Ti 等杂质。

1.6.2　长石原料的精选

长石中赋存的有害矿物主要是铁矿物，其他杂质矿物有黏土、石英、云母、石榴石、电气石等，因此必须对长石矿进行采选。又因为长石的主要矿床有伟晶岩、风化花岗岩、细晶岩（半风化花岗岩），此外还有长石质陶石、钾质流纹岩、与蛇纹岩伴生的钠长石、霞石闪长岩和白岗岩等，因此，根据长石矿床种类及矿石性质的不同，需要采用不同的选矿方法。

一般是在采场手选后进行破碎磨矿，然后采用磁选除去铁矿物。近年来，随着富长石矿的减少以及其他矿山综合回收长石技术的发展，引入了重选、电选、浮选等较复杂的分选作业，从而达到除去石英、云母等伴生矿物，取得富含钾、钠的长石精矿，回收优质产品的目的。

1.6.2.1 对长石选矿的要求

各种杂质的陶瓷工业技术意义和作用皆不相同。最有害的是铁，该杂质能使制品上形成黑斑，使制品品质变低。长石中氧化铁的含量对浅色制品不能超过 0.5%，而对白色带透明珐琅质的制品不能超过 0.2%～0.3%。根据对陶瓷有害程度的影响，将长石所含杂质区分如下。

① 无害的溶解杂质和条纹长石中的钠长石衍生物；
② 绝对有害的杂质；
③ 大量氢氧化物的褐色凝结物；
④ 黑云母、黄铁矿、电气石、纯钠辉石和其他含铁矿物；
⑤ 很难碾碎的白云母。

在分选伟晶岩和长石时，应特别注意这些杂质，所有用眼睛可以看到的这些矿物的包裹物必须尽可能地除掉。

比较有害的杂质有石英、斜长石、霞石、绢云母、高岭土和其他类似矿物。这些矿物虽不能使陶瓷制品的质量变坏，但是，由于它们的含量不同，长石矿床各个地段的种类、氧化铝和氧化硅之间的对比也就不同，因此，这些杂质的存在就使开采时的分选工作复杂化，同时增加技术操作过程的困难。

1.6.2.2 陶瓷工业对长石选矿的一般要求

(1) 纯度

经手选的长石，表面没有或稍有铁质矿物，含铁矿物和云母片等的总量低于 8%。其中按照外表特点预先将长石进行分选。

① 精选的——第一等。白色或纤维色；块状 20～200cm，碎屑的允许含量为 8%；石英和其他杂质的允许含量 3%；必须没有表面铁杂质。

② 精选的——第二等。白色或纤维色；块状 20～200cm，碎屑的允许含量为 15%；石英和其他杂质的允许含量不超过 15%；必须没有表面铁杂质。

③ 普通的——第一等。碎屑的允许含量为 20%；石英和其他杂质的含量不超过 10%；表面允许少量铁杂质。

④ 普通的——第二等。碎屑的允许含量不超过 25%～30%；石英和其他杂质的含量不超过 20%；表面允许铁杂质。

美国制陶长石的分类是根据磨碎原料的颗粒成分、二氧化硅的含量、氧化钾和氧化钠之比例、氧化钠的含量和氧化铁的含量来划分。

(2) 性能

在 1300℃煅烧后应熔融成为白色透明有光泽的玻璃体。

(3) 含矿率

矿体中长石含量在 40% 以上，矿石块度大于 5cm。

近年来，随着长石富矿的减少，以及其他矿山综合回收长石技术的发展，引入了重选、电选、浮选等选矿手段进行联合分选作业，从而达到除去石英、云母等伴生矿物，回收富含钾、钠的长石精矿的目的。表 1-11 列出了长石的主要选矿方法。

表 1-11　长石的主要选矿方法

选矿方法		适用范围	分选原理
拣选	手选	适用于产自伟晶岩中、质量较好的矿石。除去斜长石、云母、石榴子石等杂质矿物后，可直接出售或粉碎后出售	根据外观颜色、结晶形状等差别进行人工分选
	光选	代替手选，从大块矿石(10～25mm)中除去暗色废石	当氦氖红色激光射向矿石时，颜色较浅者能反射回来，再通过机械传动将矿石与脉石分开
水洗、脱泥、分级		适用于产自风化花岗岩或长石质砂矿的长石，除去黏土、细泥、云母等杂质	黏土、细泥等粒度细小，沉降速度小，在水流作用下与粗粒长石分开
浮选		除去云母、石英、铁矿物等杂质	根据长石与其他矿物表面性质的差异，在浮选药剂作用下与杂质分离
磁选		除去铁等磁性矿物	铁等磁性较强的矿物在外加磁场作用下与长石分离
电选		除去石英等伴生的杂质矿物	利用石英与长石导电性、整流性的差异，在高压静电场作用下使两者分开
酸浸		对铁有严格要求时(如生产高档陶瓷等)	利用强酸进行化学处理除铁

1.6.2.3　长石原料选矿原则工艺流程

长石矿物赋存的矿床不同，矿石性质、伴生杂质也可能不同。目前，长石主要来源于以下几种岩石：伟晶岩、某些白岗岩、某些细晶岩、风化花岗岩和长石质砂。对不同来源的长石，根据长石矿的矿石性质，一般采用的选矿原则及工艺流程如下。

① 伟晶岩中产出的优质长石。工艺流程为手选—破碎—磨矿（或水碾）—分级。该工艺中使用的轮碾机磨矿效率低、处理量小，由于没有除铁设备，生产的产品不能满足陶瓷等行业要求，生产工艺落后，产品质量差。

② 风化花岗岩中长石。工艺流程为破碎—磨矿—分级—浮选（除铁、云母）—浮选（石英、长石分离）。该工艺生产的长石产品质量较好，回收率较高，能满足各种用户的不同品级需求。但选矿成本相对较高，对环境有一定的污染。在优质长石资源日益减少的情况下，可根据矿山具体情况加以选取。

③ 细晶岩中长石（一般含云母，有时含铁）。工艺流程为破碎—磨矿—筛分—磁选。该工艺生产的长石产品质量较高，能满足各种用户的不同需求。磁选分干法和湿法两种，干法磁选虽然生产成本较低但除铁率不高，湿法磁选工艺相对负压滤、干燥设备，生产成本较高。

④ 白岗岩（半风化花岗岩）中长石。白岗岩经颚式破碎机或圆锥破碎机破碎和球磨后，用胺浮选出云母；用盐酸浮选出铁矿物；再用胺浮选出长石，使石英分离。长石质砂矿亦可采用类似的方法选别。

⑤ 长石质砂矿。工艺流程为水洗脱泥—筛分（或浮选分离石英等）。用于生产高级陶瓷的对铁含量限制较严的长石，有时也采用酸浸除铁。静电选矿于20世纪60年代曾在国外采用。我国云南有个旧长石矿也建起了静电选矿流程，但因工艺不配套而未能正常生产。

长石浮选自20世纪30年代问世以来，在美国、日本、德国、意大利等国广泛应用。这种浮选法适用于伟晶花岗岩、半风化花岗岩、风化花岗岩及硅砂等，使长石生产不再单纯依赖于粗晶质伟晶岩，低品位长石矿床也得到开发利用。20世纪70年代以后出现了以硫酸或盐酸取代氢氟酸作调整剂、脂肪二胺和石油磺酸盐作捕收剂的无氟浮选法，我国又于近年研究成功了无氟无酸浮选工艺，使得长石浮选不污染环境。

国外20世纪80年代还出现了一种新的选矿方法——光选。用光度分选机代替手选，从原矿中选出块状长石。如意大利Giuslino选矿厂安装的16型光度矿石分选机，用一束氦氖红色激光射向矿石。这种光只能从较浅颜色矿石上反射回来，遇到深色废石颗粒，计算机立即发出指令，用压缩空气将废石除掉，从而达到分选的目的。如果采用手选清除这些废石，要求粒度大于40mm，采用光选，粒度可降至10~25mm。光度选矿可以降低入选品位，从而降低采矿成本。

对于经过浮选的长石，一般还需进行过滤脱水、干燥和研磨及风选等处理，以保证用户对它水分和粒度的要求。

1.6.2.4 长石选矿提纯工艺及发展趋势

近年来，国内外在长石的选矿提纯方面做了较多工作，主要体现在以下几个方面。

（1）破碎与磨矿

长石的破碎与磨矿一方面是为了满足最终产品的粒度要求，另一方面也是除杂工艺的需要。长石的粗碎大都采用颚式破碎机，破碎产品一般在10mm左右。目前国内在长石的细碎和磨矿工艺上研究较多，相关设备也较多，主要有辊式破碎机、反击式粉碎机、冲击式粉碎机、锤式粉碎机、石研磨、柱磨机、塔磨机、雷蒙磨、搅拌磨、振动磨、砂磨机及气流磨等。其中辊式破碎机、反击式粉碎机、冲击式粉碎机、锤式粉碎机、石研磨、柱磨机、塔磨机等主要用于粒度为<180μm左右的产品，对这类磨机的要求是一方面要防止产品跑粗（>2mm），另一方面要防止矿石过粉碎（一般<120μm产品控制在10%以内）；雷蒙磨、搅拌磨、振动磨、砂磨机等主要用于<45μm产品，对这类磨机的要求主要是铁质污染要较低。

目前，长石磨矿主要分为干法和湿法两种磨矿方式。相对而言，湿法磨矿效率较干法高，并且不易出现"过磨"现象。从应用行业来看，玻璃行业长石原料的加工大多选用钢棒介质磨矿，磨矿效率高且粒度均匀，但引入铁质污染，导致长石产品质量不高。陶瓷行业因对长石原料的要求较高，故多采用石质轮碾或瓷球磨矿，磨矿效率低且能耗高，无法实现高效率和工艺连续化作业。在保证长石产品高质量的基础上，实现高效率磨矿和连续化生产是长石加工提纯研究的一项重要课题。

（2）洗矿和脱泥

洗矿适用于产自风化花岗岩或长石质砂矿的长石，主要是去除黏土、细泥和云母等杂质，一方面降低长石矿中Fe_2O_3含量，另一方面可以提高长石矿中钾、钠含量。洗矿是利用黏土、细泥、云母等粒度细小或沉降速度小的特点，在水流作用下使其与粗粒长石分开。常用设备有擦洗机、振动筛、洗矿槽、搅拌桶和磨矿机等。

脱泥主要是为了除去矿石中的原生矿泥，及因磨矿等产生的次生矿泥，用以防止大量细泥影响后续作业（如浮选、磁选等）的选别效果。通常在单一或复合力场中脱泥，常用设备有脱泥斗、离心机、水力旋流器等。

(3) 各种磁选设备的应用

由于长石中的铁矿物、云母和石榴子石等都具有一定的磁性，因此在外加磁场的作用下可与长石分离。一般地，长石中的铁矿物、云母等磁性较弱，只有采用强磁选设备才能获得较好的分选效果。目前，国内用于长石除杂的磁选设备主要有：永磁辊式强磁选机、永磁筒式中强磁选机、湿式平环强磁选机和高梯度强磁选机等。

① 永磁辊式强磁选机。永磁辊式强磁选机是利用稀土永磁排斥磁极的原理，由一组永磁铁圆盘和软铁圆盘交替叠合而成，磁辊表面磁感应强度可达 2.0T。该设备适合弱磁性矿物的干式分选，近几年成为长石干式除铁的主要设备，其特点是分选效果好、运行费用极低、操作方便，但受到物料粒度下限（一般为 0.12mm）的限制。

② 永磁筒式中强磁选机。永磁筒式中强磁选机是在弱磁场永磁筒式磁选机的基础上将湿式平环强磁选机国内外矿山应用的永磁材料换成钕铁硼而制成，分选区的磁感应强度一般在 0.3～0.8T。该设备有干式和湿式两种，生产厂家和系列也较多，有马鞍山矿山研究院的 ZC（NCT）系列中强磁选机、长沙矿冶研究院的 DPMS 系列中强磁选机、广州有色金属研究院的 ZCT 筒式磁选机等。这类设备的特点是干湿均可、运行成本低，但由于磁场偏低，较难得到高档的长石产品。

③ 湿式平环强磁选机。湿式平环强磁选机是较广泛的电磁强磁选设备，其背景磁感应强度为 1.2～1.7T。试验结果表明，在原矿含铁 0.5％时，经一次磁选可得到含铁 0.2％以下的长石产品。该设备的优点是入选粒级较宽，设备处理能力较大。

④ 高梯度强磁选机。高梯度强磁选机是目前微细粒矿物提纯最有效的设备，其背景磁感应强度可达 2.0T（国外可达 5.0T），可对 $-74\mu m$ 的长石矿提纯。长沙矿冶研究院采用 CRIMM 型高梯度强磁选机对湖南平江长石矿除铁，在原矿含铁 0.2％左右时，经一次磁选可得到含铁 0.05％以下的长石特级产品。安徽明光长石矿采用赣州有色金属研究所研制的 Slon 立环脉动高梯度磁选机进行除杂，在原矿含铁 0.6％时，经一次磁选可得到含铁 0.3％以下的长石产品。高梯度磁选是生产高档长石产品的有效途径，但设备成本和运行费用均较高。

(4) 长石的选矿

长石的选矿也可以应用静电选矿法，其好处在于：①可以消除混在最终产品中的游离石英颗粒；②可以提高产品中碱的含量；③可以回收更均匀的产品等。由于以四溴乙烷（TBE）为首的真重液应用于工业上对于像长石和石英一类的密度差异小的矿物进行分离，也可以应用重力选矿，如图 1-9 为长石与石英分离的浮选原则流程。已知长石和石英分离的最合适的分离比重为 2.632，如果把这个分离比重稍微降低，达到 2.580，可能回收由钾长石组成的精矿。

① 含钛脉石矿物的浮选。研究表明，长石矿物中的钛主要赋存在金红石（或锐钛矿）和少量榍石中。在 pH＝4～6 的范围内，使用脂肪酸作捕收剂，金红石（或锐钛矿）是很易

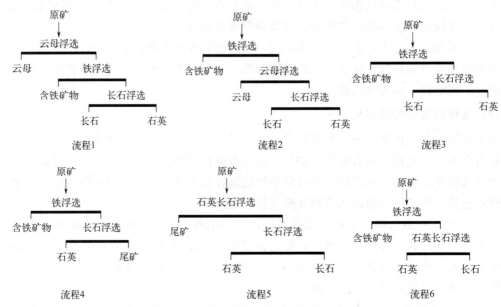

图 1-9 长石与石英分离的浮选原则流程

浮选的，但其可浮性是按下列顺序依次下降：油酸＞亚油酸＞亚麻酸。利用石油磺酸盐或脂肪伯胺乙酸盐，在 pH＝2.5 的酸性条件下也可以浮选金红石（或锐钛矿），并具有更好的选择性。也可使用羟肟酸钾，或将琥珀酸酰胺盐与磺酸盐混合使用浮选金红石（或锐钛矿）。目前只有很少的文献资料介绍榍石的浮选性能，表明榍石能用油酸及其皂类进行浮选，但这一浮选过程对于存在的矿泥是很敏感的。

② 含铁脉石矿物的浮选。一般情况下，长石矿物中的铁主要赋存于云母、黄铁矿、少量赤褐铁矿和含铁碱金属硅酸盐（例如石榴子石、电气石和角闪石）。通常，在 pH＝2.5～3.5 的酸性条件下，采用胺类阳离子捕收剂可浮出云母；在 pH＝5～6 的酸性条件下，采用黄药类捕收剂浮选出黄铁矿等硫化矿物；在 pH＝3～4 的酸性条件下用磺酸盐类捕收剂可浮选出含硅酸盐。

③ 石英-长石浮选的分离技术。石英-长石浮选分离的传统方法是 HF 法，也称"有氟有酸"法，即采用 HF 调浆至 pH＝2.5 以下抑制石英，活化长石，实现长石和石英的分离。但由于环保问题，以及 HF 使用过程中的诸多不便，众多选矿工作者都在积极研究无氟分离方案。

在石英-长石无氟浮选分离工艺中，最成熟、应用最广泛的是无氟有酸法，但这一工艺需要强酸性的介质条件，造成设备腐蚀严重。因此，无氟无酸法和其他工艺方法是石英-长石浮选分离工艺的未来发展方向。

④ 钾长石和钠长石的浮选分离。钾长石（正长石和微斜长石）和钠长石的分离是一个具有挑战性的课题，因为它们大部分混合产在长石矿床中，这些矿物具有相似的化学结构和类似的物理化学性质。20 世纪 60 年代末和 70 年代初，俄罗斯研究者在 HF 介质中用不同盐作为调整剂，来浮选分离不同类型的长石。Yanis 建议在 HF 介质中胺浮选时用镁离子和钙离子作为钠长石的抑制剂，而富集钾长石。Starikova 在 15mg/L NaCl 存在时用氟化物作活化剂，浮选分离钠长石和钾长石。据 Revnivtzev 等报道，钾离子或与钾半径相近的离子（如 Rb、Cs 和 Ba）抑制钾长石，而 Na、Ca、Sr 和 Mg 抑制钠长石和钙长石。Marius 和

Laura 对含等量的钠长石和钾长石的伟晶岩进行了胺浮选试验，用 NaCl 抑制钠长石获得了最好结果。Demir 等证明，在中性 pH 范围用胺捕收剂浮选碱性长石时，钠离子抑制钠长石。Dcmir 研究发现，在一定浓度的 NaCl 和 KCl 溶液中，用 HF 作介质调整剂时，胺捕收剂（G-TAP）能够实现钠长石与微斜长石的选择性浮选分离。C. Karaguzel 等采用分段分支浮选法，在 HF 介质中对含 3.78% K_2O 和 3.37% Na_2O 的长石矿石浮选，获得了含 10.51%K_2O 和 3.02%Na_2O 的长石精矿，K_2O/Na_2O 值由 1.12 上升到 3.48，实现了钾长石与钠长石的选择性分离。

随着长石富矿资源的不断减少，大量的低品质长石矿产有待开发，而选矿提纯技术研究是提高长石资源利用率和产品质量的关键所在。传统的长石选矿工艺存在磨矿效率低、工艺技术落后、设备陈旧等诸多问题，成为制约长石选矿大型化、规模化的重要影响因素。因此，根据原矿种类和性质，确定合理的选矿工艺流程，选用先进的生产设备，采用高效低污染的浮选药剂等成为解决上述问题的突破口。实现选矿高效率、产品高质量、投入使用新工艺与新设备等是长石选矿的未来发展趋势。

1.6.3 原料的预烧

陶瓷工业使用的原料中，一部分有多种结晶形态（如石英、氧化铝、二氧化锆、二氧化钛等）；另一部分有特殊结构（如滑石有层片状和粒状结构）。在成型及以后的生产过程中，多晶转变和特殊结构都会带来不利的影响。晶型转变必然会有体积变化，影响产品质量。片状结构的原料，干压成型时致密度不易保证，挤压成型时，容易呈现定向排列，烧成时不同方向收缩不一致会引起开裂和变形。有的硬度较大，有些高可塑性的黏土，干燥收缩和烧成收缩较大，容易引起制品的开裂。由于这些情况，既要求配料前先将这些原料预烧一次。经过预烧使晶型稳定下来，原来的结构也破坏了，从而可以提高产品质量。

有多种晶型的天然原料（如石英岩）预烧至一定温度后再行急冷，由于晶型转变引起的体积变化产生应力，使得大块岩石易于破碎。高温预烧还可减少原料中的杂质，提高原料的纯度。有时为了制造尺寸精确的产品，提高产品中某种主要成分的含量，可将灼减较多、收缩较大的原料（如黏土类）先行预烧再来配料，这样可减少产品的收缩，增多坯体中 Al_2O_3 的含量。

预烧固然是保证产品质量的需要，但增加这个工序会妨碍生产过程的连续化，对于某些原料来说，会降低其塑性，增大成型机械及模具的磨损。

原料的晶型、结构以至于物理性能都和温度有一定联系。预烧固然可以改变晶型和结构，但由于不同原料晶型转变的速度不同，而且有的转变是可逆的，有的是单向转变，不同产地的天然原料改变原有结构的温度也不会相同，因此，预烧的制度要根据原料的性能来确定。

(1) 石英的预烧

我国陶瓷工业通常用脉石英或石英岩，都是质地坚硬的块状原料，其莫氏硬度为 7，粉碎困难，粉碎效率低。天然石英是低温型的 β-石英，当加热到 573℃ 时，由于低温型 β-石英转变为高温型 α-石英，体积发生骤然膨胀。利用石英的这一性质，将石英在粉碎前先煅烧到 900～1000℃，以强化晶型转变，然后在空气或冷水中急冷，加剧产生内应力，促使碎裂。石英煅烧还可以使着色氧化物呈色加深，并使夹杂物暴露出来，便于肉眼鉴别、拣选。

石英的煅烧设备可以选用立窑、回转窑或倒焰窑等。国内有些工厂为改善操作条件，减轻劳动强度，也有采用抽屉窑来煅烧石英的，但设备投资较大。

（2）滑石的预烧

滑石预烧后，结晶水排出，原有结构破坏，形成偏硅酸镁 $MgO \cdot SiO_2$（斜方晶系，棱柱状晶体），不再是鳞片状结构，因而可防止挤制泥料时因颗粒定向排列而带来的缺陷，同时有利于滑石原料的细碎。预烧滑石的温度取决于原料的性质。有较大薄片状颗粒的滑石，如辽宁海城的滑石，破坏这种结构需要预烧到较高的温度（1400～1450℃）。细片或粒状结构而且含有一定杂质的滑石，如山东莱州的滑石，促使结构破坏的温度较低（1350～1400℃）。为了降低预烧温度，可以加入硼酸、碳酸钡或苏州土等。例如在海城滑石中加入5％的苏州土时，其预烧温度可以下降40℃。

（3）长石的预烧

提高釉面的质量，减少釉中的气泡，避免可溶性物质溶解于水中。

（4）黏土的预烧

黏土有时需要预烧，减小收缩，提高纯度，同时又不影响坯料中氧化铝成分含量对坯料性能的影响。一般预烧的温度为700～900℃。预烧设备常采用倒焰窑。

（5）氧化锌的预烧

生料氧化锌容易产生如下缺陷。

① 造成缩釉；

② 氧化锌溶于水生成氢氧化锌，这是絮状的沉淀，从而影响釉浆的性能。

氧化锌预烧可减少制品的缩釉现象。

氧化锌预烧温度一般为1250℃左右，可以把粉状的氧化锌装在匣钵内，在倒焰窑或在隧道窑内煅烧，然后磨细待用。

（6）氧化铝的预烧

氧化铝的晶型中，只有 $\alpha\text{-}Al_2O_3$ 才是性能好、高温稳定的晶相。但常用的工业氧化铝其主要晶型是 $\gamma\text{-}Al_2O_3$。因此，生产中要预烧工业氧化铝，其作用如下。

① 在高温下使 $\gamma\text{-}Al_2O_3$ 尽量转变为 $\alpha\text{-}Al_2O_3$，保证产品性能稳定。

② 预烧工业氧化铝时，所加入的添加物和 Na_2O 生成挥发性化合物，高温下变成气体离开氧化铝，可提高原料纯度。为了加快 Al_2O_3 的晶型转化，通常加入适量添加物，如硼酸、氟化铵、氟化铝等，加入量为0.3％～3％。这样促进了 $\gamma\text{-}Al_2O_3$ 转化为 $\alpha\text{-}Al_2O_3$ 的同时，这些添加物会使工业氧化铝中的氧化钠形成挥发性盐（如 $Na_2O \cdot B_2O_3$）逸出。Na_2O 含量的高低直接影响氧化铝制品的抗压强度及电绝缘性，通常 Na_2O 含量越高，导电率也越高，氧化铝陶瓷及耐磨制品的电绝缘性能越差，机械强度也会降低。

③ 由于 $\gamma\text{-}Al_2O_3$ 转变为 $\alpha\text{-}Al_2O_3$，引起的体积收缩在预烧时已经完成，所以预烧工业氧化铝可以使产品尺寸准确，减少开裂。

（7）氧化钛的预烧

氧化钛的预烧一般只在生产钛电容器陶瓷时才需要做这样的处理，因为一般这样的制品为了获得要求的电气性质，希望原料中的 TiO_2 都是金红石相，所以要预烧（1250～1300℃）。

思考题

　　1. 某厂生产的 300mm×300mm×9mm 的地砖，干燥线收缩率为 6%，烧成线收缩率 9%，求该地砖干燥后的尺寸和成型尺寸各是多少？总线收缩率是多少？

　　2. 论述长石、黏土在陶瓷生产中的作用？

　　3. 在陶瓷生产中对块状的石英、滑石、黏土、氧化锌预烧的目的是什么？

　　4. 日用瓷生产中常用什么长石？建筑陶瓷生产中常用什么长石？为什么？

　　5. 论述陶瓷墙地砖吸湿膨胀性的原因。

　　6. 某厂快速烧成陶瓷板状制品，已知烧成温度为 1150℃，出窑温度为 180℃。吸水率允许在 3%～10% 之间，生产时出窑制品外观质量和吸水率抽检均为良好，码堆于仓库待次日检选，可是检选中有 20%～30% 的制品破裂，试分析制造成品破裂的原因，并提出解决方案。

　　7. 何谓一次黏土、二次黏土？试述它们的工艺性能。

　　8. 长石质坯釉主要原料都是黏土、石英、长石，试说明黏土、石英、长石对坯料烧成温度和对釉料成熟温度的影响以及石英含量对瓷坯性能的影响。

　　9. 写出五种常见的能够在坯料中引入 Al_2O_3 的天然陶瓷矿物原料的名称。

　　10. 陶器和瓷器的性能及特征具体在哪几方面有差异？

　　11. 按照工艺特性的不同，陶瓷原料一般分为哪几类？每一类需至少举三例说明。

　　12. 请简述我国南方和北方陶瓷的特色、生产工艺、烧成气氛有何不同，并分析其不同的原因。

　　13. 为什么石英晶型的缓慢转化体积效应比快速转化的大，而对制品的危害反而小？

　　14. 试比较下列两种黏土的烧后色泽、耐火度、烧成收缩大小，并说明理由是什么？

黏土名称	化学组成/%（质量分数）							
	SiO_2	Al_2O_3	Fe_2O_3	CaO	MgO	K_2O	Na_2O	灼减量
1#	58.11	27.83	0.86	0.45	0.56	3.73	1.76	6.42
2#	57.43	27.28	0.53	0.46	0.76	2.63	1.14	10.68

　　15. 某人为了缩短普通日用瓷的烧成周期，计划在烧成后期 600～400℃ 采用快速冷却，是否可行？为什么？

　　16. 某厂生产的 200mm×200mm×3mm 的地砖，干燥线收缩率为 6%，烧成线收缩率为 9%，求该地砖干燥后的尺寸和成型尺寸各是多少？总收缩率是多少？

　　17. 根据原料的工艺性能及主要用途，将下列 21 种原料进行分类：

　　石英砂，脉石英，紫木节，膨润土，滑石，锂辉石，碱土，叶蜡石，瓷石，水玻璃，高岭土，骨灰，磷灰石，焦宝石，亮金水，伟晶花岗岩，碱石，钾长石，锆英砂，硅灰石，石膏。

　　18. 根据原料的用途分为哪几种原料？请分别说出它们的作用并列举出几种。

第 2 章

坯、釉料制备

导读：本章主要由坯、釉料制备的主要工序及设备，坯料制备和釉料制备三个部分组成。通过本章学习，希望学习者能够掌握原料粉碎的目的、方法；熟练掌握球磨粉碎的原理、设备、影响球磨机粉碎效率的因素；了解其他原料细粉碎的方法；掌握泥浆脱水的方法、原理；弄清造粒的原理、一般造粒方法；了解坯料陈腐和真空处理的目的和作用。在坯料制备一节中，掌握传统陶瓷坯料种类和品质要求，并能够熟练掌握配料所遵循的原则和配料依据，并熟悉不同坯料的制备工艺；在釉料制备一节中，希望学习者了解釉的作用、特点及类型，掌握制釉氧化物的特点及对釉性能的影响；了解釉层的物理化学性质及其影响因素；掌握坯-釉适应性的调控方法及其对陶瓷制品性能的影响；掌握釉配方依据和制釉方法；熟练掌握釉料制备工艺。

坯料通常是指陶瓷原料经过配料加工后，形成具有成型性能、符合质量要求的供成型用的多组分混合物。

2.1 坯、釉料制备的主要工序及设备

本章主要针对普通陶瓷，也就是建筑卫生与日用陶瓷。因此这里首先介绍普通陶瓷中坯料的制备工序。

2.1.1 原料的粉碎及设备

块状的固体物料在机械力的作用下破碎使其块度或粒度达到要求，这种原料的处理操作，即为原料的粉碎。对陶瓷原料进行粉碎可以提高原料精选效率，均匀坯料，致密坯体以及促进物化反应，降低烧成温度等。

粉碎有压碎、冲击、研磨、劈碎以及刨削等几种。通常粉碎机都具有一种或两种功能。按粉碎后物料块度可分为粗碎（破碎后物料块度直径≤50mm）、中碎（破碎后物料块度直径≤0.5mm）、细碎（破碎后物料块度直径≤0.06mm）。对细度要求较高的可采用超细磨，处理后物料直径在0.02mm以下。由于化工原料一般都很细，可以直接放入细碎设备加工处理。

据此，常用的粉碎机械有：①颚式破碎机。陶瓷厂中的粗碎设备，一般用于块度大、硬度大的物料，利用活动板推向固定板这种挤压作用而破碎。②轮碾机。陶瓷厂中的中碎设

备，得到的物料的颗粒从微米级到毫米级，分布范围广，利用碾盘和碾轮之间的相对滑动与碾轮的重力作用被碾磨与压碎。③球磨机。陶瓷厂中的细碎设备，起到研磨和混合的双重作用，利用球磨介质与球磨内壁的相互挤压以及外界快速的转动来破碎，因此对球磨介质与球磨内壁的硬度要求很高，球磨机内壁一般要赋以内衬作为衬里辅助球磨。日用陶瓷中通常块状物料用颚式破碎机进行粗碎，然后入球磨机进行细碎（湿法球磨）。此外，根据产量、颗粒形状与细度的要求也采用笼式打粉机、锤式打粉机以及振动磨等粉碎设备。

2.1.1.1　颚式破碎机

它是陶瓷工业广泛使用的一种粗碎设备，具有设备结构简单、操作方便、产量高等特点。它按其颚板摆动形式可分为复杂摆动与简单摆动两种，它们的区别是复杂摆动颚板有微小的上下运动因而具有研磨作用，设备较轻，出料均匀且小。但复杂摆动颚式粉碎机维修困难，同时遇到硬质材料时，由于机体不够坚固，发生振动会导致偏心轴的主轴承发热而缩短寿命，因此，它不宜用于加工粗大硬质物料块。颚式破碎机的出料粒度可通过调节出口处两颚板间距离来控制，但通常颚式破碎机的粉碎比不大（约为 4），而进料块度又很大，因此，其出料粒度一般都较粗，而且细度调节范围也不大。

2.1.1.2　轮碾机

轮碾机是陶瓷厂的中碎设备，物料是在碾盘与碾轮之间相对滑动与碾轮的重力作用下被研磨与压碎的。碾轮越重，尺寸越大，则粉碎力越强。制备坯釉料的轮碾机为了防止铁质污染，通常采用石质碾轮和碾盘。为了改善操作条件，可采用水轮碾（湿轮碾），但必须同时加强粉碎后料浆的搅拌与管理。轮碾机碾碎的物料颗粒组成比较合理，从微米级颗粒到毫米级颗粒，粒径分布范围很广，具有较合理的颗粒级配。

轮碾机的粉碎比较大（10 以上），其细度通过机外的筛分设备来控制，细度要求越高，筛分设备的回料量越大，生产能力越低。轮碾机的最大允许加料尺寸取决于碾轮与碾盘间的钳角（图 2-1），一般碾轮直径为 14～40 倍物料块直径，硬质物料取上限值，软质物料取下限值。轮碾机的出料粒度由一定的颗粒组成，这是它常用于处理匣钵料的原因之一。通常颗粒组成中含有大量粉尘料，当要求细度在 0.5mm 以下

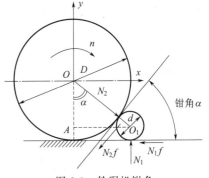

图 2-1　轮碾机钳角

时，粉尘含量更高，且耗电量剧烈增大，工作条件变差，此外，除水轮碾外，轮碾机不适用于粉碎含水率在 15％以上的物料，否则不但生产效率低，还会将物料碾轧成泥饼使设备无法操作。

2.1.1.3　球磨机

球磨机是陶瓷工厂广泛使用的细碎设备，用它细磨坯料或釉料，能起到良好的研磨与混合作用。为了防止研磨过程中铁质的混入，球磨机内均采用石质材料或橡胶材料作衬里，并以瓷球或鹅卵石为研磨体。采用橡胶衬里，不但能增加球磨机的有效容积，提高台时产量，还能减少能耗，降低噪声，改善车间的工作环境。这种球磨机磨出来的浆料颗粒较粗，颗粒

分布范围较窄，会影响浆料的使用性能，但若制成干压粉料和可塑坯料则没有影响。

我国陶瓷工业中普遍采用的是间歇式球磨机，大多数工厂都采用湿法球磨，因为水分对原料颗粒表面的裂缝有劈尖作用，能防止原料结团，因此，粉碎效率比干法球磨高，制备的可塑泥与泥浆质量比干法球磨好，有利于提高除铁效率，没有粉尘飞扬等。但与其他细碎设备相比，间歇式湿法磨动力消耗大，粉碎效率低。连续式球磨机与间歇式的相比体积大，可缩短球磨时间，避免原料泥浆产生过细磨，节省加料和出料的时间。其实，连续式球磨机在我国其他行业，如水泥、采矿、冶金等行业已普遍采用。陶瓷连续式球磨机在发达国家陶瓷工业中的使用已很普遍，而在我国尚属空白。最主要的原因是：陶瓷工艺要求中一是原料品种多，二是湿法生产，连续均匀性要求在生产中需摸索。连续式球磨机适合于计算机自动控制，对控制泥浆质量和生产管理也具有十分重要的意义。自动化操作是陶瓷墙地砖行业的发展趋势，自动化是配料准确、可靠的重要保障，进而使泥浆的技术性能更加稳定，工艺可重复性好。

球磨机对粉料的作用主要是研磨体之间和研磨体与筒壁之间的研磨作用，另一部分是研磨体下落时的冲击作用，提高球磨机的粉碎效率就需从这两方面着手。

影响球磨机粉碎效率的主要因素如下。

（1）球磨转速

根据理论计算和经验数据确定球磨机的临界转速 n。

当有效内径 $1.7m > D \geq 1.25m$ 时，$n = 35/\sqrt{D}$；

当有效内径 $D > 1.7m$ 时，$n = 32/\sqrt{D}$；

当有效内径 $D < 1.25m$ 时，$n = 40/\sqrt{D}$。

球磨机的转速影响着球磨效率（图 2-2）。速度过大，粉料获得较大的临界速度而随着球磨机一起转动，失去球磨意义；速度过小，粉料晃动幅度不大，降低球磨效率。

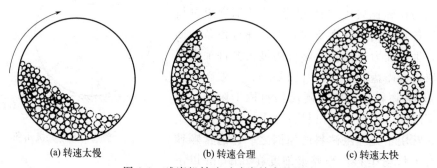

(a) 转速太慢　　　　　　　(b) 转速合理　　　　　　　(c) 转速太快

图 2-2　球磨机转速对球磨效率的影响

（2）研磨介质

增大研磨介质的相对密度，可以加强它的冲击作用，同时可以减小它所占的空间，提高装载量，所以相对密度大的研磨介质可以提高研磨效率。大的研磨介质冲击力大，而小的研磨介质因其与物料的接触面积大，研磨作用大。

平常使用的研磨介质为球状的，如氧化铝球磨子、氧化锆球磨子、鹅卵石。放入的球磨子遵循一定的配比，当脆性料较多时，要用大尺寸研磨介质，黏性料较多时，小研磨介质对细颗粒物料的研磨效率更高。根据工厂实际经验，大球（直径 40～70mm）占 35%，中球

（直径 30～＜40mm）占 50％，小球（直径小于 30mm）占 15％时的粉碎效率最高。

研磨介质的大小以及级配取决于球磨机的直径，可用下式来表示。

$$D/24 \leqslant d \leqslant D/18$$

式中，D 为球磨机圆筒有效直径，m；d 为研磨介质最大直径，m。

研磨介质以圆棒形较为适宜，因为圆棒接触面积较球形大，对物料的研磨和撞击作用大，因而研磨效率高。研磨介质可采用鹅卵石或瓷质材料，高铝质瓷料制成的研磨介质相对密度大，在相同吨位的球磨机中相对地可以多装物料，粉碎时冲击力也较大，而自身的磨损小，有条件时可以自制高铝质瓷棒作为研磨介质。

（3）料、球、水的比例

球磨机中加入的研磨介质越多，在单位时间内物料被研磨的次数就越多，研磨效率越高，但研磨介质过多会占据球磨机的有效空间，反而导致研磨效率降低。球磨机加入水量多少也会影响球磨效率。加水过多，不仅占据球磨机的有效空间，而且由于黏附在研磨介质上的物料少，会减弱研磨介质对物料的研磨效率。加水过少，泥浆流动性差，泥浆将黏结在球石上成团状，甚至研磨介质彼此黏结在一起，失去研磨介质互相撞击研磨的作用。另外，要考虑原料的吸水率，原料吸水率大时要多加些水。实际经验指出，球磨可塑坯料时，料：球：水＝1：（1.5～2.0）：（0.8～1.2），研磨效率最高；球磨釉料或注浆料时，料：球：水＝1：（1.5～2.0）：（0.4～0.7），效果最佳。

为了提高研磨效率，可在球磨时加入电解质。电解质与水一样，对颗粒表面微裂缝会产生劈尖作用，从而减弱颗粒间的分子引力，提高研磨效率。如加入 0.5％～1％的亚硫酸纸浆废液或 $AlCl_3$，可提高研磨效率 30％左右。

球磨的时候经常加入适量表面活性剂以提高细度、缩短研磨时间。当研磨酸性陶瓷材料（如二氧化硅、二氧化钛、二氧化锆）时，可采用含碱性活性基团（羟基、氨基）的表面活性物质，如羟甲基纤维素钠等。当研磨碱性物质时，可采用酸性表面活性物质（如环烷基、脂肪酸及石蜡等），用量一般在 1％以下。

（4）加料粒度

加料粒度越细则球磨时间越短，但过细的加料粒度会增加中碎的负担，通常球磨机的加料粒度为 2mm 左右。

（5）加料方式

球磨陶瓷坯料时，应先把硬质原料（如长石、石英、瓷粉）及少量黏土（为使硬质原料在细磨过程中不沉淀）磨若干小时后再加软质原料，这样可提高研磨效率。在球磨釉料时，应后加色料，防止破坏色料的结构影响发色和提高釉面呈色的均匀性。

（6）装载量

通常球磨机的总装载量（以容积计算）约占球磨机空间的 4/5。

（7）球磨机直径

从研磨效率来看，筒体大则效率高，这是因为筒体大研磨体也可相应增大，研磨和冲击作用都会增强，进料粒度也可增大，所有大筒体的球磨机可大大提高研磨细度，而且产量高、成本低，适用于制备性能一致、组分均匀的粉料。小直径的球磨机，对物料的研磨作用大于冲击作用，所以得到的颗粒比较圆滑；大型球磨机，由于冲击作用大于研磨作用，破碎能力强，所以得到的颗粒多为多角形。在生产中应注意，可通过调整研磨介质的级配关系加以改善。它们相互影响，相互制约，在生产中应根据产品的种类、原料的性能、设备情况等加以分析，确定合理的工艺参数，使球磨粉碎达到最高的粉碎效率。

2.1.1.4 环辊磨机

俗称雷蒙机，粉碎效率高，粉碎比大（大于60），细度高可达325目，但细磨长石与石英等硬质原料时，锤辊会由于转速高而磨损大，使磨料中混入不少的铁，这就要求后续工序加强除铁等措施。环辊磨机的出料粒度是通过设备上部的风筛机来控制的，达到要求细度的粉料由风筛机扫出机外，再由旋风分离机收集。因此，由环辊磨机出来的粉料通常是同一粒度的，不宜用于制备有颗粒级配要求的粉料。

2.1.1.5 打粉机

(1) 笼式打粉机

日用陶瓷厂主要用于打散湿的匣钵料，要求进料块度不大于30mm，湿度不高于12%，笼式打粉机的产量取决于笼盘的直径、宽度以及物料的黏性与湿度。笼盘转速增加虽可提高产量，但与此同时出料料度将变小，且当转速超过某一数值时，对产量与细度反而不利。笼式打粉机的结构简单，操作方便，但由于设备中无安全装置，操作时要严格防止混入硬石，否则钢条会很快磨损或折断。

(2) 锤式打粉机

有单锤与双锤之分，日用陶瓷厂用单锤式较多。锤式打粉机的生产能力取决于转子的直径与宽度，它的细度由调整蓖条距离来控制。

2.1.1.6 其他粉碎方法

(1) 振动粉碎——振动磨

利用研磨体在振动磨内高频振动使物料快速粉碎的方法。高频振动下研磨介质会沿着物料最弱的地方产生疲劳破坏，这是振动磨能有效地对物料进行超细粉碎的原因。

决定振动磨粉碎强度的主要因素是振动频率和振幅，它们直接影响着研磨体与物料的撞击次数和冲击力量。一般来说，频率高、振幅小时，粉碎强度比频率低、振幅大时高。因为增大振幅只能提高研磨介质对物料的冲击作用，这种作用仅在粉碎初期对粗颗粒起作用，而提高频率会增加单位时间内研磨介质对物料的冲击次数，从而增加对物料的破坏作用，振动磨的振动频率一般为3000~6000次/min（50~100Hz）。另外，研磨体的材质、大小与数量也是影响粉碎效率的因素。

振动磨中常用的研磨介质是由耐磨材料制成的磨球或磨柱（长度为直径的1~1.5倍）。瓷球相对密度较钢球小，冲击力稍小，但不会带入铁质。采用瓷球时，原料的入磨粒径小于1mm，采用钢球时，原料的入磨粒径小于2mm。粉碎粗的物料或脆性物料时，需要重而大的球，以冲击作用为主，而对粉料细的物料，应用小球，以研磨作用为主。由于在粉碎的不同阶段对球的大小有不同的要求，因此，一般采用大小混合磨球。大小球的质量比为（3:1）~（5:1）（小球为磨球总质量的75%~80%）；大小球直径比为（1.414:1）~（2:1），物料与磨球体积比为1:2.5，振动磨的装载系数在干粉碎时为0.8~0.9（按体积计），湿粉碎时为 0.7。振动磨用的研磨介质宜用硬度大、强度高的刚玉质或锆英石质球石，研磨体与物料的质量比宜大于 8:1。

振动磨可用于连续式或间歇式的粉碎（通常为间歇式的）。振动磨的进料粒度要求在 2mm 以下，出料粒度在 $60\mu m$ 以下（干磨时最细可达 $5\mu m$）。振动磨的缺点是内衬磨损比较快（内侧两侧更快），每次处理的物料量少，而且耗电量大。同时日用陶瓷厂的原料无需超细粉碎，所以振动磨在日用陶瓷厂没有广泛使用，而在制造陶瓷颜料方面得到广泛的应用。在进行振动粉碎时同样可以加入助磨剂，以提高粉碎效率，选用的助磨剂与球磨粉碎时相似。

（2）气流粉碎——气流磨

气流粉碎是超细粉碎物料的一种有效方法。利用高速流体（压缩空气或过热蒸汽）作能源，促使物料互相碰撞和摩擦而达到粉碎的效果。不需要研磨体，也无需机械转动的部件，能将物料粉碎到 $5\mu m$ 以下。

2.1.2 筛分及设备

筛分是将已被破碎的固体物料放在具有一定大小孔径的筛面上进行振动或摇动，使其分离为颗粒大小近似相等的若干部分。

筛分在陶瓷生产中具有如下作用。

① 使原料颗粒适合于下一道工序的需要。例如，轮碾后的原料需要经筛分除去较大颗粒，以保证球磨机进料粒度的均匀性。

② 在粉碎过程中及时筛去已符合细度的颗粒，使得粗粒获得充分粉碎的机会，可提高设备的粉碎效率。

③ 确定颗粒的大小及其比例，并限制原料或坯料中粗颗粒的含量，以提高工艺性能与产品质量。

筛分有干筛和湿筛。干筛的筛分效率主要取决于物料湿度、物料相对于筛网的运动形式以及物料层厚度。当物料湿度和黏性较高时，物料容易黏附在筛面上，使筛孔堵塞影响筛分。若料层较薄，则筛面与物料之间的相对运动越剧烈，筛分效率越高。湿筛的筛分效果主要取决于料浆的黏度和稠度。

常用的筛分设备有摇动筛、回转筛和振动筛。摇动筛利用曲柄连杆机构使筛面作往复直线运动。摇动筛适用于分离直径为 12mm 以下的物料，一般用于中碎后细粒的分离，并与中碎设备构成闭路循环系统，摇动筛可用于干筛与湿筛。回转筛的运动过程中，由于筛面仅作回转运动，筛分时物料与筛面之间的相对运动很小，相当大一部分细粒分层于上层，没有被分离出去，所以筛分效果较差。多角筛比圆筒筛筛分效率高，在生产上使用较多。回转筛的转速不能太快，否则物料会紧贴在转筒的内壁上而失去筛分作用。振动筛的筛面除做偏移运动外还有上下振动，由于这种筛具有振幅小（常用 1～3mm）、振动频率很高的特点，能增加物料与筛面的接触与相对运动，防止筛孔的堵塞，故其筛分效率较高，通常用于中碎后原料的筛分。振动筛不适用于筛分水分高、黏性大的物料，因为受振动后颗粒间容易黏结成团，影响筛分。

2.1.3 除铁与搅拌

坯釉料中含铁杂质有金属铁、氧化铁和含铁矿物，它们来自原矿、机器磨耗及环境污染等。原矿中夹杂的铁质多半为含铁矿物，如黑云母、普通角闪石、磁铁矿、褐铁矿、赤铁矿与菱铁矿等。坯料中混有铁质会降低制品的外观质量，如白度与半透明性、产生斑点等。因此除铁是原料处理与坯釉料制备的一道重要工序。原料中的铁质矿物大部分可用选矿法与淘洗法除去，这仅对粗粒原料较为有效，对细粉状的原料则可用磁铁分离器进行磁选。这是由于含铁物料一般都具有一定的磁性，在磁场中受到磁化而被磁铁吸住，从而和非磁性物料分离。磁场对不同的含铁矿物有不同的效应，含铁矿物的磁化率越高，磁场对它的作用力越大。含铁矿物按磁化率高低可分为以下四类，见表 2-1。

表 2-1　各种含铁矿物的磁化率

类别	单位磁化率($\times 10^6$)	矿物
强磁性	＞3000	金属铁、磁性铁
中磁性	300～3000	钛铁矿、赤铁矿
弱磁性	25～300	褐铁矿、菱铁矿
非磁性	＜25	黄铁矿

通常磁选机只能除去强磁性矿物，特别是金属铁、磁铁矿等。而有些含铁矿物，如菱铁矿、黄铁矿、黑云母等不能除去。

磁铁分离器有干法与湿法两种。干法一般用于分离中碎后粉末中的铁质，而湿法用于分离泥浆中的铁质，目前常使用的干法除铁设备有电轮式磁选机、滚筒式磁选机和传动带式磁选机等。由于物料与磁极间均存在间隙，干式磁选机实际有效磁场强度很低，只有在薄层料流的情况下对强磁性铁矿物有效，因此其磁选效率很低。

湿法除铁一般使用过滤式湿法磁选机。操作时先在线圈中通入直流电，使带筛格板的铁芯磁化，泥浆由漏斗加入，在静水压的作用下，由下往上经过筛格板，则含铁杂质被吸住，而净化的泥浆由溢流槽流出。由于泥浆通过筛格板时呈薄层细流状，湿法磁选机的除铁效果较好。

除铁效率与泥浆相对密度和泥浆量等有关，泥浆相对密度一般控制在 $1.5g/cm^3$ 以下。为提高除铁效率，可将湿法磁选机多级串联使用。此外，将振动筛（6400 孔/cm^2 的筛）和磁选机配合使用，能更好地去除含铁杂质。

泥浆搅拌工序不仅用于使储存的泥浆保持悬浮状态，防止分层，而且还用于黏土或回坯泥的加水浸散，以及粉料配料时的化浆等。常用的泥浆搅拌机有框式搅拌机与螺旋桨式搅拌机两种。框式搅拌机结构简单，搅拌效率较低，尤其当泥浆沉淀后很难再将其搅拌均匀，故工厂中采用螺旋桨式搅拌机较多。螺旋桨式搅拌机的螺旋片倾斜角向下，有把泥浆往上翻动的作用。因此，它能将沉淀的泥浆翻起来，使泥浆搅拌均匀。

搅拌池一般为六角形或八角形，如果采用圆形浆池，料浆在搅拌时会随浆叶一起旋转，搅拌作用差。也可采用气流搅拌，这种方法装置简单，只需在泥浆池中插入一根或几根开有 3～6mm 小孔的气管，间断地通入压缩气体就可以达到搅拌的目的。气体的压力通常为 0.2～0.4MPa。这样在起搅拌作用的同时，还可以有效地防止铁质和油污混入。

2.1.4　泥浆脱水

采用湿法球磨制备泥料，泥浆含水率通常在 50% 左右，而可塑成型用坯料的含水率为 19%～26%，因此，泥浆必须经过脱水工序除去多余水分，形成可塑泥料后才能供可塑成型使用。常用的有两种方法：压滤脱水和喷雾干燥脱水。

(1) 压滤脱水

压滤脱水采用的是压滤机，主要由许多双面凹入的方形或圆形滤板组成，每两片滤板之间形成一个过滤室。在凹入的表面上刻有环形沟纹，泥浆在压力作用下从进浆孔进入过滤室，水分通过滤布从沟纹流向排水孔排出，在两滤板之间形成泥饼，当水分停止滤出时取出泥饼。压滤时间一般为 45～65min，回坯泥的压滤时间较长，这样做出来的坯料适合用于可塑法成型。以前多用帆布作滤布，现已普遍用尼龙布代替，后者容易洗涤、使用寿命长。

压滤是陶瓷生产中生产效率低、劳动强度大的一道工序。为了降低压滤机的劳动强度，可将压滤机安装在离地面高 1.5～2m 的平台上，在平台下面设小车或皮带运输机，使从滤布上脱下来的泥饼直接落在小车或皮带运输机上，运往泥库陈腐或送往真空练泥机进行加工处理。

影响压滤效率的因素主要有压力大小、加压方式、泥浆温度、泥浆相对密度、泥浆性能。一般来说，压滤效率与所加的压力成正比，但当压力超过一定数值时，会降低压滤效率。这时可压缩性成分由于压力太大会产生变形而挤紧，使颗粒间的毛细管孔道变小，这时继续增加压力，将会降低过滤速率，一般压滤压力为 0.3～0.6MPa。压滤操作初期不宜采用高压，因为泥浆中的黏土微粒容易使最初一层泥饼在过滤介质滤布上排列过于紧密，甚至会堵塞滤布的孔眼，影响以后泥浆的过滤速率，因此一般在加压初期采用较低的压力，然后再加压到最终操作压力。泥浆温度升高，水的黏度会降低，因此泥浆的温度以 40～60℃ 为宜。泥浆相对密度较小时，会延长压滤时间，一般泥浆相对密度为 1.45～1.55g/cm³，含水率在 60% 左右。颗粒越细，黏性越强的泥料，过滤操作越困难。因此，一般新浆料压滤所需时间短（需 30～60min），而回坯泥所需时间长，为了便于压滤，通常将新浆料与回坯浆料按一定比例混合后进行压滤。泥浆中加入 0.15%～0.2% 氯化钙或乙酸可促进泥浆凝聚，从而构成较粗的毛细管，有利于提高压滤效率。

(2) 喷雾干燥脱水

这是目前用得比较多的方法。利用的设备是喷雾干燥塔，泥浆的喷雾干燥过程主要由以下几个工序组成：泥浆的制备与输送、热源的发生与热气流的供给、雾化与干燥、干粉收集与废气分离。将泥浆由泵送到干燥塔的雾化器中，雾化器将泥浆雾化成细滴，进入干燥塔内，遇热空气（400～600℃），进行热交换，使之干燥脱水，尚含有一定水分的固体颗粒自由下降到干燥塔底部，由出口处卸出，而带有微粉及水汽的空气经旋风分离器收集微粉后，从排风机排出，一般用于干压成型。

为了干压和半干压成型的需要，将细磨后的陶瓷粉料制备成具有一定大小的团粒的坯料，这个过程称为造粒。常用的造粒方法就是喷雾干燥法，尤其在建筑陶瓷中经常用，它不仅能起到脱水的作用还能在脱水的过程中同时达到造粒的效果。

喷雾干燥可分为离心式、压力式、气流式。当压制尺寸较大、稍厚的坯体时，要求颗粒粗些、颗粒尺寸分布范围宽些、堆积密度大些。这时选用压力雾化易于满足这些要求。若要求坯体粉料细些可优先考虑离心喷雾，它的适应性强，泥浆性能和进浆量变化时仍能维持良好的雾化效果，所以建筑瓷厂中经常使用这个方法。气流喷雾干燥器结构简单，喷雾量大但不均匀，维修容易而动力消耗量大，干粉最细，陶瓷工业很少采用。

影响喷雾干燥粉料性能的因素如下。

① 泥浆的浓度和进浆量。在进风温度、离心盘转速或喷嘴孔径不变的情况下，浓度越高，进浆量越多，得到的粉料越粗，含水率越高。

② 喷口孔径。在其他参数不变时，雾滴尺寸随喷口直径的增加而增加。

③ 进塔热气温度和排除废气温度。热气温度过高，雾滴与高温热气接触，表面迅速形成一层硬壳，而里面仍是潮湿的。硬壳阻碍雾滴收缩，内部水分蒸发后留下的空隙无法减少，出现空心的现象。陶瓷泥浆喷雾干燥后废气排出的温度高达 $45\sim90℃$，一般是采用旋风分离器作分离设备，排气温度直接关系到粉料的水分。排气温度升高则粉料水分减少。

④ 离心盘转速和喷雾压力。转速越大，压力越大，喷雾颗粒越细，得到粉料越细。粉料过细不利于成型，容易导致坯体分层。

2.1.5 陈腐与练泥

经过压滤所获得泥饼的组织是不均匀的，而且含有 $7\%\sim10\%$ 的空气，不均匀的泥料，在干燥和烧成时会发生不均匀收缩，而空气的存在，不但会降低泥料的可塑性，还会导致气泡、分层、裂纹等缺陷的产生。因此，脱水后的泥料还需进行陈腐与练泥。

(1) 陈腐

经过细磨后的坯料（包括可塑坯料、注浆坯料、干压坯料），陈放一段时间后可使水分均匀，同时在陈腐过程中有细菌作用，能促使有机物腐烂，并产生有机酸使泥料的可塑性提高。陈腐泥库要求保持一定的温度和湿度，以利于坯料氧化和水解反应的进行。因此，储泥库通常要求关闭，并装有喷雾器，供喷水或喷蒸汽之用。

陈腐泥库需占用较大的面积，且陈腐不能排除泥料中的空气，所以有些工厂采用多次真空练泥来代替陈腐。

陈腐的原因及意义如下。

① 球磨后的注浆料放置一段时间后，流动性提高，性能改善。黏土与电解质溶液间离子交换日趋完全，促使黏度降低，流动性和空浆性能都可改善。

② 压滤的泥饼，水分和固相颗粒分布不均匀，含有大量空气，陈腐后水分均匀，可塑性强。

③ 造粒后压制粉料，陈腐后水分更加均匀。

通常在封闭的仓中进行，一般来说时间越长，效果越好，但陈腐一段时间后，继续延长时间效果不明显。

陈腐的作用机理如下。

① 通过毛细管的作用，使坯体中水分更加均匀。

② 水和电解质的作用使黏土颗粒充分水化，发生离子交换，同时非可塑性物质（白云母、绿泥石、未风化的长石等）转变为黏土，可塑性提高。

③ 有机物发酵腐烂，可塑性提高。

④ 发生一些氧化还原反应，生成 H_2S 气体扩散流动，使泥料松散均匀。

(2) 练泥

真空练泥可以排除泥饼中的残留空气，提高泥料的致密度和可塑性，并使泥料组织均匀，改善成型性能，提高干燥强度和成瓷后的机械强度。

当泥料进入真空练泥机的真空室时，泥料中的空气泡内的空气压力大于真空室内的气压，当空气泡内与真空室内的压力差足以使泥料膜破裂时，空气就在真空室中被抽走，但若泥条很厚或空气泡处于深处，而压力差又不足以使泥料破裂，空气还会残留在泥料内。为此，泥料进入真空室切成细泥条或薄片，以及提高真空室的真空度增大压力差，也可促使泥料膜破裂。泥料水分要均匀，泥料温度一般冬天应保持 15～20℃，泥饼温度不应低于 30℃，且不超过 45℃，夏天温度不宜过高，最好用冷泥。加泥速度要根据机器容量大小及泥料性能来决定，必须均匀加入泥料，不能一大块一大块地加入，加入过快易使真空室堵塞而影响真空度，加入过慢会造成脱节而使真空室漏气，导致泥段产生层裂或断裂。真空度越高越好，若不足会影响泥料性能。

2.2　坯料制备

2.2.1　坯料的种类和成型性能

坯料是指按一定的工艺手段、方法加工的满足一定的工艺参数（如含水量、粒度、可塑性、流动性等）、具有成型性能的多种原料的混合物。

普通陶瓷坯料中含黏土类原料较多，加入一定量水分后便具有成型性能，因此常用水分含量作为其特征。根据成型方法的不同，陶瓷坯料通常分为四种：注浆坯料一般含水率为 28％～35％；可塑坯料含水率为 18％～25％；压制粉料中含水率 8％～15％的称为半干压坯料，含水率 3％～7％的称为干压坯料。大部分先进陶瓷采用的原料都是瘠性原料，需配入不同的有机塑化剂后才能成型，而且难以用塑化剂的数量来区分坯料的种类。

为了使后继工序能顺利进行和保证产品质量，坯料应符合下列要求。

① 坯料的组成能满足配方的要求。这除了要求准确称量各种原料外，同时更应注意在加工过程中不让杂质混入。

② 各种组分混合均匀。包括主要原料、水分及塑化剂在坯料中都应均匀分布，离析会使半成品或成品出现缺陷从而影响产品性能。

③ 细度合理。细度要求能够通过万孔筛，即筛下的颗粒粒径均小于 0.06mm。生产中以通过万孔筛筛余量来控制，一般要求 0.2％～1％。

④ 坯料各组分的颗粒达到要求的细度以减少成型和干燥过程中的废品。

⑤ 可塑和注浆成型用的坯料中空气含量应尽量减少，以免降低坯体强度和产品的力学性能。

2.2.2　坯料配料计算

陶瓷材料的种类繁多，其组成和性能也各不相同，原料配比不同，或者引入不同的其他原料，或者制造工艺的差异等，将获得不同品种、不同显微结构、不同性能特点和不同用途的陶瓷制品。所以坯料配方是一个十分复杂的问题。

2.2.3　坯料组成的表示方法

坯料组成的表示方法在生产上和文献上主要有以下几种。首先应了解这种坯料组成表示方法，然后再找出这几种不同表示方法之间的关系，并进行相互换算。

（1）实验式表示法

陶瓷坯料一般为混合物，可以用化学实验式来表示，即以各种氧化物的物质的量的比例来表示。这种表示方法叫作化学实验式表示法，简称实验式。

陶瓷工业常用的氧化物并不很多，从性质上可分为碱性、中性或两性、酸性三类，见表 2-2。

表 2-2　氧化物分类

碱性		中性	酸性
K_2O	FeO	Al_2O_3	SiO_2
Na_2O	MnO	Fe_2O_3	TiO_2
Li_2O	PbO	Sb_2O_3	ZrO_2
CaO	CdO	Cr_2O_3	MnO_2
MgO	BeO		P_2O_5
BaO	SrO		B_2O_3
ZnO			

从上面可看出，每类氧化物分子式中氧原子与其他原子的比数有一定的规律。若以"R"代表某一元素，则碱性氧化物包括 R_2O 和 RO 两种，中性氧化物为 R_2O_3，酸性氧化物为 RO_2。通常把 B_2O_3 和 P_2O_5 列入 RO_2 中计算。

实验式中各氧化物的排列顺序如下。

$$\left.\begin{array}{l} a\,R_2O \\ b\,RO \end{array}\right\} \cdot c\,R_2O_3 \cdot d\,RO_2$$

实验式书写一般将碱性氧化物写在前，其次为中性氧化物，最后是酸性氧化物。式中的 a、b、c、d 分别为各氧化物的物质的量，用来表示各氧化物之间的相互比例。

习惯上，对陶瓷坯的实验式，往往取中性氧化物的物质的量之总和为 1。例如，我国清代康熙瓷的实验式：

$$\left.\begin{array}{l} 0.860\ K_2O \\ 0.120\ Na_2O \\ 0.082\ CaO \\ 0.030\ MgO \end{array}\right\} \cdot \left.\begin{array}{l} 0.978\ Al_2O_3 \\ 0.022\ Fe_2O_3 \end{array}\right\} \cdot 4.150\ SiO_2$$

在釉料的实验式中，往往取碱性氧化物物质的量的总和为 1。例如，我国康熙年间斗彩盘的青花釉的实验式为：

$$\left.\begin{array}{l} 0.185\ K_2O \\ 0.151\ Na_2O \\ 0.548\ CaO \\ 0.116\ MgO \end{array}\right\} \cdot \left.\begin{array}{l} 0.664\ Al_2O_3 \\ 0.034\ Fe_2O_3 \end{array}\right\} \cdot 4.879\ SiO_2$$

从上面的方式去认识化学实验式，就很容易辨别出它是代表坯还是代表釉的实验式。不过在国外，有许多国家的陶瓷行业却习惯以坯料实验式的碱性氧化物物质的量总和为 1，即

$n(R_2O) + n(RO) = 1$。例如俄罗斯的卫生炻瓷器坯料的化学实验式为：

$$
\left.\begin{array}{l}
0.65 \ K_2O \\
0.20 \ Na_2O \\
0.07 \ CaO \\
0.08 \ MgO
\end{array}\right\}
\cdot
\left.\begin{array}{l}
3.40 \ Al_2O_3 \\
0.034 \ Fe_2O_3
\end{array}\right\}
\cdot
\begin{array}{l}
16.80 \ SiO_2 \\
0.12 \ TiO_2
\end{array}
$$

化学实验式表示法反映了各氧化物之间的相互关系，使各氧化物之间的组成一目了然，便于识别。除了能估计出有害杂质与降低熔融温度的成分对坯体的影响外，还能表明其高温化学性能，这是陶瓷工作者所习惯的表示方法之一。

（2）化学组成表示法

以坯料中各氧化物之间的组成的质量分数来表示配方组成的方法，又称为氧化物质量分数法。它列出化学成分中对坯体性能起主导作用的 SiO_2 和 Al_2O_3 的含量，有害杂质 Fe_2O_3、TiO_2 的含量，能降低烧成温度的熔剂如 K_2O、Na_2O、CaO、MgO 的含量以及灼减量的含量。这种表示方法的优点是能较准确地表示出坯料的化学组成，同时能根据其含量多少估计出这个配方烧成温度的高低、收缩大小、产品的色泽以及其他性能的大致情况。例如坯料中 Al_2O_3 和 SiO_2 多，说明坯体的烧成温度较高，坯体难以烧结和玻化；若坯体中 K_2O 和 Na_2O 多，则坯体易烧结，烧成温度较低；若坯料中 Fe_2O_3 和 TiO_2 多，则表示其着色氧化物成分多，产品的白度必然下降；再如，坯料的灼减量大，说明坯料内含有机物和其他挥发物较多，因而该坯料收缩较大或高温分解时容易产生气泡等。

总之，从坯料的化学组成可大致估计出此配方的工艺性能和产品烧后的最终性能。表 2-3 是国内以及国外一些陶瓷坯料的化学组成，仅供参考比较。

表 2-3 陶瓷坯料的化学组成 单位：%（质量分数）

制品种类		SiO_2	Al_2O_3	Fe_2O_3	CaO	MgO	K_2O	Na_2O	灼减	合计
日本瓷坯		66.96	21.58	0.74	0.31	0.10	3.82	1.67	4.89	100.07
日本陶坯		78.84	14.86	0.34	0.12	0.36	2.56	0.18	2.86	100.12
英国陶坯		75.18	19.95	0.55	1.21	0.28	1.91	0.80	0.48	100.36
法国瓷坯		52.94	28.91	0.48	3.99	0.17	1.70	0.68	11.60	100.47
德国瓷坯		57.48	28.99	0.30	0.47	0.93	2.68	0.65	8.49	99.99
美国瓷坯		67.89	19.54	0.93	0.90	0.16	3.06	0.65	6.00	99.13
比利时瓷坯		63.95	25.59	0.69	痕迹	0.54	2.07	0.98	6.62	100.44
中国	景德镇瓷坯	65.87	22.46	0.76	—	0.18	2.66	2.89	5.49	100.31
	景德镇陶坯	72.87	17.21	0.96	—	0.20	3.97	0.37	4.39	99.97
	湖南瓷坯	69.67	20.20	0.45	0.32	0.23	2.69	0.55	5.80	99.91

（3）示性矿物组成表示法

坯料配方中组成以纯理论的黏土、石英、长石等矿物来表示的方法，叫作示性矿物组成表示法，又称为示性分析法，简称矿物组成法。普通陶瓷生产中，常把天然原料中所含的同类矿物含量合并在一起，用黏土矿物、长石类矿物及石英三种矿物的质量分数表示坯体的组成。这种方法的依据是同类型的矿物在坯料中所起的主要作用基本上是相同的。但由于这些矿物种类很多，性质有所差别，它们在坯体中的作用也还是有差别的，因此这种方法只能粗略地反映一些情况。用示性矿物组成进行配料计算时较为简便。表 2-4 列举了某些制品的示性矿物组成。

表 2-4　不同制品的示性矿物组成　　　　　　　　单位：%（质量分数）

制品种类	黏土	石英	长石	制品种类	黏土	石英	长石
高压电瓷	43.3	37.3	19.4	旅馆用瓷	51.8	24.6	23.6
高压电瓷	50.6	27.7	21.7	厨房用瓷	60.1	17.6	22.3
低压电瓷	49.0	27.5	23.5	美术瓷	44.4	28.2	27.4
化学瓷	65.5	9.7	24.8	软质瓷	36.3～47.0	23.3～34.8	24.2～34.0
家庭用瓷	48.7	27.1	24.2				

（4）配料量表示法

在陶瓷配方中，这是最常见的方法，列出每种原料的质量分数。如刚玉瓷的配方：工业氧化铝 95.0%、苏州高岭土 2.0%、海城滑石 3.0%。又如卫生瓷乳浊釉的配方：长石 33.2%、石英 20.4%、苏州高岭土 3.9%、广东锆英石 13.4%、氧化锌 4.7%、烧滑石 9.4%、石灰石 9.5%、碱石 5.5%。这种方法具体反映原料的名称和数量，便于直接进行生产或试验。但因为各地区、各工厂所产原料的成分和性质不会相同，因此无法互相对照比较或直接引用。即使是同种原料，若成分波动，则配料比例也必须作相应变更。考虑因素如下。

① 产品的物理化学性质以及使用性能要求是考虑坯料、釉料组成的主要依据。

进行配料试验和配方计算之前必须对所用原料的化学组成、矿物组成、物理性质以及工艺性能作全面的了解。只有这样，才能科学地指导配方工作顺利进行。与此同时，对产品的质量要执行哪些性能指标要做到心中有数。这样才能有的放矢，结合生产条件获得预期的效果。如日用瓷要求有一定的白度与透明度、釉面光泽要好，配套餐具更要求器型规正、色泽一致；而电瓷要有较高的强度（包括抗张强度、机电负荷强度等）和电气绝缘性能（如工频击穿电压等）；釉面砖的尺寸规格要求一致、釉面光滑平整、吸水率在一定数值以下等；电容器陶瓷材料希望介电常数高，介质损耗低，有优良的温度、湿度与频率稳定性。这些是各类陶瓷材料的基本要求。具体到各种品种，还有其专门的要求。各种陶瓷产品的性能指标分别列在有关的国家标准、部颁标准及企业标准中。考虑配方时必须熟悉相应的内容。

② 在拟定配方时可采用一些工厂或研究单位积累的数据和经验，这样可以节省试验时间，提高效率。例如各类型陶瓷材料和产品都有经验的组成范围。前人还总结了原料对坯、釉性质影响的关系。无论是定性的说明或定量的数据都值得参考。由于原料性质的差异和生产条件的不同，自然不能机械地引用。对于新材料或新产品的配方来说，也可以将原有的经验和相近的规律作为基础进行试验创新。

③ 了解各种原料对产品性质的影响是配料的基础。陶瓷是多组分材料，每种坯、釉的配方中都含有几种原料。不同原料在生产过程以及产品的结构中起着不同的作用。有些原料构成产品的主晶相，有的是玻璃相的主要来源，有些少量添加物可以调节产品的性质。陶瓷产品的性质中，有些能互相吻合和促进，有些是互相矛盾的。采用多种原料的配方有利于控制产品的性能，制造稳定的陶瓷产品。因此配料时应掌握原料对产品性质的关系。

④ 配方要能满足生产工艺的要求。具体来说，坯料应能适应成型与烧成的要求。一方面要求组成和性能稳定，同时在搬运和输送过程中还要求有较高的生坯强度，坯料的烧成范围

希望宽些，以利于烧成。采用快速烧成制度时，希望坯料的干燥与烧成收缩小些，膨胀系数要求小，且希望它随温度的变化呈直线关系；较好的反应活性和导热系数以便物理-化学反应能快速进行。釉料是附着在坯体表面的，它不能单独存在。釉料的配方应结合坯体的性质一道考虑。例如，釉和坯体的化学性质不宜相差过大以免坯体吸釉，产生干釉现象。釉的熔融温度应和坯体的烧结温度相近。釉的膨胀系数稍小于坯可增加产品的机械强度及防止变形。

⑤ 希望采用的原料来源丰富、质量稳定、运输方便、价格低廉。这些是生产优质、低成本产品的基本条件。为了适应机械化、自动化生产的需要，原料质量更要求标准化。

坯料的计算方式有以下几种。

(1) 从化学组成计算实验式

若知道了坯料的化学组成，可按下列步骤，计算实验式。

① 若坯料中的化学组成包含灼减量成分，首先应将其换算成不含灼减量的化学组成。

② 以各氧化物的摩尔质量，分别除各该项氧化物的质量分数，得到各氧化物的物质的量。

③ 以碱性氧化物或中性氧化物物质的量总和，分别除各氧化物的物质的量，即得到一套以碱性氧化物或中性氧化物物质的量为 1 的各氧化物物质的量的系数。

④ 将上述各氧化物的物质的量值按 $(R_2O、RO)·R_2O_3·RO_2$ 的顺序排列为实验式。

【例 2-1】 某瓷坯的化学组成如表 2-5 所示。

表 2-5　某瓷坯的化学组成　　　　　　　单位：%（质量分数）

组成	SiO_2	Al_2O_3	Fe_2O_3	CaO	MgO	K_2O	Na_2O	灼减	合计
含量	63.37	24.87	0.81	1.15	0.32	2.05	1.89	5.54	100.00

试求该瓷坯的实验式。

【解】 ① 先将该瓷坯的化学组成换算成不含有灼减量的化学组成。

$$w(SiO_2)=\frac{63.37}{100-5.54}\times100\%=67.09\%$$

$$w(Al_2O_3)=\frac{24.87}{100-5.54}\times100\%=26.33\%$$

$$w(Fe_2O_3)=\frac{0.81}{100-5.54}\times100\%=0.8575\%$$

$$w(CaO)=\frac{1.15}{100-5.54}\times100\%=1.217\%$$

$$w(MgO)=\frac{0.32}{100-5.54}\times100\%=0.3388\%$$

$$w(K_2O)=\frac{2.05}{100-5.54}\times100\%=2.170\%$$

$$w(Na_2O)=\frac{1.89}{100-5.54}\times100\%=2.001\%$$

$$\sum w=100.00\%$$

② 将各氧化物质量分数除以各种氧化物的摩尔质量，得到各种氧化物在 100g 原料的物质的量。

$$n(SiO_2)=67.09 \div 60.1=1.1163(mol)$$
$$n(Al_2O_3)=26.33 \div 101.9=0.2584(mol)$$
$$n(Fe_2O_3)=0.8575 \div 159.7=0.0054(mol)$$
$$n(CaO)=1.217 \div 56.1=0.0217(mol)$$
$$n(MgO)=0.3388 \div 40.3=0.0084(mol)$$
$$n(K_2O)=2.170 \div 94.2=0.0230(mol)$$
$$n(Na_2O)=2.001 \div 62.0=0.0323(mol)$$

③ 将中性氧化物的物质的量算出。

$$0.2584+0.0054=0.2638(mol)$$

④ 用 0.2638 分别除各氧化物的物质的量，得到一套以 R_2O_3 系数为 1 的各氧化物的系数，用 a 表示。

$$a(SiO_2)=1.1163 \div 0.2638=4.2316$$
$$a(Al_2O_3)=0.2584 \div 0.2638=0.9795$$
$$a(Fe_2O_3)=0.0054 \div 0.2638=0.0205$$
$$a(CaO)=0.0217 \div 0.2638=0.0823$$
$$a(MgO)=0.0084 \div 0.2638=0.0318$$
$$a(K_2O)=0.0230 \div 0.2638=0.0872$$
$$a(Na_2O)=0.0323 \div 0.2638=0.1224$$

⑤ 将所得到的各氧化物系数按规定的顺序排列，即可得到所要求的实验式。

$$\left.\begin{array}{l} 0.0872\ K_2O \\ 0.1224\ Na_2O \\ 0.0823\ CaO \\ 0.0318\ MgO \end{array}\right\} \cdot \left.\begin{array}{l} 0.9795\ Al_2O_3 \\ 0.0205\ Fe_2O_3 \end{array}\right\} \cdot 4.2316\ SiO_2$$

(2) 由实验式计算坯料化学组成

若已知道坯料的实验式，可通过下列步骤得到坯料的化学组成。

① 用实验式中各氧化物的物质的量分别乘以各该氧化物的摩尔质量，得到各氧化物的质量。

② 算出各氧化物质量之总和。

③ 分别用各氧化物的质量除以各氧化物质量之总和，可获得各氧化物的质量分数。

【例 2-2】 我国雍正薄胎粉彩碟的瓷胎实验式为：

$$\left.\begin{array}{l} 0.088\ CaO \\ 0.010\ MgO \\ 0.077\ Na_2O \\ 0.120\ K_2O \end{array}\right\} \cdot \left.\begin{array}{l} 0.982\ Al_2O_3 \\ 0.018\ Fe_2O_3 \end{array}\right\} \cdot 4.033\ SiO_2$$

试计算该瓷胎的化学组成。

【解】 ① 计算出各氧化物的质量。

$$m(CaO)=0.088×56.1=4.937(g)$$
$$m(MgO)=0.010×40.3=0.403(g)$$
$$m(Na_2O)=0.077×62.0=4.774(g)$$
$$m(K_2O)=0.120×94.2=11.304(g)$$
$$m(Al_2O_3)=0.982×101.9=100.066(g)$$
$$m(Fe_2O_3)=0.018×159.7=2.875(g)$$
$$m(SiO_2)=4.033×60.1=242.383(g)$$
$$\sum m=366.742(g)$$

② 计算各氧化物质量总和为 366.8g。

③ 计算出各氧化物所占的质量分数。

$$w(CaO)=4.937÷366.742×100\%=1.35\%$$
$$w(MgO)=0.403÷366.742×100\%=0.11\%$$
$$w(Na_2O)=4.774÷366.742×100\%=1.30\%$$
$$w(K_2O)=11.304÷366.742×100\%=3.08\%$$
$$w(Al_2O_3)=100.066÷366.742×100\%=27.29\%$$
$$w(Fe_2O_3)=2.875÷366.742×100\%=0.78\%$$
$$w(SiO_2)=242.383÷366.742×100\%=66.09\%$$
$$\sum w=100.00\%$$

该瓷胎的化学组成见表 2-6。

表 2-6 瓷胎的化学组成   单位：%（质量分数）

组成	SiO_2	Al_2O_3	Fe_2O_3	CaO	MgO	K_2O	Na_2O	合计
质量分数	66.09	27.29	0.78	1.35	0.11	3.08	1.30	100.00

(3) 由配料量计算实验式

由坯料的实际配料量计算实验式，应按下列步骤进行。

① 首先要知道所使用的各种原料的化学组成，即各种原料所含每种氧化物的质量分数。并把各种原料的化学组成换算成不含灼减量的化学组成。

② 将每种原料的配料量（质量），乘以各氧化物的质量分数，即可得到各种氧化物的质量。

③ 将各种原料中共同氧化物的质量加在一起，得到坯料中各氧化物的总质量。

④ 以各氧化物的摩尔质量分别去除它的质量，得到各氧化物的物质的量。

⑤ 以中性氧化物的物质的量去除各氧化物的物质的量，即得到一系列以中性氧化物（R_2O_3）系数为 1 的一套各氧化物的系数。

⑥ 按规定的顺序排列各种氧化物，即可得到所要求的实验式。

【例 2-3】 某厂的坯料量如下：石英 13%，长石 22%，宽城土 65%，滑石 1%。各种原料的化学组成如表 2-7 所示，试求该坯料的实验式。

【解】 ① 将各种原料的化学组成换算成不含灼减量的化学组成，如表 2-8 所示。

表 2-7　各种原料的化学组成　　　　　　单位：%（质量分数）

原料名称	化学组成								
	SiO_2	Al_2O_3	Fe_2O_3	CaO	MgO	K_2O	Na_2O	灼减	合计
长石	65.62	19.42	0.71	0.20	—	8.97	4.85	0.41	100.18
石英	98.54	0.72	0.27	0.37	0.25	—	—	—	100.15
宽城土	58.43	30.00	0.31	0.47	0.42	0.48	0.12	9.64	99.87
滑石	60.44	1.19	0.14	3.10	29.02	—	—	5.32	99.21

表 2-8　不含灼减量的各种原料的化学组成　　　单位：%（质量分数）

原料名称	化学组成								
	SiO_2	Al_2O_3	Fe_2O_3	CaO	MgO	K_2O	Na_2O	灼减	合计
长石	65.77	19.47	0.71	0.20	—	8.99	4.86	—	100.00
石英	98.39	0.72	0.27	0.37	0.25	—	—	—	100.00
宽城土	64.76	33.25	0.34	0.52	0.47	0.53	0.13	—	100.00
滑石	64.37	1.27	0.15	3.30	30.91	—	—	—	100.00

② 计算各种原料中每种氧化物的质量。

长石中：

$$m(SiO_2) = 22 \times 65.77\% = 14.47(g)$$
$$m(Al_2O) = 22 \times 19.47\% = 4.28(g)$$
$$m(Fe_2O_3) = 22 \times 0.71\% = 0.16(g)$$
$$m(CaO) = 22 \times 0.20\% = 0.04(g)$$
$$m(K_2O) = 22 \times 8.99\% = 1.98(g)$$
$$m(Na_2O) = 22 \times 4.86\% = 1.07(g)$$

石英中：

$$m(SiO_2) = 13 \times 98.39\% = 12.79(g)$$
$$m(Al_2O_3) = 13 \times 0.72\% = 0.094(g)$$
$$m(Fe_2O_3) = 13 \times 0.27\% = 0.035(g)$$
$$m(CaO) = 13 \times 0.37\% = 0.048(g)$$
$$m(MgO) = 13 \times 0.25\% = 0.033(g)$$

宽城土中：

$$m(SiO_2) = 65 \times 64.76\% = 42.09(g)$$
$$m(Al_2O_3) = 65 \times 33.25\% = 21.61(g)$$
$$m(Fe_2O_3) = 65 \times 0.34\% = 0.22(g)$$
$$m(CaO) = 65 \times 0.52\% = 0.34(g)$$
$$m(MgO) = 65 \times 0.47\% = 0.31(g)$$
$$m(K_2O) = 65 \times 0.53\% = 0.34(g)$$
$$m(Na_2O) = 65 \times 0.13\% = 0.085(g)$$

滑石中：

$$m(SiO_2)=1×64.37\%=0.64(g)$$
$$m(Al_2O_3)=1×1.27\%=0.013(g)$$
$$m(Fe_2O_3)=1×0.15\%=0.0015(g)$$
$$m(CaO)=1×3.30\%=0.033(g)$$
$$m(MgO)=1×30.91\%=0.31(g)$$

③ 将各原料中的同种氧化物加和起来，求出坯料中每种氧化物的总质量。

$$m(SiO_2)=14.47+12.79+42.09+0.64=69.99(g)$$
$$m(Al_2O_3)=4.28+0.094+21.61+0.013=25.997(g)$$
$$m(Fe_2O_3)=0.16+0.035+0.22+0.0015=0.4165(g)$$
$$m(CaO)=0.04+0.048+0.34+0.033=0.461(g)$$
$$m(MgO)=0+0.033+0.31+0.31=0.653(g)$$
$$m(K_2O)=1.98+0+0.34+0=2.32(g)$$
$$m(Na_2O)=1.07+0+0.085+0=1.155(g)$$

④ 用每种氧化物的摩尔质量分别去除每种氧化物的质量，得到每种氧化物的物质的量。

$$n(SiO_2)=69.99÷60.1=1.1646(mol)$$
$$n(Al_2O_3)=25.997÷101.9=0.2551(mol)$$
$$n(Fe_2O_3)=0.4165÷159.7=0.0026(mol)$$
$$n(CaO)=0.461÷56.1=0.0082(mol)$$
$$n(MgO)=0.653÷40.3=0.0162(mol)$$
$$n(K_2O)=2.32÷94.2=0.0246(mol)$$
$$n(Na_2O)=1.155÷62.0=0.0186(mol)$$

⑤ 计算出中性氧化物（R_2O_3）物质的量总量。

$$0.2551+0.0026=0.2577(mol)$$

⑥ 以 0.2577 分别除每种氧化物的物质的量。

$$a(SiO_2)=1.1646÷0.2577=4.5192$$
$$a(Al_2O_3)=0.2551÷0.2577=0.9899$$
$$a(Fe_2O_3)=0.0026÷0.2577=0.0101$$
$$a(CaO)=0.0082÷0.2577=0.0318$$
$$a(MgO)=0.0162÷0.2577=0.0629$$
$$a(K_2O)=0.0246÷0.2577=0.0955$$
$$a(Na_2O)=0.0186÷0.2577=0.0722$$

⑦ 将各氧化物按规定的顺序排列，得到该坯料的实验式。

$$\left.\begin{array}{l}0.0955\ K_2O\\0.0722\ Na_2O\\0.0318\ CaO\\0.0629\ MgO\end{array}\right\}\cdot\left.\begin{array}{l}0.9899\ Al_2O_3\\0.0101\ Fe_2O_3\end{array}\right\}\cdot 4.5192\ SiO_2$$

由坯料的实际配料量计算其实验式，如果首先已知道了各种原料的实验式，或者把原料的已知化学组成先换算为实验式，也可将各种原料中所含共同的每种氧化物的物质的量加在一起，按照规定的方法，将中性氧化物（R_2O_3）的系数换算成1，把得到的各种氧化物按规定顺序排列成为所要求的坯式。由于计算各种原料的实验式较麻烦，所以通常很少采用此法，只有当所用原料比较纯的时候，接近理论实验式时，才采用此法计算。

（4）由实验式计算配料量

由坯料的实验式计算其配料量时，首先必须知道所用原料的化学组成，其计算方法如下。

① 将原料的化学组成换算成示性矿物组成所要求的形式，即计算出各种原料的矿物组成。

② 将坯料的实验式计算成为黏土、长石及石英矿物的百分组成。在计算中，要把坯料实验式中的 K_2O、Na_2O、CaO、MgO 都粗略地归并为 K_2O，则坯料的实验式可写成如下。

$$a R_2O \cdot b Al_2O_3 \cdot c SiO_2$$

③ 用满足法来计算坯料的配料量，分别以黏土原料和长石原料满足实验式中所需要的各种矿物的数量，最后再用石英原料来满足实验式中石英矿物所需要的数量。

【例2-4】 某厂坯料的实验式如下：

$$\left. \begin{array}{l} 0.078\ K_2O \\ 0.031\ Na_2O \\ 0.047\ CaO \end{array} \right\} \cdot 1.0\ Al_2O_3 \cdot 3.05\ SiO_2$$

所使用原料的化学组成如表2-9所示，试计算该坯料的配料量。

表2-9 原料的化学组成

原料名称	化学组成/%（质量分数）							
	SiO_2	Al_2O_3	Fe_2O_3	CaO	MgO	K_2O	Na_2O	TiO_2
高岭土	49.04	38.05	0.20	0.05	0.01	0.19	0.03	0.04
长石	65.34	18.53	0.12	0.34	0.08	14.19	1.43	—
石英	99.40	0.11	0.08	—	—	—	—	—

【解】 ① 将各种原料的化学组成换算成示性矿物组成。为简化计算过程可将原料中的 K_2O、Na_2O、CaO、MgO、Fe_2O_3、TiO_2 均作为熔剂部分，即作为长石来计算。例如高岭土原料可简化为 SiO_2 49.04%，Al_2O_3 38.05%，K_2O 0.28%，再进行换算，见表2-10。

表2-10 配料量计算过程（A）

项目	化学成分/%（质量分数）		
	SiO_2	Al_2O_3	K_2O,Na_2O,CaO,MgO
高岭土成分	49.04	38.05	0.28
用摩尔质量除,得到物质的量 高岭土中含长石矿物 0.003mol	0.816 0.018	0.373 0.003	0.003 0.003
剩余量 高岭土中含黏土矿物 0.370mol	0.798 0.74	0.370 0.370	0
剩余量 高岭土中含石英矿物 0.058mol	0.058 0.058	0	
剩余量	0		

高岭土原料中含各种矿物组成为

长石矿物：　　　　　　　　　　$0.003 \times 556.8 = 1.67$

黏土矿物：　　　　　　　　　　$0.370 \times 258.2 = 95.53$

石英矿物：　　　　　　　　　　$0.058 \times 60.1 = 3.49$

总量为 100.69

其百分组成为

长石矿物：　　　　　　　$1.67 \div 100.69 \times 100\% = 1.66\%$

黏土矿物：　　　　$95.53 \div 100.69 \times 100\% = 94.88\%$

石英矿物：　　　　　$3.49 \div 100.69 \times 100\% = 3.47\%$

用相同的方法计算可得到

长石原料中含：　　　　长石矿物　96.39%

　　　　　　　　　　　石英矿物　3.64%

石英原料中含：　　　　石英矿物　99.40%

② 计算坯料实验式中所需要的各种矿物组成的百分数。在计算过程同样把 K_2O、Na_2O、CaO 作为 K_2O 的量来计算，见表 2-11。

表 2-11　配料量计算过程（B）

坯料实验式	$0.156\ R_2O$	$1.0\ Al_2O_3$	$3.05\ SiO_2$
含 0.156mol 的长石矿物	0.156	0.156	0.936
剩余量 含 0.844mol 的黏土矿物	0	0.844 0.844	2.114 1.688
剩余量 含 0.426mol 的石英矿物		0	0.426 0.426

坯料中含各种矿物组成为

长石矿物：　　　　　　　　$0.156 \times 556.8 = 86.86$

黏土矿物：　　　　　　　　$0.844 \times 258.2 = 217.92$

石英矿物：　　　　　　　　$0.426 \times 60.1 = 25.60$

总量为 330.38

其百分组成为

长石矿物：　　　　$86.86 \div 330.38 \times 100\% = 26.29\%$

黏土矿物：　　　$217.92 \div 330.38 \times 100\% = 65.96\%$

石英矿物：　　　　$25.60 \div 330.38 \times 100\% = 7.75\%$

③ 用满足法计算配料量见表 2-12。

表 2-12　配料量计算过程（C）

项目	矿物类别		
	黏土矿物	长石矿物	石英矿物
坯料组成/%（质量分数）	65.97	26.29	7.75
高岭土配料量 $100 \times 65.97 \div 94.88 = 69.53$	65.97	1.16	2.45

项目	矿物类别		
	黏土矿物	长石矿物	石英矿物
剩余量 长石配料量 100×25.13÷96.39＝26.07	0	25.13 25.13	5.30 0.95
剩余量 石英配料量 4.35		0	4.35
剩余量			0

经计算，该坯料的配料量为：高岭土 69.53%，长石 26.07%，石英 4.35%。

上述第③步配料量之计算也可用图解法。若用图解法计算可按下列步骤进行。

① 在黏土-长石-石英三轴图（图 2-3）上按坯料、高岭土、长石及石英原料的示性矿物组成（表 2-13），分别找出它们的组成点。

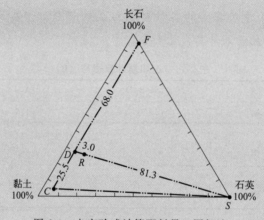

图 2-3 由实验式计算配料量（图解法）

表 2-13 配料量计算过程（D） 单位：%（质量分数）

原料名称	矿物类别			
	黏土矿物	长石矿物	石英矿物	组成点
坯料	65.96	26.29	7.75	R
高岭土原料	95.53	1.67	3.49	C
长石原料	—	96.39	3.64	F
石英原料	—	—	99.40	S

② 连接 C、F、S 三点成一个三角形。

③ 把 C、F、S 三点中任何一点与 R 点连接，如连接 S、R 两点并延长交 CF 于 D 点。

④ 根据杠杆规则进行计算。

S——石英原料在组成 R 中的百分率为

$$\frac{DR}{DS} \times 100\% = \frac{3.7}{85} \times 100\% = 4.35\%$$

D——包括黏土与长石原料在组成 R 中所占的百分率为：

$$\frac{RS}{DS} \times 100\% = \frac{81.3}{85} \times 100\% = 95.65\%$$

在 CF 中 D 点就分配了黏土原料和长石原料所占的比例。

其中，C——黏土原料在 D 中所占比例为：

$$\frac{DF}{CF} \times 100\% = \frac{68}{93.5} \times 100\% = 72.73\%$$

F——长石原料在 D 中所占比例为：

$$\frac{CD}{CF} \times 100\% = \frac{25.5}{93.5} \times 100\% = 27.27\%$$

则 C 在 R 中所占的百分率为：

$$72.73\% \times 95.65\% = 69.57\%$$

F 在 R 中所占的百分率为：

$$27.27\% \times 95.65\% = 26.08\%$$

故该坯料的配料量为：高岭土 69.57%，长石 26.08%，石英 4.35%。

用图解法计算与前面的满足法计算的结果相比较，其误差不大，误差产生的原因与作图的准确性有关，其实前面的示性矿物组成计算也是有误差的，这些误差的存在是难免的，均可忽略不计。

（5）由示性矿物组成计算配料量

在估计原料及坯料的基本性能时需要知道它们的矿物组成。准确判断矿物组成的方法是进行仪器分析（如用光学显微镜或电子显微镜作岩相鉴定，用 XRD 衍射作相组成和结构分析，用热分析和红外光谱分析其价键等）。根据原料和坯料的化学组成可粗略地计算出它们的主要矿物组成。已知坯料的矿物组成及原料的化学组成时，须先将原料的化学组成换算成原料的矿物组成，然后再进行配料计算。若已知坯料及原料的矿物组成，则可直接计算其配方。配方的计算，首先以黏土原料中的黏土矿物部分来满足坯料中所需要的矿物成分，然后将随黏土原料带入的长石矿物和石英矿物部分分别从所需求的百分数中减去，再分别以长石原料和石英原料来满足坯料中所需要的长石矿物及石英矿物。

【例 2-5】　已知所使用原料的化学组成见表 2-14。

表 2-14　原料的化学组成　　　　　单位：%（质量分数）

原料名称	SiO_2	Al_2O_3	Fe_2O_3	CaO	MgO	K_2O	Na_2O	灼减	总计
高岭土	48.30	39.07	0.15	0.05	0.02	0.18	0.03	12.09	99.89
黏土	49.09	36.74	0.40	0.11	0.20	0.52	0.11	12.81	99.98
长石	64.93	18.04	0.12	0.38	0.21	14.45	1.54	0.33	100.00
石英	96.60	0.11	0.12	3.02	—	—	—	—	99.85

试用以上四种原料计算出坯料中含黏土矿物 63.08%、长石矿物 28.62%、石英矿物 8.30% 的配料量。

【解】 首先按【例2-4】的方法将各种原料的化学组成换算成各种原料的矿物组成，见表2-15。

表2-15　各种原料的矿物组成　　　　单位：%（质量分数）

原料名称	黏土矿物	长石矿物	石英矿物
高岭土	96.78	1.96	1.26
黏土	89.72	7.66	2.62
长石	—	100	—
石英	—	4.40	95.60

　　然后计算配料量。首先用黏土原料满足坯料中所需要的黏土矿物，现坯料中的黏土矿物由高岭土及黏土两种原料来供给，因此计算前应确定高岭土及黏土的用量，从这两种原料的可塑性、收缩率、烧后颜色等各项工艺性能来考虑，假定坯料中的黏土矿物一半由高岭土供给，则另一半应由黏土原料来供给。

高岭土用量：

$$\left(\frac{1}{2} \times 63.08\%\right) \times \frac{100}{96.78} = 32.59\%$$

黏土用量：

$$\left(\frac{1}{2} \times 63.08\%\right) \times \frac{100}{89.72} = 35.15\%$$

由32.59%的高岭土原料引入的长石矿物：$32.59\% \times 0.0196 = 0.64\%$

由32.59%的高岭土原料引入的石英矿物：$32.59\% \times 0.0126 = 0.41\%$

由35.15%的黏土原料引入的长石矿物：$35.15\% \times 0.0766 = 2.69\%$

由35.15%的黏土原料引入的石英矿物：$35.15\% \times 0.0262 = 0.92\%$

高岭土和黏土原料共引入的石英矿物：$0.41\% + 0.92\% = 1.33\%$

坯料中需石英矿物8.30%，扣除由高岭土与黏土两种原料引入的石英矿物1.33%外，其余数量可全由石英原料来供给，故石英原料用量为：$(8.30\% - 1.33\%) \times \frac{100}{95.60} = 7.29\%$。

　　由于石英原料中含有4.4%的长石矿物，则7.29%的石英原料引入的长石矿物为：$7.29 \times 0.044 = 0.32\%$。

　　由高岭土、黏土、石英三种原料引入的长石矿物为：$0.64\% + 2.69\% + 0.32\% = 3.65\%$。

　　故长石原料用量为：$28.62\% - 3.65\% = 24.97\%$。

　　由上述计算得到坯料的配料量为：高岭土32.59%，黏土35.15%，石英7.29%，长石24.97%。

（6）由化学组成计算配料量

　　当陶瓷产品的化学组成和采用的原料的化学组成均为已知，且采用的原料的化学组成又比较纯净，采用上述两种计算方法虽可行，但有时遇到所用原料比较复杂时仍不够准确。因为上述方法的计算中或以CaO、MgO、Na_2O作为K_2O并入一道计算，或采用黏土、长石、石英原料的示性矿物组成作为计算基础，使之计算产生较大的偏差。若以原料化学组成的质量分数直接来计算，则可以得到较准确的结果。

在计算的过程中，可根据原料性质和成型的要求，参照生产的经验先确定一两种原料的用量（如黏土、膨润土），再按满足坯料化学组成的要求逐个计算每种原料的用量。在计算过程中要明确每种氧化物主要由哪种原料提供。

【例 2-6】 某厂的耐热瓷坯料及原料的化学组成见表 2-16。

表 2-16　耐热瓷坯料及原料的化学组成　　　单位：%（质量分数）

原料名称	SiO_2	Al_2O_3	Fe_2O_3	CaO	MgO	K_2O+Na_2O	灼减
耐热瓷坯料	68.51	21.20	2.75	0.82	4.35	1.68+0.18	—
膨润土	72.32	14.11	0.78	2.10	3.13	2.70	4.65
黏土	58.48	28.40	0.80	0.33	0.51	0.31	11.16
镁质黏土	66.91	2.84	0.83	—	22.36	1.20	6.35
长石	63.26	21.19	0.58	0.13	0.13	14.41	
石英	99.45	0.24	0.31	—	—	—	
氧化铁			9.30				
碳酸钙	—	—	—	56.00	—	—	44.00

试计算此耐热瓷坯料的配料量。

【解】 ① 将原料化学组成中带有"灼减量"者换算成不含灼减量的各氧化物的质量分数。如所给定的坯料组成中有灼减量，也须同样换算成不含灼减量的各氧化物的质量分数。上述原料经换算后的原料化学成分的质量分数如表 2-17（K_2O、Na_2O 以合量计）所示。

表 2-17　换算后原料化学组成　　　单位：%（质量分数）

原料名称	SiO_2	Al_2O_3	Fe_2O_3	CaO	MgO	K_2O+Na_2O	总计
膨润土	75.8	14.8	0.82	2.21	3.28	2.84	99.75
黏土	65.6	31.9	0.90	0.37	0.57	0.35	99.69
镁质黏土	71.5	3.03	0.88	—	23.80	1.28	100.49
碳酸钙	—	—	—	100.00	—	—	100.00

② 列表用化学组成满足法进行配料计算，其坯料中膨润土用量规定不超过 5%，兹定为 4%。计算过程见表 2-18。

表 2-18　配料量计算过程　　　单位：%（质量分数）

项目	化学组成					
	SiO_2	Al_2O_3	Fe_2O_3	CaO	MgO	K_2O+Na_2O
耐热瓷坯	68.51	21.20	2.75	0.82	4.35	1.86
膨润土	3.03	0.59	0.03	0.09	0.13	0.11
余量 镁质黏土 100×4.22/23.8＝17.73%	65.48 12.68	20.61 0.54	2.72 0.16	0.73 —	4.22 4.22	1.75 0.23
余量 长石 100×1.52/14.41＝10.55%	52.80 6.67	20.07 2.24	2.56 0.06	0.73 0.01	0 	1.52 1.52

续表

项目	化学组成					
	SiO_2	Al_2O_3	Fe_2O_3	CaO	MgO	K_2O+Na_2O
余量 黏土 $100\times17.83/31.9=55.90\%$	46.13 36.67	17.83 17.83	2.50 0.50	0.72 0.21		0
余量 石英 $100\times9.46/99.45=9.51\%$	9.46 9.46	0	2.00 0.03	0.51 —		
余量 氧化铁 $100\times1.97/93=2.12\%$	0		1.97 1.97	0.51 —		
余量 氧化钙 0.51%	0			0.51 0.51		

③ 将计算所得到的配料质量分数，按原料组成中本来含有灼减量者换算成含灼减量在内的原料配料质量分数，然后全部按百分比折算一次即得到配料量，如表 2-19。

表 2-19　原料配料量　　　　　　　　　　　　单位：%（质量分数）

原料组成	计算值	换算值	配料
膨润土	4	4.19	3.88
镁质黏土	17.73	18.86	17.48
长石	10.55	10.55	9.78
黏土	55.90	62.14	57.60
石英	9.51	9.51	8.82
氧化铁	2.12	2.12	1.97
氧化钙	0.51	0.51	0.47
	—	107.88	100.00

在计算黏土用量时所带入的 MgO 及 K_2O 和 Na_2O，如果含量很少，可以不予考虑。

由坯料及所用原料的化学组成计算坯料的配料量还可以采用"三角形直线法"。用这种方法可以解决需要使用三种黏土原料时的计算问题。这种计算方法除了在一定范围内能满足化学组成外，还能根据各种黏土原料的性质，调整几种黏土的用量，以改善坯料的工艺性能。"三角形直线"计算法是按坯料的化学组成或实验式来计算的。计算时，先选定坯料的组成范围，然后用已选定的原料，一般是长石、石英与两种或两种以上的黏土原料来进行计算。

计算时，先根据黏土的组成和性能假定采用的总量和几种黏土原料之间的用量比例，然后算出黏土中所含的 K_2O 含量，并从采用的坯体配方中的 K_2O 量中减去，用剩余的 K_2O 量计算出长石的需要量，再把从长石原料中所带来的 Al_2O_3 量，从坯料中的 Al_2O_3 量中减去，根据所余的 Al_2O_3 量的范围计算出各黏土原料的用量。计算时在以三种黏土原料构成的三轴图中定出一个区域，在这一区域内，三种黏土间任何不同比例的配合，都能符合所选定的瓷坯坯料中 Al_2O_3 的含量范围。其 SiO_2 的不足数量则可用石英原料来补足。

在确定的区域中，可以按黏土的物理化学性能，选择一个小的区域并选出几点进行配料和进行一切性能的测定，最后再确定一最佳配方。

以下是以 A、B、C 三种黏土和石英、长石为原料，用"三角形直线法"进行配方计算的实例。

【例 2-7】　所选定的某瓷坯的化学组成范围及所用原料的化学组成见表 2-20。

表 2-20　某瓷坯及原料的化学组成　　　单位：%（质量分数）

类别	SiO_2	Al_2O_3	Fe_2O_3	TiO_2	CaO	MgO	K_2O	Na_2O
坯料的化学组成	68～74	21～26	<1	—	—	—	2.5～5.0	
A 黏土	53.98	45.31	0.25	微量	0.44	微量	—	微量
B 黏土	69.07	23.00	1.24	2.69	0.05	0.70	2.96	0.23
C 黏土	54.34	34.46	1.56	0.99	0.83	1.44	6.38	微量
长石	63.93	19.28	0.17	—	0.36	—	13.88	2.37
石英	99.53	0.36	0.08					微量

试用"三角形直线法"计算此坯料的配料量。

【解】　① 若所给定的坯料及原料的组成中含有灼减量，应首先将其换算成不含灼减量在内的质量分数。

② 按坯料组成中 Al_2O_3 要求的质量分数，以理论成分比例计算出与其相应配比的 SiO_2 量，从而估计黏土的总用量。

在此计算中假设 Al_2O_3 的含量为 24%，即 100g 坯料中有 24g 的 Al_2O_3。

按高岭土理论成分脱水以后，$m(Al_2O_3)：m(SiO_2)=46：54$，则 24g Al_2O_3 需要：

$$m(SiO_2)=\frac{24\times54}{46}=28(g)$$

黏土的用量为 $24+28=52(g)$

③ 按照各种黏土的物理性能以及生产与供应情况初步估计各种黏土的配料量。

设：A 黏土 55%，B 黏土 40%，C 黏土 5%。

④ 计算各种黏土原料带入到坯料中 K_2O 的总量。

A 黏土中：　　　　　　　　$w(K_2O)=0$

B 黏土中：　　　　　　　　$w(K_2O)=2.96\%$

C 黏土中：　　　　　　　　$w(K_2O)=6.38\%$

则由三种黏土带入的 K_2O 含量：

$$(55\times0+40\times0.0296+5\times0.0638)\times0.52=0.782(g)$$

⑤ 从坯料要求的 K_2O 的总量中减去由各种黏土原料带入的 K_2O 的量，剩余的 K_2O 的量由长石原料来满足。假设坯料中需要的 K_2O 为 3.9%，则需要的长石量：

$$\frac{3.9-0.782}{13.88}\times100=22.46(g)$$

⑥ 从坯料总量 100g 中减去黏土原料总量及长石需要量，可得到石英原料的需要量。

$$100-(52+22.46)=25.54(g)$$

⑦ 计算由长石原料带入的 Al_2O_3 量。

$$22.46\times19.28\%=4.33(g)$$

⑧ 从坯料所需 Al_2O_3 总量中减去由长石带入的 Al_2O_3 质量。因为坯料中所需 Al_2O_3 含量为 21%～26%，则：

$$21-4.33=16.67(g)$$
$$26-4.33=21.67(g)$$

此剩余的 16.67%～21.67% 的 Al_2O_3 量应由三种黏土所含 Al_2O_3 来补足。三种黏土中的 Al_2O_3 含量分别为：A 黏土 45.31%，B 黏土 23.00%，C 黏土 34.46%。

由三种黏土带入的 Al_2O_3 含量：

$$\begin{cases} (0.4531w_{A_1}+0.23w_{B_1}+0.3446w_{C_1})\times52\%=16.67\% \\ (0.4531w_{A_2}+0.23w_{B_2}+0.3446w_{C_2})\times52\%=21.67\% \end{cases}$$

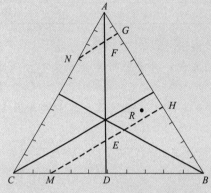

图 2-4　三角形直线法计算配料图

在黏土三组分系统图上（图 2-4）：

$$w_A+w_B+w_C=1$$

设 AD 为中线，则 $w_B=w_C$　$w_A+2w_B=1$

$$w_B=\frac{1-w_A}{2}=w_C$$

所以

$$\begin{cases} w_{B_1}=w_{C_1}=\dfrac{1-w_{A_1}}{2} \\ w_{B_2}=w_{C_2}=\dfrac{1-w_{A_2}}{2} \end{cases}$$

将 w_{B_1} 和 w_{B_2} 代入上述方程组

$$\begin{cases} \left(0.4531w_{A_1}+0.23\times\dfrac{1-w_{A_1}}{2}+0.345\times\dfrac{1-w_{A_1}}{2}\right)\times52\%=16.67\% \\ \left(0.4531w_{A_2}+0.23\times\dfrac{1-w_{A_2}}{2}+0.345\times\dfrac{1-w_{A_2}}{2}\right)\times52\%=21.67\% \end{cases}$$

解此方程组得 $w_{A_1}=20.05\%$，$w_{A_2}=78.07\%$。

将 w_{A_1} 和 w_{A_2} 在黏土三组分系统图上表示出来，相当于图中的 E 点和 F 点。

另设图中 AB 线上有两点，它们所含的 Al_2O_3 量相当于上述的不足 Al_2O_3 量 16.67%～21.67%，因为在 AB 线上，只有 A、B 两种黏土，没有 C 黏土，故 $w_C=0$，$w_A+w_B=1$ 则 $w_B=1-w_A$，于是：

$$\begin{cases} w_{B_1}=1-w_{A_1} \\ w_{B_2}=1-w_{A_2} \end{cases}$$

将 w_{B_1} 和 w_{B_2} 也代入到方程组中：

$$\begin{cases} (0.4531w_{A_1}+0.23w_{B_1})\times52\%=16.67\% \\ (0.4531w_{A_2}+0.23w_{B_2})\times52\%=21.67\% \end{cases}$$

$$\begin{cases} [0.4531w_{A_1}+0.23(1-w_{A_1})]\times52\%=16.67\% \\ [0.4531w_{A_2}+0.23(1-w_{A_2})]\times52\%=21.67\% \end{cases}$$

解此二元一次方程组得到：$w_{A_1} = 40.56\%$，$w_{A_2} = 83.69\%$。把 w_{A_1} 和 w_{A_2} 的值在黏土三组分系统图中分别表示出来，相当于图中的 H 点和 G 点。

这样在黏土三组分系统图上，得到了 E、F、H、G 四个点。连接 HE、GF 并延长交于 CB 和 AC 于 M 点和 N 点。于是在此三组分系统图上得到一个 $MNGH$ 区域，在 $MNGH$ 范围内的各组成点，均符合上述 $16.67\% \sim 21.67\%$ 的 Al_2O_3 含量。

由上述计算可以看出，除满足坯料所需的化学组成外，还可以在 $MNGH$ 范围内任意调整 A、B、C 三种黏土的比例，来满足泥料所要求的各种工艺性能（如成型、干燥性能等）。

必须指出，在三角形中任选一点是黏土总量内三种黏土的百分数，还必须乘以黏土总量占总配料量的质量分数，才能换算成为各种黏土占坯料总配比的百分数。例如 A 黏土为 55%，B 黏土为 40%，C 黏土为 5%，尚乘以 52%，得出在坯料总配比中 A 黏土为 28.6%，B 黏土为 20.8%，C 黏土为 2.6%。

故此坯料的配料量为

A 黏土：28.6%　　　　　　长石：22.46%

B 黏土：20.8%　　　　　　石英：25.54%

C 黏土：2.6%

用此方法计算出各种原料的用量组成比较切合实际，但对所选用的原料的物理性质及工艺性能必须有充分的了解，这是比较困难的。

生产中往往由于原料质量发生变化，或者原用的原料供不应求需要采用新的原料，这种情况下必须重新确定配方。计算新配方的出发点是要求新配方能维持原有配方的化学组成或示性矿物组成，以免变动生产工艺条件和影响制品性能。计算时以示性矿物组成为基础进行配方的换算，也可以从原有坯料化学组成出发作配料计算。实际上化学组成与示性矿物组成又是可以互相换算的。

【例 2-8】 某瓷厂生产用的原料配比为：瓷土 64.29%，长石 26.96%；石英 8.75%，现需要用瓷土 B 代替瓷土 A，其他原料种类不变，试计算新的配料比。原料的示性矿物组成见表 2-21。

表 2-21　原料的示性矿物组成　　　　　单位：%（质量分数）

原料名称	黏土矿物	长石矿物	石英矿物
瓷土 A	70	10	20
瓷土 B	90.7	1.1	8.2
长石	—	80	20
石英	—	—	100

【解】　① 计算原配方的矿物组成。

原配方的矿物组成如表 2-22 所示。

表 2-22　原配方的矿物组成

原料名称	配料比/%	矿物组成/%		
		黏土矿物	石英矿物	长石矿物
瓷土 A	64.29	64.29×0.7=45.00	64.29×0.2=12.86	64.29×0.1=6.43
长石	26.96	—	26.96×0.2=5.39	26.96×0.8=21.56
石英	8.75	—	8.75×1.0=8.75	—
坯料矿物组成	—	45.0	27.0	28.0

② 计算用瓷土 B 代替瓷土 A 的配料比。

瓷土 B 用量：$\dfrac{45}{90.7}\times100=49.61$（份）

49.61 份瓷土 B 带入长石矿物的数量：$\dfrac{49.61\times1.1}{100}=0.55$（份）

49.61 份瓷土 B 带入石英矿物的数量：$\dfrac{49.61\times8.2}{100}=4.07$（份）

长石的用量计算如下。

需长石带入的长石矿物量：$28-0.55=27.45$（份）

长石的用量：$\dfrac{27.45}{80}\times100=34.61$（份）

34.31 份长石带入石英矿物数量：$\dfrac{34.31\times20}{100}=6.86$（份）

石英的用量：应由石英原料带入的石英矿物数量为 $27.0-(4.07+6.86)=16.07$（份），因石英原料含 100% 石英矿物，所以石英原料用量为 16.07 份。

换用原料后的配料比如表 2-23 所示。

表 2-23　配料比

原料名称	质量/g	配料比
瓷土 B	43.61	46.4%
长石	34.31	36.5%
石英	16.07	17.1%
总量	93.99	100%

2.2.4　注浆坯料的制备

2.2.4.1　注浆坯料的品质要求

泥浆是注浆成型中的坯料。在普通陶瓷中，注浆成型一般利用的是石膏模具，因此泥浆在浇注过程中的流动性、石膏模具的吸浆速度、模子的脱模性、坯体脱模后的挺实能力以及后期加工性都是非常重要的。为了适应成型的需要，注浆坯料应满足下列要求。

1）流动性好。浇注时容易充满模型各部位。浆料从小孔中流出时应能连成不断的细丝；用木棒浸入浆料中提起泥浆应流成连续的直线。在保证流动性的同时，浆料中水分希望少些，以缩短吸浆时间和增加坯体强度。生产用泥浆的流动度，细瓷坯料泥浆为 $10\sim15s$，精陶器泥浆为 $15\sim25s$。

影响流动性的因素如下。

① 固相含量、颗粒大小和形状：颗粒越细，阻力越大，颗粒越不规则，泥浆的流动性越低；固相含量增多，流动性降低。

② 泥浆的温度：温度越高流动性越好，我国有些工厂生产日用瓷所用的泥浆维持在 $20\sim25℃$ 的范围内使之与石膏模的温度相近。

③ 水化膜的厚度、泥浆的 pH、电解质的作用。

2）悬浮性好。浆料中固体颗粒能长期悬浮不致沉淀，否则会阻碍浆料的输送且易分层或开裂。

3）触变性小。希望含水量少些，并有一定的滤水性和成坯速度，只有这样才能保证输送和储存泥浆，坯体表面光滑、厚度一致，不变形和不塌落。同时，也利于缩短吸浆时间和增加坯体强度。

泥浆的触变性可以通过稠化度的大小来表征，即用泥浆静置 30min 流出 100mL 的时间除以泥浆静置 30s 流出 100mL 的时间表示，对于细瓷来说配料泥浆波动为 $1.8\sim2.2$，而精陶坯料波动为 $1.5\sim2.6$。稠化度如果小于最低值即泥浆容易稠化而使注浆产生困难，因而在浇注过程中水分大部分被泥料吸住不能被石膏模吸收，难以形成具有要求强度的坯体。

4）有一定的滤水性和成坯速度。

5）干燥收缩小和足够的排湿性能。

6）注浆成型的坯体，应有足够的强度。

7）泥浆中的气泡要少，且固体颗粒长期悬浮不沉淀，否则泥浆运输受阻，且易分层和开裂。

8）泥浆的空浆性能要好。

2.2.4.2　陶瓷注浆坯料的浇注性能

含水量超过液相（在自重作用下恰好能流动时的含水量）的坯料，称为泥浆。稠化度过大，在注浆过程中也易出现黏稠现象，使制品各部分厚度不一，引起开裂和变形。泥浆的渗透性是指泥浆中水分的过滤性能（去水性）。流动性好，稠化度符合要求的泥浆，渗透性能不一定好。渗透性不好的泥浆，注浆时间长，生产效率低，坯体强度也差。渗透性太强，注浆时不易掌握，操作困难。

2.2.4.3　注浆坯料的制备工艺流程

陶瓷注浆坯料的制备工艺流程主要有以下四种。

流程一：采用经过压滤的泥料进行化浆，滤去原料中混入的可溶性盐类，从而改善泥浆的稳定性，适合生产质量要求较高、形状复杂的制品。在泥浆化浆时，将泥段切割成小块再入池，加入一定量的电解质如水玻璃和碳酸钠或水玻璃和腐殖酸钠等。

流程二：使用了真空脱泡，从而使泥浆的空气含量降低，生坯强度得到提高，真空脱泡是压力注浆坯料的必经工序。

流程三：只球磨不压滤的较简单的浆料制备工艺流程。球磨机起到研磨、混合、化浆的作用，这种流程所需设备少、工序少、成本低，但是泥浆的稳定性较差。

流程四：粉料化浆，是最简单的浆料制备工艺流程，浆料的性质取决于所用粉料的颗粒形状和所加水量。

常见的工艺流程见图 2-5。

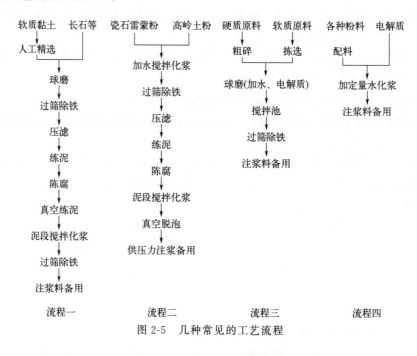

图 2-5　几种常见的工艺流程

2.2.5　可塑性坯料的制备

2.2.5.1　可塑性坯料的品质要求

可塑性坯料提供可塑法成型的坯料。塑性坯料是由固体颗粒、可塑水分及残留空气构成的多相系统。可塑性坯料的首要性质是具有良好的可加工性，包括易于成型成各种形状而不致开裂，还要求干燥后有较高的生坯强度。因此对可塑性坯料应满足以下质量要求。

① 良好的可塑性，坯料中粒子的定向排列不严重，以保证坯体的成型和足够的强度，避免因收缩不均匀而变形，甚至开裂；

② 空气含量应少，以避免降低坯体强度和产品的力学性能。

泥团是由固相、气相和液相组成的。它们一起组成了泥团的弹性-塑性系统。

当受到外力作用时，泥料表征为弹性变形，在应力很小时，应力-应变之间表现为直线关系，即受力作用时间很短，去掉后泥料可恢复到原来状态。但受力作用时间较长时，泥料就不能恢复到原来状态，会损失一部分复原能力（这种损失主要是水分移动所致），不过仍处于弹性形变范围内。随着应力的增大，在达到它的屈服点以后，泥料的弹性随应力的增大而减小，开始出现塑性变形。这时去掉应力，泥料不能恢复到原来状态，并且随着应力的增大，塑性变形会增加，直至达到破裂点，泥料开始出现裂纹或断裂。从屈服点到破裂点这个塑性变形范围叫延伸变形量。

上述变形过程可用三条不同含水量的塑性黏土应力-应变曲线表示，如图 2-6 所示。一般认为，泥团应该有一个足够高的屈服值，以防止偶然的变形；而且要有一个足够大的允许变形量或延伸变形量，以防止成型时发生破裂。增加含水量，则屈服值降低，允许变形量增大；降低含水量，则屈服值升高，允许变形量减小。因此，可以用屈服值与允许变形量的乘积来表示泥团的成型能力或成型性能。

泥料的弹性变形是由所含瘠性物料与空气的弹性作用以及黏土矿物颗粒的溶剂化作用产生的。塑性变形则是黏土本身的可塑性所赋予的。泥料的弹性变形，与化学组成、颗粒度、离子交换量、触变厚化度及应力作用时间与方式有关。

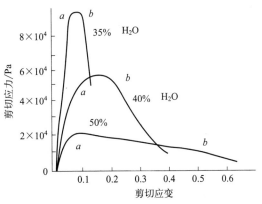

图 2-6　三种不同含水量的可塑性黏土的应力-应变

增加 SiO_2 含量，会增强弹性变形、减弱塑性变形。增大分散度，会增强塑性变形、减弱弹性变形。提高 Al_2O_3 含量，则离子交换量会增大，塑性变形增强。提高水分含量则降低屈服点，增大允许变形量。应力作用缓慢则变形量和触变厚化度均会增大，屈服点也会相应提高。允许变形量越大，则塑性坯料的成型性能越好。

2.2.5.2　可塑坯料的工艺性能要求

① 坯料的可塑性。通常以"塑性指标"数值来表征坯料的可塑性强弱，该指标的数值应在 2 以上。

② 含水量。坯料的含水量应适当，分布应均匀，一般为 19%～25%。其中以大型的手工成型所需的水量最大，一般的机械成型所需水分可少些，为 19%～22%。

③ 干燥强度。影响干燥强度的主要因素是所用黏土的种类及结合性强弱。一般南方瓷区多为原生黏土，结合性弱。北方黏土的结合性强，干燥强度大。

一般为保证各生产工序顺利进行，干坯的抗折强度应不低于 0.94MPa。配方中可通过调节可塑性黏土的用量来调整干燥强度。

④ 坯料的收缩率。因为要涉及模具等辅助用品的尺寸变动，以及产品规格尺寸的稳定，所以需要考虑坯料的收缩。各地坯料的总收缩率一般在 10%～16%，其中干燥线收缩占 4%～7%。

⑤ 坯料的细度。生产中经常以通过万孔筛筛余（250 目筛）量来控制坯料的细度。（目数×孔径≈15000）要求筛余在 0.2%～1%，一般要小于 0.5%。良好的颗粒细度，扩大了颗粒之间的接触面，使各组分充分混合，提高混合的均匀程度，加快成瓷过程中的固相反应速度，降低成瓷温度，提高瓷的强度，改善瓷的半透明度。

⑥ 空气含量。对于塑性坯料中一般都含有 7%～10% 的空气。当然空气是越少越好，但是这样对练泥机有高要求。通过陈腐、真空练泥等工艺措施排除空气，以改善塑性坯料的成型性能。

2.2.5.3　可塑性坯料的制备工艺流程

可塑法成型坯料要求在含水量低的情况下有良好的可塑性，同时坯料中各种原料与水分应混合均匀以及含空气量要低。

第一种采用粉料进厂进行称量配料，混合化浆。其优点为不用球磨，减少投资，节约能耗，原料生产专业化、规格化，提高和保证了原料的质量，有利于产品质量的稳定。缺点是雷蒙机粉碎会带入杂质，加重除铁的负担，雷蒙机的颗粒级配不合理，会影响泥料的可塑性；混合雷蒙粉，由于原料的密度不同，会使同一批混合粉中的前后组成有差别；粉尘较大，工人的工作环境较差。

第二种是将分别粗碎后的硬质原料和软质原料按配方称量，再一起进行球磨。这样得到的可塑坯料均匀性好，颗粒级配较理想，且细颗粒较多，有利于可塑性的提高。但球磨效率低，能耗大，干法轮碾或雷蒙粉碎时粉尘大，工人工作环境差，需要除尘设备。

第三种是采用湿法轮碾，解决了粉尘问题，并进行湿法球磨，能降低工人的劳动强度并提高装磨效率。但是这种方法的配料准确性较差，将硬质原料和软质原料称量进行湿碾后的泥浆注入浆池，再用砂浆泵打入球磨机进行湿磨的过程中，由于硬质原料和软质原料密度不同，砂浆泵会将一个浆池中的泥浆先后打入几个球磨机，各球磨机中泥浆的组成一定会有差别。若按一池一球磨进行称量湿碾，又会增加浆池的数量。

第四种是采用干粉干混加泥浆湿混工艺，能降低劳动强度，简化压滤工序，便于连续化生产。但坯料的均匀性和可塑性较差，而且雷蒙粉中会带入一定量的铁杂质，降低原料的质量。

（1）利用瓷石雷蒙粉和高岭土不（dǔn）子直接配料的工艺流程（图 2-7）

高岭土和瓷石 ⟶ 称量 ⟶ 雷蒙机粉碎 ⟶ 混合粉料装袋 ⟶ 解袋入池加水搅拌化浆 ⟶ 过筛除铁 ⟶
储浆池 ⟶ 压滤 ⟶ 粗练 ⟶ 陈腐 ⟶ 精练 ⟶ 可塑性坯料

图 2-7　瓷石雷蒙粉和高岭土不子直接配料的工艺流程

（2）硬质干粉料和黏土湿式球磨前配料的工艺流程（图 2-8）

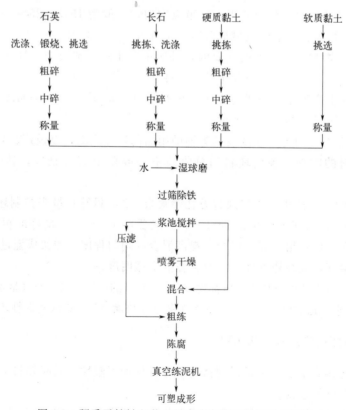

图 2-8　硬质干粉料和黏土湿式球磨前配料的工艺流程

(3) 软硬质原料在湿式轮碾前配料的工艺流程 (图 2-9)

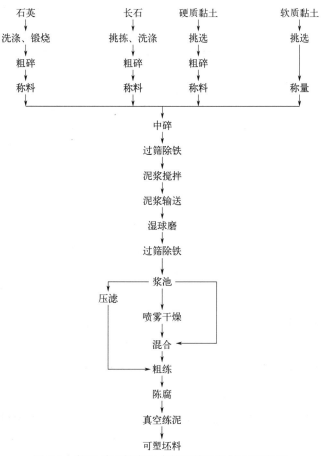

图 2-9 软硬质原料在湿式轮碾前配料的工艺流程

(4) 干粉湿混不球磨的工艺流程 (图 2-10)

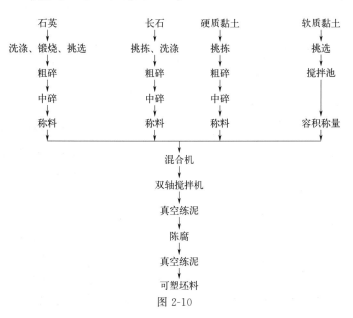

图 2-10

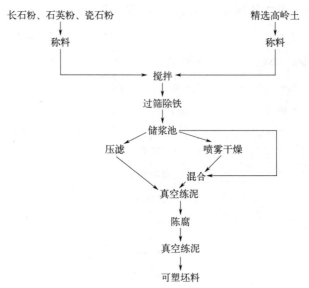

图 2-10　干粉湿混不球磨的工艺流程

2.2.6　压制坯料的制备

2.2.6.1　压制坯料的品质要求

粉料是压制成型中所需要的坯料。干压坯料的品质要求如下。

1) 粉料的流动性好，它关系着粉末充填模具的难易程度和充填速度，即影响坯体的致密度和产量；细颗粒含量不能太多，以免压制时引起坯体分层。半干压成型不能直接用真颗粒（一次颗粒）来压制成型，须通过一定的手段、方法，将真颗粒制成具备一定性能的假颗粒（二次颗粒、粉料），以保证成型。如果假颗粒过细或是还保留许多真颗粒，则在成型过程中排气困难，易造成夹层缺陷。如果假颗粒过粗，则坯体表面不平整，颗粒之间的空隙不能填满，同样会影响产品质量。

真颗粒必须有一定的细度，才能保证烧结过程顺利进行，同时保证坯体具有一定的可塑性和结合性，防止在干燥时，因坯体强度不够，排水时汽化张力使坯体开裂。一般情况下，泥浆必须过两次筛（或双层筛），筛目为 80 目、100 目，或 100 目、120 目，细度控制为万孔筛余 0.1%～1%。

用自然休止角（natural repose angle）表征粉料的流动性，指粉料在自然堆积时，形成的圆锥体的母线与底平面间的夹角，用 α 表示。α 角小就意味着粉料的流动性好，易于散开，填充满模型空腔，因此在实际生产中，总是希望粉料的 α 角尽可能小，一般情况下：轮碾料 $\alpha > 38°$；喷雾干燥造粒的料 $< 30°$，甚至 $< 20°$。

影响自然休止角大小的因素如下所示。

① 颗粒的细度。若粉料的粒度细小，特别是含有许多真颗粒，则由于颗粒之间的吸引力，使颗粒间的滑动阻力增加，使得 α 角增大，流动性下降。

② 颗粒的形状。粉料的颗粒呈球形且表面光滑，则易于向四周流动，其结果是休止角小，流动性好；粉料的颗粒非球形倾向大，则颗粒间易于平衡，不易流动，其结果是休止角

大，流动性下降。

③ 颗粒的粒度分布。对于球形颗粒，若是粒径一致，颗粒间易于形成连续稳定结构，休止角增大，流动性变差。若粒径不一致，有一定的大小分布，则会形成不连续结构，使得粉料容易溃散，降低了休止角，改善了流动性。

④ 颗粒与堆积平面的摩擦。如果堆积平面不光滑、粗糙或者高低不平，则粉料在自然堆积时不易散开，导致休止角增大，流动性变差。

⑤ 颗粒的表面性质。颗粒之间的摩擦力，是另一个影响休止角的因素，若是颗粒表面有合适厚度的水膜，则能起到润滑作用，减小颗粒间的摩擦，使休止角增大，流动性变差。

2）含水量要适中，水分分布要均匀，当粉料的含水量处于某一适宜的值时，颗粒表面的水化膜可以确保颗粒移动而不出现多余，使坯体被压实。如果粉料的含水率低于临界水分时，则会因水膜厚度过薄，使得颗粒之间相互移动时摩擦阻力增大，坯体不易被压实。如果粉料的含水率高于临界水分时，则颗粒表面的水膜过厚，会连成一片，多余的水占据了空间，且颗粒变软、易碎，使空气排不出，也不易压实。

粉料的水分是否均匀，对产品质量有很大的影响，在传统的造粒方法中显得尤为重要，这是由于传统造粒方法是先将滤饼干燥后再破碎筛分得到所需的颗粒，因而会因泥饼的干湿不同，造成粉料的水分不均匀。如果水分不均匀，压制后坯体各部位的干湿程度不同，在干燥过程中，会因收缩不同而造成局部热应力，导致变形，严重时出现开裂。

3）粉料的堆积密度大，颗粒级配适宜，保证压制后的生坯密度大且均匀。

2.2.6.2　造粒

压制坯料的含水率低，对原料的可塑性要求不高，但要求粉料具有良好的流动性。因此必须采用合理的工艺手段进行造粒。目前，造粒的方法有普通造粒法、加压造粒法和喷雾干燥造粒法。

造粒是指将真颗粒通过一定的手段、方法制备成具有一定粒度和流动性的团聚颗粒（假颗粒），造粒的好坏直接影响到成型质量。

（1）加压造粒法

所谓的加压造粒法是先将泥料加工成泥浆，通过压滤后得到含水 22%～24% 的泥饼，然后将泥饼进行干燥，干燥至一定含水率后，进行破碎，以达到一定的粒度，用筛分的方法进行控制。或者将混合好黏结剂的粉料预压成块，然后再粉碎过滤。该方法的优点是造出的团粒体积密度大，机械强度高，能满足各种大件和异型件制品的成型要求，生产上经常采用，但是产量小，劳动强度高，不能适应大量生产。

（2）普通造粒法

是将粉料加适量的水溶液，混合均匀（用手或搅拌机混合），然后过筛，由于黏结剂的黏聚作用及筛子的振动或旋转作用，就得到粒度大小比较均匀的团粒。此法实验室中常用，适于制造少量试料。

（3）喷雾干燥造粒法

喷雾干燥造粒法是用喷雾器将制好的料喷入造粒塔进行雾化，这时进入塔内的雾滴即与从另一路进入塔内的热空气会合或相遇而进行干燥，雾滴中的水分受热空气的干燥作用，即在塔内蒸发而成为干料，然后经旋风分离器吸入料斗，装袋备用。此法过程简单，生产周期短，可连续化、自动化生产。

2.2.6.3　压制坯料的制备工艺流程

陶瓷砖压制坯料的生产工艺流程见图 2-11。

可塑泥和低温砂石 ──→ 称量 ──→ 湿法球磨 ──→ 过筛除铁 ──→ 储浆池 ──→ 陈腐 ──→ 喷雾干燥 ──→ 闷料

图 2-11　陶瓷砖压制坯料的生产工艺流程

粉料倒入模具就可以进行压制了，其中填料的厚度与制品厚度的比，称为压缩比。

粉料在压制过程中，有双面加压和单面加压两种加压方式。"一轻、二重、慢提起"这种多次加压的方法，从粉料密度变化的情况出发，可使坯体获得良好的后续加工运输的性能。

2.3　釉料制备

2.3.1　釉的作用及特点

釉是熔融在制品表面上一层很薄的均匀的玻璃质层。施釉的目的在于改善坯体表面性能和提高产品的力学性能，增加产品的美感。

釉在陶瓷应用上的作用如下。

① 使坯体对液体和气体具有不透过性，提高了其化学稳定性，降低制品的吸水率和吸湿能力。这是由于即使坯体烧结，在气孔率接近于零的情况下，其玻璃相中包含了晶体，所以坯体表面仍然粗糙无光，易于沾污和吸湿。

② 增加了美观。各种颜色釉（使釉着色）和艺术釉（析晶、乳浊、消光、开片等）增加了产品的艺术性，并且还能掩盖坯体不良的颜色，从而扩大陶瓷原料的适用范围。

③ 防污。通过施釉，产品表面就变得平滑、光亮、不吸湿、不透气，这样就容易清洗。同时在釉下装饰中，釉层还能保护画面，使之经久耐用，防止材料中有毒元素的溶出。

④ 功能化载体。使制品具有特定的物理化学性能，如抗菌、自洁等。釉层往往是功能化陶瓷处理的对象。例如防静电地砖，其多用于手术室、电子设备房、机房等跟电子有关系的场所。据了解，由于静电现象在信息产业、纺织产业、石油化工、塑料、橡胶、油漆等工业的加工生产过程中十分普遍，一般陶瓷带上静电很难消除，这些电荷的积聚会带来隐患。如干扰精密电子仪器工作，可能引起矿山、石油、化工生产现场的火灾。据悉，美国仅电子工业部每年因静电危害损坏的电子元件高达 100 亿美元。电子产品从生产到使用的全过程都会受到静电的威胁，电子产品中的元器件可能因静电电场或静电放电电流引起失效，给整机留下隐患。如果不重视静电引起的危害，会直接影响电子产品的质量、寿命和可靠性。而防静电砖就是在釉料中加入了导电材料（10 多万每吨，价格在普通砖的 3 倍左右），电阻率达 $10^2\Omega\cdot cm$，属于半导体陶瓷，防静电地砖对人体也非常有功效，可以有效将人体上产生的静电荷导通到大地，对人体起到保健作用。同样的道理抗菌自洁砖可以在陶瓷釉料中添加一定的抗菌剂，以破坏细菌的生长。

⑤ 改善性能。釉料与坯体成为整体，正确选择釉料配方，可使陶瓷制品的强度、热性

能、电性能等改善。因为坯体表面粗糙有微裂纹，容易导致应力集中，破坏是由裂纹扩展而导致的。釉能改善表面状态，并在处于压应力时更好。

从定义看，釉是一层薄玻璃质，但它与玻璃比较，有相似之处又不完全相同。

（1）相同点

① 玻璃态物质是各向同性的，折射率、弹性系数、硬度等在不同的方向上具有同样的数值，而结晶态物质，除立方晶体外，则为各向异性。

② 玻璃态物质由熔融的液态转变为固态时，其过程是连续的，而且是可逆的。因此，玻璃态物质没有固定的熔点，但有一个熔融过程。

③ 具有玻璃一样的物理化学性能。光泽度高、硬度大、抗酸和碱的侵蚀、质地致密、不透水、不透气等。

（2）不同点

① 玻璃是单纯的硅酸盐玻璃，但釉非单纯硅酸盐玻璃，经常还含有硼酸盐玻璃、磷酸盐玻璃或其他盐类玻璃。

② 均匀程度不如玻璃；釉中氧化铝的含量较玻璃中多，可高达 $10\%\sim18\%$。

③ 熔融温度范围大于玻璃，这是由产品种类以及工艺的需求所致，以适应坯体的性能要求。

因为在高温下，釉中一些组分挥发，坯釉之间相互反应，釉的熔化受到坯件烧成制度的限制，所以釉层的微观组织结构和化学组成的均匀性都较玻璃差。

2.3.2　釉的分类

陶瓷品种繁多，烧成工艺各不相同，因而釉的种类和它的组成都极为复杂。一般可按坯体的种类、制造工艺、组成、性质、显微结构、用途进行分类。

1）按制品类型分类：陶器釉、瓷器釉。

2）按烧成温度分类：高温釉（＞ 1320℃）、中温釉（1150 ～ 1300℃）、低温釉（＜1120℃）。

3）按釉面外观特征分类：无光釉、结晶釉、碎纹釉、光泽釉、透明釉、乳浊釉、花釉、砂金釉等。

4）按用途分类：装饰釉、商标釉、餐具釉、电瓷釉等。

5）按釉料制备方法分类：生料釉、熔块釉、挥发釉、自释釉、渗彩釉等。

① 生料釉是指将全部原料直接加水，制成釉浆。

② 熔块釉是将原料中部分可溶于水的原料及铅化合物，先经1200～1300℃的高温熔化，然后投入冷水中急冷，制成熔块，再与其余生料混合研磨而成的釉浆，从而扩大了釉用原料的种类，并预先排出了部分原料中的挥发物和分解气体，减少产品烧成起泡的概率。可分为低温熔块釉（添加含 PbO、B_2O_3 等强熔剂的原料）和高温熔块釉（添加含 ZnO、BaO、SrO 等熔剂的原料）

③ 挥发釉不需事先制备，而是在产品煅烧至高温时，向窑内投入食盐、锌盐等挥发物，使之与坯体表面发生反应，在蒸汽状态下形成薄层玻璃物质。

④ 自释釉是坯体无须上釉，在烧成过程中在坯体表面形成釉层，如在坯中加入碱性活性剂（常用 $NaOH$、Na_2CO_3、K_2CO_3、磷酸三钙等），在干燥时，可溶性碱性成分随水迁

移至表面而富集，在高温烧结过程中液相不断地从内部迁移至表面后与这些活性剂反应作用形成釉层。而且其作用是从内部迁移出去的液相，所以釉与坯中间层常呈犬齿状，所以结合性良好。而且这种工艺可以免去上釉的过程，因此对于制作一些简单的釉面效果来说是非常方便的。

⑤ 渗彩釉（渗花装饰），常用于抛光砖中的丝网印刷中。可溶性的着色剂加甘油及活性物，印于坯体上，使颜色按一定花纹渗入坯体中，烧后抛光成为具有一定自然花纹的产品。

6）按主要熔剂或碱性组分的种类分为长石釉、石灰釉、镁质釉、锌釉、铅釉及铅硼釉等。

① 长石釉的熔剂主要成分是长石或长石质矿物，主要用于硬质瓷器和卫生瓷器。当加入铅化合物时，其熔融温度随成分而变化，可用于各种陶瓷器。长石釉中 SiO_2 含量较多，而碱性氧化物较少。碱性组成中 K_2O 和 Na_2O 的物质的量≥其他氧化物物质的量的总和，一般不超过 0.6mol。该釉主要由石英、长石和黏土原料配成，成熟温度在 1250℃ 以上。它的特点是硬度较大、光泽度强、透明、略呈乳白色、有柔和感、烧成范围宽，较适用于釉上装饰，与 SiO_2 含量较高的坯结合较好。实验式一般为：

$$\left.\begin{array}{l} 0.5\ (K_2O+Na_2O) \\ 0.5\quad CaO \end{array}\right\} \cdot (0.2\sim2.2)\ Al_2O_3 \cdot (4\sim26)\ SiO_2$$

② 石灰釉的主要熔剂为 CaO，碱性组成中可以含有，也可不含有其他碱性氧化物，主要适用于各种陶器、瓷器。含钙和铅时，适用于各种陶器。石灰釉中 CaO 的物质的量应大于 0.5mol，仅单一 CaO 者称为纯石灰釉。石灰釉的优点是适应性能好，弹性好，硬度较高，用还原焰烧成时，色泽白里泛青，对于釉下彩的显色非常有利，也可制成无光釉和乳浊釉。其缺点是烧成范围较窄，白度较差，烧成气氛控制不当很容易产生气泡，或吸收大量碳素，使釉面阴黄或造成"烟熏"，施釉太厚往往呈现绿色，所以近年来逐渐为白云石釉、滑石釉或长石釉所取代。石灰釉与氧化铝含量较高的坯结合较好。实验式一般为：

$$\left.\begin{array}{l} 0.3\ K_2O \\ 0.7\ CaO \end{array}\right\} \cdot 0.5\ Al_2O_3 \cdot 4.0\ SiO_2$$

③ 镁质釉是为了克服石灰釉熔融范围较窄、烧成方法难于控制的困难，在石灰釉中加入白云石和滑石制成的。由滑石等镁质原料引入的熔剂性氧化物 MgO 在釉式中的含量不小于 0.5mol。镁质釉的优点是熔融温度比石灰釉高，熔融范围宽，对坯体的适应性强，热膨胀系数小，不易出现发裂，对气氛不敏感，不易"烟熏"，有利于白度和透光度的提高。缺点是釉浆易沉淀，与坯黏着力差，烧后釉面光亮度不及石灰釉。对于精陶制品，MgO 的物质的量通常必须控制到小于 0.3mol，因为 MgO 虽能提高釉的光亮度，但当用量过多时极难熔融。

近代釉料趋于由多种熔剂组成的混合釉，其一般由长石、石英、高岭土和不同助熔剂（滑石、白云石、方解石、ZnO 等）组成。经研究证明，滑石用量应小于 15%，否则会提高烧成温度，使釉面不佳，一般以加入 10%～13% 为宜，白云石一般加入 2%～5%，多了会使釉面泛青，烧成温度控制不当还会发黄。方解石、石灰石和釉灰这种作用更强，一般用量小于 18%。ZnO 对釉色无大影响，可降低熔融温度，但当用量大于 5% 时，易产生结晶现象。

④ 锌釉中 ZnO 的分子数大于 0.5mol，锌釉是制结晶艺术釉的一个重要体系，组成调节适当，也可以获得光泽透明釉。用于精陶器、陶器、炻瓷器。

⑤ 铅釉和铅硼釉的主要成分是铅的氧化物，其中一部分用 SiO_2、B_2O_3 或 SnO_2 代替，一部分碱金属或碱土金属氧化物用铅的氧化物代替，或者在长石釉中加入铅化合物，降低它的熔融温度。最大优点是光泽强、弹性好、能适应于多种坯体，并能使色釉呈色鲜艳，但考虑铅毒的危害，目前已尽量少用或不用。

⑥ 锡釉一般是不透明釉。SnO_2 是极其良好的乳浊剂，锡熔解在碱类熔融物中起反应生成锡酸盐，所以 Al_2O_3、CaO、SiO_2 含量高的釉可在较低的温度，甚至 SK 锥号 08a～02a（940～1060℃）下熔融。

7）按显微结构和釉的形状来分类可分为透明釉、析晶釉、分相釉。

透明釉为无定形玻璃体。

析晶釉包括乳浊釉、砂金釉、无光釉等。

分相釉包括乳浊釉、铁红釉、兔毫釉等。

2.3.3　釉的性质

2.3.3.1　釉的化学性质

釉是与坯体紧密结合在一起的，釉用原料基本上与坯用原料相同，即黏土矿物、石英、长石等。不同之处在于釉料中含熔剂成分多，釉料要求的纯度比坯料高，除天然矿物原料外，还使用部分化工原料。

因为釉与坯体密不可分，坯釉化学性质不能相差太大。为了获得良好的坯釉中间层，在坯体酸性较高的情况下，则应该采用中等酸性的釉料。如果坯体的酸性是中等，则釉应该是弱酸性。如果坯的酸性弱，则釉应选择接近中性或很弱的碱性。若相差太大，则会作用强烈而出现釉被坯所吸收的现象，简称干釉。

2.3.3.2　釉的熔融性质

釉的熔融性能包括釉的熔融温度，釉熔体的黏度、润湿性和表面张力以及釉的特征。

（1）釉的熔融温度

釉和玻璃一样无固定熔点，只在一定温度范围内逐渐熔化，因而熔化温度有上限和下限之分。熔融温度下限指釉的软化变形点，习惯上称之为釉的始熔温度。釉刚呈现熔化时的温度称为软化温度。熔融温度上限是指釉的成熟温度，即釉料充分熔化并在坯体上铺展成具有要求性能的平滑优质釉面，通常称此温度为釉的熔化温度或烧成温度，习惯上还称为流动温度。中间还涉及一个物理量——全熔温度，又叫熔融温度。具体见图 2-12

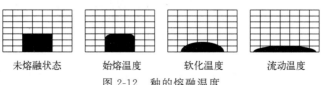

未熔融状态　　始熔温度　　软化温度　　流动温度

图 2-12　釉的熔融温度

影响釉熔融温度范围的因素主要有釉的化学组成、矿物组成、细度、混合均匀程度。

可以通过釉的酸度系数初步估计烧成温度，我们常采用的坯釉酸度系数（或称酸度、酸值）是 19 世纪中叶德国陶瓷科学家 A. H. 塞格尔提出来的。酸度系数的估算同样适合于坯料与釉料中。它是釉式中酸性氧化物的分子数与碱性氧化物和中性氧化物分子数的比值。

$$C \cdot A(K.K.) = RO_2/(R_2O + RO + 3R_2O_3)$$

由于氧化硼在釉组成中取代部分碱金属氧化物，对提高釉的化学稳定性和降低熔融温度有良好的作用，因此釉料中经常加入部分氧化硼，氧化硼虽然是 R_2O_3 结构，但是属于酸性氧化物，所以对于含硼釉，酸度系数为：

$$C \cdot A(K.K.) = (RO_2 + 3B_2O_3)/(R_2O + RO + 3R_2O_3)$$

酸度系数是陶瓷坯料与釉料的一个重要性能指标，可以用来评价坯、釉的高温性能。酸度系数是瓷器在烧成和使用时性能的重要指标。一般酸度系数增大（不超过 2）说明陶瓷坯体的脆性和烧成时变形倾向增大。反之，酸度系数愈接近 1，则陶瓷坯体烧成时变形倾向愈小，烧成温度愈高。

日用瓷 1.26～1.65（其组成多处于软质瓷与硬质瓷之间）；软质瓷 1.63～1.75；硬质瓷 1.10～1.30。

长石釉按组成的不同应用于硬质瓷和软质瓷。硬质瓷釉的组成范围为 $1(R_2O + RO) \cdot (0.5～1.4)Al_2O_3 \cdot (5～12)SiO_2$，烧成温度为 1300～1450℃，其酸度系数为 1.80～2.50；软质瓷釉的组成范围为 $1(R_2O + RO) \cdot (0.3～0.6)Al_2O_3 \cdot (3～4)SiO_2$，烧成温度为 1250～1280℃，其酸度系数为 1.4～1.6。在釉中 Al_2O_3 和 SiO_2 含量愈少，则釉愈易熔融，其酸度系数愈小。

因此，对硬质瓷（包括现代的日用瓷）而言，其釉的酸度系数总是大于坯的酸度系数。

为了使釉和坯之间相互作用，使其坯釉接触处形成较好的中间层，坯釉结合良好，必须控制坯釉的酸度系数，使坯釉酸度系数保持某些差别。

（2）釉熔体的高温黏度、表面张力、润湿性

熔化的釉料能否在坯体表面铺展成平滑的优质釉面，与熔釉的黏度、润湿性和表面张力有关。黏度和表面张力过大或润湿性过小的釉难以在坯上铺展，而使釉面形成波浪纹、橘釉甚至缩釉。黏度和表面张力过小时，又易造成流釉，使釉层厚薄不匀，而且不能拉平釉面。橘釉和流釉的外观如图 2-13 所示。

图 2-13　橘釉和流釉的外观

表面张力是指两相分界处在恒温、恒压下增大一个单位表面积时所做的功，单位是 N/m。釉的表面张力是釉平铺在坯体上的表面增大一个单位面积所需要做的功。熔融釉有较大的表面张力，比水大 3～4 倍。所以水很容易就附着在坯体表面。若熔融釉的表面张力过大，那么它就不容易润湿坯体表面，导致釉对坯的附着性差，这样很容易造成釉缩在一起的现象，我们称之为"缩釉""滚釉"现象（图 2-14）；反之，表面张力太小，则易造成"流釉"（当釉的高温黏度也很小的时候，情况就更严重），并使釉面小气泡破裂时所形成的针孔难以弥合（表面张力过小，熔融釉之间没有多少的聚合力，弥补不了缺陷）。

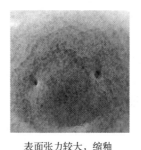

表面张力过大，缩釉　　　　　　表面张力较大，缩釉

图 2-14　表面张力大小对釉面效果的影响

2.3.3.3　釉的机械强度、硬度和化学稳定性

（1）釉的机械强度

釉的抗拉强度远低于它的抗压强度，后者平均为 1000MPa，而前者仅为 30～50MPa。因此，必须使釉受压应力而不受张应力。

（2）釉的硬度

釉的硬度也是陶瓷制品中不容忽视的指标。釉面硬度一般为莫氏硬度 7～8，维氏硬度 5200～7500MPa。

表面硬度是普通陶瓷在使用过程中非常重要的一个物理量，包括磨损硬度以及划痕硬度两个方面。维氏通常利用研磨剂来摩擦釉面，用釉的磨损减量来表征釉面磨损硬度。表征划痕硬度通常有维氏硬度和莫氏硬度。莫氏硬度常用在表征矿物等硬度方面，划分它的等级就是用金刚石去划它的表面，看划痕的深度来辨别是属于哪个等级。而维氏硬度是用磨成一定角度的金刚石锥头压入釉面，在显微镜下观察压痕的对角线长度，用式(2-1)计算维氏硬度。

维氏硬度是用 130°的金刚石四棱锥作压入头测试，其值按下式计算：

$$HV = 18.18P/d^2 \tag{2-1}$$

式中，HV 为维氏硬度；P 为荷重，kg；d 为凹坑对角线长度，mm。

（3）釉的化学稳定性

釉层的化学稳定性取决于 Si—O 四面体相互连接的程度，没有被其他离子嵌入而造成 Si—O 断裂的完整网络结构愈多，即连接程度越高，则化学稳定性愈高。

① 水对釉的侵蚀主要有以下三步。

首先是水中的氢置换碱金属离子：

$$\equiv Si-O-R + H \cdot OH \longrightarrow \equiv Si-OH + R^+ OH^-$$

然后 OH^- 与釉结构网络中 Si—O—Si 键反应：

$$\equiv Si-O-Si \equiv + OH^- \longrightarrow \equiv Si-OH + \equiv Si-O^-$$

断裂的桥氧和其他水分子作用产生羟基离子，又重复上述反应：

$$\equiv Si—O^- + H \cdot OH \longrightarrow \equiv Si—OH + OH^-$$

H^+ 置换 R^+ 形成类似硅凝胶 $[Si(OH)_4 \cdot nH_2O$ 或 $SiO_2 \cdot xH_2O]$ 的物质，一部分溶于水外，大部分呈薄膜状态覆盖在釉层表面，具有一定的抗水与抗酸能力。当釉层中含 SiO_2 多，会降低釉面被侵蚀的程度。若釉中有二价或多价离子存在，会阻碍碱金属离子扩散，抑制侵蚀作用的进行。所以上述反应进行得很缓慢。如从潮湿的墓葬中挖掘出来的低温绿釉陶器，往往表面呈现银色，其主要原因是釉面与水及大气接触处沉积了多层薄膜，沉积层达到一定厚度时，由于光线的干涉作用和沉积层具有轻微的乳浊性，产生银白色的光泽。

② 碱对釉的侵蚀：

$$\equiv Si—O—Si \equiv + Na^+ OH^- \longrightarrow \equiv Si—OH + \equiv Si—O^- Na^+$$

所以碱会破坏 $Si—O$ 骨架，但不会形成硅凝胶薄膜，因此釉层会脱落。溶液和釉发生作用而溶出的离子量是衡量其化学稳定性的标志。

③ 酸对釉的侵蚀：

$$\equiv Si—O—Si \equiv + H^+ F^- \longrightarrow \equiv Si—OH + \equiv Si—F$$

一般的酸（除氢氟酸外）通过水的作用侵蚀玻璃，因此浓酸对釉的侵蚀作用低于稀酸，某些有机酸的作用大于浓无机酸。HF 对釉的作用是直接破坏其结构的 $Si—O—Si$ 键。

对釉来说，氢氟酸的作用是剧烈的，生产中用它来制作"腐蚀釉"，即类似蒙砂的效果。釉面上涂层石蜡，要求腐蚀成图案的部位则将石蜡刻除，用 2 份盐酸（38%）和 1 份氢氟酸（40%）配成酸液，将釉在此溶液中浸泡，就会得到所需图案。有些釉受有机酸的侵蚀比 pH 低的无机酸侵蚀更强烈。有机阳离子在溶液中形成复合离子，会增加釉的溶解度。

2.3.3.4　釉的热膨胀性、弹性

(1) 热膨胀性

釉层受热膨胀主要是由于温度升高时，釉层内部网络质点热振动的振幅增大，使其间距增大所致。这种由于热振动引起的膨胀，其大小取决于离子间的键力，键力越大则热膨胀越小，否则反之。釉的热膨胀系数和组成密切相关。SiO_2 是网络形成体，有很强的 $Si—O$ 键。若其含量高，则釉的结构紧密，热膨胀系数小。含碱的硅酸盐釉料中，引入的碱金属与碱土金属离子削弱了 $Si—O$ 键或打断了 $Si—O$ 键，使釉的热膨胀系数增大。

(2) 弹性

弹性表征着材料的应力与应变的关系。弹性大的材料抵抗变形的能力强。对于釉来说，它是能否消除釉层因应力而引起缺陷的重要因素。通常用弹性模量来表示材料的弹性，它与弹性成倒数关系。釉层的弹性主要受四方面影响。

① 釉的组成。当釉中引入离子半径较大、电荷较低的金属氧化物（如 Na_2O、K_2O 等）往往会降低釉的弹性模量；若引入离子半径小、极化能力强的金属氧化物（如 Li_2O、MgO 等）则会提高弹性模量。各种氧化物对釉弹性模量提高作用的强弱顺序是：

$$CaO > MgO > B_2O_3 > Fe_2O_3 > Al_2O_3 > BaO > ZnO > PbO$$

② 釉的析晶。冷却时析出晶体的釉，其弹性模量的变化取决于晶体的尺寸与分布的均

匀程度。若晶体尺寸小于 0.25nm，而且分布均匀，则会提高釉的弹性。反之，若晶体的尺寸大，而且大小相差悬殊，则会显著降低釉的弹性。

③ 温度的影响。一般来说，釉的弹性会随温度升高而降低，主要由于釉中离子间距因受热膨胀而增大，使离子间相互作用力减弱，弹性便相应降低。

④ 釉层厚度。实际测定的弹性模量的结果表明，釉层越薄弹性越大。

2.3.3.5　釉的光学性质

(1) 光泽度

光泽度就是镜面反射方向光线的强度占全部反射光线强度的比例系数。因此光泽度表示釉面对入射光做镜面反射的能力，同时又表征釉面的平整程度。当可见光（400~700nm）投射到釉面上时，有一部分会以与入射光相同的角度反射即产生镜面反射；另一部分则以其他角度反射，即漫反射；还有少部分通过釉面折射而进入釉层，在釉中的晶粒上或坯釉结合部位产生散射。光线到达坯与釉界面的示意图如图 2-15 所示。

$$R = (n-1)^2/(n+1)^2$$

式中，R 为镜面反射率；n 为折射率。

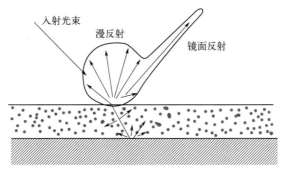

图 2-15　光线到达坯与釉界面示意

釉的光泽度与釉层的折射率有关，折射率越大，釉的光泽度越高，同时由于折射率与釉层的密度成正比，所以，在其他条件不变的情况下，釉中含有一些密度较大的元素（Pb、Ba、Sr）的氧化物，折射率较大，可以获得较高的光泽度。通常玻璃形成剂数量越高，则釉中玻璃相数量越多，光泽越强；相反，乳浊剂越高则釉中析出细小晶体，增加晶体内部的散射使镜面反射减弱，光泽下降；对于助熔剂而言，分子量大，相对密度大的引入后，釉的折射率提高，所以其镜面反射率提高，光泽度高。因此铅釉的光泽好于无铅釉，在选用配方时可根据光泽度的要求决定各种成分的数量。

急冷会使釉面的光泽度增大（有研究表明表面急冷也可以使得白度增大），这是由于在急冷条件下，晶粒没有足够的时间和温度让它长大，从而降低其失透和析晶的概率。所以釉的析晶能力越大，粒子直径越大，釉层厚度越大，则光泽越低，散射越强。

(2) 白度

白度是产品表观指标的一个非常重要的性能，用百分比表示，与光泽度不同的是其是漫反射光强占入射光强的百分数。一般来说，高级日用瓷白度 70% 以上，普通日用瓷 65% 以上。

提高瓷器白度应关注坯体白度与釉面白度。一般有三个途径：一是采用品位高的优质原料，减少着色氧化物 Fe_2O_3、TiO_2 含量；二是坯料中引入增白添加剂；三是施用高白乳浊釉。结合坯釉特点，采用合适的烧成气氛，如铁多钛少时采用还原气氛，如果是铁少钛多时，采用氧化气氛烧成。

（3）透明性和不透明性

当一束光照射在试样上时，一般来说试样会对光反射、透射和吸收。吸收是由能量转化为内能而使透射强度减弱；散射是由某些辐射的方向改变成与原来光束不同的方向。由于介质的不均匀性，使得光偏离原来传播方向而向侧方散射开来的现象，称为介质对光的散射。无机非金属材料的吸收率或吸收系数在可见光范围内是比较低的，在影响透光率的因素中不占主要地位。材料中的夹杂物、掺杂、晶界等对光的折射性能与主晶相不同，因而在不均匀界面上形成相对折射率。此值越大则反射系数（在界面上的，不是指材料表面的）越大，因而散射系数变大。

悬浮质点的散射，如胶体，乳浊液，含有烟、雾、灰尘的大气中的散射属于此类。

当 $d < \lambda$ 时，则随着 d 的增加，散射系数 S 也随之增大；

当 $d > \lambda$ 时，则随着 d 的增加，S 反而减小。

（4）无光性——无光釉

无光釉同乳浊釉、结晶釉一样均属析晶釉，但它们的晶粒大小不同。结晶釉的晶粒大到肉眼就可以看得到，乳浊釉中晶体粒度一般为 $0.2 \sim 0.5 \mu m$，无光釉的晶体粒度介于二者之间。

制备无光釉的方法有以下几种。

① 在釉料中加入适当的碳酸盐类物质，在烧成过程中分解，形成包裹在釉里的细小气泡，造成釉的乳浊状态，光线透过釉面产生散射而呈现无光。

② 将制品用稀的氢氟酸腐蚀，腐蚀时去掉玻璃相，以降低釉面光泽度。

③ 在釉料中加入一定量的难熔物质，主要是高铝质黏土及铝的化合物。不过这种方法是由釉料中物质未熔融而导致的，因此釉面会粗糙，而且物理性能也较差。

④ 形成结晶。这是制备无光釉常采用的方法。加入氧化锌、氧化钙、氧化镁和氧化钡的化合物等，可形成硅酸锌、钙长石、硅灰石、钡长石或透辉石等微小晶体。

无光釉的形成必须具备两个条件：第一是合适的釉的组成；第二是适当的冷却速度。对于釉的组成来说，应使釉料中存在过剩的容易结晶的金属氧化物，最常用氧化物为氧化锌、氧化钙、氧化镁或氧化钡。目前研究和应用比较广泛的主要有钙无光釉、钡无光釉、锌无光釉、镁无光釉以及一些复合无光釉。

① 锌无光釉。锌无光釉的釉面效果很好，但食用酸或其他酸很容易溶解锌无光釉，在 1200℃下烧成的锌无光釉几乎不符合食品法的规定。因此，不适合用于餐具。

② 钙无光釉。钙无光釉较锌无光釉来说，晶粒较大，表面看来略显粗糙。其优点是耐酸侵蚀的能力较强，所以这种釉可以用于餐具。

③ 镁无光釉。MgO 与 CaO 情况相似，仅在某些情况下产生无光釉，析出的晶体为镁橄榄石或尖晶石等，但镁无光釉可以制成生料釉或半熔块釉。其选择的原料较多，纯氧化镁、碳酸镁、滑石、白云石都能直接引用，其中碳酸镁可以制无光收缩釉。

④ 钡无光釉。钡无光釉具有光滑柔软似天鹅绒般的外观，给人以愉快的享受。钡无光

釉的烧成温度范围宽,温度在 SK4 号测温锥以上。钡在釉中的量以 0.3mol 左右为宜,以便析出钡长石晶体。钡无光釉的釉面不易起皱和开裂。

⑤ 复合无光釉。将几种经常使用的无光结晶剂复合使用,可以得到无光效果及性能更佳的无光釉。从 X 衍射分析结果可知,其主要晶相为钙长石、硅灰石、硅酸锌、顽火辉石等。

2.3.4 釉浆品质要求

釉料制备有两方面是至关重要的,一是原料选择,二是釉浆的品质。其中釉浆的品质直接与釉面的性能有关系。

对于釉浆来说,应注意釉浆细度、相对密度、流对性与悬浮性、保水性和釉层的强度等几点。

(1) 釉浆细度

釉浆细度要控制好,不能过细也不能过粗。釉浆细,它的悬浮性好,但是稠度也大,这样施釉的时候很容易就导致釉面过厚,釉面过厚,干燥就大,釉面容易开裂。

(2) 釉浆相对密度

随着生产的发展,对釉浆的各项物理性能提出了越来越高的要求。当使用劣质原料制坯,坯体颜色较深时,为了提高釉面的装饰效果,就要靠釉层覆盖。因而,釉层有逐渐加厚的趋势,许多国家的产品釉层厚度在 0.4mm 以上。拿喷釉来说,要达到这么厚的釉层,而又不增加喷釉次数,且又不致使坯体在施釉中过湿,那只有提高釉浆的密度,以减少水分的含量才能符合需要。有的国家使用釉浆密度在 $1.70g/cm^3$ 左右就是这个道理。这就要求釉浆既要有较大的密度,又要有适于喷釉的流动性。

釉浆的密度可以用比重瓶法测定,生产中也可用密度计测定,但误差很大,读数不能反映它的真实密度。

(3) 釉浆的流动性与悬浮性

釉浆的流动性是施釉工艺中重要的性能要求之一,釉料的细度和釉浆中水分的含量是影响釉浆流动性的重要因素。细度增加,可使悬浮性变好,但太细时釉浆变稠,流动性变差;增加水量可稀释釉浆,增大流动度,但却使浆体相对密度降低,釉浆与生坯的黏附性也变差。有效地改善釉浆流动性的方法是加入添加剂。单宁酸及其盐类、偏硅酸钠、碳酸钾、阿拉伯树胶及鞣质减水剂等为常用的解胶剂,适量加入可增大釉浆流动性。

釉浆的悬浮性是釉浆稳定的重要标志。增大颗粒细度,颗粒悬浮的概率变大,悬浮性能变好。另一方面,颗粒级配也事关重要,大颗粒份额多就增大了沉淀的机会,悬浮性变差。石膏、氧化镁、石灰、硼钙石等为絮凝剂,少量加入可使釉浆不同程度的絮凝,改善悬浮性能。釉浆的流动性用恩氏黏度计测定。

(4) 釉浆的保水性

釉浆的保水性也是一个重要的性能指标,保水性是指釉浆中的水分向坯体中渗透快慢的性质。这个渗透速度一般与坯体的吸水性、环境的温度和湿度、釉浆中水分的多少及釉浆本身的性质有关。在比较釉浆的保水性时,要固定坯体的吸水性、环境的温度和湿度及釉浆的水分多少等条件,来测定其水分向坯体渗透的速度。

在喷釉操作中，保水性对操作影响是很大的，釉浆喷于坯体上之后，釉浆中的水分向坯体内渗透，同时，由于釉珠具有一定的流动性，也趋向于流平。当保水性弱时，水分向坯体内渗透得快，使得釉珠尚未流平，水分就渗完而失去流动性，于是釉珠形成了一个个的小疙瘩，这样的情况在釉层愈厚，喷釉遍数愈多时，则愈明显。形成小疙瘩的釉面在白坯搬运中容易蹭釉，入窑前不易吹掉表面上的落灰，也不能满足白坯上打、贴商标的操作要求。当保水性过强时，喷到坯体上的釉珠向下流动过于严重，出现上薄下厚的缺陷。只有当保水性适宜时，在釉珠中水分将要渗完之际，釉珠也趋于流平，釉层表面光滑，从而使上述不良现象得以改善。

釉浆保水性的测定方法是：在一个于一定温度下（如 30℃）干燥过的石膏模型上，放一内径为 50mm 的塑料环，环的高度约 10mm。抽取 5mL 具有一定温度的釉浆注入塑料环内的石膏板上，记录由开始注入至水分被石膏模型吸干为止的时间（通过观察釉浆表面水分反射的亮光可以确定水分吸干的时刻）。这样测出的保水性是一个时间值，时间愈长，则保水性愈强，反之愈弱。

(5) 釉层的强度

施过釉的坯体在烧前一般称为白坯，白坯上釉层的强度也是个重要的性能指标。釉层强度高，则白坯搬运中不易蹭釉，可存放的时间就长。某些釉面装饰方法，如釉上贴花，二种色釉，这都要求白坯的釉面具有足够的强度。釉面的强度测定方法是：用石膏模型将釉浆注成一圆形长棒，干燥后测定长棒的抗折强度，抗折强度愈大，则釉面强度愈高。

2.3.5 釉浆的调制工艺

陶瓷生产中施釉的方法一般有浸、浇、喷、滚、涂刷及气化法等。为了能顺利地施釉并使烧后釉面具有预期的各项性能指标，对釉的化学成分和高温状态下的物理性质提出了各种的要求。同时也对釉浆的物理性能（一般指密度、细度、流动性、屈服值及 pH 等）提出了一定的要求。传统的改善釉浆物理性能的方法是调整细度，变化釉配方中黏土的种类及数量，釉浆陈腐以及加入稀释剂、絮凝剂等。

当采用一般的改善釉浆性能的方法不能满足对釉浆性能的要求时，可加入各种添加剂来改善其各项性能，这种处理方法可称为釉浆的调制工艺。常用的添加剂有稀释剂，用于提高釉浆流动性；黏合剂，用于提高白坯釉面强度；保水剂，用于提高保水性。

稀释剂可采用水玻璃、碳酸钠等传统稀释剂。黏合剂可采用羧甲基纤维素（CMC）、甲基纤维素、糊精等，用量一般不超过 0.1%。保水剂可采用聚丙烯酰胺。

添加剂的加入方法：稀释剂一般与釉料其他成分同时加入球磨，其他添加剂可和稀释剂一道加入，也可在釉浆出磨后加入，然后搅拌均匀。究竟采取哪种方法，要视具体情况而定。

施釉中有许多釉料没落在坯体上（喷釉时），要再回收使用，由于添加剂一般是不易挥发物质，可以长期稳定地发挥作用，因此，可以不考虑补充。

每一种添加剂主要改善釉浆的一种性能，但也可能对其他性能产生影响。因此，要通过试验确定各种添加剂同时加入与单独加入的作用有何不同，还要通过试验确定各种添加剂同时加入时的合理添加量。

还应指出，羧甲基纤维素在用量少的时候，既起黏合剂的作用，又对釉浆有稀释效果；

当用量较多时，则降低釉浆的流动性。它的加入还能提高釉浆的保水性，这个作用可以这样解释：当含有羧甲基纤维素的釉浆喷到坯体上后，由于它的存在，形成了一层胶膜，这层胶膜降低了后面的水分向坯体内的渗透速度，即提高了保水性。

当然，如果釉浆已经能够满足性能要求，则不必进行调制处理工作。同时也可根据实际需要，除加入稀释剂、黏合剂、保水剂之外加入防腐剂、触变剂、消泡剂等。

2.3.6　确定釉配方的依据

2.3.6.1　釉配方的物理化学基础

釉是由酸性氧化物（SiO_2 或 B_2O_3）和碱性氧化物（K_2O、Na_2O、CaO、MgO、BaO、PbO、ZnO 等）组成。在高温下熔成液态，而在冷却过程中逐渐凝固，最后形成玻璃态的硅酸盐或硼硅酸盐。从物理化学方面来看，釉与玻璃有很多相似之处，如各向同性、无固定的熔点、具有光泽透明和不透水等特性。但从化学组成、制作方法以及应用方面来看，釉与玻璃有本质区别。按照各成分在釉中所起的作用，可将釉的组分归纳为以下几类。

(1) 网络形成剂

玻璃相是釉的主相。釉的结构和玻璃的结构是相似的。形成玻璃的主要氧化物（如 SiO_2、B_2O_3 等）在釉层中以四面体的形式相互结合为不规则网络，所以它又称为网络形成剂。

长期以来，许多学者从热力学、动力学、结晶化学诸方面提出许多玻璃形成的假说，虽然这些假说不够完善，实际玻璃形成的条件尚有例外，但是还可以作为多数情况下判断的依据。

① 氧化物阳离子场强（取决于阳离子电荷与其离子半径平方之比）要大。一般说来，电荷较高、离子半径较小的阳离子及其化合物都是玻璃网络形成剂。表 2-24 列出一些氧化物的阳离子场强与其形成玻璃的能力。

表 2-24　阳离子场强与其形成玻璃的能力

氧化物	阳离子半径 r/nm	阳离子电荷 z	阳离子场强(z/r^2)	形成玻璃的能力
SiO_2	0.042	4	2268	形成硅酸盐玻璃
B_2O_3	0.023	3	5671	形成硼酸盐玻璃
P_2O_5	0.035	5	4082	形成磷酸盐玻璃
GeO_2	0.053	4	1424	形成锗酸盐玻璃
Li_2O	0.068	1	216	
Na_2O	0.097	1	106	
K_2O	0.133	1	57	
CaO	0.099	2	204	
MgO	0.066	2	459	不能形成玻璃
SrO	0.112	2	159	
BaO	0.134	2	111	
ZnO	0.074	2	365	
PbO	0.120	2	139	

② 氧化物的键强要大。这样难以有序排列，形成玻璃倾向性大。孙光汉提出：单键强度（化合物的分解能与阳离子配位数之比）大于 335kJ/mol 的化合物都是网络形成剂，而单键强度在 250～335kJ/mol 的化合物，属于网络中间体，而小于 250kJ/mol 的化合物，一般不能形成玻璃。罗生（Rawson）在 1956 年提出，玻璃形成能力不仅与单键强度有关，而且还与破坏原有键使其熔化所需要的热能有关。他提出，单键强度/熔点大于 0.21kJ/(mol·K) 的化合物是玻璃形成剂，单键强度/熔点小于 0.063kJ/(mol·K) 者不能形成玻璃，是玻璃修饰体。从表 2-25 可见，当 Al^{3+} 的配位数为 4，Zr^{4+} 的配位数为 6 时，它们也可形成玻璃体。

表 2-25　网络形成氧化物的单键强度

氧化物	阳离子价数	氧化物的分解能 /(kJ/mol)	配位数	M—O 的单键强度 /(kJ/mol)	(单键强度/熔点) /[kJ/(mol·K)]
B_2O_3	3	1490	3	498	0.686
SiO_2	4	1770	4	444	0.222
GeO_2	4	1803	4	452	0.326
Al_2O_3	3	1682～1326	4	423～330	—
B_2O_3	3	1490	4	372	0.51
P_2O_5	5	1850	4	464～368	0.435～0.548
V_2O_5	5	1878	4	469～377	0.397～0.498
As_2O_5	5	1460	4	364～293	—
Sb_2O_5	5	1818	6	356～285	—
ZrO_2	4	2029	6	339	

③ 凡有离子键向共价键过渡的混合键（又称极性共价键）的氧化物较易形成玻璃态，都属于玻璃形成剂。因为这种混合键既具有离子键，易改变键角，易形成不对称变形的趋势；又具有共价键的方向性和饱和性，不易改变键长与键角的倾向。前者有利于造成玻璃的远程无序，后者则赋予玻璃近程有序。表 2-26 列出一些氧化物的键性与玻璃形成能力的关系。

表 2-26　氧化物的键性与玻璃形成能力

氧化物	配位数	结构类型	键的离子性/%	形成玻璃的能力
SO_2	4	分子结构	20	不能形成玻璃
B_2O_3	3 或 4	层状结构	42	形成玻璃
SiO_2	4	三维空间结构	50	形成稳定玻璃
GeO_2	4	三维空间结构	55	形成稳定玻璃
Al_2O_3	4 或 6	刚玉型结构	60	难形成玻璃
MgO	4 或 6	NaCl 型结构	70	不能形成玻璃
Na_2O	6 或 8	CaF_2 型结构	80	不能形成玻璃

表 2-26 的数据表明，极性共价键中离子性占 39%～55% 的氧化物能形成稳定的玻璃。在 SiO_2 玻璃中，在 [SiO_4] 内体现为共价键性，其 O—Si—O 键角符合理论值 109.4°，而四面体以顶角相互连接时，O—Si—O 键角能在较大范围内无方向性连接，表现了离子键的特性。可以认为，键角分布小、作用范围小的纯共价键物质及成键无方向性、作用距离长的

纯离子键物质，形成玻璃的可能性小；而处于两者之间的混合键物质及分子间作用力（范德华力）很弱的有机物容易形成玻璃。

④ 熔体的结构也是能否形成玻璃的重要因素。当熔体中阴离子团聚合程度大，例如以三维空间结构为主的结构，则形成玻璃的倾向大，否则反之。因为高聚合的阴离子团难以位移和重排，结晶激活能较大，不易形成晶体。此外，阴离子团聚合程度大，其结构越复杂，熔体的黏度大，有利于玻璃的形成。如 SiO_2、GeO_2、B_2O_3 三者熔点下的黏度分别为 10^{10} Pa·s、10^6 Pa·s、10^7 Pa·s，都是玻璃形成体。

阴离子团的对称性低，也容易形成玻璃。在 SiO_2 玻璃中 Si—O—Si 的键角变动于 $120°\sim180°$，键角的不规则分布，造成阴离子团的几何不相对称，决定其结构无序，玻璃化的倾向大。

（2）助熔剂

在釉料熔化过程中，这类成分能促进高温分化反应，加速高熔点晶体（如 SiO_2）化学键的断裂和生成低共熔物。助熔剂还起着调整釉层物理化学性质（如机械性质、热膨胀系数、黏度、化学稳定性等）的作用。它不能单独形成玻璃，一般处于玻璃网络之外，所以又称为网络外体或网络修饰剂、网络调整剂。常用的助熔剂化合物为 Li_2O、Na_2O、K_2O、PbO、CaO、MgO、CaF_2 等。

这类氧化物 M—O 键的单键强度均小于 $250kJ/mol$。它们的离子性强。当阳离子的电场强度较小时（如碱金属氧化物），氧离子易摆脱阳离子的束缚，起断网作用，使玻璃网络结构松散，热膨胀系数增大，化学稳定性和黏度、硬度均下降。当阳离子的电场强度较大时（如碱土金属氧化物），却能使断键积聚（但这与釉中 R_2O+RO 的含量有关）。

（3）乳浊剂

它是保证釉层有覆盖能力的成分，熔体析出的晶体、气体或分散粒子折射率不同，光线散射产生乳浊。

① 悬浮乳浊剂——不熔于釉，以悬浮状态存在，如 SnO_2、CeO_2、ZrO_2、SbO_3。

② 析出式乳浊剂——冷却时从熔体中析出微晶如 ZrO_2、SiO_2、TiO_2。

③ 胶体乳浊剂——C、S、P、F。

（4）着色剂

着色剂使釉层吸收可见光波而显示不同颜色，主要如下。

① 有色离子着色剂：Cr^{3+}、Mn^{4+}、Fe^{3+}、Co^{3+} 等。

② 胶体离子着色剂：Cu、Au、Ag、$CuCl_2$。

③ 晶体着色剂：一些高温形成的尖晶石型矿物。

（5）其他辅助剂

如提高光泽、白度、乳浊度、釉浆悬浮性、黏附性以及控制熔融温度的辅助剂等。

2.3.6.2　釉料配方的配制原则

确定釉料的配方，首先要考虑不同的制品对釉性能的不同要求，例如对于日用瓷，要求其具有良好的透明性、白度和光泽度高；墙地砖要求其硬度高，耐磨性能、热稳定性能、耐酸性能、化学稳定性好；电瓷则要求好的绝缘性能；等等。其次，要求釉料组成适应坯料性能及烧成工艺。

1）釉料组成能适应坯体性能及烧成工艺的要求。

① 根据坯料烧结性能来调节釉的熔融性质。釉的熔融性质包括熔融温度、熔融温度范围和釉面性能等三个方面的指标。首先要求釉料必须在坯体烧结温度范围内成熟，一般对于一次烧成陶瓷产品来说，开始熔融温度应高于坯体中碳酸盐、硫酸盐、有机物的分解温度。熔化温度范围应宽些（不少于 30℃），在此温度范围内熔融状态的釉能均匀铺展在坯体上，不被多孔的坯体吸收，在冷却后形成平整光滑的釉面，从而减少釉面缺陷。为了防止高温下釉被坯体吸收，釉开始熔融时黏度可稍大些，以防出现干釉、缺釉，对于较密的坯体，则要求坯釉黏附性强，生釉层干燥收缩小，以免开裂和缩釉。对于经过高温素烧的二次烧成制品，一般釉烧温度低于素烧温度 60～120℃。但在小型建筑瓷厂，也有低温素烧、高温釉烧工艺。

② 坯、釉的热膨胀系数、弹性模量相适应。若釉的热膨胀系数略低于坯体的热膨胀系数，则釉冷却凝固后，釉层受压应力，这可以提高瓷坯机械强度和抗热震性能，消除釉层的开裂和剥落的缺陷。这种釉常用"＋"表示，又称为正釉。受张应力的釉，常用"－"表示，又称负釉。由于釉的抗压强度远大于抗张强度，故负釉易裂，然而，当釉的压应力超过耐压强度极限时，也会造成釉层呈片状崩落，所以坯、釉的热膨胀系数差别不能过大，两者相差程度取决于坯、釉的种类和性质。

在釉的组分中，凡是玻璃形成剂，如 SiO_2 能形成或加强网络，使热膨胀系数降低；相反，凡属网络外体会使结构网络断裂，使热膨胀系数提高。对于弹性模量大的釉，很难补偿坯釉之间所产生的应力，对外界机械作用的应力及热应力的应变能力小，易产生开裂缺陷，反之，弹性模量小的釉，对外界机械作用的应力及热应力的应变能力大。一般要求釉既有较大的弹性，又要求其与坯体的弹性模量相匹配，使 $E_{釉} < E_{坯}$。

③ 坯、釉化学组成相适应。坯、釉料种类繁多，组成千差万别且波动范围很大。但为保证坯釉紧密结合，形成良好的中间层，应使坯、釉料组成有一定的差别，但也不易过大，一般以坯、釉酸度系数 C.A 来控制。例如：瓷坯 C.A＝1～2，瓷釉 C.A＝1.8～2.5，陶坯 C.A＝1.2～1.3，陶釉 C.A＝1.5～2.5。

2）釉料对釉下彩或釉中彩不致溶解或使其变色。

3）选择配釉的原料时，应全面考虑其对制釉过程、釉浆性能、釉层性能的作用和影响。

釉用原料（特别是易熔原料）比坯用原料复杂，既有天然矿物原料，又有化工原料。各种原料在高温下的性能如熔融温度、高温黏度、密度和黏附性等都有很大的差别，除了使釉料化学组成合理以外，必须正确地选用原料，以求获得具有良好工艺性能的釉浆和烧成后无缺陷的釉面。如以 MgO 来降低釉的热膨胀系数和提高釉的弹性，选用滑石原料则可改善釉浆悬浮性、扩大釉的烧成范围、提高釉抵抗气氛的能力、克服"吸烟"和发黄等缺陷；若采用菱镁矿作原料，则会由于釉面张力过大产生缩釉；用白云石引入有利于增加釉的透明度；若考虑将 CaO 一并引入，为使滑石不致在高温时分解出结构水，常在高温下煅烧后使用；但为了增加釉浆的悬浮性，也采用部分生滑石；在配制生铅釉时，常采用铅丹而不用悬浮性较好的铅白，这是因为碱式碳酸铅易于分解，使釉面出现针孔。

釉料中需要一定量的 Al_2O_3，应以长石而不以黏土的形式加入，以避免熔化不良而使釉面失去光泽。但为了工艺上的需要，又必须有适量的黏土，一方面增加釉的悬浮性，另一方面使釉很好地被坯体吸附，使坯釉烧后结合良好。

总之，在选用原料时要考虑多方面的要求，取长补短以满足需要。

4）除上述原则外，还应参考经验规律。

① $(R_2O_3+RO_2)$ 与 (R_2O+RO) 物质的量之比为（1:1）～（1:3），防止熔融温度过高使 PbO、B_2O_3 及碱性成分大量挥发；

② 引入 Na_2O、K_2O、含硼化合物的化工原料应配于熔块内；

③ 熔块中 Na_2O+K_2O 物质的量＜其他碱性氧化物物质的量，使熔块不溶于水；

④ 含硼熔块中 SiO_2:B_2O_3＞2:1，降低熔块的溶解度；

⑤ Al_2O_3＜0.2mol，以免熔体黏度大，熔化不透。

2.3.6.3　釉料配方的确定

(1) 掌握必要的资料

① 首先要掌握坯料的化学与物理性质，如坯体的化学组成、热膨胀系数、烧结温度、烧结温度范围及气氛等。

② 必须明确釉本身的性能要求（例如白度、光泽度、透光度、化学稳定性、抗冻性、电性能）及制品的性能要求（例如机械强度、热稳定性、耐酸耐碱性、釉面硬度）。

③ 制釉原料化学组成、原料的纯度以及工艺性能等。

除以上三点外，工艺条件对釉的影响也很大，如细度与表面张力的关系、釉浆稠度对施釉厚度的影响、燃料种类、烧成方法、窑内气氛等均须在釉料的研究中加以考虑。

(2) 釉料配方的确定方法

要确定一种釉料配方，在实际工作中可按下述方法进行。

① 借助于成功的经验。由于陶瓷生产方法多而且陶瓷种类繁多，需根据所要生产的类型和品种，借助于其他生产单位成功的经验，结合本地区原料的特点和必要的外地原料的质量情况，通过计算、调整和试验，以获得满意的釉料配方。

值得注意的是根据所用坯料的组成、性质、工艺措施和烧成条件，进行综合考虑，试验是一个很重要的环节，通过试验不断改进和提高，以理论结合实际，从而求得合理的生产配方。

在考虑釉的组成中，除所用原料的种类、化学组成和物理性能以及工艺指标外，烧成条件也是不能忽视的。烧成条件包括温度、气氛、窑炉类型甚至燃料，对产品都有影响。所以，一种良好的釉料配方，是多种因素配合、综合优选的结果。诚然，釉料配方的原则是基本的先决条件。

② 借助三元相图。每种陶瓷釉料都有其基本成分，由于配料较多，须从其配料中的基本成分所组成的相图上加以研究，以求获得更好的釉料配方。以下对石灰石釉的三元相图加以说明。石灰石釉的基本组成可换算成相应的 $CaO\text{-}Al_2O_3\text{-}SiO_2$ 三组分，如图 2-16 所示。

在三元相图中找出组成点的位置，发现优良光亮釉的组成都处于 Al_2O_3:$SiO_2=$ 1:（7～11.5）的线段间区域。其中 a、b、c、d 四种光亮釉配方的实验式（釉式）的组成是：

a 釉　$\left.\begin{array}{l} 0.3\ K_2O \\ 0.7\ CaO \end{array}\right\} \cdot 0.5\ Al_2O_3 \cdot 4.0\ SiO_2$

b 釉　$\left.\begin{array}{l} 0.3\ K_2O \\ 0.7\ CaO \end{array}\right\} \cdot 0.6\ Al_2O_3 \cdot 4.0\ SiO_2$

c 釉　CaO·0.4 Al$_2$O$_3$·4.0 SiO$_2$

d 釉　CaO·1.2 Al$_2$O$_3$·9.0 SiO$_2$

a、b 釉在 SK9～SK11 温度下烧成，c、d 釉在 SK1～SK13 温度下烧成。

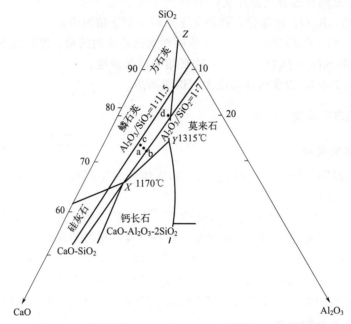

图 2-16　石灰釉在 CaO-Al$_2$O$_3$-SiO$_2$ 相图中的组成范围

对于上述碱性组成为 0～0.3 K$_2$O（Na$_2$O）、0.7～1.0 CaO 的光亮釉，其组成区域以 X～Y 和 X～Z 为界线，并略向石英初晶区伸展。由于 Al$_2$O$_3$：SiO$_2$＝1：7 的线段通过共晶点 X，而和 XY 线极为靠近，因此只要 Al$_2$O$_3$ 略有增加，组成点就会进入钙长石析晶区。当 $n(\text{Al}_2\text{O}_3)/n(\text{SiO}_2)>1:11$（即 SiO$_2$ 量增多）时，釉中将析出方石英，釉面失去光泽。所以光亮釉的允许组成范围为小于 0.5mol 的碱和 $n(\text{Al}_2\text{O}_3)/n(\text{SiO}_2)=1:(7～11)$。SiO$_2$ 为碱性和中性氧化物总量的 2～3 倍，为 Al$_2$O$_3$ 量的 7～11 倍。

石灰釉中少量的 Al$_2$O$_3$ 可增加釉的流动性，但量多时却显著地减少釉的流动性，提高釉的烧成温度和黏度，且釉面光泽暗淡或无光。

③ 利用釉的化学组成-成熟温度图设计配方。普通透明光泽釉的成熟温度与釉的化学组成关系密切，基于普通日用瓷釉的釉式为：

$$\left.\begin{array}{l}0.3\ \text{R}_2\text{O}\\0.7\ \text{RO}\end{array}\right\}\cdot m\,\text{Al}_2\text{O}_3\cdot n\,\text{SiO}_2$$

前人总结的实用日用瓷釉成熟温度与化学组成的关系如图 2-17 所示。R$_2$O 主要指 K$_2$O 和少量 Na$_2$O；RO 主要指 CaO 和少量 MgO 等二价氧化物。由图 2-16 可以看出，绝大部分实用日用瓷釉的 Al$_2$O$_3$、SiO$_2$ 的物质的量分别落在 0.3～0.7 和 3～7 范围之内，$n(\text{Al}_2\text{O}_3)/n(\text{SiO}_2)$ 一般控制在 1：(7～10)，且随着瓷釉组成点从左下方向右上方移动，釉中 Al$_2$O$_3$ 和 SiO$_2$ 的含量同时提高，釉料的成熟温度逐渐升高。为了满足熔融性能的需要，成熟温度为 1250～1350℃ 的釉料，$n(\text{SiO}_2)/n(\text{R}_2\text{O}+\text{RO})$ 为 4～6。

按图中硅铝比，再结合实验进行修改，反复调整，不难得出合理适用的釉料配方。

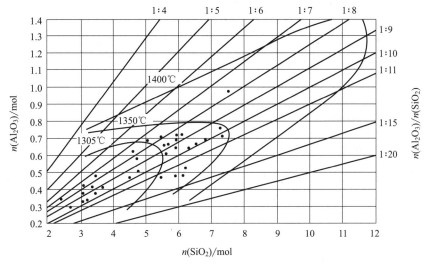

图 2-17　瓷釉的化学组成-成熟温度关系图

·—实用日用瓷釉组成点

④ 参考测温锥的化学组成设计配方。标准测温锥的化学组成与釉料的化学组成相接近，而且标准测温锥的弯倒温度相对固定。实验证明，将测温锥加热到使其达到透明光泽釉成熟状态时所需温度对应的锥号，相当于比该锥高 4～5 个锥号的测温锥的弯倒温度。

例如参考 SK7 的化学组成设计的釉料的成熟温度为 SK11～SK12 的弯倒温度。因此，可以利用测温锥的化学组成与其弯倒锥号之间的关系设计釉料配方。

⑤ 采用釉料的系统调试方法。此方法是在上面所述的几种方法基础上来进行的，它可以从变化一个、两个或三个主要（或重要）的釉化学组成来设计一系列釉料配方，可以同时烧成这一系列的配方，根据烧成结果可以获得最佳组成范围或直接获得最佳配方。当然，这实质上是一种实验设计方法，还得通过实验去确定配方。其具体设计和实验方法将在釉料配方的计算一节中详细介绍。

⑥ 采用正交实验设计。为了获得某种特定工艺性能的釉料，如低膨胀釉、高光泽釉、抗菌釉及大红色釉料等，在确定釉配方的过程中，还可以采用正交实验设计。采用正交实验设计可以减少实验次数，寻找到各因子间的内在规律，获得最佳因子组合，从而达到事半功倍的效果。所谓正交实验设计就是采用正交表来安排实验的方法。其实质是利用数理统计中排列组合原理来安排各因子和水平数，并采用方差分析等手段来分析各因子的作用效果。在正交表中，因子、水平数和衡量指标需实验者自行确定。确定了因子与水平后，就可以选用相应的正交表，如选用 $L_9(3^4)$ 正交表，其中的数字含义如下：4 表示最多安排 4 个因子，3 表示每个因子有 3 个水平数，9 则表示共做 9 次实验。在实际设计过程中，可以选取最关键的几种原料（如黏土、石英、长石等）和工艺参数（如釉料细度、烧成温度、保温时间等）为因子，并根据经验或资料确定各个因子的水平，在确定水平的时候，要尽量使各因子的水平分布均匀（如内墙砖釉中黏土用量一般在 3%～5%，若选 3 个水平，则可确定为 3%、4%、5%）。以釉所要达到的关键性能（如热膨胀系数、光泽度、白度、颜色主波长、色饱和度、杀菌能力等）作为衡量指标。通过试样制作、性能测试和方差分析可以得出最佳因子组合以及进行因子作用效果比较，找出作用效果最显著的因子。另外，还可以通过回归正交

分析以及考虑交互作用等分析，获得更为准确的结果。当然，如要进行此方面的实验设计，还需查阅相关资料。

上述有关釉料配方的方法对确定合理的釉料配方提供有益的参考，但仍然离不开实践的基础，釉料配方的确定，必须通过多次反复实验，从小试、中试直到完全成熟后，方可正式投入生产。

2.3.6.4　釉料配方的计算

(1) 釉料的表示方法

釉料的表示方法与坯料组成的表示方法一样，有以下四种：实验式表示法、化学组成表示法、配料量表示法、示性矿物组成表示法。这四种表示方法在科研生产和文献资料上经常用到，所以应首先了解釉料的表示方法，然后再找出这几种不同表示方法间的关系，并进行换算，才能对釉料配方进行计算。

1）实验式表示法。实验式表示法是以各种氧化物的物质的量（mol）的比例来表示，又称化学实验式表示法。釉料实验式表示法，又简称为釉式，釉式中往往取碱性氧化物的物质的量的总和为1，例如浙江龙泉青瓷釉的实验式为：

$$
\left.
\begin{array}{l}
0.807\ CaO \\
0.169\ K_2O \\
0.024\ Na_2O
\end{array}
\right\}
\cdot
\left.
\begin{array}{l}
0.549\ Al_2O_3 \\
0.032\ Fe_2O_3
\end{array}
\right\}
\cdot 3.909\ SiO_2
$$

化学实验式表示法反映了各氧化物之间的关系，釉料中各氧化物的组成一目了然。从釉式中可以估计出釉的烧成温度。

软质瓷釉式一般为 $(R_2O+RO)\cdot(0.3\sim0.6)R_2O_3\cdot(3\sim4)SiO_2$；烧成温度为 $1250\sim1280℃$。

硬质瓷釉式为 $(R_2O+RO)\cdot(0.5\sim1.4)Al_2O_3\cdot(5\sim12)SiO_2$；烧成温度为 $1320\sim1450℃$。

所以可初步判断浙江龙泉青瓷釉为软质瓷，烧成温度为 $1250\sim1280℃$。

2）化学组成表示法。以釉料中各种氧化物组成的质量分数来表示配方组成的方法，称为化学组成表示法，也称氧化物质量分数表示法，表示时列出 SiO_2、Al_2O_3、Fe_2O_3、TiO_2、MgO、CaO、K_2O、Na_2O、B_2O_3、ZnO、PbO、BaO、灼减量等质量分数数据，这种表示法能较准确地表示釉料组成，同时据其含量估计烧成温度的高低和釉的熔融性能。

3）配料量表示法。以原料的质量分数来表示配方组成的方法，称配料量表示法，这种方法在工厂中应用最普遍，称为实际配方。这种方法的优点是易称量，便于记忆，表示简单、直观；缺点是它只适用于本地工厂，对其他产区的参考意义不大，因为各地原料所含成分差异甚大，只要其中一种主要原料的成分不同，所配制釉料差异就会很大。

4）示性矿物组成表示法。坯料配方组成以纯理论的黏土、石英、长石等矿物来表示的方法，称为示性矿物组成表示法，又称示性分析法，简称矿物组成法。但由于陶瓷釉矿物种类繁多，性质也有很多。因此，这种表示方法只能粗略地反映釉的组成，故不常用。

(2) 釉式的计算

1）从化学组成计算釉式。若知道了釉料的化学组成，可按下列步骤计算釉式。

① 按式（2-2）计算 100g 原料中各氧化物的物质的量。

$$n = \frac{\text{氧化物的质量分数}}{\text{摩尔质量}} \qquad (2\text{-}2)$$

② 以碱性氧化物的量的总和，分别去除各氧化物的量，即得到一套以碱性氧化物物质的量之和为 1 的各氧化物物质的量系数。

③ 将得到的各氧化物物质的量系数按 $R_2O + RO$、R_2O_3、RO_2 的顺序排列为釉式。

【例 2-9】　某釉料的化学组成如表 2-27 所示，试计算其釉式。

表 2-27　釉料的化学组成

组成	SiO_2	Al_2O_3	Fe_2O_3	CaO	MgO	K_2O	Na_2O	ZnO	灼减	合计
质量分数/%	69.19	14.63	0.12	0.79	3.43	6.32	1.68	1.5	1.96	99.62

【解】　① 计算各氧化物的物质的量，如表 2-28 所示。

表 2-28　各氧化物的物质的量

组成	SiO_2	Al_2O_3	Fe_2O_3	CaO	MgO	K_2O	Na_2O	ZnO
n/mol	1.1512	0.1436	0.0008	0.0141	0.0851	0.0671	0.0271	0.0184

② 将碱性氧化物的物质的量总数算出。

$$n(CaO) + n(MgO) + n(K_2O) + n(Na_2O) + n(ZnO) =$$
$$0.0141 + 0.0851 + 0.0671 + 0.0271 + 0.0184 = 0.2118(mol)$$

③ 用碱性氧化物的物质的量总数去除各氧化物的物质的量，可到一套以 $RO + RO_2$ 系数为 1 的各氧化物物质的量系数，如表 2-29 所示。

表 2-29　各氧化物物质的量系数

组成	SiO_2	Al_2O_3	Fe_2O_3	CaO	MgO	K_2O	Na_2O	ZnO
系数	5.435	0.678	0.004	0.067	0.402	0.317	0.128	0.087

④ 将所得系数按规定顺序排列，即得到所要求的实验式：

$$\left.\begin{array}{l} 0.317\ K_2O \\ 0.128\ Na_2O \\ 0.067\ CaO \\ 0.402\ MgO \\ 0.087\ ZnO \end{array}\right\} \cdot \left.\begin{array}{l} 0.678\ Al_2O_3 \\ 0.004\ Fe_2O_3 \end{array}\right\} \cdot 5.435\ SiO_2$$

2）从配方计算釉式。计算步骤如下。

① 首先要知道所使用各原料的化学组成，即各种原料所含每种氧化物的质量分数。

② 将每种原料的配料量（质量）乘以各氧化物的质量分数，得各种氧化物的质量。

③ 将各原料中的共同氧化物的质量加在一起，得釉料中各氧化物的总质量。

④ 以各氧化物的摩尔质量分别去除它的质量，得各氧化物的物质的量。

⑤ 以碱性氧化物的量的总和分别去除各氧化物的量，得到一系列以碱性氧化物（RO + RO_2）系数为 1 的一套各氧化物的物质的量系数。

⑥ 按规定顺序排列各种氧化物，即为所要求的实验式。

【例 2-10】　某建筑瓷钙釉的配方为：长石 25.6%，石灰石 18.4%，石英 32.2%，氧化锌 2.0%，黏土 10.0%，锆英石 11.8%。各原料的化学组成见表 2-30，试计算其釉式。

表 2-30　原料的化学组成　　　单位：%（质量分数）

原料	SiO_2	Al_2O_3	Fe_2O_3	CaO	MgO	Na_2O	K_2O	ZnO	ZrO_2	灼减	总计
长石	65.04	20.40	0.24	0.80	0.18	3.74	9.38	—	—	0.11	99.89
黏土	49.82	35.74	1.06	0.65	0.60	0.82	0.95	—	—	10.00	99.64
石英	98.54	0.28	0.72	0.25	0.35	—	—	—	—	0.20	100.34
石灰石	1.00	0.24	—	54.66	0.22	—	—	—	—	43.04	99.16
氧化锌	—	—	—	—	—	—	—	100	—	—	100
锆英石	38.81	5.34	—	0.40	0.20	—	—	—	55.10	—	99.85

【解】　按上述步骤的方法计算釉中各氧化物的含量。

① 釉中氧化物的含量，见表 2-31。

表 2-31　氧化物的含量　　　单位：%（质量分数）

原料	配方	化学组成									
		SiO_2	Al_2O_3	Fe_2O_3	CaO	MgO	Na_2O	K_2O	ZnO	ZrO_2	灼减
长石	25.6	16.65	5.22	0.06	0.20	0.05	0.96	2.40	—		0.02
黏土	10.0	4.98	3.57	0.11	0.06	0.06	0.08	0.10	—		1.05
石英	32.2	31.76	0.09	0.23	0.03	0.14	—	—	—		0.06
石灰石	18.4	0.18	0.04	—	10.06	0.04	—	—	—		7.99
氧化锌	2.0	—	—	—	—	—	—	—	2.00		—
锆英石	11.8	4.58	0.63	—	0.05	0.03	—	—	—	6.50	
总计		58.15	9.55	0.40	10.40	0.32	1.04	2.50	2.00	6.50	9.12

② 釉式的计算步骤，见表 2-32。

表 2-32　釉式的计算步骤

项目	SiO_2	Al_2O_3	Fe_2O_3	CaO	MgO	Na_2O	K_2O	ZnO	ZrO_2
质量分数/%	58.15	9.55	0.40	10.40	0.32	1.04	2.50	2.00	6.50
摩尔质量	60.1	102	160	56.1	40.3	62	94.2	81.2	123.2
n/mol	0.9676	0.0936	0.0025	0.1854	0.0079	0.0168	0.0265	0.0246	0.0528
$n(R_2O+RO)$				0.2612					
$\dfrac{n}{n(R_2O+RO)}$	3.704	0.358	0.010	0.710	0.030	0.064	0.102	0.094	0.202

③ 计算所得釉式为：

$$
\left.\begin{array}{l}
0.102\ K_2O \\
0.064\ Na_2O \\
0.710\ CaO \\
0.030\ MgO \\
0.094\ ZnO
\end{array}\right\} \cdot \left.\begin{array}{l}
0.358\ Al_2O_3 \\
0.010\ Fe_2O_3
\end{array}\right\} \cdot \begin{array}{l}
3.704\ SiO_2 \\
0.202\ ZrO_2
\end{array}
$$

2.3.7　釉料的系统调试方案

由于釉料组成与性质之间的关系十分复杂，为了获得有既定性能的釉料配方尚需经过多次试验。若能有规律地进行系统调试，则可事半功倍，可在较短的时间内得到希望的效果。下面简要介绍系统调试釉料的方案。

2.3.7.1　变动釉料的 1 个组分

若需配制适用于坯体烧成温度为 1000℃ 的生铅釉，并要求釉与坯的收缩相适应，可从调整釉中 SiO_2 含量着手。根据实践和理论的知识或查阅有关资料先拟定基本釉式：

$$\left.\begin{array}{l} 0.6\ PbO \\ 0.3\ CaO \\ 0.1\ Na_2O \end{array}\right\} \cdot 0.2\ Al_2O_3 \cdot 1.6\ SiO_2$$

变动釉中 SiO_2 含量，即将 SiO_2 分别加减 0.2mol 则得到两种釉组成：一个为高硅釉，SiO_2 为 1.8mol，另一个为低硅釉，SiO_2 为 1.4mol。将这两个基础釉采用逐相平衡法计算其配方，然后在相同的条件下进行加工（破碎、球磨等），并将两种釉浆调至同一密度，按一定的体积比进行混合，则可得到不同组成的釉料（表 2-33 中列出 SiO_2 含量不同的这 9 种釉料）。然后，将它们施在试片上（最好是同一种试片），在同一条件下煅烧。烧后结果绘成图 2-18。由此可判断，SiO_2 为 1.65mol 的釉料适于这种坯体。

表 2-33　变动釉料 1 个组分的试验方案

基础釉	A	0.6 PbO 0.3 CaO 0.1 Na₂O	0.2 Al₂O₃	1.4 SiO₂
	B	0.6 PbO 0.3 CaO 0.1 Na₂O	0.2 Al₂O₃	1.8 SiO₂

A 釉面的体积/mL	B 釉面的体积/mL	$n(SiO_2)$/mol
100	0	1.40
87	13	1.45
75	25	1.50
62	38	1.55
50	50	1.60
38	62	1.65
25	75	1.70
15	85	1.75
0	100	1.80

2.3.7.2　变动釉料的 2 个组分

上述方法也可用于改变釉料的 2 个组分而进行调试，这种方法也常称为四角配料法。例

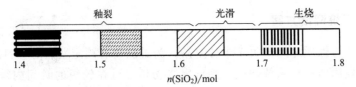

图 2-18 SiO₂ 的含量对釉面品质的影响

如欲配制在 1390℃下成熟的瓷釉，可通过变动 SiO₂ 及 Al₂O₃ 含量来找到性能最佳的配方。
首先，根据经验或查阅资料，得出一个合适的瓷釉釉式。如下所示：

$$\left.\begin{array}{l} 0.3\ K_2O \\ 0.7\ CaO \end{array}\right\} \cdot 1.5\ Al_2O_3 \cdot 8.0\ SiO_2$$

然后，分别变动 SiO₂ 及 Al₂O₃ 含量，变动的范围可视具体情况而定，例如本调试设计中作
如下变动：

Al₂O₃：1.5±1（即 0.5、2.5）   SiO₂：8.0±4（即 4.0、12.0）

则这时可得到四个基础釉：高硅（12.0）、低硅（4.0）、高铝（2.5）、低铝（0.5），其
釉式如下：

A $\qquad \left.\begin{array}{l} 0.3\ K_2O \\ 0.7\ CaO \end{array}\right\} \cdot 0.5\ Al_2O_3 \cdot 4.0\ SiO_2$

B $\qquad \left.\begin{array}{l} 0.3\ K_2O \\ 0.7\ CaO \end{array}\right\} \cdot 0.5\ Al_2O_3 \cdot 12.0\ SiO_2$

C $\qquad \left.\begin{array}{l} 0.3\ K_2O \\ 0.7\ CaO \end{array}\right\} \cdot 2.5\ Al_2O_3 \cdot 4.0\ SiO_2$

D $\qquad \left.\begin{array}{l} 0.3\ K_2O \\ 0.7\ CaO \end{array}\right\} \cdot 2.5\ Al_2O_3 \cdot 12.0\ SiO_2$

变动釉料 2 个组分的试验方案见表 2-34。

表 2-34 变动釉料 2 个组分的试验方案

各基础釉料体积/mL				$n(SiO_2)$/mol	$n(Al_2O_3)$/mol
A	B	C	D		
100	0	0	0	4	0.5
75	0	25	0	4	1.0
50	0	50	0	4	1.5
25	0	75	0	4	2.0
0	0	100	0	4	2.5
75	25	0	0	6	0.5
56.25	18.75	18.75	6.25	6	1.0
37.5	12.5	37.5	12.5	6	1.5
18.75	6.25	56.25	18.75	6	2.0
0	0	75	25	6	2.5

各基础釉料体积/mL				$n(SiO_2)$/mol	$n(Al_2O_3)$/mol
A	B	C	D		
50	50	0	0	8	0.5
37.5	37.5	12.5	12.5	8	1.0
25	25	25	25	8	1.5
12.5	12.5	37.5	37.5	8	2.0
0	0	50	50	8	2.5
25	75	0	0	10	0.5
18.75	56.25	6.25	18.75	10	1.0
12.5	37.5	12.5	37.5	10	1.5
6.25	18.75	18.75	56.25	10	2.0
0	0	25	75	10	2.5
0	100	0	0	12	0.5
0	75	0	25	12	1.0
0	50	0	50	12	1.5
0	25	0	75	12	2.0
0	0	0	100	12	2.5

同样将上述基础釉在同一条件下加工，然后调至同一密度，再按体积进行混合，施在试条上煅烧，检查其效果（表 2-35）。图 2-19 为该四角配料的组成方框图。

表 2-35　变动釉料 2 个组分的试验方案

$n(SiO_2)$/mol	$n(Al_2O_3)$/mol				
	0.5	1.0	1.5	2.0	2.5
4	开裂	半无光	半无光	半无光	半无光
6	开裂	光泽好	半无光	半无光	半无光
8	开裂	光泽好	光泽好	半无光	半无光
10	开裂	光泽好	光泽好	半无光	无光
12	开裂	开裂	半无光	无光	无光

由表 2-35 所示的结果可知，光泽良好的釉式为：

$$\left.\begin{array}{l} 0.3\ K_2O \\ 0.7\ CaO \end{array}\right\} \cdot 1.5\ Al_2O_3 \cdot 12.0\ SiO_2$$

无光釉的釉式为：

$$\left.\begin{array}{l} 0.3\ K_2O \\ 0.7\ CaO \end{array}\right\} \cdot 1.0\ Al_2O_3 \cdot 8.0\ SiO_2$$

2.3.7.3　变动釉料的 3 个组分

为了获得优质釉层，有时需调整三个组分，这种方法也叫三角配料法。例如基础釉 A

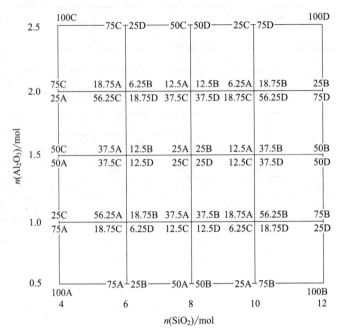

图 2-19　瓷釉实验组成方框图

的釉式为：

$$\left.\begin{array}{l}0.3\ K_2O\\0.7\ CaO\end{array}\right\}\cdot 0.6\ Al_2O_3\cdot 3.8\ SiO_2$$

为了考察不同熔剂的作用效果，分别以 0.3mol 的 BaO 和 MgO 取代部分 CaO，则可得釉式为 B 和 C 的两种釉料，其釉式如下：

$$B\quad\left.\begin{array}{l}0.3\ K_2O\\0.4\ CaO\\0.3\ BaO\end{array}\right\}\cdot 0.6\ Al_2O_3\cdot 3.8\ SiO_2$$

$$C\quad\left.\begin{array}{l}0.3\ K_2O\\0.4\ CaO\\0.3\ MgO\end{array}\right\}\cdot 0.6\ Al_2O_3\cdot 3.8\ SiO_2$$

同样将以上 A、B、C 三种釉调至同一密度，按体积比混合成一系列新釉料。图 2-20 表示釉料的三元组成图，三角形中任何一点组成都由三顶点成分所构成，共可配成 12 种釉料。用前述的方法也可选出最优配方或配方范围。瓷釉的碱性氧化物组成见图 2-21。

2.3.8　生料釉的制备

2.3.8.1　原料的选择

与坯料相比，生料釉所用原料纯度要求更高，因此应分别妥善存储，以免混入其他杂质，对石英、长石等要严格洗选、净化。所用原料应不溶于水，因为能溶于水的原料在施釉

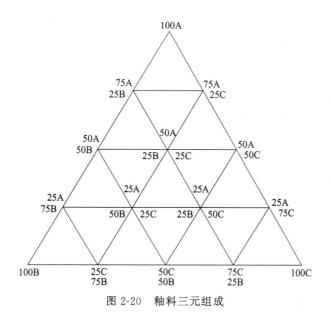

图 2-20 釉料三元组成

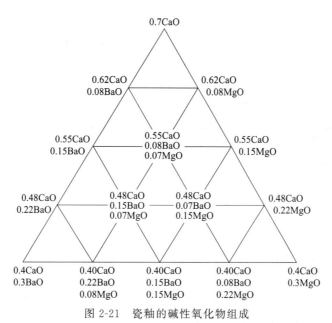

图 2-21 瓷釉的碱性氧化物组成

时将随着坯体对釉浆水分的吸收而进入坯体，或随水分的蒸发而浮析表面，从而影响坯釉料性能。

2.3.8.2 原料的煅烧

一般日用瓷厂对石英采取先预烧再粉碎使用的方法，制釉用黏土可采用部分煅烧过的黏土，以降低釉层收缩率，增加釉浆流动性。日用瓷釉料多数使用长石，而且普遍使用钾长石配釉。为了减少成熟的釉层中产生气泡的机会，可以将长石先煅烧，使长石中的氮气挥发掉，同时长石中的 K_2O、Na_2O 可在水溶剂中被浸出来，否则施釉后 K_2O、Na_2O 会在制品的角棱等局部集中，造成该局部成熟温度降低，而到规定的成熟温度时该局部会过火起泡，也有的利用废瓷粉取代部分长石。

2.3.8.3　配料

与熔块釉相对而言，生料釉是以生料配方经混合磨细后施釉烧成的。配方计算过程中首先是要选择生料釉的釉式，要结合坯体的化学组成和主要性能，以及国内外实际情况来确定。配制釉料时一般选用较纯的原料，为计算方便，可采用原料的理论值。计算方法一般采用逐项平衡法列表进行计算，在计算时一般先用长石来满足钾（钠）含量，同时平衡部分氧化铝，然后用黏土平衡掉剩余的氧化铝，再逐项平衡其他组成，最后未被平衡的组成采用化工原料加以平衡。

【例 2-11】　已知某长石质瓷的釉料，其釉式为：

$$\left.\begin{array}{l} 0.4830\ K_2O \\ 0.4490\ MgO \\ 0.0650\ ZnO \end{array}\right\} \cdot 0.6670\ Al_2O_3 \cdot 6.6920\ SiO_2$$

试用钾长石、高岭土、石英、氧化锌、滑石这五种原料进行配料。

【解】　① 根据釉式计算各原料的量，见表 2-36。

表 2-36　氧化物的量　　　　　　　　　单位：mol

配方	SiO_2	Al_2O_3	MgO	K_2O	ZnO
	6.6920	0.6670	0.4490	0.4860	0.0650
钾长石（$K_2O \cdot Al_2O_3 \cdot 6SiO_2$）0.4860	2.9160	0.4860	—	0.4860	—
余量	3.7760	0.1810	0.4490	0	0.0650
高岭土（$Al_2O_3 \cdot 2SiO_2 \cdot 2H_2O$）0.1810	0.3620	0.1810	—		
余量	3.4140	0	0.4490		0.0650
滑石（$3MgO \cdot 4SiO_2 \cdot H_2O$）0.1490	0.5960		0.4490		
余量	2.8180		0		0.0650
石英（SiO_2）2.8180	2.8180				
余量	0				0.0650
氧化锌（ZnO）0.0650					0.0650
余量					0

② 根据各原料的量计算配料量，见表 2-37。

表 2-37　配料量的计算

原料	原料的物质的量/mol	摩尔质量/(g/mol)	配料量/g	配料质量分数/%
钾长石	0.486	556.8	270.6	49.3
高岭土	0.181	258.2	46.7	8.5
滑石	0.149	379.3	56.5	10.3
石英	2.818	60.1	169.4	30.9
氧化锌	0.065	81.4	5.3	0.9

按照表 2-37 进行称量配料。

2.3.8.4　釉料研磨

釉料的研磨细度不但影响釉浆质量，而且影响釉面质量。釉浆越细，则釉浆稠度越高，同时干燥收缩也越大，施釉后易出现裂纹。细磨的釉料可使各釉用原料混合均匀，能降低烧成温度，提高釉面光泽度。日用陶瓷厂对釉料细度的要求一般为 10000 孔/cm^2，筛余量 0.02%。一般需要球磨 20h 甚至更长时间，然后长时间球磨会使原料中的碱性成分浸出，导致釉浆稠度不稳定等现象，这时可以采用解凝剂，以增加釉浆的悬浮性。釉浆的稠度对上釉速度和釉层厚度有重大影响，浓度高的釉浆会使釉层加厚，而且容易出现堆釉等上釉不均匀现象。但是浓度太低的釉浆，在同一操作情况下，会使釉层过薄，在烧成时易出现干釉现象。一般釉浆密度控制在 1.3～1.5g/cm^3。

2.3.8.5　生料釉的制备工艺流程

一般生料釉的制备工艺流程见图 2-22。

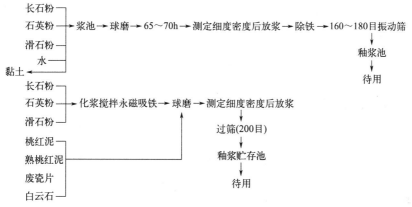

图 2-22　生料釉的制备工艺流程

该工艺过程共同点是将长石粉、石英粉和滑石粉三种粉状硬质原料单独入池化浆搅拌除铁。目的是使三种粉状硬质原料预先湿润，使每个颗粒周围都被水膜包围起来，这样和软质原料混合后更加均匀，而废瓷片和白云石不是粉状的，故可和软质原料一起球磨。

图 2-23 是需对原料经过专门处理后而制备的高白生料釉的制备工艺流程。

石英和长石煅烧冲洗后，用人工敲碎剔除杂质这一工序极为重要，高岭土拣选也非常重要，凡是非可塑性黏土质的物质如石英块和着色物质（如黑云母）都必须仔细剔除。

2.3.9　熔块釉料的制备

当采用易溶于水的碳酸钠、碳酸钾、硼砂、硼酸等原料配釉时，在施釉过程中釉容易被坯体吸收，使坯体的烧结温度降低，而釉的成熟温度因釉浆成分改变而提高。坯体干燥后，这些水溶性盐类又随水分蒸发而集中在坯体表面，烧后产生缺陷。此外在釉中常要引入一些毒性原料（铅的化合物、钡盐、锑盐等），它们作为生料直接引入釉中会造成生产工人操作中毒。因此，需要把上述毒性原料和其他原料预先熔制成不溶于水或微溶于水、无毒的硅酸盐熔块（但渗彩釉则是用可溶性发色原料配制成釉液，直接渗入坯体中而制造渗彩玻化砖）。此外，烧制熔块过程中原料挥发物的排除，有利于后序制品的烧成，使难熔原料变得易熔，

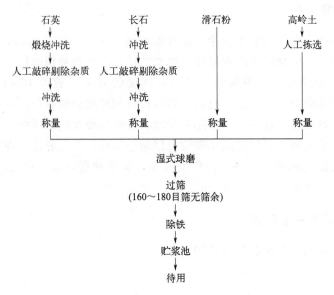

图 2-23 高白生料釉的制备工艺流程

使釉料成分均匀，扩大了配釉原料的种类等。

2.3.9.1 熔块的配制原则

① K_2O、Na_2O 除由长石带入外，其他含 K_2O、Na_2O 的原料均需置于熔块原料之中，含硼的化合物，除硼钙石、硼镁石外也置于熔块成分之内。

② $n(RO_2+R_2O_3)/n(R_2O+RO)$ 为 1～3，这样可保证适当的熔化温度，因温度过高，碱盐易于挥发。

③ $n(R_2O)/n(RO)=1/3$ 按比例制成熔块，可难溶或不溶于水。保证获得不溶于水的熔块，RO 不易溶于水，R_2O 易溶于水。因为碱质硅酸盐具有可溶性，熔块中须含有一种或二种其他自成不溶性硅酸盐氧化物。

④ $n(SiO_2)/n(B_2O_3)>2$，因硼盐的溶解度大，提高氧化硅的含量可降低其溶解度。由于 B_2O_3 具有较大的溶解度，增加 SiO_2 的含量可降低硼酸盐的溶解度。

⑤ 熔块配料中 Al_2O_3 的用量应控制在 0.2mol 以内，如 Al_2O_3 太多，则高温黏度大，熔化困难，因而不能得到均匀的熔块，且熔化温度较高，会导致碱性物的挥发损失大。因为在熔块中 Al_2O_3 含量增多，会使熔块的耐火度及黏度显著增大，易使熔块不匀，同时温度升高，会增加挥发组分的逸失量。

⑥ SiO_2 所带入的氧与其他氧化物所带入的氧之比应为 2～6。

⑦ 悬浮性好的原料不溶于熔块中，一般将黏土留作悬浮剂，保证釉浆具有良好的工作性能。除了黏土外，其他如 ZnO、$CaCO_3$ 等也可用作悬浮剂，是否使用，视具体情况而定。

2.3.9.2 由配合料质量计算熔块熔融后的质量（产率）

配制熔块的许多原料在熔融时因排除了水分、二氧化碳、五氧化二氮、三氧化硫、氟

（四氟化硅）而灼减。归纳起来，有以下几个类型。

①　排除结晶水或结构水，例如硼酸、五水硼砂、氢氧化铝、高岭石、滑石等。

②　碳酸盐分解，例如碳酸钾、碳酸钡、碳酸钙、碳酸镁等会分解放出二氧化碳。

③　硝酸盐分解，例如硝酸钾、硝酸钠等分解后只留下氧化钾和氧化钠。

④　氧化物分解，例如铅丹的摩尔质量为 669.6g/mol，1mol 铅丹分解后生成 3mol 的氧化亚铅，质量变为 653.6g。另外，还有过氧化铅等的分解也会造成质量减轻。

⑤　硫酸盐的分解，例如生石膏、硫酸钾、硫酸钠等的分解。

以上这些物质的分解，最终的产物都是金属氧化物，由其摩尔质量的损失量可以计算出最终熔块的产量，当然还要考虑各环节的人工及机械造成的损失。

2.3.9.3　熔块配方计算

若已知熔块的化学组成，可按前述的方法计算釉式后再进行配料计算。

【例 2-12】　某熔块的釉式如下所示，计算其配料量。

$$
\left.\begin{array}{l}
0.150\ K_2O \\
0.288\ Na_2O \\
0.375\ CaO \\
0.187\ PbO
\end{array}\right\} \cdot 0.150\ Al_2O_3 \cdot \left\{\begin{array}{l}
2.150\ SiO_2 \\
0.614\ B_2O_3
\end{array}\right.
$$

【解】　①计算原料的引入量，见表 2-38。

表 2-38　各原料的引入量　　　　　单位：mol

组成	K_2O	Na_2O	CaO	PbO	Al_2O_3	B_2O_3	SiO_2
	0.150	0.288	0.375	0.187	0.150	0.614	2.150
钾长石($K_2O \cdot Al_2O_3 \cdot 6SiO_2$)0.150	0.150	—	—	—	0.150	—	0.90
余量	0	0.288	0.375	0.187	0	0.614	1.25
硼砂($Na_2O \cdot 2B_2O_3 \cdot 10H_2O$)0.288		0.288	—	—		0.576	—
余量		0	0.375	0.187		0.038	1.25
碳酸钙($CaCO_3$)0.375			0.375	—			
余量			0	0.187		0.038	1.25
Pb_3O_4 0.187×(1/3)				0.187			
余量				0		0.038	1.25
硼酸($B_2O_3 \cdot 3H_2O$)0.038						0.038	—
余量						0	1.25
石英(SiO_2)1.25							1.25
余量							0

②　由原料的引入量计算配料量，见表 2-39。

表 2-39　计算配料量

原料名称	原料的物质的量/mol	摩尔质量/(g/mol)	配料量/g	配料质量分数/%
钾长石	0.150	557	83.6	23.75
硼砂	0.288	382	110.0	31.25
碳酸钙	0.375	100	37.5	10.65
Pb_3O_4	$0.187 \times (1/3)$	658.6	41.1	11.68
石英	1.250	60.1	75.1	21.34
硼酸	2×0.038	62	4.7	1.34

2.3.9.4　熔块釉配方计算

熔块釉分为全熔块釉（熔块一般 95% 左右）和半熔块釉（熔块含量 30%~85%），一般情况下，生料组分由黏土、氧化锌、石灰石等组成，其中黏土主要起悬浮作用；熔块和生料两者的比例可根据制品烧成温度和生产工艺确定。

由熔块的实验式和熔块釉的实验式来计算熔块釉的配方，计算方法如下所示。

【例 2-13】　已知熔块的实验式为：

$$\left.\begin{array}{l} 0.4444\ PbO \\ 0.1111\ K_2O \\ 0.2778\ Na_2O \\ 0.1667\ CaO \end{array}\right\} \cdot 0.1500\ Al_2O_3 \cdot \left\{\begin{array}{l} 1.0000\ SiO_2 \\ 0.5556\ B_2O_3 \end{array}\right.$$

要求配制的釉的实验式为：

$$\left.\begin{array}{l} 0.4000\ PbO \\ 0.1000\ K_2O \\ 0.2500\ Na_2O \\ 0.2500\ CaO \end{array}\right\} \cdot 0.2000\ Al_2O_3 \cdot \left\{\begin{array}{l} 1.0000\ SiO_2 \\ 0.5000\ B_2O_3 \end{array}\right.$$

熔块所用的原料均为工业纯，计算该熔块釉的配方。

【解】　①先计算出熔块的"摩尔质量"，见表 2-40。

表 2-40　计算熔块的摩尔质量

氧化物种类	氧化物的摩尔质量/(g/mol)	氧化物的物质的量/mol	氧化物的质量/g
PbO	223.2	0.4444	99.19
K_2O	94.2	0.1111	10.47
Na_2O	62.0	0.2778	17.22
CaO	56.1	0.1667	9.35
Al_2O_3	101.9	0.15	15.29
B_2O_3	69.6	0.5556	38.67
SiO_2	60.1	1.00	60.10
熔块的摩尔质量=250.29g/mol			

② 根据熔块实验式，进行熔块配料的计算，见表 2-41。

表 2-41　配料计算（A）

组成	PbO	K$_2$O	Na$_2$O	CaO	Al$_2$O$_3$	B$_2$O$_3$	SiO$_2$
	0.4444	0.1111	0.2778	0.1667	0.1500	0.5556	1.0000
氧化亚铅(PbO)0.4444	0.4444	—	—	—	—	—	—
余量	0	0.1111	0.2778	0.1667	0.1500	0.5556	1.0000
钾长石(K$_2$O·Al$_2$O$_3$·6SiO$_2$)0.1111		0.1111			0.1111		0.6666
余量		0	0.2778	0.1667	0.0389	0.5556	0.3334
硼砂(Na$_2$O·2B$_2$O$_3$·10H$_2$O)0.2778			0.2778			0.5556	
余量			0	0.1667	0.0389	0	0.3334
碳酸钙(CaCO$_3$)0.375				0.1667			
余量				0	0.0389		0.3334
高岭土(Al$_2$O$_3$·2SiO$_2$·2H$_2$O)0.0389					0.0389		0.0778
余量					0		0.2556
石英(SiO$_2$)0.2556							0.2556
余量							0

③ 计算熔块釉中的生料配料量及配料比，见表 2-42。

表 2-42　熔块釉中的生料配料量及配料比

原料种类	摩尔质量/(g/mol)	配料量/mol	配料量/g	w/%
氧化亚铅	223.2	0.4444	99.1901	32.09
钾长石	556.7	0.1111	61.8494	20.01
硼砂	381.4	0.2778	105.9529	34.28
碳酸钙	100.11	0.1667	16.6883	5.40
高岭土	258.1	0.0389	10.0401	3.25
石英	60.1	0.2556	15.3616	4.97
生料配料量=309.0824g				合计 100

④ 根据釉式对熔块釉进行配料计算，见表 2-43。

表 2-43　配料计算（B）　　　　　　　　　单位：mol

组成	K_2O	Na_2O	CaO	PbO	B_2O_3	Al_2O_3	SiO_2
	0.10	0.25	0.25	0.40	0.50	0.20	1.50
熔块 0.90	0.10	0.25	0.15	0.40	0.50	0.135	0.90
余量	0	0	0.10	0	0	0.065	0.60
碳酸钙 0.10			0.10			—	—
余量			0			0.065	0.60
高岭土 0.065						0.065	0.13
余量						0	0.47
石英 0.47							0.47
余量							0

注：在配制熔块釉时，根据釉烧成温度的不同，一般引入 0.85～0.95mol 的熔块（此例引入 0.9mol），其余不足部分由生料引入。

⑤ 计算熔块釉的配料量及配方，见表 2-44。

表 2-44　熔块釉的配料量及配方

原料种类	摩尔质量/(g/mol)	原料量/mol	配料量/g	质量分数/%
熔块	250.29	0.90	225.26	80.36
碳酸钙	100.1	0.10	10.01	3.57
高岭土	258.1	0.065	16.78	5.99
石英	60.1	0.47	28.25	10.08
总配料量=280.30g				合计 100

熔块釉与生料釉比较如下。

① 熔块釉中的原料部分或大部分需制成熔块；

② 生料釉中不用的可溶性原料，可用于熔块釉中制成不溶于水的熔块，减少了有害物质的溶析；

③ 熔块釉成熟温度范围广，适应性强；

④ 熔块釉与同成分的生料釉相比更易熔，因此熔块是降低熔融温度而不改成分的有效方法。

2.3.9.5　熔块釉料制备流程

(1) 熔块制备工艺及主要设备

原料预处理→原料检验→原料储备→配方称量→混合→过筛除铁→混合物储存→熔化→水淬→干燥→检验→包装

熔块炉的种类归纳起来有四种，如下所示。

① 间歇式熔块炉（即坩埚炉的一种），此种炉现已被淘汰。

② 连续式熔块炉（即锥形坩埚下部带流出孔），这种炉很多工厂还在应用，这种炉为上部加料经过预热、氧化分解、熔融、化合后从下部孔流入池内。由于粉料从上部加入，熔融体从下部流出，预热、氧化分解、熔融化合是理想的，但往往由于煤质不好，温度达不到要求，熔化不完全，出现夹生料影响熔块质量。再加上坩埚使用寿命短，给生产带来一定的困难。

③ 回转式熔块炉，实际上也是一种间歇式炉。粉料一次加入，炉体进行回转运动并进行加热，待粉料熔融好之后再放入水池内，如此循环进行生产；回转炉由于是间歇作业，从加料到熔化好，自然就形成了由低温到高温的过程，对氧化分解、熔融是有利的，但由于熔融时间长，低熔物质的挥发是不可避免的，另外能源消耗高，加料时粉尘也不好控制。

④ 池形熔块炉，加料方式分为间歇加料或连续加料，火焰运动方式分为直火焰和返火焰两种，熔好的熔块连续流出。池形炉应用较为普遍，由于它的容积小，粉料熔融过于激烈对氧化分解不利。有些粉料还未达到熔融状态时就随着熔体流出，而造成熔化不完全，这种池炉除能源消耗高外，低熔物质的挥发也比较严重，这种挥发物随着烟气带入烟道内造成堵塞，给检修带来一定的困难。

该熔块炉的选取主要取决于工厂的生产规模、燃料的种类，无论应用哪种形式的熔块炉，最重要的是生产出熔化均匀无夹生颗粒、少气泡呈透明状的玻璃熔块。

(2) 熔块的生产与工艺控制

为了保证熔块质量，在工艺上必须注意以下几点。

① 原料的粒度不宜过大，过大对熔化不利。石英、长石的粒度应小于 0.5mm，或者更细些，达到 0.01mm 最为理想，因为锆英石的粒度越小对提高釉面白度和乳浊度越有利，所以其细度指标应严格控制。

② 混料也是工艺上很重要的环节，多种粉料配合在一起，如果混料不均匀就会影响质量，混料设备多采用混砂机，这种混砂可起到压碎与混合的双重作用。

③ 制熔块，应使氧化分解过程越充分越好，化合阶段各种硅酸盐的形成越完善越好，这样就能获得质量好的熔块。但是在实际生产中熔块的质量往往与熔块炉的结构、燃料种类、温度高低、火焰气氛及操作方法有着密切的关系。

④ 熔融温度的高低直接关系釉的黏度、始熔温度及釉的烧成范围。由于熔块炉的容积小，温度波动大，容易造成熔块质量的不稳定，因此控制熔块熔融温度是不能忽视的。不同的熔块组成有不同的熔融温度，一般波动在 1250～1350℃ 之间，熔融温度的确定主要依据釉面质量，无论应用何种窑炉釉烧，都希望用烧成范围宽的釉料，以适应窑炉上、下温差与烧成过程中的温度波动，特别是马弗式隧道窑是依靠马弗板的传热来烧成的，其上、下温差就高达 40～60℃，烧成范围窄的釉料是不适应的，因此釉烧范围应大于 60℃。熔块的熔融温度与釉的黏度关系极为密切，当熔块的熔融温度为 1420℃ 时，其釉的流动长度为 43mm，温度降至 1320℃ 时，流动长度达到 67mm。这就证明：温度高，黏度大；温度低，黏度小。同样始熔温度也随着熔块熔融温度变化，当熔块温度 1260℃，始熔温度为 915℃，温度提高到 1280℃ 时，始熔温度为 945℃。黏度过大的釉，釉的烧成范围会变窄。釉面易出现无光、针孔、波纹等缺陷。熔块温度高釉黏度大，主要是由低熔点物质挥发过多而改变了原来熔块组成所致。根据这一特点，提高或降低熔块温度即可改变釉的黏度。如釉的烧成范围窄，不适应窑炉上、下温差时，可适当降低熔块温度，需要提高釉的始熔温度时，提高熔块温度就

可实现。当然不能无原则地提高或降低温度，应以保证熔块质量为前提。

为保证熔块质量，在操作上必须做到定时、定量加料，按规定时间验定和记录温度。火焰气氛对熔块质量也有一定影响，应采用氧化焰烧成，而不应用还原焰烧成，炉内、池内正压不宜过大，防止金属氧化物还原而影响质量。

实际生产过程的工艺流程会因不同的熔块品种有所不同，大多数工厂已不再进行原料预处理，而直接购入合适的粉料。随着使用生产设备不同，上述流程可以是机械化，也可以是半机械化作业。

全机械化生产流程，是将各个工序通过辅助设备连贯成作业线。首先将散装或袋装原料解包后卸入粉料槽内，用压缩空气输送系统分别送至储料罐，每个储料罐的下端配有电子秤和皮带输送机，由电脑操作系统控制，当输入配方数据和指令后，系统可自选完成一个批量的配料。配好的料由螺旋输送槽送至带式搅拌机混合完成后以同样方式或料罐车送至炉前储料罐。储料罐下端与池炉的水冷式螺旋喂料机连接，以连续或间歇形式将混合粉料送入炉内。熔化好的熔体流入水池水淬，由斗式提升机收集湿熔块，通过皮带机送至转筒干燥，采用自动包装机包装。

熔块熔体除采用水冷外，也有为适应特别需要而采用风冷的。将熔体直接流入带水冷内套的双筒轧辊中，熔体在急冷中被轧成薄片，经简易粗碎成小片状后，进一步在振动输送带上风冷，然后包装。采用全机械化作业流程效率高、方便、质量高，但投资较大。

半机械化作业流程是靠人工连接各工序，或部分工序由人工作业。其特点是投资小，规模大小可灵活设置，但要加强质控管理。熔块制备的工艺及主要设备见表 2-45。

表 2-45　制备熔块的主要工序及设备

工序	主要设备
原料预处理	振动磨、搅拌磨、气流磨、雷蒙磨
原料储备	粉料罐、袋装料仓、压缩空气输送管、螺旋输送槽
配方称量	电子自动配料系统、磅秤
混合	带式搅拌机、板式搅拌机
过筛除铁	振动筛、干式永磁(电磁)吸铁器
混合料储存	粉料罐
熔化	坩埚窑、回转窑、电窑、池窑
水淬	水淬水池、轧片机风冷系统
干燥	自然晾干、转筒式干燥机
检验	各种仪器
包装	自动包装机、机械包装机

将制备好的熔块与适量的生料混合配制，其工艺流程与生料釉相近。

2.3.10　特种釉料的制备

除了上述的生料釉和熔块釉之外，还有颜色釉和结晶釉等统称为特种釉料。乳浊釉和无光釉则纳入熔块釉，它们的釉料制备工艺基本上是相同的。而颜色釉和结晶釉的釉料制备则有特殊之处，故另划归一类。如铬绿釉的制备：

色基的制备为三氧化二铬、三氧化二铝、硼砂称量配料→混合→装钵→煅烧→粉碎→酸洗→水洗→研磨→过筛→烘干→色基

颜色釉的制备为基础釉＋色基→湿式球磨→颜色釉→储存备用

2.3.10.1 颜色釉的制备

颜色釉的色彩丰富，品种繁多。有的颜色釉特别是古瓷颜色釉又具有地方特色。各种颜色釉的工艺不完全相同。目前的陶瓷工业生产中，颜色釉基本都是在基础釉中添加一定的色料组成的。所以，从生产工艺流程来看，与一般普通釉料的生产工艺流程没有多大区别，为了能获得预想的色彩，要考虑的主要是选择基础釉料、着色原料及配釉、施釉、装烧等几个环节。另外，坯体原料对呈色也有一定或重大影响，某些色釉是不宜用于色坯，或达不到理想的色调。如景德镇的影青釉坯泥色白、质细致密，才会烧成青白莹润、透明如镜的呈色效果。

除根据色调的效果选择坯泥的组成外，还要根据色釉的施釉厚度来考虑坯胎的厚度。如乌金釉、铜红釉及其花釉，釉层都较厚，釉层产生的张应力也较大。因此，坯胎要厚。一般中型产品坯胎厚度约4mm，厚胎一则可避免釉层产生的张应力使坯胎张裂，二则可吸取较多因釉料带入的水分，而不致使坯体软瘫变形。如釉层要求过厚，坯体又不能制得太厚时，则可以先将坯体素烧一次，使其获得一定强度后再施釉。

(1) 配釉

配釉是色釉制造工艺中的关键工序。配釉前，应对所用坯泥的组成、耐火度等性能所了解，以使坯、釉匹配良好。

1) 配釉注意事项，主要有以下几点。

① 掌握色料在所用基础釉中的性能是否降低或提高釉的烧成温度，以便即时调整基础釉组成。

② 对于高温黏度小、流动性大的透明釉可用着色金属氧化物或色料着色；高温黏度大的釉，如乳浊色釉、无光色釉等，宜选用着色金属的盐类，如碳酸盐、磷酸盐、硫酸盐熔块或色料来着色。

③ 要求着色均匀，釉面平滑细腻，着色原料必须细度较高，必要时难熔的着色料应制成易熔的熔块。如要求制得斑点釉或某些特殊肌理，着色原料就可以较粗些，直接引入基础釉中。

④ 必须掌握基础釉组分对色料呈色的影响和适应性，以基础釉的组成来确定色料种类及其用量。

⑤ 掌握某些辅助原料的功能。辅助原料不参与着色，但能使釉色呈色的效果更好、釉面质量更高。

2) 色釉配制方式，根据所用着色原料分为四种主要形式。

① 基础釉料添加天然矿物着色原料。这种方法具有地方特色，便于就地取材，成本低廉，如紫金土、特种黄土、铁矿石、钴矿石等。

② 基础釉料添加化工着色原料。发色力强、着色稳定性好、不溶解于水中的化工原料可根据使用要求直接引入釉中烧成着色。但多数情况是，着色原料高温下都有一定的挥发性，有时会受烧成温度影响呈色不稳定，或呈色不均匀，因此不宜直接引入基础釉。

③ 基础釉料添加色料。质量要求较高的品种均以此法生产。这种方法呈色稳定，便于

生产配套产品和配置若干中间色彩，操作简便，但色料须预先制备好。

④ 基础釉加色料及助色原料。助色原料本身产生色，但能使色釉呈色效果更好。

对于复色及某些过渡色色釉，可根据三原色方法引入不同色剂实现，如铬锡红与钴铝蓝混合使用产生紫色，但有些色料则不符合三原色规律，而且不能同时使用，否则会使色剂受到破坏显色不良或失色。

（2）球磨

球磨对颜色釉也会产生一定影响，有些色料不能直接与基础釉混磨，需先球磨基础釉达到一定的细度后，再加着色原料的粉料，如夜光釉色料、镉硒红色料等。因为有的色料研磨过细时，呈色效果降低，或易在水中氧化分解等。

一般情况下，料、球、水之比为 $1:1.5:0.8$，黏土较多的釉料可加大水量至1，容易沉淀分层的釉浆，在出磨前1h左右，应适当添加悬浮剂。出磨前要测定细度，出磨时要过筛。

（3）釉浆的性能

① 釉浆细度。釉浆的细度是衡量釉浆质量的一个重要指标参数。细度对釉面质量有很大影响。太细虽可使着色料分散均匀，呈色均匀，但由于表面张力大，容易产生釉层干燥开裂和烧后缩釉。太粗会提高熔融温度，影响釉面光泽度，或呈色不均匀。

釉浆的细度根据色釉的性质及施釉方法而不同，一般规则是：

单色釉、无光釉宜细些；裂纹釉、花釉的面釉宜粗些；用喷釉、浸釉法施釉时，釉料宜细度大，涂釉法施釉宜细度小。

釉浆细度常以万孔筛余法表示。几种釉浆细度范围如下。

单色釉釉浆细度范围为万孔筛余0.2%～0.05%；

无光釉釉浆细度范围为万孔筛余0.1%～0.05%；

裂纹釉釉浆细度范围为万孔筛余0.1%～0.05%；

花釉面釉釉浆细度范围为万孔筛余3.7%～0.5%。

以上仅为一般性规则，生产中还应根据不同瓷种、不同产品、不同的施釉方式，通过实验来确定。

② 釉浆浓度。釉浆浓度是保证釉层厚薄均匀的前提，釉浆浓度亦依坯胎种类、色釉品种和施釉方法来决定。

素烧胎、厚胎用釉浆，浓度宜高；生坯用釉浆，浓度宜低。

施釉要求厚的，釉浆浓度宜高；浸釉法、喷釉法施釉时，釉浆浓度宜较低；刷釉、涂釉时浓度宜较高；高温黏度大的釉，釉浆浓度宜较低。

釉浆浓度一般用波美度或相对密度来衡量。

③ 釉浆的稳定性。一般情况下，希望釉浆有较高的浓度。同时也必须有一定的流动性，这样不仅可以在薄体、生坯上施敷较厚的釉层，防止坯体吸入较高的水分，而且可以提高生产效率。除此之外，釉浆还必须有一定的稳定性，不易分层、沉淀等。一般生料釉稳定性较熔块釉高。解决上述问题的方法是选择合适的添加剂，如减水剂、悬浮剂等。常用的添加剂有水玻璃（Na_2SiO_2）、纯碱（Na_2CO_3）、CMC及某些高分子聚合物等。

（4）施釉

颜色釉亦采用常用的基本施釉方法：浸釉法、烧釉法、淋釉法、喷釉法、刷釉法、荡釉法等。不同的是，一般颜色釉施釉厚度较大，以获得色彩莹润均匀、饱和度高、遮盖力强的釉面效果。有时为了达到一定釉层厚度，往往采用反复多次施釉或浸、喷、涂相结合的方法施釉。

（5）烧成

颜色釉烧成应注意如下方面。

① 防止着色成分的挥发，污染其他制品的釉色，不要把不同性质的色釉坯胎混装一匣。如铜红釉与黄釉、铜绿釉与乳白釉、锌釉与铬绿釉等，不能混装。

② 根据坯和釉的组成，确定烧成温度、冷却速度。如有挥发组分的，烧成温度不要过高，且宜快烧快冷。如含有结晶倾向的组分时，更宜快烧快冷。对大件、厚胎坯色釉制品，必须缓慢升温和缓慢冷却，以防炸裂。

③ 根据着色剂来确定气氛。表 2-46 列出了着色剂与烧成气氛的关系。

表 2-46　金属氧化物在釉中显色与气氛的关系

金属氧化物	氧化气氛烧成的颜色	还原气氛烧成的颜色	金属氧化物	氧化气氛烧成的颜色	还原气氛烧成的颜色
铁	琥珀色	灰绿色	锰	紫褐色	紫褐色
	铁锈色	紫褐色	铬	绿色(与锡共存时，显桃红色)	黄色、绿色
	红色	紫黑色	镍	灰绿色	灰绿色
	黑色	黑色	铀	红色、黄色、橙色	黑色、黑蓝色
铜	铅釉中显浅绿色	红色	钒	黄色(有锡时)	黑色
	绿色	红色	钛	铅釉中显黄色，含锌釉中呈亮黄色	黑蓝色、黄色
	碱釉中显蓝绿色，釉厚呈黑色	紫色	铋	黄色	蓝黑色
钴	蓝色	蓝色			

2.3.10.2　花釉的制备

花釉的制备方式有：窑变花釉法、复层釉法、单层釉法、不均混釉法、黏贴法等。也有学者以釉面有花纹而将结晶釉也归入花釉的范围。由于结晶釉的特殊成因，范围也广，应自成体系。窑变的产生，有时可能是上述因素之一形成，有时可能是综合作用的结果。特别是生料釉和直接引入着色元素呈色的色釉组成中挥发成分大，呈色稳定性差；窑炉温差大特别是烧成温度过高时，会使釉中着色元素及某些其他组分产生复杂的物理化学变化形成窑变；复层施釉，由于随着温度、气氛等变化，底、面釉间发生反应的概率程度和形式也变化，因此窑变的可能性很大且较为复杂。在今天的低温快速烧成釉中，着色元素以成品色料引入，窑炉温度气氛均较稳定，产生窑变的可能性很小，因此，花釉多以复层釉法获得，流传至今的仿钧花釉亦不例外。

（1）窑变花釉法

窑变花釉由于烧窑所致。早期的制釉原料多以天然矿物为着色元素，也是直接原料引入法，加之窑炉结构的原因，温差、气氛变化较大，因而，不仅颜色釉色调变化范围大，稳定性、重复性差，而且会产生意想不到的釉面斑纹效果。古人因不知原因而惧怕，竟以"物反常而为妖窑户亟碎之"，或是"多毁藏不传"。随后，在人们认识到其艺术价值后，又转而仿制窑变花釉，其中以钧红花釉为代表。清代景德镇已能把这种幻化而成的窑变变成有规律可循的技术。直至今天，钧花釉依然珍贵无比。

一般来说，可能产生窑变的条件有以下几点。

① 色釉中着色元素存在多种呈色能力；

② 釉中存在微量的其他着色元素；

③ 基础釉中存在可能促使釉层不均匀分布的成分；

④ 烧成温度较高、时间长，窑内温差大、气氛稳定性差；

⑤ 原料纯度低，组成复杂，特别是复层釉，底、面釉之间有反应等。

几例传统窑变花釉介绍如下。

① 钧红花釉以钧红作底釉，在其上滴涂一层较薄的含铁、锰、钴的面釉，面釉较底釉熔融温度低，还原焰烧成后在红色底釉上呈现蓝白交错的丝状花纹。

配方示例如下。

底釉（质量份）：玻璃粉 35.6、长石 13.4，陈湾釉果 28.0，寒水石（方解石）2.4，釉灰 13.4，石英 4.4，氧化铜 0.5，氯化亚锡 2.4。

面釉（质量份）：铅晶粒（类高铅熔块）28.9，烧料（低温玻璃）5.8，窑渣（柴窑壁结熔渣）65.0，食盐 0.3。

② 宋钧花釉以白釉为底釉，在其上施色釉面釉烧成后形成青、红、蓝交错的兔毛丝状花纹，以蓝色为基调。

配方示例如下。

底釉（质量份）：三宝蓬釉果 86.6，二灰 13.4。

面釉（质量份）：铅晶粒 24.5，窑渣 24.5，玻璃粉 20.0，南港瓷石 17.0，烧料 7.7，二灰 3.0，花乳石（白云石）2.7，氧化铜 0.8。

③ 钧红钛花釉以钧红釉为底釉，钛釉为面釉烧成，主要呈现蓝白交错融合间或有青、红、黑、黄等色纹的花釉。

底釉可采用与①相同或接近的形式，面釉配方示例如下。

面釉配方（质量份）：二氧化钛 14.9，绿玻璃 42.2，花乳石 14.3，铅晶粒 28.6。

（2）复层釉法

它是花釉生产中最基本的常用方法，工艺容易实现，不浪费釉料，可获得各种纹理形式。复层的方式可以是点涂、喷洒、浸、甩、沥等。现分类介绍如下。

① 点涂法是根据需要人为地在产品表面的不同部位，点涂上不同的釉色，从而形成一定的色彩组合。该方法可在特定范围的釉面上形成尽可能复杂的色彩对比，装饰范围宽，能恰到好处地体现人的主观设想。所用的釉为一般的各种单色釉，彼此的高温物理性能（高温黏度、熔点）不应相差太大，否则会破坏预期的装饰构思。点涂法形成的花釉用于美陶及陶艺作品的制作中。

② 喷彩法以喷釉的方式在底釉上局部或整体喷彩，可广泛而大量使用，易于实现工业化生产，喷彩的特点是装饰效果均匀，易于调控。不污染或较少浪费釉料。某些花釉装饰效果也只有喷彩法才能实现或更理想，如整体的雪花斑、珍珠斑、雾斑等。

喷彩法也可用于色粒斑装饰，其方法是喷洒多层色釉，每层有意喷成粒状，烧成后可根据需要选择磨平或抛光，使色斑效果丰富多彩。

③ 在底釉上用甩、沥、浇、泼等方式涂施面釉，形成条纹、斑纹等。

面釉可采用施釉方法中的各种形式，或浸或喷或甩、沥、浇、泼等，具体采用何种方式涂施，取决于釉料性能、装饰效果要求、生产量大小等因素。可采用单一方法，也可多种方法同时使用。复层的底、面釉，可上层低温、下层高温或上层高温、下层低温。前种复层方式易实现纹、条纹、丝纹釉纹理，后种方式易实现网纹、斑纹、珍珠纹、雪花或冰花纹釉纹饰。同种釉仅是色剂不同，也常用来复层，釉面因施敷方式不同而纹理不同。除此之外，依据底面釉表面张力、热膨胀系数的差异，形成特殊的肌理效果。

复层法形成的花釉其效果往往取决于两种釉本身的组成、施釉方法、釉层厚度及造型、烧成制度等。普通的情况是底面釉的熔点不应相差太大，否则不能形成理想的花纹效果。底釉中的高温挥发物多些为佳，利于高温中使底、面釉间发生物理反应。故底釉往往用一般的土釉。面釉应具乳浊性，常用的乳浊剂是 SnO_2、ZrO_2、TiO_2 及各种乳浊色剂。其中 TiO_2 作乳浊剂时形成的花釉色彩变化更丰富，因为能与底釉中的 Fe_2O_3 作用而以各种化合价存在于釉中，从而形成白、红、蓝各种色调。复层法形成的花釉，釉色色彩变化莫测，往往会出现人们所意想不到的特殊效果。部分复层花釉示例见表 2-47 所列。

表 2-47　部分复层花釉示例

名称	组成		工艺条件	釉面效果
	底釉/%	面釉/%		
釉里纹釉	长石 52，石英 33，碱石 15，外加棕色料 8	长石 49，石英 25，碱石 10，石灰石 16，外加铬锡红色料 9	底釉厚 0.6～0.5mm，喷面釉 0.2～0.3mm。1300℃左右氧化焰烧成	黄棕色斑纹
彩云釉	基础釉同上，外加蛋青色料 4	基础釉同上，外加天青色料 2，翠绿色料 4	底釉厚 0.6～0.5mm，喷面釉 0.2～0.3mm。1300℃左右氧化焰烧成	色彩浓淡分明，如彩云
釉里纹釉	第一层底釉为白釉，第二层面釉为棕釉		三层施釉法，中层釉较面釉厚 2 倍多，易干燥裂损，且高温黏度大。高温下面釉流入底釉裂纹中并填平	鹤绒花网纹，以此法改变釉中色料，可获得各式纹理效果
冰花釉	长石 30，石英 50，石灰石 4，苏州土 13，氧化锌 3		高白度釉，可仅施单层。釉料细度大，喷施厚度 1.5～2mm，烧成以釉半熔融为好	形如雪花，无定形点点凸起，晶莹玉润

(3) 单层釉法

在釉料配方中有意引入能中、低温挥发产生釉泡，高温熔平的成分，或能产生液液分相的成分，形成色料或基础釉组分不均匀分布而引发颜色的不均匀分布产生花釉效果。

配方示例（质量份）：霞石正长岩 35，白云石 12，白垩粉 8，氧化锌 5，瓷土 24，石英 16，氧化镍 3。烧成温度 1200～1250℃，还原焰下呈淡绿色白斑点效果，氧化焰下是褐绿色条纹状。

(4) 不均混釉法

它有混浆法和粒釉法两种形式。

① 混浆法或称搅法，是把不同颜色的釉浆不均匀混合，在搅混过程中或浸或沥或浇施敷，形成各式各样的纹理效果，有的如行云流水，有的如泼墨丹青，别有韵味。某些大理石纹采用此类方法。但此法重复性差，在艺术瓷生产中采用，且剩余釉料常被污染。如果以不同的分散介质处理釉浆，如一种釉浆是亲水性的，一种为憎水性的，两者不易相混溶，可克服上述缺陷。

② 粒釉法有干法粒釉法和湿法粒釉法。干法即是面砖生产中常用的干粒釉工艺。

湿法粒釉法，一是将釉粉以憎水性物质处理造粒，后混入球磨好的釉浆中施釉。二是将普通方法生产的粒釉洒于刚施敷的湿釉面上，并经压平或打磨处理后烧成。三是以釉粉造粒，并将其低温预烧，以似熔非熔的形式混入釉浆中使用。不同色泽的釉粒与基釉的色调差造成"色对比"。釉粒的粒度可大可小、熔点可高可低。既可在一种基釉中加入同种色调及粒度，也可将不同色釉粒混合使用。一般来讲，斑点剂熔点接近于基釉时，斑点剂粒度可大些，这样易在釉面形成平滑的过渡区；如斑点剂粒度较小，但熔点高于基釉时，可得到分界明显的色组合；而当斑点剂的粒度尺寸大于基釉层厚度，且熔点又远高于基釉时，则导致釉面产生不平滑的缺陷。

(5) 黏贴法

将料先压制成一定图纹形状的薄片，然后用胶溶液将釉片黏贴到坯胎的一定部位。釉料薄片的连接料可以是油性胶状料，也可以是水性胶状料，还可以是热固性连接料。如果坯胎形状是曲面状，则釉料薄片应是软性或塑性的，才可黏贴到坯胎上去。如果坯胎是平面状，则釉料薄片可以是固化状态黏贴。平面状制品所用釉料薄片除上述外，还可以预制成熔块釉片再黏贴上去。这种方法也可在同一器件上黏贴几种不同的颜色釉块，形成所需图纹。

📝 思考题

1. 配一混合料100kg，本应具有如下配比：球黏土43%，黏土27%，石英16%，长石14%。但配料者因粗心，配比如下：球黏土27%，黏土43%，石英16%，长石14%。试问此混合料应如何改正？改正后最少的泥浆混合料量可能为多少千克？

2. 某实验室有三袋矿物原料，分别是叶蜡石、滑石、高岭石，因标签失落，一时无法区别，现通过试验制的各袋粉料结晶水的排除温度分别为

A袋　500℃左右　　　　　B袋　700℃左右　　　　　C袋　950℃左右

试判别A、B、C袋分别是什么矿物？

3. 今测得100mL泥浆重为150g，泥浆中干物质的相对密度为2.67。试求泥浆中含干物质的重量和泥浆的相对水分？

4. 试说明可以从哪几个方面来提高球磨机的球磨效率。

5. 影响坯釉适应性的因素有哪些？各因素对坯釉适应性的具体影响有哪些？

6. 影响坯料可塑性的因素有哪些？

7. 釉层出现开裂和剥落的主要原因是什么？什么样的釉层才能使瓷中的机械强度最大？

8. 已知坯料的化学组成如表2-48。

表 2-48 坯料的化学组成 单位：%（质量分数）

SiO$_2$	Al$_2$O$_3$	Fe$_2$O$_3$	CaO	MgO	K$_2$O	Na$_2$O	I·L	合计
70.51	19.31	0.88	1.17	0.04	2.75	0.44	4.90	100

试计算坯式？

（附原子量：Si＝28.1；Al＝27；O＝16；K＝39；Mg＝24.3；Ca＝40.1；Na＝23；Fe＝55.8）

9. 根据下列釉式判断其釉料的制作方法是什么，并说明理由，指出各可以用哪些原料来配置。

1# 釉 $\left.\begin{array}{l} 0.185\ K_2O \\ 1.151\ Na_2O \\ 0.548\ CaO \\ 0.116\ MgO \end{array}\right\} \cdot \left.\begin{array}{l} 0.664\ Al_2O_3 \\ 0.034\ Fe_2O_3 \end{array}\right\} \cdot 6.488\ SiO_2$

2# 釉 $\left.\begin{array}{l} 0.100\ K_2O \\ 0.250\ Na_2O \\ 0.250\ CaO \\ 0.400\ PbO \end{array}\right\} \cdot 0.200\ Al_2O_3 \cdot \left\{\begin{array}{l} 1.500\ SiO_2 \\ 0.500\ B_2O_3 \end{array}\right.$

10. 已知釉的化学组成如表 2-49。

表 2-49 釉的化学组成 单位：%（质量分数）

SiO$_2$	Al$_2$O$_3$	Fe$_2$O$_3$	CaO	MgO	K$_2$O	Na$_2$O
66.50	11.62	—	10.12	2.42	7.24	2.20

试计算釉式，并判断此釉的合理性如何。

（附原子量：Si＝28.1；Al＝27；O＝16；K＝39；Mg＝24.3；Ca＝40.1；Na＝23；Fe＝55.8）

11. 用理论的高岭石、钾长石、石英、方解石配制的釉料，其釉式为

$\left.\begin{array}{l} 0.3\ K_2O \\ 0.7\ CaO \end{array}\right\} \cdot 0.50\ Al_2O_3 \cdot 4.0\ SiO_2$

试计算高岭石、钾长石、石英、方解石原料用量的百分比，并根据酸度系数判断属于哪种类型釉？原料化学组成如表 2-50。

表 2-50 原料化学组成 单位:%（质量分数）

原料	SiO$_2$	Al$_2$O$_3$	CaO	CO$_2$	K$_2$O	烧失量
高岭石	46.57	39.48	—	—	—	13.95
钾长石	64.71	18.30	—	—	16.92	—
石英	100	—	—	—	—	—
方解石	—	—	56	44	—	—

12. 某釉的矿物组成为 0.3mol 长石，0.3mol 高岭石，2.1mol 石英，0.7mol 石灰石，求该釉的配方（%，用配料量表示），并根据釉式判断属于何种类型釉？

13. 试求下列釉式的熔块及釉料的配方。

釉式

$$
\left.\begin{array}{l}
0.120\ K_2O \\
0.230\ Na_2O \\
0.300\ CaO \\
0.350\ PbO
\end{array}\right\} \cdot 0.240\ Al_2O_3 \cdot
\left\{\begin{array}{l}
2.550\ SiO_2 \\
0.490\ B_2O_3
\end{array}\right.
$$

熔块实验式

$$
\left.\begin{array}{l}
0.150\ K_2O \\
0.288\ Na_2O \\
0.375\ CaO \\
0.187\ PbO
\end{array}\right\} \cdot 0.150\ Al_2O_3 \cdot
\left\{\begin{array}{l}
2.150\ SiO_2 \\
0.614\ B_2O_3
\end{array}\right.
$$

（提示：根据熔块配制原则，含硼及水溶性原料均配入熔块中，先用硼砂引入部分 B_2O_3，不足之量用硼酸引入，Na_2O 由硼砂引入，K_2O 由长石引入，部分 PbO 以铅白形式引入釉料中，以保证釉浆的悬浮性能。先计算熔块的实验式及配料量，然后再计算熔块釉式及配料量。）

14. 某一注浆坯体脱模后的坯体长度为 30.5cm，烘干后的坯体长度为 27.8cm，烧成后成品的长度为 26.3cm，试求该坯料的干燥线收缩率、烧成线收缩率、总线收缩率。

15. 某工厂生产直径 9in（1in＝25.4mm）的盘子，坯体干燥线收缩率为 5%，烧成线收缩率为 10.82%，试求该坯体干燥后的尺寸和成型尺寸各为多少厘米？其总线收缩率为多少？

16. 某工厂生产 300mm×300mm×9mm 的玻化砖，其干燥线收缩率为 6%，烧成线收缩率为 9%。求该地砖干燥后的尺寸和成型尺寸（长×宽×高）各为多少？总线收缩率为多少？

17. 某产品胎体的化学组成/% 如下：

SiO_2 72.76，Al_2O_3 21.55，Fe_2O_3 0.76，TiO_2 0.80，CaO 0.43，MgO 0.38，K_2O 2.72，Na_2O 0.73，合计 100.13。

试用一个经验公式估算该坯料的耐火度和烧成温度。

18. 试说明为什么低膨胀釉要选取含 Li 的矿物。

19. 某厂的坯料量如下：长石 22%，石英 13%，宽城土 65%。各种原料的化学组成如表 2-51 所示，试求该坯料的化学组成。

表 2-51　各种原料的化学组成　　　　　单位：%（质量分数）

成分	SiO₂	Al₂O₃	Fe₂O₃	CaO	MgO	K₂O	Na₂O	I·L	合计
长石	65.62	19.42	0.71	0.20	—	8.97	4.85	0.41	100.18
石英	98.54	0.72	0.27	0.37	0.25	—	—	—	100.15
宽城土	58.43	30.00	0.31	0.47	0.42	0.48	0.12	9.64	99.87

20. 某瓷坯的化学组成如表 2-52 所示，试求该瓷坯的实验式。

表 2-52 坯料的化学组成 单位：%（质量分数）

SiO_2	Al_2O_3	Fe_2O_3	CaO	MgO	K_2O	Na_2O	I·L	合计
65.23	23.89	0.40	0.40	0.30	2.28	1.15	6.36	100.01

21. 已知所用原料为：

钾长石　　钠长石　　钙长石　　高岭石　　滑石　　石英

瓷坯的坯式为：

$$\left.\begin{array}{l} 0.081\ K_2O \\ 0.081\ Na_2O \\ 0.030\ MgO \\ 0.044\ CaO \end{array}\right\} \cdot \left.\begin{array}{l} 0.993\ Al_2O_3 \\ 0.007\ Fe_2O_3 \end{array}\right| \left.\begin{array}{l} 0.007\ TiO_2 \\ 4.0167\ SiO_2 \end{array}\right.$$

试用上述原料（均为纯原料）进行配方计算（微量的 Fe_2O_3 和 SiO_2 可以认为是生产中带入的杂质）

（附原子量：Si＝28.1；Al＝27；O＝16；K＝39；Mg＝24.2；Ca＝40.1；Fe＝56）

22. 测得原料的含水率各为：瓷石 3%，黏土 7%，长石 2%，石英 0%。问配成瓷石 6 份，黏土 6 份，长石 6 份，石英 8 份的坯料 200 千克，每种原料各需多少千克？

23. 已知某瓷厂坯式为：

$$\left.\begin{array}{l} 0.218\ K_2O \\ 8.590\ MgO \\ 0.277\ CaO \end{array}\right\} \cdot Al_2O_3 \cdot 15.590\ SiO_2$$

试计算瓷坯的化学组成，判断是属于何种瓷质的日用瓷。简述生产这种日用瓷可能会遇到什么问题。

（附原子量：Si＝28.1；Al＝27；O＝16；K＝39；Mg＝24.2；Ca＝40.1）

24. 简述可塑性坯料、注浆坯料、干压坯料的质量控制。

坯料成型与模具

导读：本章主要由器形的合理设计，成型方法的分类与选择，可塑成型、注浆成型、压制成型方法和成型模具等内容所组成。通过本章学习，希望学习者能够熟练掌握器形的合理设计，成型方法的分类与选择，可塑成型、注浆成型、压制成型等方法，重点理解传统陶瓷成型模具中所用到的石膏种类对陶瓷模具的影响。

成型的任务就是将坯料加工成有一定形状和尺寸的半成品，在上章坯料的类型中我们介绍了三种主要坯料，相应地有三种成型方法：可塑成型、注浆成型和压制成型。

对已制备好的坯料，通过一定的方法或手段，迫使坯料发生形变，制成具有一定形状大小坯体的工艺过程称为成型，其中所应用的方法或手段叫作成型方法。成型对坯料的细度、含水率、可塑性、流动性等泥料指标有较高要求；成型应满足烧成所要求的生坯干燥强度、坯体致密度、生坯入窑含水率、器型规整等装烧性能。成型后的坯体还只是半成品，后面还要经历生坯干燥、上釉、装坯等多道工序操作，如人手或机械手的多次取拿，所以，足够高的生坯强度可尽可能减少生坯破损，对于提高成型工序的生产效益有着重要的意义。总之，成型的工序中需要满足的要求有：

① 生坯形状和尺寸要符合要求；

② 生坯强度必须适应后续工序的操作；

③ 坯体结构均匀，具有一定的致密度；

④ 成型过程合理、高效。

3.1 器形的合理设计

如同一切工业产品一样，陶瓷产品器形的构成也应包括功能效用、材质和工艺技术、艺术处理等三个方面。功能效用是首要的因素，即产品的使用功能或效用，它决定着器形的基本形式。材质和工艺技术是保证器形付诸现实的物质基础，是功能效用和艺术处理的先决条件。艺术处理决定着器形的形式美，表达了一定的思想感情。这三个方面之间存在着互相依存互相作用的关系，构成了不可分割的统一体。在进行器形设计之前，正确且全面地分析所要设计产品器形的此三项构成因素及其关系是非常必要的。

在分析器形的功能效用时，首先要明确产品的功能是要通过人的使用来实现的。所以，设计师首先应知道人们用其来做什么用的，还需要明白将是什么人使用的，甚至是怎么样使用的。既要"见物",也要"见人",要与使用者的生活方式、生活水平、使用要求和习惯等多方面联系起来。这就是现代工业产品设计中常提出的"人体工程学"(或"人机工学")的基本问题。例如,设计饮水器的器形,现常用的有壶、杯、碗等类型,历史上还有罐、瓢等类型。具体选用何种形式,则要考虑上述方面。

在分析器形的材质和工艺技术时,首先要注意器形的基本结构是否符合生产工艺的要求,如何使用材质和工艺技术进行制作;还应注意到,经过工艺加工后的艺术效果是否充分发挥了材质的特点,以及所采用的工艺加工技术是否恰当。特别应注意的是,器形的转折部位避免存在半径过小的曲率变化和过大的应力集中,同时还应避免产品的部件重心和产品整体重心偏离太远。因为成型后的陶瓷坯体还要经历干燥和烧成等过程的加工,坯体的每一个平面(或曲面)都是向其中心(或重心)收缩而致密,那么在面与面之间的转折处曲率变化过快时,就很容易出现应力集中而导致开裂;如果坯体某一部分的重心偏离其整体重心太远时,在干燥和烧成时的致密化过程中,该部分就会进一步偏离整体而变形或开裂。

在分析器形的艺术效果时,不能孤立地只谈形式规律的运用,而要弄清楚功能效用的要求,考虑如何充分利用工艺技术的成就,发挥材质的特点,以造成一定的艺术效果。器形的形式美不是孤立存在的,而是从属于功能效用并通过材质和工艺技术表现出来。

总之,"实用、可加工、经济和美观"是陶瓷器形设计的基本原则。陶瓷制品的器形及其尺寸比例,是随着人们生产方式、生活方式和生活习惯而变化的。陶瓷器形设计时,如何能够充分满足设计原则,这既需要人体工程学、美学的知识,也需要扎实的陶瓷工艺学知识。

3.2 成型方法的分类与选择

用户对陶瓷制品的性能和质量要求各异,形状、大小、厚薄等的不一,因此,造就陶瓷制品形体的手段是多种的,即成型方法是多种的。陶瓷制品的成型方法可以按坯料含水量、成型压力的施加方式等多种途径进行分类。目前以根据坯料含水量(或含调和剂量)进行分类最为常见,其主要分类为:

可塑成型法,坯料含水量≤26%;

注浆成型法,坯料含水量≤38%;

压制成型法,坯料含水量≤3%。

可塑成型既是最古老的成型方法,也是形式变化最多的成型方法。它包括无需用模具的拉坯法和雕塑法,采用滚头(或型刀)与石膏模的滚压法和旋压法,使用钢模(或型头)的挤压法(或挤出法),使用各式样板刀的车坯法,等等。

注浆成型可进一步分为冷法和热法,热法即热压注浆法,使用钢模;冷法又分常压注浆、加压注浆及抽真空法注浆,使用石膏模或多孔模。

压制成型按压力施加形式,可进一步划分为干压法和等静压法。干压法是机械力作用在钢模后再传至坯料上,达到成型目的;等静压法是机械力通过液体介质施于软模,再均匀传至坯料上而成型。

在选择成型方法时,应根据产品的器形、产量和质量要求、坯料的性能、设备条件以及经济效益等因素全面考虑,并经试验后确定。选择依据一般如下。

① 产品的形状、大小和厚薄等。一般情况下,简单的回转体宜用可塑法中的滚压法或

旋压法；形状复杂、尺寸精度要求不高的产品或一些大件且薄壁产品可用注浆法；板状和扁平状产品，宜用压制法。

② 坯料的工艺性能。可塑性能良好的坯料宜用可塑法；可塑性能较差的坯料可选用注浆法或压制法。

③ 产品的产量和质量要求。产品的产量大时宜用可塑法或压制法，产量小时可用注浆法；产品尺寸规格要求高时用压制法，产品尺寸规格要求不高时用注浆法或手工可塑成型。

④ 成型设备易操作，操作强度小，操作条件好，并便于与前后工序联动化或自动化。

⑤ 技术指标高，经济效益好。

总之，在选择成型方法时，希望在保证产品质量的前提下，选用设备先进、生产周期最短、成本最低的一种成型方法。

在选择成型方法时，往往会难以决策。因为同一产品有时可以采用多种方法来成型，而一种成型方法有时又可以成型不同产品，还有先进的设备通常需要较高的一次性投资。此时，就只有通过生产实践来比较，以选出技术经济指标最高的成型方法。另外，在选择成型方法时，还应考虑到工人的素质和经验能否胜任所选用成型方法的操作，这往往是较为重要的。

3.3 可塑成型

3.3.1 概念及其分类

可塑成型法是利用模具或刀具等工艺装备运动所造成的压力、剪力或挤压力等外力，使可塑性坯料发生可塑性变形而制成坯体的成型方法。目前，陶瓷制品多数采用可塑成型法。可塑成型法具有所用坯料制备比较方便，对泥料加工所用外力不大，对模具强度要求也不高，操作也比较容易掌握等优点。但可塑成型法所用泥料含水量高，干燥热耗大（需要蒸发大量水分），变形、开裂等缺陷较多，可塑成型工艺对泥料要求也比较苛刻。可塑成型法分类和比较见表 3-1，表中所列可塑成型法大多已应用于传统陶瓷制造，挤压、塑压和轧膜等方法尚未普遍推广应用。

表 3-1 各种可塑成型方法比较

成型方法	主要设备	模具	成型产品种类	坯料类型及要求	坯体质量	工艺特点
拉坯	辘轳车	—	圆形制品如花瓶、坛、罐等	黏土质坯料。可塑性好，成型水分 23%～26%，水分均匀	表面不光滑，尺寸精度差，容易变形	设备简单，要求很高的操作技术，产量低，劳动强度大
滚压	滚压机	石膏模或其他多孔模具、滚头	圆形制品如盘、碗、杯、碟、小型电瓷等	黏土质坯料，阳模成型水分 20%～23%，可塑性高。阴模成型水分 21%～25%，可塑性稍低	坯体致密，表面光滑，不易变形	产量大，坯体质量好，适合于自动化生产，需要大量模具
旋压	旋压机	石膏模、型刀	圆形制品如盘、碗、杯、碟、小型电瓷等	黏土质坯料，塑性好，成型水分均匀，一般为 21%～26%	形状规范，坯体致密度和光滑性均不如滚压。坯体易变形	设备简单，操作要求高，坯体质量不如滚压

续表

成型方法	主要设备	模具	成型产品种类	坯料类型及要求	坯体质量	工艺特点
挤压	真空挤泥机、螺旋或活塞式挤坯机	金属机嘴	各种管状、棒状、断面和中孔一致的产品	黏土质坯料、瘠性坯料。要求塑性良好，经真空处理	坯体较软，易变形	产量大操作简单，坯体形状简单，可连续化生产
车坯	卧式或立式车坯机	车刀	外形复杂的圆柱状产品	坯料为挤泥机挤出的泥段。湿车水分 16%～18%，干车水分 6%～11%	干车坯体尺寸精确。湿车较差，且易变形	干车粉尘大，生产效率低，刀具磨损大，已逐渐由湿车代替
塑压	塑压成型机	石膏模或多孔陶瓷金属模	扁平或广口产品如异形盘、碟、浅口制品	黏土质坯料水分为 20%左右，具有一定可塑性	坯体致密度高，不易变形，尺寸较准确	适于成型各种异型的盘、碟类制品，自动化程度高，对模具质量要求高
注塑	柱塞式或螺旋式注塑成型机	金属模	各种形状复杂的大小制品	瘠性坯料外加热塑性树脂，要求坯料具有一定颗粒度，流动性好，在成型温度下具有良好塑性	坯体致密，尺寸精确，具有一定强度。坯体中含有大量热塑性树脂	能成型各种复杂形状制品，操作简单。脱脂时间长，金属模具造价高
轧膜	轧膜机、冲片机	金属冲模	薄片制品	瘠性料加塑化剂。具有良好的延展性和韧性。组分均匀，颗粒小、规则	表面光洁，具有一定强度，烧成收缩大	练泥与成型同时进行。产量大，边角料可回收。膜片太薄（＜0.08mm）时，容易产生厚薄不均的现象，烧成收缩较大

可塑成型一般要求可塑坯料具有较高的屈服值和较大的延伸变形量（屈服值至破裂点这一段）。较高的屈服值能保证成型时坯料具有足够的稳定性和可塑性，而延伸变形量越大则坯料越易形成各种形状而不开裂，成型性能就越好。由于坯料配方原料不同、粉碎方法不同、颗粒分布和坯料含水量不同，泥料的可塑性也不同。有的产瓷区由于原料配方关系，坯料可塑性很差，虽然采取多种措施提高了可塑性，但又伴随着其他工艺性能的恶化，因此，在生产中不能要求坯料的可塑性越高越好，只要能适应所采用的成型方法即可。

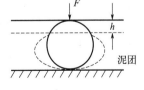

3.3.2　可塑成型工艺原理

可塑泥料是固体物质、水分和少量残留空气所构成的多相系统。当它受到外力作用而产生变形时，既不同于悬浮液的黏性流动，也不同于固体的弹性变形，而是同时含有"弹性-塑性"的流动变形过程。这种变形过程是"弹性-塑性"体所特有的力学性质，称为流变性，其塑性泥料的应力-应变如图 3-1 所示。

当可塑泥料受到的应力小于 σ_A 时，泥料呈现弹性变形，

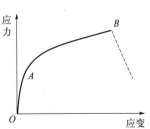

图 3-1　塑性泥料的应力-应变
F—外力；h—变形量

应力与应变几乎成正比例关系。撤除外力后，泥团能恢复原状。当应力超过 σ_A，则泥料呈现不可逆转的塑性变形，直至增大到 σ_B，泥团出现裂纹而失去塑性。通常将 σ_A 称作屈服应力或屈服值，A 点则为屈服点。σ_B 称作塑性极限应力，B 点为破裂点。破裂点所对应的变形量为泥料的延展变形量。泥料的弹性变形是由于所含瘠性物料与空气的弹性作用，以及粒子的溶剂化作用而产生的。塑性变形则由黏土本身的可塑性决定。

在成型工艺中，泥浆的流变特性决定着泥料的成型性能，二者相互依存，一般情况下，对于同一坯料，含水率低时，泥团的屈服值升高而延伸变形量减小；含水率高时，屈服值降低而泥团的最大变形量增大。两者随含水率不同而相互转化，但两者乘积变化不大。因此，可近似用屈服值和最大变形量（延伸变形量）乘积来评价泥团的成型性能。乘积值越高，泥料的成型适应能力越好。

成型时采用的工艺方法不同，对泥料屈服值的要求就不同。与刀压成型相比，滚压成型时泥料所承受的成型作用力大，因而需要较硬的泥料，即要求屈服值高，以保证泥料受压时不致黏滚头。而刀压成型的泥料屈服值要低一些，为了适应不同的可塑性成型方法，尽量使泥料具有较高的屈服值和足够的延伸变形量。在生产实践中，可通过改变泥土种类，或调整泥料配方的主黏土比例来调整泥料的流变特性参数，使屈服值与延展变形量满足各种成型工艺方法的要求。然而坯料的可塑性提高了，其他工艺性能却可能下降。因此，在实际生产中，不必要求坯料的可塑性越高越好，只要坯料能适应所采用的成型方法即可。

3.3.3 旋压成型

3.3.3.1 旋压操作

旋压成型俗称旋坯，也叫刀压成型，是陶瓷的常用成型方法之一。它是主要利用只能上下运动的样板刀和旋转运动的石膏模进行成型的一种方法，如图 3-2 所示。操作时，先将经过真空练泥的塑性泥料适量放在石膏模中，再将石膏模放置在旋转机轮的模座中，石膏模随着辘轳车上的模座转动；然后徐徐压下样板刀接触泥料。由于石膏模的旋转和样板刀的压力，使泥料均匀地分布于模型内表面，余泥则贴在样板刀上向上爬，用手将余泥清除掉。这样模型内壁和样板刀之间所构成的空隙就被泥料填满而旋制成坯体。样板刀口的形状与模型工作面的形状构成了坯体的内外表面，而样板刀口与模型工作面的距离即为坯体的厚度。旋压操作时，样板刀要拿稳，用力轻重要均匀，以防止震动跳刀和厚薄不匀，起刀不能过快，以防止内面出现印迹。投泥时一次性投足，要用力投准模型中心，其间不能加泥或重压一次，以防止坯体出现厚薄不一、夹层、气泡等缺陷。控制好脱模时间（必要时可采用日晒、风干等措施），根据产品要求，将坯体放置在定型板或托板上干燥。

样板刀所需形状随坯体而定，其刀口一般要求成 $30°\sim40°$ 角，以减小剪切阻力。同时刀口不能成锋利尖角，而是 $1\sim2mm$ 的平面。

旋压成型，根据模型工作面的形状不同，有阴模和阳模之分。阴模成型时，模型工作面决定着坯体的外表面，样板刀决定其内表面。阳模成型时，模型工作面决定坯体内表面，样板刀决定坯体外表面。旋压成型中，深凹制品如杯、碗的阴模成型居多，而旋制扁平制品盘碟时，则可采用阳模成型。

旋压成型的工艺流程为旋坯（滚压）、干燥、脱模、修坯、洗水、上釉和检验。

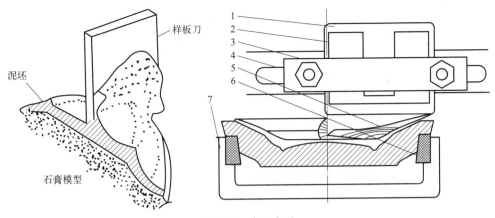

图 3-2　旋压成型

1—刀片；2—木质拍泥片；3—压板铁；4—样板刀臂；5—石膏模；6—橡胶圈；7—模托

3.3.3.2　旋压成型工艺特点与控制

(1) 对泥料的要求

旋压成型一般要求泥料水分均匀、结构一致与较好的可塑性。旋压成型由于是以"刮泥"的形式排开坯泥的，因此，它要求坯泥的屈服值相应低些，也即要求坯泥的含水量稍高些，以求排泥阻力小些。同时，"刮泥"成型时，与样板刀接触的坯体表面不光滑，这就不得不在成型赶光阶段，添加水分来赶光表面。此外，"刮泥"成型的排泥是混乱的。这些旋压的工艺特点是旋压成型制品变形率高的主要原因之一。

(2) 成型过程控制

模型转速随制品形状大小的不同而不同。深腔制品、直径小的制品，阴模旋压成型，其主轴转速可高些，反之，则其主轴转速要相应低些。主轴转速高些，有利于坯体表面的光滑度，但主轴转速过高将引起"跳刀""飞坯"以及不易操作。国内一般采用主轴转速 $230\sim400r/min$，坯泥含水量 $21\%\sim26\%$。

旋压成型时，石膏模、样板刀和模座主轴必须对准"中心"，不但在安装设备与上班检查时要注意到这一点，而且还要保证在旋压时，不因样板刀、主轴及工作台摇晃而引起偏心，否则将引起坯体壁厚不均匀、变形与开裂。旋压成型工艺的另一个特点是样板刀对坯泥的正压力小，生坯致密度差。为了提高样板刀的正压力，采取减小样板刀口的角度、增加样板刀的宽度、样板刀附加木板以及增加泥料量等措施。但是，旋压成型时样板刀对坯泥的正压力仍然是比较小的。表 3-2 是旋压成型所产生的缺陷分析。

(3) 旋压机

旋压机最初是用手控样板刀的辘轳机，这种设备由于结构简单使用方便。直到现在仍然沿用。后来又从手控发展成利用凸轮控制样板刀的半自动成型机。再后来设计双刀半自动旋压机，虽然设备效率为单刀的两倍，但劳动条件仍不理想。

椭圆形制品（例如鱼盘）过去只用注浆法成型，国外虽有椭圆制品旋压机，但结构复杂，维修困难，使用情况也不理想。国内 1972 年创造了一种结构简单而有效的椭圆形旋压机，其工效约为注浆法的 6 倍，不但效率高、成本低而且劳动条件也较注浆法好，国内各产瓷区已广泛推广应用。

表 3-2　旋压成型缺陷分析

名称	产生原因
变形	主要是下刀过猛,割边不平,练泥真空度不够,水分不均匀;成型机主轴、刀架松动;石膏模与模具不吻合,造成坯体厚薄不均干燥速度太快,强制脱模
鱼尾	样板刀和排泥木装置不当,余泥未排尽就起刀;样板刀刀口磨损后角度增大;石膏模与模具不吻合;主轴或刀架松动;凸轮磨损导致起刀时振动
花纹	主轴转速太快,泥料的可塑性较差或水分过少,石膏模太干或投泥饼过早,都易造成坯体靠模型处出现由许多小孔组成的条痕
缺脚	器型设计不合理,模型足部弧度不当,泥料可塑性差,水分过低或模型太干,泥饼投放不正,样板刀和排泥木压力过小,都会造成泥料不能压实而缺脚
夹层	样板刀提起过快,会在坯体的某部位造成一个凹坑,而第二次下刀时,泥料难以将此凹坑填平,因而形成夹层。也可能由于初次投入的泥饼不够,当旋至一定程度后再加泥,则前后泥料不能紧密结合而形成夹层
开裂	旋坯时加水过多,使坯体局部凹陷积水,干后产生开裂。旋制大型坯体时,由于样板刀上积泥太厚或样板刀振动,也会使坯体的某部位开裂

(4) 优缺点

　　旋压成型的优点是设备简单、适应性强、可以旋制深凹制品。缺点是旋压质量较差,手工操作劳动强度大,生产效率低,坯泥加工余量大,占地面积较大,而且要求有一定的操作技术。但为条件所限的陶瓷厂,仍采用旋压成型法,生产内销中、低档制品。

3.3.4　滚压成型

　　滚压成型是在旋压成型基础上发展起来的一种比较新的可塑成型法。由于滚压成型在日用陶瓷成型中具有很多优点,所以很快获得发展。国内从1965年开始试用滚压成型,到了1970年代已普遍推广应用。

3.3.4.1　滚压特点与操作方法

　　滚压与旋压不同之点是把扁平的样板刀改为回转型的滚压头。成型时,盛放泥料的模型和滚头分别绕自己轴线以一定速度同方向旋转。滚头一面旋转一面逐渐靠近盛放泥料的模型,并对坯泥进行"滚"和"压"而成型。滚压时坯泥均匀展开,受力由小到大比较缓和、均匀,破坏坯料颗粒原有排列而引起颗粒间应力的可能性较小,使坯体的组织结构均匀。其次,滚头与坯泥的接触面积较大,压力也较大,受压时间较长,坯体致密度和强度比旋压的有所提高。另外,滚压成型靠滚压头与坯体相滚动而使坯体表面光滑,无需再加水赶光。因此,滚压成型后的坯体强度大,不易变形,表面质量好,规整度一致,克服了旋压成型的基本弱点,提高了日用瓷坯的成型质量。再加上滚压成型的生产效率较高,易与上下工序组成联动生产线,改善了劳动条件等优点,使滚压成型在日用陶瓷工业中得到广泛应用。

　　滚压成型与旋压成型一样,可采用阳模滚压与阴模滚压。阳模滚压是利用滚头来决定坯体阳面(外表)形状大小,如图3-3(a)所示。它适用于成型扁平、宽口器皿和坯体内表面有花纹的产品。阴模滚压系用滚头来形成坯体的内表面,如图3-3(b)所示。它适用于成型口径较小而深凹的制品。阳模成型时,石膏模型转速(即主轴转速)不能太快,否则坯料易被甩掉，因此要求坯料水分少些，可塑性好些。带模干燥时，坯体有模型支承，脱模较困难但变形较少。阴模滚压时，主轴转速可大些，泥料水分可高些，可塑性要求可稍低，但干燥易变形，生产上常把模型扣放在托盘上进行干燥，以减少变形。阳模滚压与阴模滚压工艺特点见表 3-3。

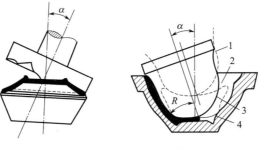

(a) 阳模滚压成型   (b) 阴模滚压成型

图 3-3 滚压成型原理

1—成型阶段的滚压头位置；2—泥饼；3—滚压头的最终位置；

4—所成型的坯体；α—倾斜角；R—1/2 滚头中心角

表 3-3 阳模滚压与阴模滚压工艺特点

阳模滚压	阴模滚压
坯体带模干燥时，模型支撑坯体，收缩时不易变形	比阳模滚压易变形（带坯倒转放置，然后脱模干燥）
主轴转速不能太快，免得坯体被甩掉	主轴转速可以快些，对泥料要求没有阳模成型那么高
要求泥料水分少些，可塑性要好（北方原料可塑性高，常用阳模成型）	
适用于生产圆、浅的制品，否则脱模会很困难	适用于深腔制品

滚头中植入电装置（电阻丝），使得滚头可以加热，将滚头加热至 110～120℃，称为热滚压。表 3-4 是热滚压与冷滚压的比较。为了防止滚头黏泥，可采用热滚压。当滚头接触湿泥料时，滚头表面生成一层蒸汽膜，可防止泥料黏滚头。滚头加热方法是采用一定型号的电阻丝盘绕在滚头腔内，通电加热。采用热滚压时，对泥料水分要求不严格，适应性较广，但要严格控制滚头温度，并增加附属设备，常需维修，操作较麻烦。有的瓷厂采用冷滚压，为了防止黏滚头，要求泥料水分低些，可塑性好些，并可采用憎水性材料做滚头。

表 3-4 热滚压与冷滚压的比较

热滚压	冷滚压
防止滚头黏泥（被加热的滚头与坯料之间会形成蒸汽膜）	应用憎水性的材料，减少黏模
减少模头破损（减少了阻力）	滚头磨损大
结构复杂，耗电量增大	结构简单

3.3.4.2 滚压头

滚压成型是靠滚压头来施力的，因此，滚压头的设计合适与否，对滚压成型是一个关键问题。一般对滚压头的要求如下。

① 能成型产品所要求的形状和尺寸，并不易产生缺陷；

② 滚压时有利于泥料的延展和余泥的排出；

③ 使用寿命长，有适当的表面硬度和光洁度；

④ 制造、维修、调整、装拆方便；

⑤ 滚头材料来源广、价格便宜。

设计滚压头的主要工艺参数是滚压头的倾角，即滚压头的中心线与模型中心线（主轴线）之间的夹角，用 α 表示（见图 3-3）。滚头倾角 α 的大小是直接影响滚头直径和滚压压力的一个重要工艺参数。滚头倾角 α 小，则滚头直径和体积就大，滚压时泥料受压面积大，坯体较致密；但若滚头倾角 α 过小，则滚压时滚头排泥困难，甚至出现空气排不出去的成型缺陷。压力过大则坯体不易脱模，也容易压坏模型。滚头倾角 α 大，则滚头直径较小（见图 3-4），排泥容易，压力较小；若滚头倾角 α 过大，则易引起黏滚头、坯体底部不平、坯体密度不够等缺陷。在实际生产中，根据产品器型大小、泥料性能、滚头与主轴的转速等不同，而采用不同的倾角。一般产品直径大，倾角可大些；产品直径小，倾角可小些。深形产品，可采用圆柱形滚头（即无倾角）。一般倾角采用 15°～30°，有的可达 45° 左右。

滚头倾角确定后，滚头大小也基本确定了，但实际设计滚头时，滚头的中心线顶点往往不对准模型中心线，而要平移 1～3mm。因为滚头的中心顶点上，其旋转线速度几乎为零，对坯料所施的压力很小，坯体就较疏松，致使坯体底部中心部位表面不光，烧后不平。为了避免这种现象，一方面将滚头中心顶点加工成弧形，同时也需要把滚头中心线平移一定距离，如图 3-3 所示。这样处理后，不仅可解决坯体底面中心部位成型不良的缺点，而且当滚头磨损后可进行加工修复，继续使用。深形制品，不宜采用有倾角的滚头时，滚头的中心线与模型的中心线是平行的。这时，滚头的大小（指端面直径）不能小于坯体底面的半径，否则中心部位成型不好，但也不宜超过坯体底面半径的 120%，过大，会造成排泥困难及压力太大等问题。如图 3-5 所示。

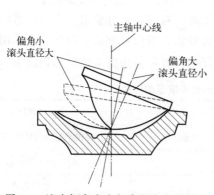

图 3-4　滚头倾角大小与直径大小的关系

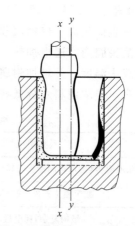

图 3-5　滚头端面过大示意图

滚头材料，常用铸铁、钢或塑料。铸铁滚头适用于热滚压，材料便宜，加工性能好，瓷厂用得较多。塑料滚头常用聚四氟乙烯，具有高的憎水性，不易黏断泥，加工性能好，用于冷滚压效果很好。缺点是质地较软，易被泥料中的硬颗粒损坏表面，而且价格较贵。

3.3.4.3　工艺参数控制

(1) 对泥料的要求

滚压成型泥料受到压延力作用，成型压力较大，成型速度较快，要求泥料可塑性好些、屈服值高些、延伸变形量大些、含水量小些。塑性泥料的延伸变形量是随着含水量的增加而变大的，若泥料可塑性太差，由于水分少，其延伸变形量也小，滚压时易开裂，模型也易损坏。若用强可塑性原料，由于其适于滚压成型时的水分较高，其屈服值相应较低，滚压时易黏滚头，坯体也易变形。因此，滚压成型要求泥料具有适当的可塑性，并要控制含水量。瓷厂生产在确定原料坯料组成之后，一般是通过控制含水量来调节泥料的可塑性以适应滚压的需要。所以滚压成型时应严格控制泥料的含水量。阳模滚压时因泥料在模型外面，泥料水分少些才不致甩离模型，同时，阳模滚压时，要求泥料的延展性好些（即变形量要大些）才能适应阳模滚压的成型特点。因此，适用于阳模滚压的泥料应是可塑性较好而水分较少。而阴模滚压时，水分可稍多些，泥料的可塑性可以稍差些。冷滚压时，泥料水分要少些而可塑性要好些；热滚压时，对泥料的可塑性和水分要求不严。另外，成型水分还与产品的形状大小有关，成型大产品时水分要低些，成型小产品时水分要高些。泥料水分还与转速有关，滚头转速小时，泥料水分可高些，滚头转速快，则泥料水分不宜太多，否则易黏滚头，甚至飞泥。含水量还和泥料本身产地和加工处理方法有关，一般滚压成型泥料水分在 19%～26% 不等。

(2) 滚压过程的控制

滚压成型时间很短，从滚头开始压泥到脱离坯体，只要几秒至十几秒，而滚压要求并不相同。滚头开始接触泥料时，动作要轻，压泥速度要适当。动作太重或下压过快会压坏模型，甚至排不出空气而引起"鼓气"缺陷。对于成型某些大型制品，例如"10.5"平盘，为了便于布泥和缓冲压泥速度，可采用预压布泥，也可让滚头下压时其倾角由小到大形成摆头式压泥。若滚头下压太慢也不利，泥料易黏滚头。当泥料被压至要求厚度后，坯体表面开始赶光，余泥断续排出，这时滚头的动作要重而平稳，受压时间要适当（某些瓷厂为 2～3s）。最后是滚头抬离坯体，要求缓慢减轻泥料所受的压力。若滚头离坯面太快，容易出现"抬刀缕"，泥料中瘠性物质较多时，这种情况就不显著。滚压操作的全过程是靠成型机的凸轮来控制的。凸轮工作廓线的设计，对各阶段的时间分配和压力大小具有决定性的影响，见图 3-6。

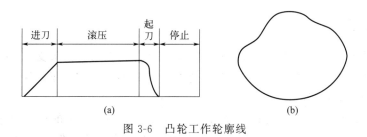

图 3-6　凸轮工作轮廓线

(3) 主轴和滚压头的转速和转速比的控制

主轴（模型轴）和滚头的转速及其转速比直接关系到产品的质量和生产效率，是滚压成型工艺中的一个重要参数。主轴转速高，成型效率就高，可提高产量。但阳模滚压转速太快容易飞泥。阴模滚压主轴转速可比阳模滚压的高些。主轴转速还应随产品的增大而减小。为了提高产量，采用较高的主轴转速时，容易出现"飞模"现象，因此要注意模型的固定问题。国内瓷厂根据不同产品主轴转速一般在 $300\sim800\text{r/min}$，有的可达 1000r/min 以上。主轴转速与滚头转速有一定的差别，使滚头与泥料之间既有滚动又有滑动。二者的转速相差越大，则相对滑动的时间越长，可能引起因不同部位泥料展开的速度不同，而造成制品变形。故一般要求二者的转速不能相差过大，一般阴模成型的主轴与滚头的转速比为 $1:$ $(0.3\sim$ $0.7)$，阳模成型的转速比为 $1:$ $(0.65\sim0.9)$。

主轴转速基本确定后，滚头转速要与之相适应，一般是以主轴转速与滚头转速的比例（转速比）作为一个重要的工艺参数来控制。合宜的具体的转速比应通过实验来确定，它对成型质量的影响机理及其关系，还需在实践中进一步总结和提高。

(4) 滚压成型常见缺陷

有黏滚头、坯体开裂、鱼尾、底部上凸和花底等，见表 3-5。

表 3-5 滚压成型缺陷分析及解决方法

名称	产生原因	解决方法
黏滚头	泥料的可塑性过强或水分过多；滚头转速太快；滚头过于光滑；下压速度过慢；滚头倾角过大；等等	①适当降低泥料的可塑性或减少水分； ②用细纱布将滚头表面擦粗糙些； ③将滚头的倾角减小，适当减慢滚头转速，调整凸轮曲线
坯体开裂	坯体可塑性太差；水分太少且不均匀；等等	①改善泥料可塑性或适当增加泥料水分； ②适当调整滚头平移距离，使坯体中心部位结构致密
鱼尾	滚头抬离坯体太快；滚头架摆动；模型与模座不吻合或轴承松动；等等	①调整凸轮曲线，使滚头抬离坯体时动作轻捷； ②紧固刀架，检查模座衔口和轴孔； ③调整主轴或滚头的转速
底部上凸	滚头造型设计不当，角度不合适或滚头顶部磨损；滚头中心通过坯体中心过多或未对准坯体中心；泥料水分过少	①适当调整滚头的尖锥； ②适当调整滚头尖锥顶点与坯底中心的距离或适当减小滚头的转速； ③适当增加泥料的水分
花底	石膏模干燥时间太长，模型过干、过热；投泥过早；转速太快；滚头下压时接触坯料过猛；新石膏模有油污；等等	①严格控制模型的水分和温度； ②适当增加泥料水分； ③适当调整转速、滚头下压的速度和压力，降低滚头中心部位的温度

3.3.5 车坯成型

车坯成型适用于外形复杂的圆柱状产品，如圆柱形的套管、棒形支柱和棒形悬式绝缘子的成型。根据坯泥加工时装置的方式不同，车坯成型分为立车和横车。根据所用泥料的含水率不同，又分为干车和湿车。

干车时泥料含水率为 $6\%\sim11\%$ 之间，用横式车床车修。制成的坯件尺寸较为准确，不易变形和产生内应力，不易碰毁、撞坏，上下坯易实现自动化。但成型时粉尘多，效率较低、刀具磨损较大。

与干车比较，湿车所用泥料含水量较高，为 $16\%\sim18\%$，效率较高，无粉尘，刀具磨损小，但成型的坯件尺寸精度较差。横式湿车用半自动车床，采用多刀多刃切削。泥段用车坯铁芯（或铝合金芯棒）穿上，固定于车坯机头上，或将泥段直接固定在机头卡盘上。主轴转速 300～500r/min。样板刀固定安装在刀架轴上，刀架轴转速 1～1.5r/min。

车坯的刀具要求有足够的强度和耐磨性，以减少装换刀具的辅助工时。已研究成功的 TiC（碳化钛）沉积刀具，当覆盖层为 5～8μm 时，比普通热处理 45♯钢制成的车坯刀耐磨性显著提高。而电镀人造金刚石车坯刀，使用寿命比普通车坯刀成倍增加。

立式湿车近年来有了很大的发展，这主要原因是它采用光电跟踪仿型修坯和数字程序控制等半自动仿型车坯机，使工效和产品质量大大提高。

3.3.6 塑压成型

3.3.6.1 塑压成型概述

所谓塑压成型（plastic forming），就是采用压制的方法，迫使可塑泥料在模具中发生形变，得到所需坯体。塑压成型法系 20 世纪 70 年代末期美国在日用陶瓷生产中开始采用的一种新成型技术。这种成型方法的特点是设备结构简易，操作方便，适于鱼盘类或其他扁平广口形产品的成型。表 3-6 是滚压法、压制法和塑压法的特点。塑压模结构如图 3-7 所示。

表 3-6 滚压法、压制法和塑压法的特点

项目	滚压法	压制法	塑压法
坯料	可塑坯料（坯料制备简单，成型过程中要排余泥）	粉料（坯料制备复杂，成型过程中要排气）	可塑坯料（如何在成型过程中排除余泥）
模具	石膏模具（造价低，强度低，一模一坯）	金属模（造价高，强度高，一模多坯）	石膏模（如何实现一模多坯）
成型力	机械挤碾力（成型力小）	液压冲击力（成型力大）	液压冲击力（如何提高模具的耐压强度）
坯体形状	圆形	广口或扁平状	广口或扁平状

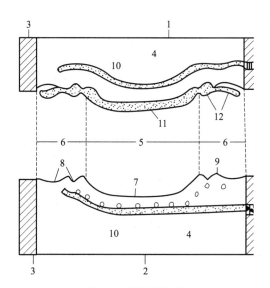

图 3-7 塑压模结构

1—上模；2—下模；3—金属模框；4—石膏模；5—成型区；6—檐沟区；
7—下模内表面；8—沟槽；9—沟槽凸边；10—制品排气束；11—坯体；12—余泥

从表 3-6 可见，要实现塑压成型关键在于：①成型过程中的可塑余泥如何排除？②石膏模具要实现一模多次压制坯体，就必须解决如何及时脱模和将石膏模吸入的水分排除？③石膏模具强度如何提高？为了解决上述难点，可在石膏模具边沿开设檐沟，以供余泥暂存，并使坯泥的挤出受到一种阻力，檐沟区模子吻合处要留出如纸一样薄的空隙；浇注石膏模具时在模内预埋排气束，以供在成型过程中吸出模内水分和吹入高压空气帮助脱模，见图 3-8；在石膏模内预埋加强筋，模外套金属护套，以增大强度。

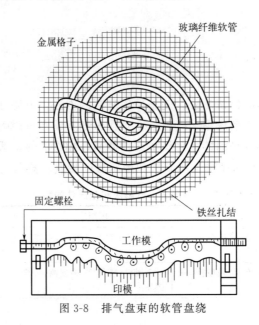

图 3-8　排气盘束的软管盘绕

3.3.6.2　塑压成型操作

塑压成型靠压缩空气通入透气的石膏模中，将坯体从模中托起，达到脱模的目的。其操作步骤如下（见图 3-9）。

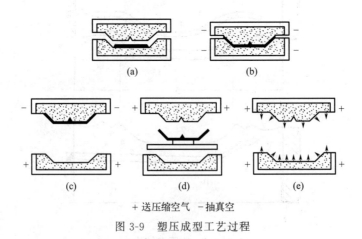

+ 送压缩空气　- 抽真空

图 3-9　塑压成型工艺过程

① 将泥段切成所需厚度的泥饼，置于底模上。

② 上下抽真空，施压成型。

③ 压缩空气从底模通入，使成型好的坯体脱离底模；液压装置返回至开启的工位，坯体被上模吸住。

④ 压缩空气通入上模，坯体脱离上模落入操作人员手中的托板上。

⑤ 压缩空气同时通入上模和底模，使模内水分排除；关闭压缩空气，揩干模型表面水分，即可进行下一个成型周期。

影响塑压成型的因素很多，主要有以下几个。

① 塑压模的致密度不能太高，但强度要高。石膏粉制备工艺（包括石膏粉细度、杂质含量、炒制温度等）在很大程度上影响着塑压模的致密度和强度。

② 檐沟区的设计。檐沟区模型吻合处要留出一定空隙。

③ 塑压模的透气性。通过塑压模制工艺及其特殊处理，使模具具有所需的透气性。

④ 模具的尺寸、形状和定位要严格控制。

⑤ 在排除塑压模内的水分时，要通入 $7kgf/cm^2$（686465.5Pa）的压缩空气，使塑压过程中吸入模内的水分排除掉。塑压模的排水情况，对于塑压成型坯含水率的降低及每次塑压后模子表面的吸水能力均有影响。

在初次塑压试验中，必须对上述各点进行测定，并把测定数据记录下来，作为制定操作规程的依据。

3.3.6.3　对泥料要求

塑压成型要求泥料屈服值应低些，即含水率要稍高些，以便于泥料在挤压力下迅速延展而填充于模腔。但是，水分也不宜太多，否则将加重模型的洗水与排水负担及影响成型坯体的致密度。一般含水率控制在 23％～25％为宜。

塑压成型的成型压力与坯料的含水量有关。坯料水分高时，压力应降低（图 3-10）。当坯料水分为 23％～25％时，压制单件产品的工作压力为 3.5～2.5MPa，国外也有用到 6.9MPa。坯料可塑性愈好，投泥量愈多，则塑压时脱水性能愈差。充填的坯料愈多则排水量愈多，坯体致密度愈高。投入泥饼形状应近似于成坯形状并略小于坯体。塑压速度

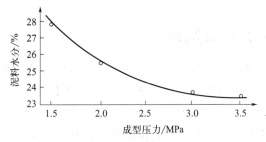

图 3-10　塑压成型泥料水分与成型压力的关系

愈慢，成型压力愈高，加压停顿时间愈长，则坯体脱水率和致密度愈高。

3.3.6.4　塑压成型的优缺点

塑压成型的优点是设备简单，操作方便，劳动强度低，生产效率较高，适用于成型鱼盘等异型产品，不足之处是磨具制作较为麻烦且模型使用次数偏少。塑压成型缺陷分析及解决方法见表 3-7。

表 3-7　塑压成型缺陷分析及解决方法

名称	产生原因及解决方法
排水时石膏模爆破	石膏模浇筑后排水开始时进行得太快； 导入模内的压缩空气压力增加速率太快； 最终排水压力太高

续表

名称	产生原因及解决方法
模具各部分脱模缓慢	排水不及时;排水过程太长;排水时所达到的总压力太小;石膏浆搅拌时间太长;搅拌不足;螺旋搅拌器尺寸太小;排气软管太细;排气软管敷设太少;排气软管间距太宽离模面太远;膏水比太高;导入模子中使模具表面排水的压缩空气循环路线太短,使软管到模面的距离小于到模背面的距离;模具太干燥
塑压制品表面出现微小缺口	塑性泥料太软; 排气软管或部分软管太靠近模面
塑压制品表面出现水泡	泥料未经真空处理或真空练泥机的真空度太低。放入泥料时,模具表面出现小水珠
在分割线上制品分离	塑压时,坯体截面向外排水不一致;全部排水的塑压速度太快;檐沟设计改变,泥料流动阻力增大;塑压时冲去泥料太多,造成过多余泥外溢。如坯体能够用最低排水量塑压成型,则可采用与上述步骤不同的过程以及有关的模具设计来消除排水现象
制品的压延痕迹	充填范围增宽,模具中出现微小压延。在塑压过程中塑压的速度放慢;改变檐沟设计,促使泥料流动阻力增大,提高塑压压力;增加泥料充填范围,并增加塑压压力;采用较软的坯体
制品变形	泥料充填不适当,并在塑压时泥料压延太猛;制品截面厚度设计不当,造成排水不均匀,受压不匀,密度不匀;塑压后坯体太软,由于自重或搬动而变形;在修边时制品变形;边缘余泥自重会使坯体变形;脱模不平
由于等差收缩造成制品中的应力	排水不适当引起制品截面的等差收缩;塑压时充填的泥料压延太多;塑压速度太慢;改变制品截面厚度以及补偿塑压时泥料压延不匀;把泥饼投入工作模中时放得不适当;塑性泥料太软。在可能情况下降低截面厚度,改变檐沟设计,提高泥料流动阻力,增大成型压力

3.3.7　注塑成型

注塑成型又称注射成型,是瘠性物料与有机添加剂混合压挤成型的方法,它是由塑料工业移植过来的。德国在 1939 年,美国在 1948 年先后将其用于陶瓷制品的成型。日本也于 1960 年采用这种工艺成型氧化铝陶瓷。目前各种形状复杂的高温工程陶瓷（如 SiC、Si_3N_4、BN、ZrO_2 等）的制作都开始采用这种成型技术。注塑成型适合于生产形状复杂、尺寸精度要求严格的制品。产量较大,可以连续化生产。缺点是有机物使用较多、脱脂工艺时间长、金属模具易磨损、造价高等。

3.3.7.1　坯料要求

注塑成型采用的坯料不含水,它由陶瓷瘠性粉料和结合剂（热塑性树脂）、润滑剂、增塑剂等有机添加物构成。将上述组合按一定配比加热混合,干燥固化后进行粉碎造粒,得到可以塑化的粒状坯料。

坯料中有机物的含量直接影响坯料的成型性能及烧结收缩性能,提高有机物含量,可使成型性能得到改善,但会使烧成收缩增大。为提高制品的精确度,要求尽量减少有机物用量。但为使坯料具有足够的流动性,必须使粉末粒子完全被树脂包裹住。通常有机物含量约在 20%～30% 之间,特殊的可高达 50% 左右。有机添加物的灰分和碳含量要低,以免脱脂时产生气泡或开裂。常用的有机添加物列于表 3-8 中。

表 3-8　注塑成型常用的有机添加物

种类	有机添加物
结合剂	聚苯乙烯、聚乙烯、聚丙烯、乙酸纤维素、丙烯酸树脂、乙酸-乙酸乙烯树脂、聚乙烯醇
增塑剂	二乙基酞酸盐、二丁基酞酸盐、二辛基酞酸盐、脂肪酸酯、植物油、动物油、邻苯二甲酸二乙酯、邻苯二甲酸二丁或二辛酯
润滑剂	硬脂酸、硬脂酸金属盐、矿物油、石蜡、微晶石蜡、天然石蜡
辅助剂	分解温度不同的几种树脂、萘等升华物质、天然植物油

注塑成型坯料配方举例：氧化铝 100 份，乙烯-乙酸乙烯基聚合物 4.96 份，甲基丙烯酸丁酯 4.96 份，石蜡（68~70℃）5.16 份，二丁基酞酸酯 2.33 份。注塑成型过程以图 3-11（柱塞式）为例简述如下。

3.3.7.2　成型过程

① 调节并封闭模具，造粒坯料投入成型机，加热圆筒使坯料塑化 [图 3-11(a)]。

② 将塑化的坯料注射至模具中成型 [图 3-11(b)]。

③ 柱塞退回，供料。同时冷却模具 [图 3-11(c)]。

④ 打开模具，将固化的坯料脱模取出 [图 3-11(d)]。

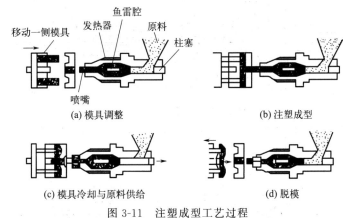

(a) 模具调整　　　　　　　　　　(b) 注塑成型

(c) 模具冷却与原料供给　　　　　(d) 脱模

图 3-11　注塑成型工艺过程

整个成型周期大约 30s。成型的温度在树脂产生可塑性的温度下，一般为 120~200℃。表 3-9 是氧化铝陶瓷铣刀注塑成型工艺参数。

表 3-9　氧化铝陶瓷铣刀注塑成型工艺参数

参数名称	实测值	备注
缸筒温度	80~110℃	
喷嘴温度	110℃	
初始射出温度	25℃	
金属模温度	40℃	螺旋直径 35cm
螺旋转数	65r/min	
射出压力	127MPa	
保压压力	49MPa	

续表

参数名称	实测值	备注
射出时间	15s	
冷却时间	10s	螺旋直径 35cm
成型周期	40s	

注塑成型时坯体易出现的缺陷有：

① 坯料相遇接合时没有融合，从而在坯体的表面和内部产生熔焊线条；

② 脱脂后坯体硬化不足，未完全充满模具；

③ 坯体中包裹着气孔。

3.3.7.3 注塑成型设备

注塑成型机主要由加料、输送、压注、模型封合装置、温度及压力控制装置等部分构成。根据注塑的形式，注塑成型机有柱塞式和螺旋式两种主要类型（图 3-12、图 3-13）。注塑成型采用金属模具。在模具的结构方面有几个问题应给予注意。

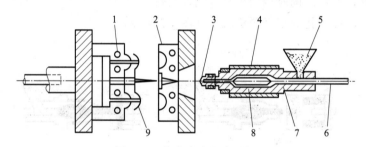

图 3-12 柱塞式注塑成型机

1—冷却水孔；2—模型；3—喷嘴；4—加热器；5—粉料；6—活塞；7—缸；8—鱼雷型分流器；9—坯件

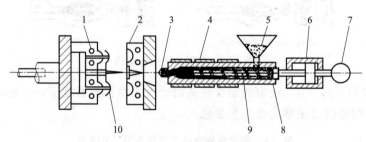

图 3-13 螺旋式注塑成型机

1—冷却水孔；2—模型；3—喷嘴；4—加热器；5—粉料；6—油缸；7—油马达；8—缸体；9—螺旋棒；10—坯件

① 在金属模型内，生坯的收缩很小（0.1%～0.2%），所得坯体与金属模型尺寸基本相同。因而模型内的空气不能外逸，易裹在生坯中，在脱脂时产生气泡。故金属模具应有 $10\sim20\mu m$ 深的排气孔。

② 金属模具必须具有冷却沟槽，以便进行冷却和加热，使金属模型保持一定温度。冷却沟槽与温度调节结构相连。

③ 模型内最细的分注入口部分由于通入高速高压成型坯料，很容易磨损。即使进行淬火或氮化处理也会磨损。日本产的 JC 注塑机中，螺旋采用耐磨的 LS 系高合金钢，缸筒内

壁镀一层镍铬金，耐磨损性大为提高。

3.3.7.4 脱脂

　　瘠性粉料之所以能够通过注塑成型得到形状复杂的大型制品，关键是依赖于有机添加剂的塑化作用。但是，这些有机添加剂必须在制品烧结以前从坯体中清除出去，否则就会引起各种缺陷。除去有机添加剂的工序称为脱脂。脱脂是注塑成型工艺中需要时间最长的一道工序，一般为 24～26h，特殊时需要几个星期。脱脂的速率与原料的特性、有机添加剂的种类及其数量，特别是生坯的形状、大小、厚度有关。较薄的坯体脱脂速度较快，较厚的坯体脱脂速度慢，对形状复杂和容易变形的坯体则采用定位装置（托架）或埋入粉末中。脱脂后的坯体强度非常低，且一般都残留百分之几的碳化物。需采用氧化气氛烧成。

　　注塑成型与热压注成型有很多类似之处，如两者都经瘠性料与有机添加剂混合、成型、脱模（排蜡）三个主要工序；两者都是在一定的温度和压力下进行成型的。不同的是，热压注用的浆料须在浇注前加温制成可以流动的蜡浆，而注塑成型用的是粒状的干粉料，成型时浆粉料填入缸筒内加热至塑性状态，在注入模具的瞬间，由于高温和高压的作用坯料呈流动状态，充满模具的空间；此外，热压注成型压力为 0.3～0.5MPa，注塑成型则高得多，一般为 130MPa。

3.3.8 其他可塑成型方法

　　雕塑、印坯与拉坯成型都是古老的手工可塑成型方法。由于这些成型方法简便、灵活，对于量少而特殊器形的产品，目前仍需使用这些方法。现分别简述于后。

　　(1) 雕塑

　　凡异形产品如人物、鸟兽或方形、多角形等器物，多采用手捏、雕塑、雕削、雕镶法成型。人物、山水、花草、虫鱼、禽兽等一般用手捏、雕塑、雕削法成型；方形花钵等多角形器物则采用雕镶法成型。雕镶法是先将练好的塑性泥料用印坯和拍打相结合的方法制成适当厚度的泥尺，然后切成所需形状大小，再用刀、尺等工具进行修、削以制成符合要求的式样和厚度，最后用泥浆黏镶成坯体。

　　(2) 印坯

　　凡异形产品和精度要求不高的产品，均可用塑性泥料在石膏模中印制成型。印坯也可分单面印坯和双面印坯。现在采用实心注浆成型的匙类，过去就是用双面印坯法成型的；现在采用空心注浆法成型的人物的手，过去就是用单面印坯法成型然后黏合的。许多六角瓶、菱形花钵、人物禽兽中某些局部器形、琉璃瓦中的屋脊等都常常采用印坯法成型，然后经过修整，再和其他部分粘接成整个坯体。

　　制品两面均有固定形状或两面均有凹凸花纹的器型，则可采用阴阳石膏模进行双面印坯，如中空制品则可采用单面印坯，然后黏合成坯体。

　　印坯最大优点是不需要机械设备，手工操作，印坯成型，但生产效率低，而且常由于印坯时施压不均，干燥收缩不匀而引起开裂变形，因此，印坯成型法逐渐被注浆成型法或机械加压法所取代。

　　(3) 拉坯

　　拉坯又称做坯，是一种万能成型法。凡碗类、盘碟、壶类、杯类、瓶类等均可用拉坯法成型。拉坯是在陶轮或辘轳上进行的。人力驱动是由拉坯工人手执木棍抵住陶轮上的孔洞带动陶轮旋转约 1min，把木棍放下，陶轮借惯性作用继续旋转，拉坯工人把塑性泥料置于陶轮中央的泥座上进行拉坯操作。5～10min 后，陶轮转速逐渐慢下来甚至停止转动，拉坯工人又拿起木棍搅动陶轮。现在拉坯陶轮多数已被电动机取代。

拉坯操作主要靠手掌力和手指力对塑性泥料进行拉、捧、压、扩等作用，泥料在各种力的作用下发生伸长、缩短、扩展，变成所需要的器形。拉坯时还可利用竹片、木棒及样板等进行刮、削、插孔、形成弧线等。

拉坯对坯料的要求是屈服值不宜太高，而延伸变形量则要求宽些。拉坯成型用坯料的含水率一般要比其他塑性成型法含水率高些。

3.4 注浆成型

注浆成型是基于石膏模（或多孔模）能吸收水分而成型的方法。可以制备形状复杂、不规则的及对尺寸要求不严格的制品、薄胎器皿及一些大型厚胎，在陶瓷生产中获得普遍使用。注浆成型后的坯体结构较一致，但其含水量大而且不均匀，干燥收缩和烧成收缩较大。由于注浆成型方法的适应性大，只要有多孔性模型（一般为石膏模）就可以生产，不需要专用设备（也可以有机械化专用设备），也不拘于生产量的大小，投产容易，故在陶瓷生产中获得普遍使用。但是注浆工艺生产周期长，手工操作多，占地面积大，石膏模用量大，这些是注浆成型工艺上的不足并有待改善的问题。随着注浆成型机械化、连续化、自动化的发展，有些问题可以逐步得到解决，使注浆成型更适宜于现代化生产。

3.4.1 注浆成型对泥浆的要求

注浆成型是基于能流动的泥浆和能吸水的模型来进行成型的。为了使成型顺利进行并获得高质量的坯体，必须对注浆成型所用的泥浆有所要求，其基本要求如下。

① 流动性好。即泥浆的黏度要小，在使用时能保证泥浆在管道中的流动并能充分流注到模型的各部位。良好的泥浆流出时应成一根连绵不断的细线。

② 稳定性要好。泥浆中不会沉淀出任何组分（如石英、长石等），泥浆各部分能长期保持组成一致，使注浆成型后坯体的各部分组成均匀。

泥浆中单个质点的沉降比质点结成团的要慢。因此，凝聚作用促使泥浆质点急速沉降，使泥浆的稳定性降低。黏土-长石-石英质泥浆是多组分分散系统。这样的系统特别不稳定，因为较大质点使小质点黏附到它上面，大质点好像是凝聚中心，容易沉降。即构成泥浆质点大小的差别愈小，则泥浆稳定性愈好。

③ 具有适当的触变性。泥浆经过一定时间存放后黏度变化不宜过大，这样泥浆就便于输送和储存，同时又要求脱模后的坯体不至于受到轻微振动而软塌。注浆用泥浆触变性太大则易稠化，不便浇注，而触变性太小则生坯易软塌，所以要有适当的触变性。

④ 含水量要少。在保证流动性的前提下，尽可能地减少泥浆的含水量，这样可减少注浆成型时间，增加坯体强度，降低干燥收缩，缩短生产周期，延长石膏使用寿命。

⑤ 滤过性要好。即泥浆中水分能顺利地通过附着在模型壁上的泥层而被模型吸收。通过调整泥浆中瘠性原料和塑性原料的含量可以调整滤过性。

⑥ 形成的坯体要有足够的强度。

⑦ 注浆成型后坯体容易脱模。

⑧ 泥浆中不含气泡。

在生产中常用泥浆密度、黏度、稠化度、含水量、悬浮性等指标来控制泥浆性能。另外还可测定泥浆的吸浆速度、脱模情况、坯体含水量和生坯强度等来标志泥浆的成型性能。表 3-10 是泥浆性能参考指标。

表 3-10　泥浆性能参考指标

指标	空心注浆	实心注浆
泥浆含水率/%	31~34	29~30
相对密度	1.55~1.70	1.80~1.95
颗粒细度(万孔筛余量)/%	0.5~1.5	1~2
流动性(孔径 7mm 的恩氏黏度计)	10~15	15~20
触变性(静置 30min)	1.1~1.4	1.5~2.2

3.4.2　注浆成型的三个阶段

泥浆注浆过程实质上是通过石膏模的毛细管吸力从泥浆中吸取水分因而在模壁上形成泥层。一般认为注浆过程基本上可分成三个阶段。

① 从泥浆注入石膏模吸入开始到形成薄泥层为第一阶段。此阶段的动力是石膏模（或多孔模）的毛细管力，即在毛细管力的作用下开始吸水，使靠近模壁的泥浆中的水、溶于水中的溶质及小于微米级的坯料颗粒被吸入模的毛细管中。由于水分被吸走，使浆中的颗粒互相靠近，靠石膏模对颗粒、颗粒对颗粒的范德华吸附力而贴近模壁，形成最初的薄泥层。

② 形成薄泥层后，泥层逐渐增厚，直到形成注件为第二阶段。在此阶段中，石膏模的毛细管力继续吸水，薄泥层继续脱水，同时，泥浆内水分向薄泥层扩散，通过泥层被吸入石膏模的毛细孔中，其扩散动力为薄泥层两侧的水分浓度差和压力差。泥层犹如一个滤网，随着泥层逐渐增厚，水分扩散的阻力也逐渐增大。当泥层增厚达到所要求的注件厚度时，把余浆倒出，形成了雏坯。

③ 从雏坯形成后到脱模为收缩脱模阶段（亦称坯体巩固阶段）。由于石膏模继续吸水和雏坯的表面水分开始蒸发，雏坯开始收缩，脱离模型形成生坯，有了一定强度后就可脱模。

要提高注浆速率主要取决于以下几个方面。

① 降低泥层的阻力。泥层的阻力取决于其结构，其由泥浆的组成、浓度、添加物的种类等因素所决定。

泥浆中塑性原料含量多，固体颗粒细，易形成较致密的坯体，其渗透性差，使注浆速率降低。故要加快吸浆速度，可适当减少塑性原料，增粗泥浆颗粒粒子，其对大件产品的注浆成型尤为重要。

在保证泥浆具有一定流动性的前提下，减少泥浆中的水分，增加其相对密度，可提高吸浆速度。但由于泥浆浓度增加必然使其流动性降低，这就要求选用高效能的解凝剂（稀释剂）。

泥浆中加入解凝剂（稀释剂）可以改善其流动性，但完全解凝的泥浆，坯体致密度高，使泥层阻力增加反而影响注浆效率。若在泥浆中加入少量絮凝剂，使形成的坯体结构疏松，可加快吸浆过程。实践证明，加入少量 Ca^{2+}、Mg^{2+} 的硫酸盐或氯化物都可增大吸浆速度。

② 提高吸浆过程的推动力。吸浆过程的推动力主要是指石膏的毛细管吸力，如前已所述，石膏的毛细管力的大小与石膏模的渗透率有关，在制造石膏模时，当水膏比为 $78:100$ 时可制得具有最大毛细管力的石膏，当然，制造石膏模时的其他工艺条件也会影响石膏模的毛细管力的大小。

为了提高吸浆过程的推动力，除了石膏模的毛细管力外，还可采用增大泥浆与模型之间压力差方法来达到，这就是在生产中常采用的压力注浆、真空注浆和离心注浆等方法。

③ 提高泥浆和模型的温度。温度升高，水的黏度下降，泥浆黏度降低，流动性增大。实践证明，若泥浆温度为 $35\sim40℃$，模型温度为 $35℃$ 左右，则吸浆时间可缩短一半，脱模时间也相应缩短。

3.4.3 基本注浆方法

3.4.3.1 单面注浆

单面注浆是将浆注入模型中，待泥浆在模型中停留一段时间而形成所需的注件后，倒出多余的泥浆。随后带模干燥，待注件干燥收缩脱模后，取出注件。

图 3-14 示出了单面注浆操作过程。用这种方法注出的坯体，由于泥浆与模型的接触只有一面，故称单面注浆。因此，注件的外形取决于模型工作面的形状，而内表面则与外表面基本相似。坯体的厚度只取决于操作时，泥浆在模型中停留的时间。坯体的厚度较均匀。若需加厚底部尺寸，可以进行二次注浆，即先在底部注浆，待稍干后再注满泥浆，这样可加厚底部尺寸。单面注浆用的泥浆，其密度一般都比双面注浆要小，为 $1.65\sim1.8g/cm^3$，泥浆的稳定性要求较高，流动性一般为 $10\sim15s$ 左右，稠化度不宜过高（为 $1.1\sim1.4g/cm^3$），细度一般比双面注浆的要细，万孔筛筛余为 $0.5\%\sim1\%$ 左右。

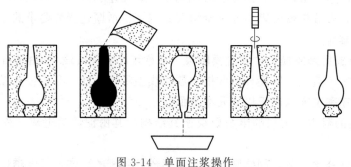

图 3-14 单面注浆操作

注浆时，应先将模型的工作面清扫干净，不得留有干泥或灰尘。装配好的模型如有较大缝隙，应用软泥将合缝处的缝隙堵死，以免漏浆。模型的含水量应保持在 5% 左右，过干或过湿都将引起坯体的缺陷，并降低劳动生产率。适当加热模型可以加快水分的扩散而对吸浆有利，但有一个限度，否则适得其反。进浆时，浇注速度与泥浆压头不宜太大，以免注件表面产生缺陷，并应使模型中的空气随泥浆的注入而排出。脱模的合适水分应由实际情况决定。一般含水率为 18% 左右。单面注浆法多用于浇注杯、壶等类产品。

3.4.3.2　双面注浆

双面注浆是将泥浆注入两石膏模面之间（模型与模芯）空穴中，泥浆被模型与模芯的工作面两面吸水，由于泥浆中的水分不断被吸收而形成坯泥，注入的泥浆量就会不断减少，因此，注浆时必须陆续补充泥浆，直到空穴中的泥浆全部变成坯时为止。显然，坯体厚度由模型与模芯之间的空穴尺寸来决定，因此，它没有多余的泥浆被倒出（图 3-15）。

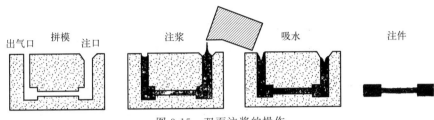

图 3-15　双面注浆的操作

双面注浆用的泥浆一般比单面注浆用的泥浆密度高（在 $1.7g/cm^3$ 以上），稠化度也可较高（$1.5\sim2.2g/cm^3$），细度也可以粗些，为万孔筛筛余 $1\%\sim2\%$。

双面注浆可以缩短坯体的形成过程。制品的壁可以厚些，可以制造两面有花纹及尺寸大而外形比较复杂的制品。但是，双面注浆的模型比较复杂，而且与单面注浆一样，注件的均匀性并不理想，通常远离模面处致密度小。

双面注浆操作时，为了得到致密的坯体，当泥浆注入模型后，必须振荡几下，使气泡逸出，直至泥浆注满为止。另外，必须预留放出空气的通路。

3.4.4　强化注浆方法

注浆成型手工操作较多，生产效率低，坯体不够致密，收缩较大，制品缺陷较多。尤其是注造大型较厚的坯体时，当坯体还未形成至所需厚度时，距模壁较远处的泥浆还未脱水，而紧靠石膏模壁的坯体可能已收缩离开模壁，这时，如不把泥浆倒出，泥浆中水分就可能传至已硬化的泥层，使坯体瘫软倒塌或变形。

为了改进一般注浆方法的缺点，提高注件质量，减轻劳动强度，提高劳动生产效率，有必要采取技术措施，进行强化注浆。

3.4.4.1　压力注浆

采用加大泥浆压力的方法，来加速水分扩散，从而加速吸浆速度。加压方法最简单就是提高盛浆桶的位置，利用泥浆的位能提高泥浆压力。这种方式所增的压力一般较小，在 0.05MPa 以下。也可用压缩空气将泥浆压入模型，一般说来，压力越大，成型速度越快，生坯强度越高。但是，压力的加大量受到模具等因素的约束。根据泥浆压力的大小，压力注浆可分为微压注浆、中压注浆和高压注浆。微压注浆的注浆压力一般在 0.05MPa 以下；中压注浆的压力在 $0.15\sim0.20$MPa 之间；大于 0.20MPa 的可称为高压注浆，此时就必须采用高强度树脂模具。

3.4.4.2　真空注浆

用专门设备在石膏模的外面抽真空，或把加固后的石膏模放在真空室中负压操作，这样都可加速坯体形成，真空注浆可以增大石膏模内外面压差，从而可缩短坯体形成时间，提高坯体致密度和强度，真空度为300mm汞柱时，坯体形成时间为常压下的1/2以下，真空度为500mm汞柱时，坯体形成时间仅为常压下的1/4。真空注浆时操作要特别严格，否则易出现缺陷。图3-16是真空压力注浆示意图。

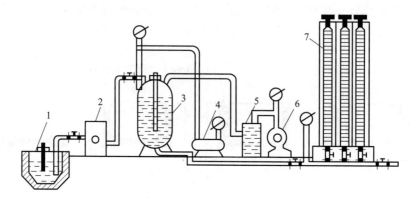

图3-16　真空压力注浆示意

1—搅拌池；2—泥浆泵；3—容器；4—空气压缩机；5—缓冲容器；6—真空泵；7—注浆台

3.4.4.3　离心注浆

离心注浆是使模型在旋转情况下注浆，泥浆受离心力的作用紧靠模壁形成致密的坯体，泥浆中的气泡由于比较轻，在模型旋转时，多集中在中间，最后破裂排出，因此也可以提高吸浆速度与制品的质量。资料介绍，当模型旋转速度为1000r/min时，吸浆时间可缩短75%，一般模型的转速常在500r/min以下。离心注浆时，泥浆中的小颗粒易集中在模型的内表面，而大颗粒都集中在坯体内部，组织不匀易使坯体收缩不匀。

3.4.4.4　成组注浆

为了提高劳动生产率，对一些形状比较简单的制品，可采用成组浇注的方法。这个方法是将许多模型叠放起来，由一个连通的进浆通道来进浆，再分别注入各个模型内。为了防止通道不因吸收泥浆而堵塞，在通道内，可涂上含有硬脂溶液的热矿物油，使其不吸附泥浆。国内不少企业成型鱼盘、洗面器时多采用成组注浆。

3.4.4.5　热浆注浆

热浆注浆是在模型两端设置电极，当泥浆注满后，接上交流电，利用泥浆中的少量电解质的导电性来加热泥浆，把泥浆升温至50℃左右，可降低泥浆黏度，加快吸浆速度。当泥浆温度由15℃至55℃时，泥浆的黏度可降低50%到60%，注浆成型速度可提高32%～42%。

3.4.4.6　电泳注浆

电泳注浆是根据泥浆中的黏土粒子（带有负电荷）在电流作用下能向阳极移动，把坯料带往阳极而沉积在金属模的内表面而成型的。注浆所用模型一般用铝、镍、镀钴的铁等材料来制造。操作电压为120V，电流（直流电）密度约为0.01A/cm^2。金属模的内表面需涂上甘油与矿物油组成的涂料，利用反向电流促进坯体脱模。用电泳注浆法成型的坯体，结构很均匀，坯体生成的速度比石膏模成型时要快九倍左右，但对大型陶瓷制品目前尚有困难，有待继续研究。

从泥浆中固相颗粒大小、分散度等特性看，属于溶胶-悬浮体混合物，都是高分散系统，具有很大表面积，具有胶体性质，如吸附反离子、生成带 ξ 电位的扩散双电层等，因此在外电场作用下都可以产生电泳现象，故任何陶瓷泥浆都可以电泳成型。

电泳注浆成型通常使用高浓度泥浆，成分的离析是微小的，离析量随施加电压的提高而提高。在高浓度时，由于颗粒之间大量干扰，使颗粒间互相推撞产生"拖拉效应"，即快速运动的颗粒拖着慢速运动的颗粒，随泥浆浓度增加拖拉效应更明显，因而没有离析粒子的相对运动产生。当沉积物析出后，泥浆浓度不断下降，这对稳定电泳注浆成型，控制制品厚薄一致不利，因此要不断补充泥浆，以保持泥浆浓度恒定。

3.5 压制成型

压制成型可分为干压成型和等静压成型。粉料含水量为 3%～7% 时为干压成型；等静压成型法中，粉料含水量可在 3% 以下。压制成型的特点是生产过程简单，坯收缩小，致密度高，产品尺寸精确，且对坯料的可塑性要求不高。缺点是对形状复杂的制品难以成型，多用来成型扁平状制品。等静压工艺的发展，使得许多复杂形状的制品也可以压制成型。

3.5.1 干压成型

3.5.1.1 干压成型对粉料的要求

① 粉料具有较高的体积密度，以降低其压缩比。因为干压成型是将料填充在钢模型腔中压制成型的，模腔深度随压缩比的增大而增大，而模腔愈深则愈难压紧，影响产品质量。

② 粉料流动性要好。良好的流动性可保证压制时颗粒间的内摩擦小，粉料能顺利地填满模型的各个角落。

③ 粉料要有合理的颗粒级配。从最紧密堆积原理出发，较好级配的颗粒，且细粉尽可能少，可以减少空气含量，并降低压缩比，提高流动性。

④ 在压力下易于粉碎，这样可形成致密坯体。

⑤ 水分要均匀，否则易使成型与干燥困难。

为了满足上述要求，生产上一般要控制下列工艺条件。

① 颗粒度——干压粉料的颗粒细度直接影响坯体的致密度、收缩率和强度。瓷器的干压坯料细度与可塑坯料的要求相同。精陶类的坯料细度可控制在 6400 孔/cm²，筛余 0.5%～1%。干压料中团粒占 30%～50%，其余是少量的水和空气。团粒是由几十个甚至更多的坯料细颗粒、水和空气所组成的集合体，要求团粒大小在 0.25～3mm，团粒大小要适合坯件大小，最大团粒不可超过坯体厚度的七分之一。团粒形状最好是接近圆球状。

② 含水量——干压坯料的含水量与坯体的形状、干燥性能和成型压力等有关。含水量较大则干燥收缩大，成型压力可小些。形状不太复杂、尺寸公差要求不高的产品可采用含水量较大的半干压坯料。半干压坯料的含水量可控制在 8%～15%，一般干压坯料的含水量控

制在 4%～7%。有的电子陶瓷零件干压坯料中加有原油、油酸等（在造粒时加入）。

③ 可塑性——为了降低干压坯体的收缩率，获得尺寸准确的制品，强塑性黏土的用量应注意控制。在保证生坯强度的前提下，可以少用或不用可塑黏土。无线电瓷零件（金红石瓷、块滑石瓷等）干压坯料中完全不用可塑黏土，而加入有机增塑剂，如羧甲基纤维素、甘油等有机物，加入量视产品要求、坯料性质及干压机而定。

3.5.1.2 干压机理

干压成型是基于较大的压力，将粉状坯料在模型中压成的，压力可达 3.92～9.8MPa 或更高。成型时，当压力加在坯料上，颗粒状粉料受到压力的挤压开始移动，互相靠拢，坯体收缩，并将空气驱出。压力持续增大，颗粒继续靠拢，同时产生变形，坯体继续收缩。当颗粒完全靠拢后压力再大，坯体收缩很小。这时颗粒在高压下可产生变形和破裂，由于颗粒的接触面逐渐增大，故其摩擦力也逐渐增大。当压力与颗粒间的摩擦力平衡时，坯体便得到相应压力下的压实状态。加压时，压力是通过坯料颗粒的接触来传递的。当压力由一个方向往下压时，由于颗粒在传递压力的过程中一部分能量消耗在克服颗粒的摩擦力和颗粒与模壁间的摩擦力上，使压力在往下传递时是逐渐减小的。因此，粉料内的压强分布是不均匀的，压后坯体的密度也是不均匀的。一般上层较致密，越往下致密越差，在水平方向上靠近模腔的四周的密实度也与中心部位不同，这种差异还与坯体的高度和直径有关。压力越大，坯体越致密，同时其均匀性也比压力小时好些。但也不能为了提高坯体的致密度与均匀性而施加过大的压力，因为在压实的坯料中总有一部分残余空气，过大的压力将把这部分残余空气压缩，当压制完后除去压力时，被压缩的空气将膨胀，使坯体产生层裂。

从图 3-17 可见，在干压过程中，排气是很重要的。坯体中压强的分布，除与厚度有关外，还与颗粒间和颗粒与模壁间的摩擦力有关，与颗粒的级配也有较大关系。当大、中、小颗粒有适当的比例时，才能达到最大的密度。国内某厂生产无线电瓷零件时，其干压粉料的颗粒级配为 81 孔/cm² （粒径 ϕ0.68mm）占 20%（体积分数），196 孔/cm²（粒径 ϕ0.43mm）占 30%，269 孔/cm²（粒径 ϕ0.36mm）占 50%，生坯抗折强度达到 2.8～3.2MPa。

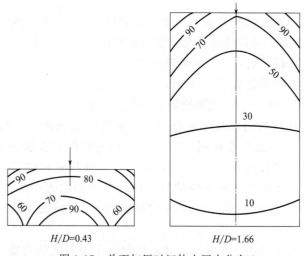

图 3-17　单面加压时坯体内压力分布

H—坯体高度；*D*—坯体直径

3.5.1.3　干压工艺

（1）成型压力

成型压力包括总压力和压强。

总压力（即压机的吨位数）取决于所要求的压强，这又与生坯的大小和形状有关，这是压机选型的主要技术指标。压强是指垂直于受压方向上生坯单位面积所受到的压力，合适的成型压强取决于坯体的形状、高度、粉料的含水量及其流动性、要求坯体的致密度等。一般，坯体越高，要求致密度高，粉料的流动性小（摩擦力大）、含水量低，形状复杂的，则要求压强大。一般增加压强可以增加坯体的致密度，但这只在一定范围内显著。当成型压力达到一定值时，再增加压力，坯体致密度的增加已经不明显了。过大的压力也易引起残余空气的膨胀而使坯体开裂。对于一种坯体的具体压力，要通过试验确定，一般黏土质坯料的干压成型压强可为 250～320MPa。坯体尺寸小时取下限；尺寸大，且坯料的含水量低时，压强可再大一些。

（2）加压方式

单面加压，压力是从一个方向上施加的，当坯体厚度较大时，在厚度方向上压强分布很不均匀。两面加压，即上下两面都加压力。两面加压有两种情况：一种是两面同时加压，这时粉料之间的空气易被挤压到模型中部，使生坯中部的密度较小；另一种是两面先后加压，这样空气容易排出，生坯密度大且较均匀。当然，粉料的受压面越大，就越有利于生坯致密度和均匀性。因此，等静压成型具有此优点。另外，在加压过程中采用真空抽气和振动等也有利于生坯致密度和均匀性。不同加压方式对坯体内部压力分布的影响见图 3-18。上下同时加压可以通过不同的模具形式来实现，而要实现四面同时加压，不是常规的方式所能实现的，只有采用等静压方式。

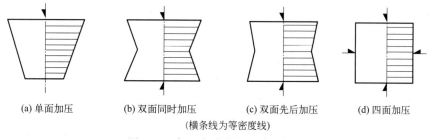

(a) 单面加压　　(b) 双面同时加压　　(c) 双面先后加压　　(d) 四面加压
（横条线为等密度线）

图 3-18　加压方式与压力分布关系

（3）加压速度和时间

干压粉料中由于有较多的空气，在加压过程中，应该有充分的时间让空气排出，因此，加压速度不能太快，最好是先轻后重多次加压，达到最大压力后要维持一段时间，让空气有机会排出。加压的速度和时间与粉料的性质、水分和空气排出速度等有关。一般最好加压 2～3 次。

除控制加压外，装料均匀、模型面涂润滑油等都需要在操作中加以注意。装料后刮料时要从中间向两边刮，不能向一个方向刮料。

3.5.2　等静压成型

等静压成型的理论基础是根据帕斯卡原理关于液体传递压强的规律："加在密闭液体上

的压强，能够大小不变地被液体向各个方向传递"。有人做过这样的试验，把粉料装进一只有弹性的软模内，放到液体或气体介质中，施加压力，则此压力便会以相等的力向各个方向传递，在压力作用下，粉料的各个方面都受到了挤压，被压实的物体有与模型相似的形状，只是尺寸按比例缩小，其缩小程度视材料可压缩性与所加压强大小而定。

等静压成型在陶瓷科技界早已引起普遍关注，因为它完全摒弃了传统的可塑性泥料机压成型的方式，不用消耗石膏模，半成品不必经过干燥工序而可直接入窑烧成，从而简化了生产工序，提高了产品质量。国外把这种成型方法称为"餐具生产的革命""成型技术的创举"。近年来，我国大部分产瓷区已经引进这项技术，如景德镇邑山瓷业、深圳永丰源、湖南华联等知名企业。

3.5.2.1 等静压成型对粉料的要求

等静压成型是干压成型的发展，对粉料的要求与干压成型基本上是相同的，但等静压成型对粉料的要求比干压成型更严格。

等静压成型要求粉料为容易流动的无尘颗粒并具有一定的结构粒度和均匀适宜的水分。这些要求对于每个坯体都应该是不变的。结构粒度应为 0.2~0.4mm，含水量应在 1%~3% 之间。

3.5.2.2 等静压成型的特点

等静压成型的特点如下。

① 干压只有一到二个受压面，而等静压则是多轴施压即多方向加压多面受压，这样有利于把粉料压实到相当的密度，同时粉料颗粒的直线位移小，消耗在粉料颗粒运动时的摩擦功相应小了，提高了压制效率。

② 与施压强度大致相同的其他压制成型相比，等静压可以得到较高的生坯密度，且在各个方向上都密实均匀，不因形状厚薄不同而有较大变化。

③ 由于等静压的压强方向性差异不大，粉料颗粒间和颗粒与模型间的摩擦作用显著地减少，故生坯中产生应力的现象是很少出现的。

④ 等静压成型的生坯强度较高，生坯内部结构均匀，不存在颗粒取向排列。

⑤ 等静压成型采用粉料含水率很低（1%~3%），也不必或很少使用黏合剂或润滑剂，这对于减少干燥收缩和烧成收缩是有利的。

⑥ 对制品的尺寸和尺寸之间的比例没有很大限制。等静压可以成型直径 500mm、长 2.4m 左右的黏土管道，并且对制品形状的适应性也较宽。

另外，等静压法可以实现高温等静压，使成型与烧成合为一个工序。

3.5.2.3 等静压成型的工艺操作

（1）模具

根据使用模具不同，可分为湿袋等静压法和干袋等静压法。

对弹性模具材料的要求是能均匀伸长展开，不易撕裂，不能太硬，能耐液体介质的侵蚀。一般常用的模具材料为橡胶，如天然橡胶、氯丁二烯橡胶、硅橡胶等。由于用橡胶制作复杂模具较困难，而且橡胶受高压后容易变形，成本高，故近来采用塑料模具。弹性模具还需要一些辅助工具配套，如模具的支撑、抽空装置、密封夹紧装置等。确定模具尺寸时，还需要考虑到粉料的压缩比，压缩比是指粉料振动装模后所占的体积与成型后生坯体积之比。根据压缩比可估计成型前模具尺寸。同时，施压介质一般采用加防腐剂的水、甘油、刹车油、锭子油等。

（2）湿袋等静压法与干袋等静压法

当弹性模具装满粉料，密封后放入高压容器中，模具与加工的液体直接接触。施压容器中可以同时放入几个模具，如图 3-19 所示即为湿袋等静压法。这种方法用得比较普遍，它适用于研究或小批生产，在压制形状复杂或特大制品时也常用此法，但操作较费时。干袋等静压法（图 3-20）是在高压容器中封紧一个加压橡皮袋。加料后的模具送入此橡皮袋中加压，成型后又从橡皮袋中退出脱模。也有的将弹性模具直接固定在高压施压容器内，加料后封紧模具就可升压成型。干袋等静压的模具不与施压液体直接接触，这样可以缩短或节省在施压容器中取放模具的时间，加快了成型过程。但这种方法只是在粉料周围受压，模具的顶部或底部无法受压，而且密封较难。此法适用于成批生产特别是管子、圆柱体等形状的产品。

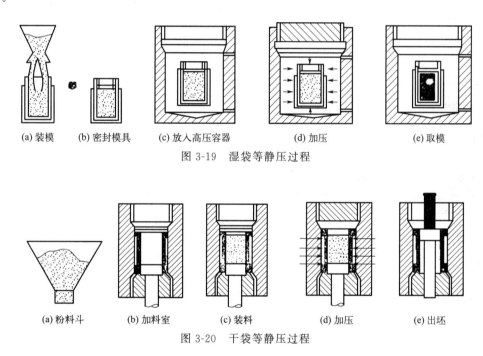

(a) 装模　(b) 密封模具　(c) 放入高压容器　(d) 加压　(e) 取模

图 3-19　湿袋等静压过程

(a) 粉料斗　(b) 加料室　(c) 装料　(d) 加压　(e) 出坯

图 3-20　干袋等静压过程

（3）成型设备

等静压成型设备有立式和卧式二种。立式等静压成型其原理如图 3-21 所示。目前工厂采用较多的还是卧式等静压成型，据称其造价仅为立式的 $60\%\sim70\%$，图 3-22 为其成型时的喂料、成型示意图。根据工作温度可分为常温液体等静压法、中温液体等静压法和高温气体介质等静压法。

典型的湿袋等静压成型具体操作过程为：

粉料称量→固定好模具形状→装料→排气→把模具封严→将模具放入高压容器内→把高压容器盖紧→关紧高压容器的支管→施压→保压→降压→打开高压容器的支管→打开高压容器的盖→取出模具→把压实坯体取出

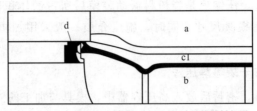

(a) 上模升高、隔膜压力解除、加入颗粒计量的装料位置

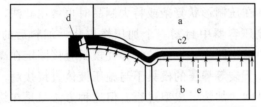

(b) 上模压下时的加压位置、均匀压力下的隔膜压紧的颗粒成型

图 3-21 立式等静压成型

a—钢制或塑料制的上模；b—钢制或塑料制的隔膜座；c1—被压制的原料颗粒；

c2—压制成的坯盘；d—隔膜；e—压缩室（压力流体）

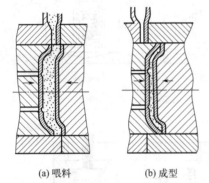

(a) 喂料   (b) 成型

图 3-22 卧式等静压喂料、成型

对于干袋等静压法，操作过程可以省略一些，有的操作可合为一个过程。

（4）操作过程

① 备料 制备等静压粉料的过程与干压法相似。对于无塑性的粉料颗粒则要求细一些（$20\mu m$ 以下粉料的含水量为 $1\%\sim3\%$）。水分太多，不易排除空气，并易产生分层。采用喷雾干燥的粉料颗粒是较好的，它易于均匀填满模具内。

② 装料 把粉料装入模具中时，一般不易填满，尤其是形状复杂、有较多凹凸的模型。这可采用振动装料，有时还一边振动一边抽真空，效果更好。粉料振紧后，把模具封严，封处涂上清漆，放入高压容器中。

③ 加压 一般陶瓷料压力为 $1.96MN/m^2$，无塑性的坯料压力要高些，例如无线电瓷用压力为 $5.88\sim9.8MN/m^2$，耐火砖可加压至 $9.8\sim13.7MN/m^2$。如果提高压力能使粉料颗粒断裂或颗粒移动，则会增加生坯的致密度和烧结性。但等静压成型的设备费用随压力提高而增加，超过产品的要求而去提高压力等级是不经济的。

④ 降压 装在模具内的粉料，在高压容器受压时，残余空气的体积被压缩（在 1000 大气压下，空气体积会减小到原来体积的 0.2%），它只占据颗粒之间的空间。成型后要避免突然降压，以免生坯内外气压不平衡会使坯体碎裂，所以要均匀缓慢地降压。

3.5.2.4 等静压成型在生产中的特点

对于日用陶瓷来讲，盘、碟、斗碗类产品采用等静压成型；鱼盘类产品采用塑压成型；杯类产品采用滚压成型；糖缸、奶盅、壶类产品则采用注浆成型。这是较为理想的成型组合。一般来说，采用等静压成型的优越性有：

　　① 用弹性模代替石膏模，石膏模强度低，易破损，消耗量大，成本高，生产加工存放场地大，耐磨性差，由于模具表面缺陷而影响产品质量，弹性软模则无这些缺陷；

　　② 不用干燥，降低能量消耗，不用干燥房，不存在干燥开裂变形，等静压成型干压料含水率 $1\%\sim3\%$，生坯可直接入窑素烧或上釉本烧；

　　③ 可以使用塑性差的瘠性料，有的瓷区原料除加入塑性剂外，不进行任何加工；

　　④ 可以直接使用原料加工厂的干粉，成型前除加入少量塑性剂外，不用进行任何加工；

　　⑤ 制品密度均匀，干燥烧成变形小；

　　⑥ 生坯强度高，破损极小；

　　⑦ 厂房面积可减小 $70\%\sim80\%$。

　　等静压成型除在工艺上的优点外，在设备方面与干压法相比其优点还表现在：

　　① 便于采用组合模具，适应复杂产品的成型；

　　② 同样的生产能力，等静压设备的投资是较低的；

　　③ 设备体积较小，占地面积小，建造成本也较低；

　　④ 模具成本较低，复制模具方便；

　　⑤ 便于实现自动化。

3.6　成型模具

3.6.1　概述

　　日用陶瓷造型品种繁多，器型复杂。但不管是哪一种造型，要完成批量生产，提高生产效率，并保证同一品种的规格化，一定要靠模具作为基本的生产工具。模具决定了产品的外形或内形，模具的制造在陶瓷生产中处于重要位置，其质量对保证产品制作的精良起关键作用。据计算，日用陶瓷石膏模的消耗占生产总成本的 $4\%\sim10\%$。

　　陶瓷模型生产源远流长，据考古材料证明，在新石器时代的仰韶文化时期，制陶就用陶模生产。在清代以前，日用器皿大部分用陶模印坯黏合，规模化生产受到了很大限制。在清末，石膏才被应用到陶瓷生产中，当时景德镇的陶业学堂首先制成石膏模型，后推广于景德镇，其后，各地区普遍使用。

　　陶瓷模型的制造最初是作为辅助工序出现的，后来随着陶瓷工业的发展逐渐成为了一门工艺技术。它综合了车削、浇注和雕刻、雕塑、立体造型灯艺术。其制造工艺包括模种制造和模具复制两个主要内容。模种的制造相当于机械行业中的车、钳、铣、刨，模具的复制相当于铸造工艺。

　　陶瓷造型制作分为工业化生产和手工艺生产两大类，由于生产工艺手段不同，在制造风格方面也迥然不同。工业化生产的陶瓷，是指利用石膏模具和机械设备生产制作陶瓷，这种方式生产的陶瓷产品，主要是大量使用的日用陶瓷、配套餐具、茶具等。陈设陶瓷也有很大部分用现代工业化生产，这类陶瓷产品，往往批量大，造型规律一致，所以在生产中，可以通过浇注统一的、大量的石膏模具，供各种成型方法使用，生产速度快，产量也比较大，能够满足自动化和半自动化生产。这种方式生产的产品，一旦定型之后，能够比较准确地按工艺要求进行大批量的生产，而且便于控制产品的规格、样式。模具在陶瓷生产中起着重要作用。

陶瓷造型的不同，在生产中的成型方法也有所不同。由于成型方法的不同，所以对石膏模的选用和质量要求也不同。如何选择正确的成型方法，制作合格的模具，直接影响到生产效率、生产成本和产品质量。

3.6.2 石膏种类

石膏是陶瓷模具生产的主要原料，一般为白色粉状晶体，也有灰色和淡红、黄色等结晶体，属于单斜晶系，其主要成分是硫酸钙，按其中结晶水的多少又分为二水石膏、半水石膏和无水石膏。天然二水石膏可分为五种。

① 土石膏：土状，不凝结或稍凝结，不纯净，不适于制作石膏模型。

② 普通石膏：含杂质较多，系叶片状或粒状晶体，常为块状矿石。

③ 雪花石膏：致密细颗粒晶体，纯矿呈白色，不纯常带黄色、褐色和浅红色。

④ 纤维石膏：白色纤维状或针状晶体，有丝绸状的光泽，丝光越亮，纤维越小，结构越致密。

⑤ 透明石膏：块状，无色透明。

在自然界中，二水石膏常与无水石膏共生，纯天然的无水石膏比较少见。我国部分地区生石膏的品种和性质见表 3-11。

表 3-11　我国部分地区生石膏的品种和性质

产地	品种	外观特征	$CaSO_4 \cdot 2H_2O$ 含量/%	容重/(t/m³)	不溶物
湖北应城	白石膏	白色	≥85	2.3	0.24
湖北荆州	白石膏	白色	≥85	2.3	0.30
湖南衡山	纤维石膏	白色	≥90	—	—
湖南平江	冰石膏	白、灰白	≥91	—	—
云南李开坪子	雪花石膏	白色	70.82～80.34	2.26	—
云南元江官仓	雪花石膏	白、灰、深灰	97.95	2.26	—
甘肃武威	半透明石膏	白、灰白	85～91	2.4～2.5	0.42
甘肃天祝	雪花石膏	灰白、深灰	65～85	2.2～2.6	0.70
广西钦州	纤维石膏	白色	96～98	1.8	0.20
宁县甘塘	雪花石膏	白、灰白	—	2.2～2.8	—
黑龙江	半透明普通石膏	白、浅黄	66～82	1.98	—
广东三水	纤维石膏	灰白、肉红	95～98	2.3	0.45
广东兴宁龙田	普通石膏	白、浅黄	78.5	2.3～2.4	—

由于陶瓷模具使用的石膏，其质量要求较高，因此必须注意选用含二水石膏含量较高（一般不低于 85%）、质地较纯的透明石膏和纤维石膏。

3.6.3 石膏原矿质量鉴别

刚开采的石膏原矿，或多或少都含有一定量的杂质，就是同一产地开采的深度不同或方位不同，其纯度也有所变化，结晶形式和外观特征有时也有变化。每一批石膏在投入使用时都必须经过外观检查、化学成分分析和一系列的性能试验，以鉴定其性质和质量。对同一矿产地的原料，除外观检查和化学分析外，其他性能可以抽选其中的某几项进行，对矿产地有变化的原料或经过外观检查及化学分析，发现其质量变动较大时，则应对其各项性能进行全面的测定。

（1）取样

为了对每一批原料进行外观检查、化学分析和其他性能的试验，事先必须选取有代表性的试样，此试样应能充分反映出该批原料的性质及组成。一般在矿堆上取样。必须均匀地在矿堆的平面和高度的各个不同位置选取试样。一般 100t 石膏要选取 400kg 试样，然后将选取的试样粉碎成 2～3cm 大小的小块，再从这些小块的不同位置选取出不少于 30kg 的样品，粉碎到生产所要求的细度，待取样送检。

（2）外观检查

首先观察颜色和晶体结构、表面和晶块之间的杂质情况，并做好详细记录，一般来说，石膏原矿以呈白色、半透明、浅红色者质量较好，大块的矿石中允许含有少量页岩或泥沙。

（3）化学成分的测定

化学成分的测定一般分为半分析和全分析两种。所谓半分析就是只测定结晶水、氧化钙和三氧化硫三项指标。而石膏全分析除半分析三项指标外，还需测试附着水、不溶物、三氧化二铁、三氧化铝、氧化镁、灼减量等。

对常用原料，经外观检查认为变化不大的，一般进行半分析就可以，但对新料，则必须进行全分析。

3.6.4　石膏模的制作

3.6.4.1　石膏模用石膏（半水石膏）

制造石膏模时用的石膏是半水石膏，它是将二水石膏即生石膏（$CaSO_4 \cdot 2H_2O$）加热脱水所得。生石膏中所含 3/4 结晶水与硫酸钙晶体结合较疏松，其余 1/4 结晶水结合较紧密。把生石膏加热煅烧至 65℃，即开始排除结晶水，加热至 100～140℃时，大量结晶水溢出并出现沸腾现象，一般升至 150℃后，由于结构中所含 3/4 结合较松的结晶水已大部分排除，所以石膏沸腾现象趋于平缓，此时大部分二水石膏已变成半水石膏（$CaSO_4 \cdot 0.5H_2O$），继续升高温度至 180℃，余下的 1/4 结晶水也开始溢出，继续升到 200℃，则变为无水石膏（$CaSO_4$）。因为无水石膏与水调和后没有凝固作用，所以不能用于制造陶瓷模具。

3.6.4.2　半水石膏的制备

陶瓷模具用的石膏，其质量要求一般比建筑用的石膏较高，加工时应注意三个方面：

① 选用优质矿石，选出后应清洗；

② 粉碎时应严格控制细度，过粗会影响石膏模型的强度；

③ 各种天然石膏矿因成分不同，煅炒温度也不同，为了得到最佳的质量，最后确定煅炒温度，一般批量生产所使用的温度需比实验室稍高。

制备条件不同，可以得到两种晶型的石膏。一般都是这两种石膏混合使用：α-半水石膏强度高，但水化能力弱；β-半水石膏水化能力强，但形成的石膏模具强度较低。

（1）β-半水石膏

它是以粉碎至一定细度的二水石膏，在 1 个大气压状态下，经过 160～180℃均匀煅炒而成，其结晶水以气态排除。

煅炒 β-半水石膏常用的设备有两种，分别为平底石膏炒锅和回转式煅炒炉。

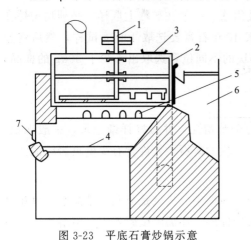

图 3-23　平底石膏炒锅示意
1—搅拌器；2—锅体；3—加料门；
4—炉栅；5—排烟孔；6—熟石膏出口；7—炉门

图 3-23 是一座带有搅拌机的自动出料平底炒锅，其结构比较简单，主体是一个内装搅拌器的密封锅。这种设备虽然简单，但是搅拌不太均匀，易使半水石膏脱水不一致而影响质量。一些中小厂家，现在还使用此种设备。而经济能力较好，且石膏使用量较多的厂家，则选用回转式煅炒炉，如图 3-24 所示。回转式煅炒炉适用于大型陶瓷厂和石膏粉厂使用。煅炒过程是将粗碎后的石膏块（＜3cm），由加料斗经过喂料盘进入回转筒，该筒分五节，每节大小一样，筒体呈倾斜状，回转筒的转速为 2r/min。生石膏进入筒体后往下滑动。热气则由下往上逆行，这样石膏便在筒体中缓慢地边滑动、边翻转、边受热脱水而完成煅炒过程。它是细小颗粒，无特有的晶型，这种颗粒碎屑孔隙和裂纹较多，表面积大，由此影响了它的强度、硬度，但有较强的吸水能力。

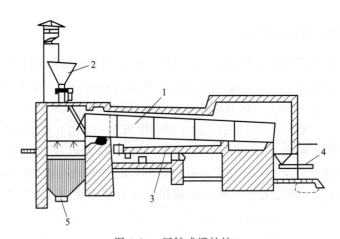

图 3-24　回转式煅炒炉
1—煅烧回转筒；2—加料斗；3—燃烧室；4—出料螺旋输送器；5—输灰器

（2）α-半水石膏

α-半水石膏，又称高强度石膏。其生产流程如下。

石膏矿石→挑选、清洗→粉碎（15～50mm）→蒸压锅（蒸汽压力 2MPa）→热风干燥（200～240℃）→粉碎（100～120 目筛）→入仓储存

α-半水石膏的制备过程主要是在密闭的蒸压锅内，二水石膏受到蒸汽的加热，石膏析出部分结晶水，其结晶水是以液态排除，形成结晶的半水石膏，然后通过热风干燥、粉碎和过筛而得到 α-半水石膏粉。α-半水石膏是由针状晶体组成，具有整齐的晶面，晶体很少有孔隙和裂纹，具有较小的表面积。其制品强度较高，但吸水率较低。一般蒸压锅有立式和卧式两种，分别见图 3-25 和图 3-26。两种蒸压锅的作用和工作原理相同。表 3-12 是 α-半水石膏和 β-半水石膏的性能比较。

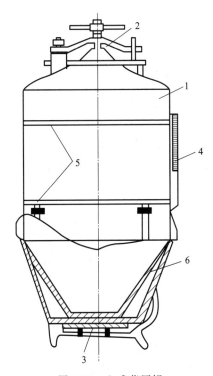

图 3-25　立式蒸压锅

1—蒸压锅体；2—加料盖；3—出料口；4—直立蒸汽管；5—水平环形蒸汽管；6—筛子

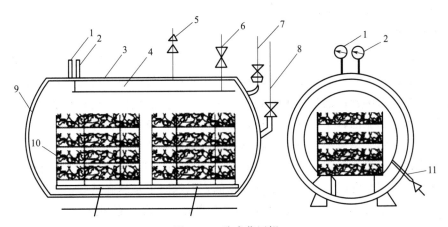

图 3-26　卧式蒸压锅

1—气压表；2—保持压力表；3—蒸压锅体；4—蒸压锅夹层；5—安全阀；6—保湿管；
7—截止阀；8—蒸汽管；9—蒸压锅入口门；10—石膏车；11—出水器

表 3-12　α-半水石膏和 β-半水石膏的性能

性能	α-半水石膏	β-半水石膏
晶型	针状晶面,整齐	无定形,多为屑粒状
相对密度	2.72~2.73	2.67~2.68
标准稠度的石膏:水	100:(45~55)	100:(70~80)
标准稠度制品吸水率/%	35~40	50~60
抗折强度/MPa	30	15
抗拉强度(七天后)/MPa	25~50	16

3.6.4.3　影响半水石膏模具质量的因素

石膏矿物组成不同和半水石膏制备工艺不同,使模具的质量和使用性能有很大差别,也直接影响陶瓷制品的质量。所以制定合理的生产工艺显得十分重要,熟石膏的使用过程,实质上是把半水石膏水化,重新变为二水石膏的过程。所以在熟石膏质量不变的情况下,加水量的多少、膨胀率的控制、添加剂的使用,都将直接影响模具的质量。

(1) 石膏模加水量

理论上石膏与水搅拌时进行化学反应需要的水量为 18.6%,在模型制作过程中,实际加水量比此数值大得多,其目的是获得一定流动性的石膏浆以便浇注,同时能获得表面光滑的模型;多余的水分把石膏的针状晶体隔开,干燥后留下很多毛细气孔,使石膏模型的吸水性增强,但降低了石膏模具的强度。

加水量不仅对石膏模具的强度、密度、吸水率有影响,而且对石膏的凝结时间有影响,随着水量的增加,石膏凝结时间增长,当用水量为 160%~190% 时,便会出现不凝固现象。如果用水量为 50% 时,搅拌困难,用水量为 40% 时,根本无法测定凝结时间。在工厂中制作不同要求的模具时:注浆成型石膏与水的比例为 100:(70~80);可塑法成型比例为 100:(60~70)。

吸水率是石膏模型一个重要的参数,它直接影响注浆时的成坯速度。陶瓷用石膏模型的吸水率一般在 38%~48% 之间。

(2) 控制膨胀率

石膏的膨胀率约为 0.18%,使石膏模的表面有精细的花纹,但是膨胀率对于模型尺寸变化却非常不利,因为生产时由原型翻成种模,由种模翻成母模,再由母模翻制工作模,每次都有膨胀,就会影响到产品尺寸的准确性。另外,对于那些由多模片组成的注浆模具,由于反复膨胀,而且膨胀的各个方向不一样,往往造成工作模不能很好的吻合,严重的会造成漏浆。一般来讲,膨胀率越小越好,现在母模大都采用硫黄种。

实践证明,适当提高水温,延长凝固时间,可适当降低膨胀系数,无论是 α-半水石膏或 β-半水石膏,使用水温越高,其膨胀系数越低,但水温不是越高越好,一般工作模使用 β-半水石膏时,宜用水温 16~20℃;使用 α-半水石膏时,水温不宜超过 45℃。

(3) 缓凝剂和速凝剂的使用

有时由于生产工艺的特殊要求,必须对石膏的凝固时间加以控制和调整,这时可以使用缓凝剂或速凝剂。使用缓凝剂,可以延缓石膏溶解和胶凝的过程,同时可提高模型的强度,延长使用寿命。常用的缓凝剂有硼砂、鞣性减水剂、明胶、腐殖酸钠等，用量一般在0.1%～0.5%之间。另外还有一些无机盐和有机物可以作为缓凝剂，如尿素、单宁酸钠、亚硫酸纸浆废液等，但有些镁盐、钠盐、铁盐的缓凝剂，易导致石膏风化，所以选用时应注意。

使用速凝剂，能提高石膏的溶解度，加速凝固过程，但会降低制品的强度，所以制模时，很少用速凝剂。速凝剂有硫酸钾、硫酸钠、硝酸钾、硝酸钠、氯化钾和氯化钠等。

(4) 熟石膏存储

一般应存放 2～8 天后才使用，因为刚炒好的石膏粉反应能力极强，以致浇注模型中，使模型中含有较多的空气。熟石膏保持在干燥通风的地方，严格控制好保质期。

3.6.4.4　提高石膏模质量的措施

石膏模质量的好坏，直接影响到模型的使用效果、使用寿命和生产成本。如何提高石膏模的质量，主要有以下几个方面。

(1) 提高石膏模强度

① 石膏浆的真空脱气。使用经过真空处理的石膏浆浇注模型，可减少由于石膏粉在水化过程中生成的气体和粉料带入的空气，避免石膏模型出现针孔、硬块等问题。这种脱气机（图 3-27）的技术参数一般为搅拌轴转速 400r/min，电机功率 0.25kW，真空度为 680cmHg（1cmHg＝1333.2Pa），脱气时间为 1～2min。

② 添加增强剂。在浇注石膏模时，在模壁内放入一些麻绒或人造纤维，大型模具可在模壁内加钢丝或钢筋凝固，以增加石膏模的强度，但这种方法易使模具表面受损。一般可用掺增强剂的方法，加入少量硼砂、矾土、石灰、动物胶、尿素、鞣性减水剂、聚酯树脂、腐殖酸钠等，都能有效提高石膏模的强度。

(2) 轻烧提纯石膏

轻烧提纯石膏能有效提高石膏的纯度，从而使石膏模的质量得以提高。因为天然石膏矿由于成矿、开采、运输过程中混入杂质，一般在分选和清洗时，不易将页岩等不溶物杂质除去，而这些杂质，在模型中不仅降低了模型的吸水率和使模型的吸水不均匀，而且硬度比石膏硬，在模型使用过程中，很快就会使模型表面出现凹凸不平等现象。

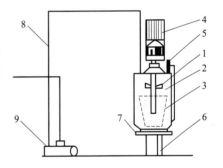

图 3-27　石膏真空脱气装置
1—搅拌机；2—真空室；
3—浆桶；4—电机；5—排气管；
6—升降螺杆；7—密封托盘；
8—导气管；9—真空泵

轻烧提纯工艺，就是把石膏矿破碎到直径 5～7cm，在 140℃下，经 2h 加热，然后进行筛选和分选，剔除页岩等不溶物杂质，轻烧后的 β-半水石膏呈白色，杂质呈黑色或灰色。颗粒大小、煅烧温度和时间要严格控制，既要避免温度过高，使石膏脱水成无水石膏，又要防止颗粒度大或煅烧时间短，温度不均匀，造成煅烧深度浅，石膏块的中心没烧透，无法进行选矿。

(3) 提高石膏模的表面硬度和光洁度

测试石膏模的表面硬度和光洁度有划痕法和耐磨耗性法两种。划痕法是在测定尺寸后，用划痕硬度试验机，测定在荷重 50g 时被划起的划痕的幅度，数值越小，则表面硬度越高。而耐磨耗性则是在测定尺寸后，将试体表面反复平磨 30 次，测定其重量减少率，数值越小，则表明试样表面硬度越高。一般石膏模在标准稠度下的划痕硬度在 0.21mm 左右，耐磨耗性在 13.4% 左右。

一般来讲，日用陶瓷用的石膏模表面硬度都比较低，在实际生产中，石膏模都受到水的渗透作用和物理颗粒的摩擦，还有一些稀释剂的腐蚀，造成石膏模表面出现麻面现象而影响石膏模的使用寿命和质量。为了提高表面硬度和光洁度，还可以经过精修、抛光处理及涂层处理。常用的涂层材料有脱模剂，如肥皂液、桐油、虫胶漆等。肥皂液除了起到润滑和隔离母模和工作模的作用之外，还能和石膏起化学变化生成油酸钙。这种生成的油酸钙不溶于水并能填满模型表面的孔隙，从而提高模型表面的光洁度，特别是使用含钾肥皂液处理过的模型，表面更光更亮，光洁度更高，在实际生产中会发现经肥皂液处理过的石膏模表面有一种象牙色的蜡光。桐油经常被用于涂抹石膏母模及工作模，以提高耐磨性从而延长使用寿命。桐油是一种干性油，干后的涂层不软化也不溶化，几乎不溶于有机溶剂，将涂了桐油层的模型经 50～60℃烘干后，表面具有防水、耐磨及较高硬度（硬度可提高数倍）。虫胶漆是一种动物性数值，常用 95° 的酒精作为溶剂来溶解虫胶漆。将虫胶漆溶液擦于模种或母模表面上，等酒精挥发后在模型的表面上形成一层漆层，这层漆膜具有防水、耐磨、提高表面光洁度和硬度的性能。但在使用过程中，一般漆层在 0.05～0.1mm 之间。

3.6.5 浇注石膏模型

3.6.5.1 概述

日用陶瓷模型制造工艺一般是先车制或雕塑出一个型（即原胎），再经过几次翻制，最后才浇注出生产用的石膏模。其翻制流程：型、模种、母模、工作模。因为不同厂的叫法不同，本书中采用了国内几个大的日用瓷生产产区（潮州、醴陵、景德镇等）制模工人的习惯叫法。模具的几个概念介绍如下。

型（原胎）是按图纸或样品，或创作意图放尺后车制或雕塑出来的模型，一般材料是可塑泥或石膏。

模种用型重新复制出来的与型的结构一样的模型称为模种，用它来翻制母模。常用材料为硫黄或 α-半水石膏。

母模是由模种翻制而来，用来浇注石膏工作模的模型。母模包括底模与模围或型心与模围，一般常用材料为硫黄。

工作模从母模中浇注而成，用于成型坯体的模型，常用材料是 α-半水石膏和 β-半水石膏。

底模是指在制模工艺中，为了操作上的方便，一般将形面同有阶梯的底盘连在一起形成的整体。

模围是指在制模工艺中，为了便于翻制工作模，在工作模外浇注的一个围子。模围是母模的组成部分，它决定了工作模的外形。

外围是指在模围外在浇注的一个围子，用它和工作模及底模组合来翻制模围。

阴模是指模型的内形决定器皿外形的工作模。

阳模是指模型的外形决定器皿内形的工作模。

3.6.5.2　选用母模（模种）

可选用现成的也可以根据所需样品的尺寸，通过放尺计算出需要浇注的模型的大小、尺寸，通过石膏注浆后车出母模。阴模和阳模的模种结构图分别为图 3-28、图 3-29 所示。

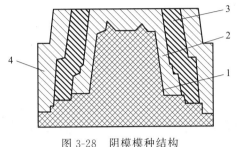

图 3-28　阴模模种结构

1—底模；2—石膏模；3—模围；4—外围

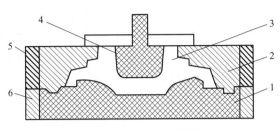

图 3-29　阳模模种结构

1—下模围；2—上模围；3—石膏模；

4—辅助件；5—上外围；6—下外围

3.6.5.3　浇注模型

(1) 合适的膏水比

一般来说膏水比越大，石膏浆的凝结速度越快，模型的强度越高，吸水率越小，扩散系数也越小。膏水比的最佳范围因半水石膏种类的不同而有所不同，使用 α 石膏粉的膏水比应当比 β 石膏粉的大一些。

① 要保证模型具有良好的吃浆性能和脱模性能，即要求模型吃浆速度适中，湿坯脱模不塌不黏，湿坯裂少。（加入大量水分可以把针状的石膏晶体及碎屑状的分隔开，干燥后留下许多小孔，使模型吸水率增强。但是过多孔，强度会降低。）

② 要保证模型有足够的强度，从而保证使用次数。

③ 要求石膏浆凝结时间适中，既要保证有充分的时间进行操作，又不影响效率，通常情况下是加添加剂来调整。（为了提高膏水比，延长搅拌时间必须选用缓凝剂，现在各厂使用的缓凝剂种类很多，如腐殖酸钠、焦磷酸钠、硼砂等，也有的使用 NaCl、K_2SO_4 等。）

(2) 搅拌与抽真空

石膏浆的充分搅拌可使石膏与水混合均匀、气孔分布均匀，这样有利于提高模型强度和改善模型的吃浆性能，但无限延长搅拌时间会使石膏浆的凝固速度显著加快，不利于浇注。

石膏浆在搅拌时，进行真空处理，可以抽出混入石膏浆内的气泡，使模型内气孔分布均匀，从而可提高模型的强度和吃浆性能。

(3) 控制水温

半水石膏加水搅拌时的水温控制应该引起重视，因为水温对石膏浆的凝结速度、模型强度以及膨胀率都有影响，尤其是对凝结速度的影响较大，如其他参数固定，使用 20℃的水比使用 8℃的水石膏浆的初凝时间缩短 1/3 以上。有的工厂要求石膏浆的温度为 15℃。

（4）脱模时间及脱模剂

确定终凝时间作为脱模时间的参数，脱模时间提前了对模型质量不利，延长了也不行。因为石膏在固化时要产生体积膨胀，同时放热，如不及时脱模，模型的膨胀和放热效应会对母模造成损害，也会造成脱模困难。为了顺利脱模，在浇注模型时都选用脱模剂，较常用的脱模剂有钾皂液、植物油。

脱模剂是一种润滑剂，它有减少摩擦、清洁、密封的作用，用以保护母模和预防工作模损坏。由于脱模剂是一次性使用，而陶瓷坯件又需防止油渍污染，因此，选用的脱模剂必须是溶解能力好，容易被清水或碱水洗净的脱模剂。石膏模型用的脱模剂，由于各地区的不同而有所差别，但大致可分为以下几类。

① 坯泥浆或釉浆脱模剂。是把稀泥浆或者釉浆涂在母模的表面上，用以隔离母模和工作模，起到防止粘连的作用。但由于泥浆和釉浆颗粒较粗且分散不均匀，不仅涂抹不方便，而且浇注出来的工作模表面不光滑，所以这种脱模剂很少使用。

② 植物、动物、矿物油脱模剂。在浇注石膏模之前，直接把菜油、豆油、茶油、煤油等植物油或矿物油涂在母模工作面上，或者先擦肥皂水、碱水之后再刷一遍油作为脱模剂，这些方法使用比较普遍。最主要是石膏是水化物，而油是憎水物质，所以在母模工作面上涂上一层油脂或脂肪酸碱，能把母模与工作模隔离开来，从而起到了容易脱模的作用，对母模起到了很好的保护。但翻制出来的工作模表面上会留下油脂的痕迹，所以应把油迹洗去，但用常温清水很难洗干净，用碱水又会破坏工作模表面，最好的方法是用海绵蘸 50℃的热水擦净。

③ 肥皂液与碱皂液脱模剂。用普通肥皂水作为脱模剂，便宜、经济，但肥皂水泡沫多，在母模上涂上肥皂水后，必须将泡沫抹净，以防工作模表面不光滑。为增加母模的润滑性，往往在擦完肥皂水后，再刷一层植物油或煤油。所以这种方法在工作模用量比较少的工厂使用。对于模具用量比较大的工厂，一般用自制碱皂液作为脱模剂，主要原料有松香、桐油、石灰、纯碱等。自制脱模剂，降低了价格，又节约食用油，这种自制的碱皂液，含有不饱和脂肪酸和甘油酯，能提高脱模剂的润滑能力，脱模性能好，对延长母模的使用寿命，保证工作模质量都有好处。除此之外，这种皂液比油脂的洗涤性强，沾染在工作模表面上的脱模剂，用海绵蘸清水一抹，就能擦干净。

3.6.5.4 石膏模在使用时出现的问题

（1）吸水能力降低

① 泥料中的细颗粒堵塞了表面毛细管。

② 注浆泥料中使用稀释剂不当，如有碳酸钠、硅酸钠等无机电解质会使模中的硅酸钙、碳酸钙增多并使硫酸钠在模内结晶析出。

电解质对模型的损害程度，其顺序为氢氧化钠＞碳酸钠＋硅酸钠＞铝酸钠＋单宁酸钠＞碳酸钠＋单宁酸钠＋硅酸钠，因此最好选用危害性小的或有机电解质。

（2）表面出现溶洞和不光洁

① 使用电解质不当。

② 选用的石膏质量差。

③ 烘干温度高，使受热面受损。

④ 石膏的水溶。

3.6.6　不同成型方法对石膏模具的要求

（1）注浆成型对模具的要求

注浆成型由于采用的是泥浆，其特点是坯料含水量大（一般实心注浆含水量为 28％～30％，空心注浆为 32％～35％），靠石膏模吸浆固化的作用而成型。这就要求石膏模具有良好的吸水率。由于 β-半水石膏比 α-半水石膏吸水率大得多，所以在生产注浆模具时，采用 β-半水石膏比较适宜。有时在生产压力实心注浆模具时，采用 β-半水石膏加 α-半水石膏的方法。

（2）可塑法成型对模具的要求

由于可塑法成型所用的泥料含水率比注浆成型的泥料含水率低（滚压成型和旋压成型泥料含水率 21％～23％，压制成型泥料含水率 20％～21％），所以对模具吸水率的指标要求不太高。而可塑法成型一般都是机械法成型，在成型过程中都直接受到较大机械力的作用，因此需石膏模有较高的强度。除了控制好石膏浆的膏水比、真空脱气、增强处理之外，尽量选用高强石膏。因此最好采用 β-半水石膏和 α-半水石膏的混合石膏。

3.6.7　新型材料模具

石膏虽然是一种比较好的制模材料，但其机械强度不够、使用寿命较短、工作温度低、易受水与电解质的侵蚀等，这些均对成型工艺、自动化生产、快速干燥等新技术造成了制约，为了解决此问题，新型材料模具也被相继研发，下面是一些研究内容。

（1）改性石膏模

在浇注模型的石膏中，引入少量的硼砂、动植物胶、腐殖酸钠、尿素、鞣性减水剂等改善模具的强度、光泽度、耐水性、耐磨性，并对石膏的粒度有分散作用，因而增加了石膏的浆体流动性，减少注浆水分，提高了石膏模的致密度和表面光滑度。但这类添加物的胶状性能会影响石膏模的气孔。

（2）塑料模

塑料模具有微孔结构，表面光滑，机械强度高，耐磨性能好，并耐腐蚀，有利于提高陶瓷坯体的质量，使用寿命长，使用次数可以达到 4000 次以上，塑料模的种类主要有聚氯乙烯、聚四氟乙烯、聚氨基甲酸酯等。

（3）无机填料模

无机填料模是用热固性树脂（如酚醛树脂、环氧树脂、聚酯树脂等）加一定颗粒度的无机填料（如石英砂、素陶粉、长石粉、素瓷粉、珍珠岩等），经冷压成型、加热固化而制成。加热固化时会放出气体，形成毛细管状的结构而获得适宜的气孔。这种无机填料模既有石膏模的吸水性，又具有较大的强度。要使这种模具有较高的强度、较多的气孔、较好的光洁度以及较低的成本等等，则要对原料的选择、填料与树脂的配比、颗粒的大小、成型压力、升温曲线和焙烧温度等进行研究，这些都与无机填料模的性能有密切的关系。

（4）金属模

金属模主要有钢模和铝合金模，成型时是将干料或半干料定量装入模内，通过压力机压力成型，这种模具和成型方法适用于生产盘子、茶托、碟子等扁平器皿。其特点是缩短生产周期，大大降低生产成本，产量每小时可达 600 件。对大批量生产的产品，经济效益明显。如果产量不大，由于制作金属模费用的问题，就显得成本较高。

（5）橡胶模

橡胶模分为等静压模和准等静压模。等静压模是利用流体将压力传递到一个弹性模，将粉状材料压制成预定的形状。并根据弹性模是否从受压容器内取出而分为"干袋"和"湿袋"两种方法。这是一种比较新型的成型方法。

对于形状比较简单的制品，可以用准等静压成型的方法成型，而获得相当于等静压成型的条件，其原理是使用能沿制品表面均匀传递压力的材料（如天然橡胶、合成橡胶等）。这种弹性材料具有类似于非压缩液体的作用。准等静压成型时，使粉料沿整个模具内均匀压缩，保证了制品的形状。准等静压的模具可以直接装在普通水压机或机械压力机上，无需专用设备。使用压力比普通金属模压制成型时的压力小 30%～50%，同时坯体的密度也比较均匀。

 思考题

1. 某厂浇注两种用途的石膏模型，即滚压成型和注浆成型用模，其膏水比分别是：A. 石膏粉：水＝1.35：1；B. 石膏粉：水＝1.20：1。试判断两种石膏模型分别适用于哪种成型方法？为什么？

2. 注浆成型有哪几种方式？

3. 注浆成型有哪几个阶段？其各自有何特点？

4. 可塑成型对坯料的要求有哪些？

第4章

坏体的干燥

导读： 本章主要由干燥过程、干燥制度的确定、干燥方法和设备及干燥中常见缺陷分析四个部分组成。通过本章的学习，希望学习者能够了解陶瓷坯体的干燥动力过程及成型方法对干燥收缩的影响；熟悉干燥开裂的类型及产生条件；掌握坯体干燥后性质的影响因素；熟练掌握影响干燥速度的因素、确定干燥介质参数的依据；熟练掌握各种干燥方法的原理、工艺及特点。

成型后的坯体，一般含有较多的水分，必须依靠蒸发而排除，这种工艺过程称为干燥。

4.1 干燥过程

干燥主要有以下几个目的。

① 提高坯体的强度。为了满足后续工序如运输及修坯、粘接、施釉等加工的要求，其干燥温度应超过40℃。

② 减少由于水分汽化为水蒸气带来的能量损失及因体积收缩而导致的坯体破坏。

③ 保证釉面质量。当坯体含水量较高时，对釉浆的吸附能力会下降。潮湿的坯体，施釉时，容易流釉，难以达到要求的施釉厚度。

4.1.1 坯体中所含水分的类型及结合形式

陶瓷坯体为多毛细孔物体，按其坯体中所含水分的结合特性可分为以下三种。

（1）自由水

又称机械结合水、非结合水，在干燥时容易除去。是指存在于物料表面的润湿水分、空隙中的水分及直径小于4～10mm毛细管中的水分。这种水分与物料间的结合力很弱，干燥过程中，坯体外体积的减小量大约等于排除的自由水分的体积，故自由水又称收缩水。

（2）吸附水

又称为大气吸附水，是指坯体的颗粒表面从大气中吸附的水分。吸附水主要是由于黏土颗粒表面的原子有剩余键（不饱和键），与水分子之间有引力而产生的，其数量随环境温度和相对湿度的变化而变化。吸附水一旦被清除，坯体又会从大气中吸附水分来保持平衡。它主要与坯体所处环境的湿度和温度有关系，介质温度越低，相对湿度越大，吸附的水量越多。黏土对水的吸附作用很大，坯料越细，黏土在坯料中占的比例越大，吸附水量越多。

（3）化学结合水

又称为结构水，这种水分处于原料的分子结构中，由于结合牢固，在烧成过程中才能除去。

按生产工艺要求，干燥的目的只是排除坯体内的自由水，不必排除吸附水。

4.1.2 干燥过程与坯体的变化

日用陶瓷坯体，一般都是采取热空气作介质进行干燥的。当湿坯在干燥介质中，通过热质交换，表面水分首先蒸发扩散到周围介质中去，为外扩散；内部水分迁移到表面，力求达到新的"平衡"为内扩散。由于内、外扩散是传质过程，所以，要吸收大量的能量，从而使整个坯体干燥。

按坯体干燥曲线的变化特征，可将干燥过程分为四个阶段，如图 4-1。

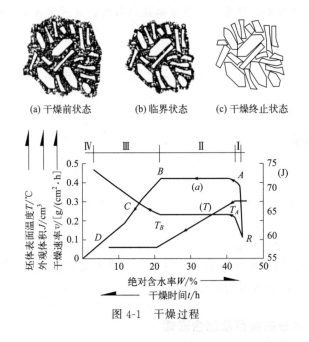

(a) 干燥前状态　　(b) 临界状态　　(c) 干燥终止状态

图 4-1　干燥过程

（1）预热阶段

预热阶段用高湿度的干燥介质对坯体进行加热。在此阶段中，干燥介质的热量主要用来提高坯体的温度。当坯体吸收的热量和蒸发水分耗去的热量相等时，干燥速度增至最大 A 点。由于介质的湿度高，蒸汽分压大，坯体表面的水分蒸发较少，坯体体积基本不变。

（2）等速干燥阶段

在这个阶段，坯体表面的温度不再升高，从干燥介质得到的热量全部用来蒸发水分。此时，内扩散速度等于外扩散速度，即坯体表面蒸发掉的水分由其内部向坯体表面源源不断地补充，因此，坯体表面总是保持湿润，干燥速度恒定，故称等速干燥阶段。

在这个阶段中，随着坯体含水量的降低，坯体逐渐产生收缩，收缩的体积相当于排出水的体积。此时，若干燥速度过快，表面蒸发剧烈，外表层很快收缩，甚至过早结成硬皮，妨碍坯体内部水分向外部移动，增大了内外温度差，会导致坯体出现裂纹或变形。因此本阶段是干燥过程最关键的阶段，应使生坯表面的温度均匀、稳定。

（3）降速干燥阶段

经过等速干燥，当坯体水分含量降至一定值后，内扩散的速度小于表面水分蒸发速度和外扩散速度，干燥速度逐渐降低，由于坯体表面不能保持润湿，内部的水分则以蒸汽的形式排出，此时干燥速度下降，坯体的表面温度逐渐升高，所以称之为降速干燥阶段。这个值称为临界含水量点，到达这个临界点后，坯体几乎不再收缩，可以采取加快干燥的措施，坯体也不会产生裂纹。继续干燥排除水分，则坯体内部形成孔隙，孔隙体积等于排除水分的体积。

（4）平衡阶段

坯体中的机械结合水完全排除后，坯体中还含有吸附水，与周围空气的温度和湿度保持平衡状态，气孔不再增加，干燥速度为零。此时坯体内的含水率称为平衡水分。

4.1.3　影响干燥速度的主要因素

在生产中我们总是希望干燥速度快一些，干燥过程实质上是水分的蒸发和扩散，要实现快速干燥必须做到传热快、蒸发快、扩散快，保证水分均匀蒸发，坯体均匀收缩而不变形、开裂。而实际上干燥速度一般都难以提高，主要是由于干燥速度太快，坯体易产生变形和开裂，也受到干燥设备和条件的限制。其干燥速度主要取决于内扩散和外扩散的速度。

4.1.3.1　影响内扩散的因素

（1）坯体性能的影响

在坯料组成中，瘠性原料多，或颗粒较粗，不仅减少成型水分，而且能加快内扩散速度。然而，坯料中黏土用量多或颗粒较细，会使坯体中毛细管小，内扩散阻力较大，故内扩散速度减慢。

黏土类型不同收缩也不同。高岭土、塑性黏土、胶体颗粒蒙脱石在干燥过程时发生的线收缩分别为 3%～8%、6%～10%、10%～25%。含 Na^+ 的黏土矿物的收缩率大于 Ca^{2+} 的黏土矿物。

（2）坯体内温度的影响

在干燥过程中，坯体内部湿度大于表面湿度，这是由内扩散速度低于外扩散速度所致。因湿度差导致湿传导，即水分由内部向外扩散。但在热空气干燥中，由于坯体表面温度高于内部温度差所引起的热传导，与湿传导方向相反，使干燥速度降低，因此，如能使坯体内部的温度升高，使坯体内部的温度梯度和湿度梯度方向一致，可显著提高内扩散速度。

4.1.3.2　影响外扩散的因素

（1）空气温度和湿度的影响

坯体周围的空气温度低，湿度大，会使坯体表面水分的蒸发速度降低。当外围空气达到水汽饱和时，外扩散速度为零。反之，空气温度高、湿度小，坯体表面水分外扩散速度加快。

（2）空气流动速度和流动方向的影响

在干燥过程中，加速空气流动，可增加热空气与坯体表面的对流传热，加快水分的蒸发速度，空气流动方向与坯体移动方向相反，外扩散速度加快。

4.1.3.3 坯体成型方法对干燥速度的影响

坯体的成型方法不同所含的水分也不同，注浆成型和可塑成型的坯体含水率大，干燥所需时间长，同时干燥时坯体收缩大，容易产生开裂和变形，所以对于不同的成型方法需要合理地制定和控制干燥速度。

（1）坯体的形状、大小和厚度

一般坯体越大、越厚、形状越复杂，则干燥越要缓慢进行。复杂形状的坯体干燥时，边角处极易发生微细裂纹，干燥速度应加以控制，不宜太快。

坯体较薄，坯体内部水分容易扩散至表面层，可适当提高干燥介质的温度、流速来加速干燥。对于厚壁的大型坯体（如坐便器），如果干燥进行过快，则坯体内外层的含水率相差过大，干燥收缩不一致而产生开裂，主要是由于坯体较厚，内扩散较慢。

（2）干燥方法与坯体的放置方式

不同的干燥方法采用的干燥速度不同，坯体的放置方式也有讲究，放置不当，或者是坯体与托板间的摩擦阻力过大，会阻碍坯体的自由收缩而产生开裂。

4.2 干燥制度的确定

干燥制度是指根据产品的品质要求来确定干燥方法及干燥过程中各阶段的干燥速度、影响干燥速度的参数。合理的干燥制度，必须使生产周期短、单位制品的能耗低、制品的质量好。干燥制度应按照工艺要求而定。

（1）干燥速度

干燥速度取决于干燥介质的温度、湿度、流速和流量。在日用陶瓷生产中，干燥通常分带模干燥和脱模干燥两个阶段。其干燥时间应根据坯料的性能、坯体的形状、大小和厚薄，以及干燥介质等多方面的因素而定。如壁厚且体型大的坯体，干燥时间宜长些，而形状复杂的大型制品，首先应阴干，然后才能送入干燥器中干燥，具体时间要进行测试，如对 12～16cm 的碗类坯体，其带模干燥时间一般为 20～40min，脱模干燥时间为 2h 左右。

（2）干燥介质的温度、湿度

干燥介质的温度和湿度是干燥制度的重要控制参数。一般来说，温度越高，脱水速度越快，干燥速度越快，干燥周期越短，但也容易开裂。温度的控制要考虑坯体大小、薄厚及器形的复杂程度。在控制温度的同时，还要控制干燥环境的湿度。湿度高可减缓坯体表面的水分蒸发速度，有利于坯体均匀受热，使内外扩散速度协调一致。以前陶瓷厂由于干燥周期较长，对温度、湿度很少严格控制。

现代陶瓷厂对周期要求日趋严格。所以要制定合理的干燥曲线，一般来说温度、湿度控制大体分为以下三个阶段：第一阶段用低温、高湿热空气预热坯体；第二阶段升高温度，但要保证一定的湿度；第三阶段当坯体含水率达到临界含水率时，高温低湿快速干燥。比如某卫生陶瓷厂的间歇式干燥，为防止石膏模变脆，干燥时需降低温度，一般要求带模干燥不超过 60℃，但脱模后干燥温度可适当提高，一般为 70～100℃。

（3）干燥介质的流速及流量

流速越大，热气体与坯体表面的热传质及水分扩散越充分，干燥速度就越快。同时，干燥介质温度一定的前提下，热风的流量越大，干燥速度也会加快。但需选择合适的吹风方式，如处理不当，不仅易导致坯体变形或开裂，还会使能量消耗大。

4.3　干燥方法和干燥设备

在日用陶瓷生产中，最简单的干燥方法就是利用太阳的热能对坯体进行自然干燥。目前工厂很少采用。为了提高干燥效率，通常采用加热通风的方法（热空气干燥法）。常用的干燥设备，有间歇式干燥室和链式干燥器。其热源有蒸汽、窑炉余热和用煤直接燃烧等多种，其中窑炉余热最为经济。

根据获取使坯体水分蒸发所必需热能的形式不同，干燥方法可分为自然干燥、热空气干燥、辐射干燥、热干燥等。

自然干燥是借助于大气的温度和空气的流动来排除水分，但其干燥速度慢，周期长，自然空气的干燥条件波动大，占地面积大，劳动强度高，又难以控制干燥质量，现已很少使用。

4.3.1　热空气干燥

热空气干燥是以对流传热为主，干燥介质（热空气）将热量传给坯体，又将坯体蒸发的水分带走。

4.3.1.1　室式干燥

把湿坯放在设有架子和加热设备的室中进行干燥的方法称为室式干燥。图 4-2 是室式干燥器。

从图 4-2 可见，内设放坯架子 5～6 层，下面设热气体炕道，燃烧室设在烘房前端的地下室内，一般以煤为燃料。燃烧气体经过地炕通道从末尾进入烟囱排除。地炕通道顶部用耐火板或铁皮盖好。也有利用窑炉余热为热源的烘房。烘房内的空气被加热后，不断传给坯体进行干燥。为便于人工运输坯件的进出，烘房门能灵活推动。用于坯体干燥的烘房，多为一间大室，室内地下设迂回炕道，燃烧的热烟气在其中流动，将室内空气加热。由于地炕式烘房热效率低，温度波动频繁，不均匀，难以控制，且劳动强度大，安全系数低，故很少使用，而蒸汽

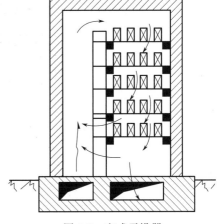

图 4-2　室式干燥器

烘房只是用蒸汽排管或散热片代替地炕式火道，以加热室内空气。有些厂采用烘坯车装载坯件，以减轻劳动强度。采用蒸汽供热，温度波动较小，但其热效率也不高。

4.3.1.2 隧道干燥

隧道干燥一般采用逆流干燥：气流流动方向与坯体移动方向相反。湿坯进窑的时候水分高，不适合快速加热。隧道干燥可以保证坯体在进窑的时候处于低温的状态，随着窑车的运行，热空气温度越来越高，湿度也越来越低，逐渐被干燥，这样的干燥过程比较合理。但是占地面积较大，而且如果入窑口热空气温度过低的话会形成水滴滴在坯体上。图4-3是隧道干燥器示意图。

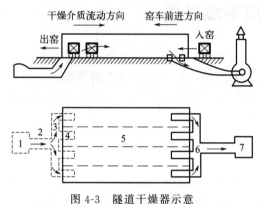

图 4-3　隧道干燥器示意

1—鼓风机（送入干燥介质）；2—总进热气道；3—连通热气道；4—支进热气道；

5—干燥隧道；6—废气排出道；7—排风机

4.3.1.3 链式干燥

链式干燥器具有干燥坯体和运输坯件两种功能，可将成型和干燥工序连续化。链式干燥器由吊篮运输机和干燥室组成。根据链条的走向可分为卧式、立式和综合运动式，其结构形式如图4-4所示。操作时，将已成型的坯件连同石膏模放在吊篮上，在链条的带动下进入干燥室，随着链条的转动，坯体受热干燥离模。当坯体运至出口处，由脱模机械手将石膏模取下，或以人工将坯件取出置于另一干燥器，直至干燥结束。空石膏模仍由链条运回到成型机处。链式干燥器的热源，通常利用隧道窑余热，也有的干燥器以蒸汽供热，还有少数厂以煤

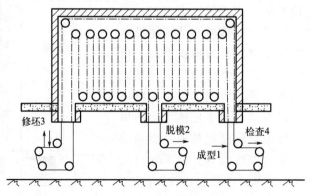

图 4-4　链式干燥器示意

为燃料，在地炕燃烧室内燃烧加热。它能连续进行生产，温度均匀，劳动强度低，占地面积小，有利于陶瓷成型实现机械化和自动化。

墙地砖生产中采用的是辊道传输，将成型—修坯—干燥—烧成一体化成为一个自动化的流水线操作。链式干燥是和窑炉结合起来的，上层辊道窑烧成产品，下层辊道干燥坯体，干燥热源是烧成时的余热。

4.3.2　辐射干燥

辐射干燥是利用被干燥的物质吸收由辐射源辐射出来的电磁波（光），转变为热能进行干燥。此法干燥在传递过程中无损失或极少损耗。高频、微波、近红外、远红外等干燥方法都是用电磁波向湿坯传递能量进行干燥。不同波长所对应的能量示意图如图 4-5 所示。

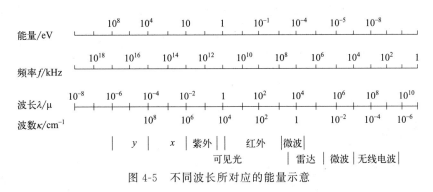

图 4-5　不同波长所对应的能量示意

（1）红外辐射干燥的原理

红外线是电磁波的一部分，位于可见光波与微波之间。当红外线直接照射到被干燥的物体时，物体吸收红外线，实现能量的传递和转换。吸收的能量越多，干燥效果越好。物体对红外线的吸收与其分子结构有关。只有物体中分子或基体本身的固有振动频率与入射的红外线频率一致或接近时，才能通过共振作用，加剧质点的热运动而引起吸收。石英、长石、黏土是陶瓷的主要原料，这些原料不仅能够吸收红外线，而且在远红外波段具有近乎相同的强吸收。

（2）微波干燥

微波是介于红外线与无线电波之间的一种电磁波。微波加热的原理是基于微波与物质相互作用被吸收而产生的热效应。微波的特性是对于电的良导体，产生全反射而极少被吸收，所以电的良导体一般不能用微波进行直接加热。水能强烈地吸收微波，所以含水物质一般都是吸收性物质，都可以用于微波加热。由于微波穿透力较强，使干燥较均匀而迅速。由于能对水选择加热、干燥器蓄热散热小，效率可达 80%。为了防止微波向外传播伤害人或干扰电子设备，浪费能量，要用金属板防护屏蔽。

（3）高频干燥

采用高频电场（10^7Hz）或相应频率的电磁波辐射使坯体内的分子、电子及离子发生振动产生张弛式极化，转化为干燥热能。坯体含水量越多，或电场频率越高，则介电损耗越大，电阻越小，产生的热能也就越多。

高频干燥时，坯体内外同时受热，表面因水分蒸发而导致温度低于内部，从而使湿传导与热传导的方向一致。干燥过程中，内扩散速率高，坯体内的温度梯度小，干燥速度快，但不会产生变形开裂。因此，适用于形状复杂、厚壁坯体的干燥。该方法电耗高（蒸发 1kg 水分有时高达 5kW·h），并且感应发热量随坯体含水量的减少而减少，在干燥后期继续使用高频干燥是极不经济的。

（4）近红外与远红外干燥

红色光辐射透射能力差，干燥效率不高。由二十世纪三十年代末发展起来的近红外辐射干燥各方面效果有所改善。七十年代发展起来的远红外辐射干燥效果更好。水是红外敏感物质，在红外线的作用下水分子的键长和键角振动，偶极矩反复改变，吸收的能量与偶极矩变化的平方成正比，干燥过程主要是水分子大量吸收辐射能，因此效率很高。辐射与干燥几乎同时开始，无明显的预热阶段。对生坯干燥较均匀、速度快、省能量。干燥器紧凑，造价不高，维护方便，使用寿命长。性能良好的辐射材料有陶瓷质的涂层及烧结金属氧化物、氮化物、硼化物的复合材料。辐射元件有灯状、管状和板状。选用时注意聚焦和阴影作用，也可用反射板辅助调节。如原用 80℃热风或干煤干燥湿坯需要两小时才能干燥完成，而改用远红外干燥，生坯干燥温度约 80℃，仅需 10min 即可干燥完成；卫生洁具生坯在通风的厂房里要干燥 18 天，改用近红外干燥仅用 1 天，再改用远红外干燥，时间和能量消耗又都减少 1/2 左右。

4.3.3 联合干燥

生产中按生坯特点因时因地制宜，将几种干燥方法联合使用来取长补短，达到事半功倍。例如大型注浆坯先在原地用电热干燥，达到降速干燥阶段移入干燥器，施釉之后再用远红外辐射干燥，并准备装烧。又如英国带式快速干燥器也属于联合干燥的类型，生坯用带式运输、红外与热风交替干燥。当用红外线辐射生坯时能显著提高水分温度，加速内扩散；然后移动位置改用热风喷吹，加速外扩散。当生坯湿度梯度偏大时又转入下一次红外辐射，达到临界水分全以热风喷吹，也就不会产生缺陷了。器皿类生坯干燥约需 10min，可与产率为 14 件/min 的自动成型机配套使用，需 70～80 套石膏模型，模型寿命长。每件红外辐射的功率为 0.1MPa，使用气体燃料。热风采用再循环方式，温度控制在 88～100℃，喷嘴喷出速度为 5～10m/s。图 4-6 为联合干燥的结构示意图。

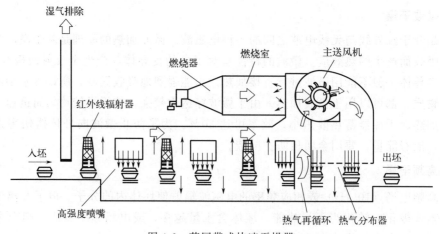

图 4-6　英国带式快速干燥器

4.4　干燥中常见缺陷分析

在干燥过程中，常见的缺陷是坯体变形和开裂。导致这两种缺陷的根本原因是坯体的收缩不一致。

4.4.1　坯体的干燥收缩

坯体在各个方向上的干燥收缩往往是不同的。泥料颗粒的排列有不同的方向，即泥料中的水分排列方向不一致。当干燥脱水产生收缩时，因水分排列方向不同而产生不同收缩，与水分排列方向一致的收缩小，垂直于水分排列方向则收缩大，即直缩大于横缩。例如阳模滚压成型的平盘，其直径（口径）的收缩一般小于 1%，而高度的干燥收缩一般为 3%～4.5%。

4.4.2　产生干燥缺陷的原因

4.4.2.1　坯体本身的原因

① 坯料配方中的可塑性黏土用量不当。如用量不足会降低坯料的结合性，不能抵抗收缩中产生的变形力；如用量过多，则坯体收缩过强，会造成变形和开裂等缺陷。

② 坯料的颗粒度相差过大，混合不均匀。

③ 坯体含水率过大，或水分分布不均匀。

④ 坯体内部颗粒定向排列不规则，造成各部分收缩不一致。

⑤ 可塑性成型时坯体受压不均，注浆成型时石膏模各部分吸浆速度不一，都会造成干燥收缩不一致。

⑥ 器型设计不当或结构过于复杂，厚薄变化大，致使干燥难以均匀。

⑦ 石膏模过干或模型构造有缺点。

⑧ 注浆泥料未经陈腐，泥浆流动性差，或分段注浆的时间隔太久，形成含有空气的间层，或倾倒余浆未倒净，致使坯体底部过厚等，都易造成干燥收缩不一。

4.4.2.2　干燥过程中的原因

① 干燥速度太快，致使坯体表面结成硬皮，导致内部水分扩散困难。

② 干燥温度不均，热空气流动方向不当，致使坯体各部收缩不一。

③ 干燥介质中相对湿度过大，导致水汽冷凝于坯体表面。

④ 带模干燥时脱模过早，或湿法修坯、湿法粘接操作不当，或坯体放置不当，使其在干燥过程中因自身的重力作用而引起变形，或因坯体与托板之间的摩擦阻力大，导致坯体底部不能均匀地进行自由收缩。

综上所述，造成干燥缺陷的因素很多，需深入生产实践中，找出原因，对症下药。

思考题

1. 坯体干燥过程分为哪几个阶段？各有何特征？
2. 热空气干燥分为哪几种方法？其干燥过程主要排除什么水？
3. 论述坯体在干燥过程中产生开裂或变形的原因。
4. 写出几种辐射干燥方法的名称以及陶瓷生产中使用的热空气干燥设备的名称。
5. 影响干燥速度的因素是什么？并加以解释。

第5章

粘接、修坯与施釉

导读：本章主要由粘接、修坯与施釉三个部分组成。通过本章的学习，希望学习者能够掌握陶瓷坯体的粘接、修坯方法与特点；掌握各种陶瓷施釉方法及其特点；了解静电施釉、干法施釉工艺。

5.1 粘接与修坯

5.1.1 粘接

粘接是制造壶、杯及有些小口花瓶、坛等日用瓷和艺术瓷、卫生瓷等不能一体成形的坯体所必须经过的工序，这些附件都是用注浆或印坯方法成型的，然后再用粘接泥浆粘接到坯件主体上。

粘接过程是指用一定稠度的粘接泥浆将各自成型好的部件粘接在一起。按照坯件的干湿程度区分，粘接工艺有干法粘接（干接）和湿法粘接（湿接）两种。

（1）干法粘接

干接是指坯件主体和附件已完全干燥（坯体含水率在 3% 以下），并完成了精修，然后再进行粘接。操作时，先将附件黏满泥浆，准确地黏于主体上，再用竹插或其他工具把接缝处的泥料压紧、压平并去掉余泥。此种干接方法不仅效率低，而且因坯体和粘接泥浆的水分相差甚大而开裂变形。干接要求操作者具有较高的粘接技术，粘接件不易变形。

（2）湿法粘接

湿接在坯体处于半干状态时进行，其坯体含水率，大件为 14%～17%，小件一般为 15%～19%，操作方法与干接基本相同，只是在粘接之后再用毛笔抹去多余的泥浆。此种方法操作简便，生产效率高，也较易接牢，但容易变形，要掌握好坯体的干湿和软硬程度。

（3）粘接泥浆

粘接泥浆是指粘接时所用的泥料或软泥。为了保证粘接质量，粘接泥浆要合理调配，一般要求其干燥收缩和烧成温度比坯料稍低，可在浆料中增加少量的瘠性原料和熔剂原料。粘接泥浆的水分一般为 28%～32%。

1）良好的粘接泥浆应具备的工艺性能

① 黏着性好；

② 干燥收缩率小，干燥强度大，干燥时不开裂；

③ 与坯、釉结合良好，烧结性能、烧成温度与坯、釉相适应；

④ 烧成后，应与被粘接物合为一体，其内聚力要大于坯体与附件之间的收缩应力，以保证接缝牢固不开裂；

⑤ 热稳定性好。

2）配制粘接泥的方法

① 与坯体组成接近的泥浆，在本坯泥中掺进部分釉料；

② 以本坯泥为主，引入部分熔剂原料，如长石、滑石或白云石等；

③ 在本坯泥内加入一些有机添加剂或可塑性强的黏土，如树胶、腐殖酸钠或紫木节等；

④ 在本坯泥中加入少量瘠性原料，如废瓷粉、素坯粉或石英粉等。

无论是干接还是湿接，均要求附件和接口处精修规整，与坯件主体粘接处的形状吻合，主体和附件的水分要基本一致，以免干燥收缩不一而引起开裂。粘接后，其粘接处不允许有缺浆的孔隙，接缝处不能成死角，以防止压釉等缺陷产生。

（4）粘接技术要点

① 粘接件之间含水率应当基本一致；

② 粘接面吻合度好，无缝隙；

③ 粘接操作稳、准、正，用力适当；

④ 粘接泥的含水率适当而且要保持均匀一致。

5.1.2 修坯

对于可塑法和注浆法成型后的生坯，粘接的坯体一般其表面不太光滑，边口都呈毛边现象。对于墙地砖中的压制成型也有可能会存在这样的情况，这是模具之间的空隙造成的，这个时候就需要进一步加工，把边给磨掉。另外有的产品还需要进一步的加工，因此也需要进一步加工修平，称为修坯。修坯是为了使成型的坯体表面光洁、口沿清晰，某些制备需进行切削、粘接才能达到设计形状与厚度要求。修坯一般分为干法修坯（干修）和湿法修坯（湿修）两种。

5.1.2.1 干法修坯

干修俗称精坯或精修，即用细纱布或钢丝网擦光坯体表面和口部。此种加工方法，一般只适用于加工碗、盘、碟类生坯和不用切削的杯类产品。其具体操作与工艺要求如下。

① 圆形制品均在轳辘上进行，其转速应按制品的大小高矮而定，一般为 $280\sim600 r/min$。所用工具有各种形状的修坯刀，0♯、1♯、1/2♯钢压砂纸，刚玉砂布或 $60\sim80$ 目的铜筛网和泡沫塑料、抹布、帚子等。操作时，将坯体平衡地置于旋转机轮上，执砂布的手应随坯体的曲面从上至下（或由内向外）把表面擦光，口部擦圆。要注意不能漏擦，用力均匀，严防用力过重而损坏坯体。

② 异形制品如鱼盘、汁斗等，目前仍用手工擦坯，操作方法与"圆器"相同。

③ 坯体含水率 $6\%\sim10\%$ 或者更低时修坯。

5.1.2.2 湿法修坯

传统工艺称湿修为"利坯"，即用锋利的专制刀具对坯体表面进行切削。此方法一般适用于器型复杂或需采用湿接的制品，如壶类、杯类、大缸和花瓶等。湿修包括修足部、假口、模缝、底部。

修坯操作要求如下。

① 湿修操作均在辘轳车上进行，其转速由品种大小而定，壶类制品在 150r/min 左右，杯类制品 300～430r/min。工具为修坯刀、泡沫塑料等。操作时，将坯体平衡地置于机轮上，对粗糙的表面、足部、假口、模缝进行切削，进刀量不宜过大，要求修平修光，确保规格尺寸一致，器型符合设计图样。

切假口时要注意坯体的干湿度，刀要锋利。特别是方形制品和异形制品的假口的切割，转折处要处理成圆形。切口必须用笔刷一道水，以避免因切口太锋利而使口部开裂。

② 坯体含水率与不同材质相关，粗陶坯一般为 8%～16%，瓷器和精陶坯一般坯体含水率为 16%～19%。

经过干修（擦砂）或湿修的坯体，由于坯体表面仍存在不规则的圈痕（由砂纸上的砂粒所致）或刀痕。因此，必须对坯体进行补水操作，以清除表面的粉尘，擦去圈痕刀迹，但这很难去除。因此，最根本的办法是通过提高石膏模的质量，使坯体表面光滑平整。

干修是在坯体含水量较少（6%～10%）或更低的水分下进行的。此时坯体强度较高，可减少因搬动引起的变形，对提高品质有利，其缺点是粉尘较大，可用一些细的砂纸进行打磨。

湿修是在坯体含水很多，尚在湿软的情况下进行，适合器型较复杂或需经湿接的坯体。其缺点是由于含水量大，坯在搬动即操作过程中，易变形。由于湿坯中，泥团与泥团之间还有一定的附着力，所以修坯的时候需用较为坚硬的锋利的刮刀。

5.2 施釉

陶瓷产品一般在生坯上施釉、一次烧成，或在素坯上施釉、二次烧成。制品在施釉以前，无论是生坯或素坯，均要对其表面进行清洁操作，除去积存的灰尘和污垢，以保证釉的良好黏附。主要方法是洗水（抹水、捺水），即用特制的毛笔或海绵蘸水洗抹，要求全面洗抹。对于某些形状弯曲很大的制品或壶杯的嘴柄转弯处，要稍微多抹一点水，以减弱该处的吸釉能力，防止因局部釉层过厚而产生剥釉或压釉等缺陷。

施釉分为釉浆施釉、静电施釉和干法施釉三种。

5.2.1 釉浆施釉

5.2.1.1 浸釉

浸釉又称蘸釉，是将坯件浸入釉浆中，利用坯体的吸水性使釉浆均匀地黏附于坯体表面。釉层厚度视坯的吸水性、釉浆浓度和浸釉时间而定。烧结坯体釉层厚度除受釉浆流动性的影响外，还受素坯从釉浆中取出速度的影响。这种施釉法所用釉浆浓度较喷釉法大。浸釉法普遍用于日用陶瓷器皿如碗、杯、壶、罐、瓶等制品施外釉，鱼盘、盅羹等异形制品也可用此法一次性施内外釉。釉浆密度一般为 1.3～1.6g/cm³。

浸釉法要求生坯具备一定的强度或采用素坯，否则坯体容易浸散破裂。操作时要求手法熟练，速度均一，并需定时搅动釉浆，以确保釉层厚度的一致。

5.2.1.2 淋釉

又称为浇釉。浇釉法是将釉浆浇到坯体上，使釉浆均匀地布满坯体的表面。浇釉法又分手工浇釉和机轮浇釉两种。陶瓷大缸和瓷器大件制品适用手工浇釉，盘碟制品的内外釉和碗类制品的内釉一般采用机轮浇釉。

机轮浇釉又称旋釉，先将坯件置于旋转的辘轳车上，再用排笔或鸡头笔拉水。然后把适量的釉浆分两次倾入坯体的中心，借助离心力作用，使釉浆从坯体中心向周围散开而均匀地布满坯体表面。施釉的厚度可通过调节釉浆的浓度和机轮的转速来控制，而机轮的转速要按坯件的大小和形状来确定。釉浆密度一般为 $1.5 \sim 1.9 \mathrm{g/cm^3}$，机轮转速一般为 $240 \sim 500 \mathrm{r/min}$。

将坯体放在旋转的机轮上，釉浆浇在坯体中央，借离心力使浆体均匀散开称为旋釉法。此法适用于圆盘、碟、碗类或坯体强度较差等产品的施釉（不能用浸釉法）。其中钟罩式施釉装置常用于一、二次烧成内墙砖的施釉。

5.2.1.3 荡釉

适用于中空器物如壶、罐、瓶等内腔施釉。方法是将釉浆注入器物内，左右上下摇动，然后将余浆倒出。倒出多余釉浆时很有讲究，因为釉浆从一边倒出，则釉层厚薄不匀，釉浆贴着内壁出口的一边釉层特厚，这样会引起缺陷。操作倒余浆时动作快，釉浆会沿圆周均匀流出。

此外，还有喷射法施釉，又称皮球压釉。此法多用于杯类和小型壶罐制品施内釉。操作时，先将坯倒置，再将存有釉浆的橡胶球压下，使釉浆成喷泉状喷射于坯体的内表面。然后将坯体甩动，把余釉沥干。釉的浓度一般为 $1.3 \sim 1.5 \mathrm{g/cm^3}$。

对内外表面分别施釉的坯体，应先施内釉，等到内釉干燥后方可施外釉。

5.2.1.4 涂刷釉

涂刷法是用毛刷或毛笔浸釉涂刷在坯体表面。此法适用于施复色釉或特厚釉层以及补釉操作，釉浆相对密度可以很大。刷釉时常用雕空的样板进行涂刷，样板可用塑料或橡皮雕制，以便适应制品的不同曲面。曲面复杂而要求特殊的制品，必须用毛笔蘸釉涂于制品上。同一制品上要施不同颜色釉时，涂釉法是比较方便的，因为涂釉法可以满足制品上不同位置需要不同厚度的釉层要求。

5.2.1.5 喷釉

喷釉是利用喷枪或喷雾器将釉浆喷成雾滴使之黏附坯上。喷釉时转动坯体以保证釉层厚薄均匀。坯与枪的距离、喷釉压力、釉浆相对密度决定着釉层厚薄，此法适用于大型、薄壁或形状复杂的生坯。近来卫生陶瓷工业采用了自动喷釉并设计出静电喷釉，操作时釉浆的损失大为减少。后者是将制品接地或在其上预先喷上由石墨等调配而成的导电层，用 100 万伏高压电场将喷出釉雾极化使之吸附到制品上。

影响喷釉效果的因素如下。

① 喷口与坯体的距离。喷口距坯体的距离越大，则喷雾面积越大，但是单位时间内坯

体获得的釉浆少，釉层薄。

② 喷釉压力。喷釉压力提高，可增加釉层的厚度；一般使用的压缩空气压力为 1～3.5kgf/cm^2（1kgf/cm^2＝98066.5Pa）。

③ 釉浆相对密度。釉浆相对密度增大，釉层增厚。

④ 传送带速度。坯体传送带速度放慢，则坯体釉层加厚。

⑤ 喷口的位置。喷口的位置必须正对坯体的中心，否则就会出现厚薄不均的缺陷。

喷釉的特点：

① 可以掩盖坯体表面的小缺陷，釉面与坯体结合牢固；

② 可以使用数量较少的釉；

③ 可以对形状复杂的制品施釉；

④ 施釉灵活，适应各种场合的施釉需要；

⑤ 可施高黏度的釉；

⑥ 因釉是以点状施在坯体上的，烧成后釉的光滑度不够；

⑦ 雾化的釉滴四处飞扬，易造成空气污染；

⑧ 多余的釉不易回收，造成浪费。

5.2.2　静电施釉

釉浆喷至一个不均匀的电场中，使中性的釉粒带负电，随压缩空气向带正电的坯体靠近。静电干法施釉与静电湿法施釉的原理一样，都是利用带电物料的相互吸引和排斥作用。该工艺的基本过程是：使物料悬浮在空气中，并与空气流一起通过一电场，这样空气中的离子和电子撞击釉粉颗粒使其带电，因釉粉和坯体的电性相反，故釉粉被吸引到坯体的表面。随着釉粉在坯体上的积聚，釉粉与坯体间的电位接近于零，这样釉粉就不再被吸引到坯体上，施釉过程也就完成。

采用静电干法施釉，通常釉层的厚度为 0.1～1mm，施釉量为 750g/m^2。该工艺对釉粉的控制参数为：釉粉的颗粒分布、釉粉绝缘包覆层的种类、釉粉的流动性。在施釉时，还要控制空气流（空气的流量和流速）、电场电压大小及环境条件（温度、湿度）。

该工艺的主要优点：施釉工艺简单，省去了传统的釉浆池、釉浆泵及湿法施釉线，没有釉料损失，无污水处理问题，设备少，节能；釉面质量高，釉层厚度均匀一致；因为釉粉颗粒堆积松散，坯体在低温下充分脱气，高温时釉中无气体排出，因而釉面更加平整光滑，针孔、气孔很少。

该工艺的主要缺点：釉层强度低，不耐机械冲击，釉粉上不能用丝网印花装饰，釉层叠加困难，只可施 2～3 种不同的釉；只能获得花纹规则、光滑的釉面，不能获得斑晶状效果；此外，施釉时对环境要求高，要严格控制温度和湿度。

5.2.3　干法施釉

干法施釉针对的对象是建筑陶瓷砖生产中的压制成型。其不是利用釉浆而是将釉浆制成釉粉通过二次布料与坯料一起经过压机压制而成。

(1) 流化床施釉

流化床施釉是通压缩空气使釉粉悬浮呈流化状态，生坯浸入流化床，利用树脂软化使生坯表面黏附一层均匀的釉料。

（2）干法施釉

干法施釉用于建筑陶瓷的外墙砖施釉。坯料加压时，加有机黏合物再撒釉粉加压。

特点：节省人力、能耗低、缩短生产周期，二次加压从而使制品硬度、强度升高。干法釉装饰中，与湿法釉不同的主要操作要求有以下几点。

① 干坯水分 2% 以下，干坯温度低于 50℃；

② 干釉厚度：满印 2～2.5mm，印花 1.5mm 左右；

③ 施釉后釉坯不宜放置时间过长，以免积尘难以清除；

④ 干法釉烧成时冷却制度要特别注意，以防釉裂。

（3）釉纸施釉

类似于贴花，需制备釉纸。

5.2.4　影响施釉的因素

影响施釉的因素较多，操作时应根据坯体性能和釉浆性能进行合理的工艺控制，以保证施釉质量。

① 坯体的含水量要恰当，瓷器或炻器坯一般小于 5%，陶器坯一般应控制在 8%～14% 之间。含水率过高，施釉时会难以达到要求的釉层厚度。

② 坯体结合性过强或太差，都会影响施釉制品的质量。结合性过强的坯体，水分渗透较为困难，坯体表面吸水膨胀，但内部与表层膨胀不一，容易造成开裂，使用浓度小的釉更为显著。因此对黏性过强的坯料应增加减黏原料或进行素烧，以增加吸水性。结合性太差的坯体，在施釉时容易破损，操作也较难控制。为此，可在坯料中加入塑性黏土或先将坯体素烧，以提高坯体强度。由于陶坯较瓷坯的黏性强，故在施釉时，坯体含水率较瓷坯高，且釉浆较浓。

③ 釉浆的浓度要控制适宜。若釉浆浓度过小，会导致釉层过薄，难消除制品表面的粗糙痕迹，也会造成制品烧成后釉面光泽不良或出现薄黄。若釉浆浓度过大，则施釉操作不易掌握，易造成坯件棱角之处出现缺釉、压釉等缺陷，也会在施釉后出现釉面开裂，制品烧成后出现堆釉、龟裂等缺陷。

④ 釉浆的细度要合适。过细则稠度增加、釉层厚、高温下反应急、气体难以排除、施釉不易均匀、施釉后干燥收缩大、釉面开裂；铅熔块 Pb、Na、B 等离子溶解度上升，pH 升高，浆体易凝聚。太粗则釉的悬浮性差，容易沉淀，而且会使釉层与坯体结合不牢。

⑤ 釉浆中配入的可塑性原料要适宜。若加入的可塑性原料过多，会造成釉的黏附力过大，施釉后易出现龟裂、釉层卷起等缺陷；若加入过少，则釉浆的悬浮性差，附着性不好。

⑥ 操作不当引发的缺陷。飘釉时两手拿着坯体通过釉浆，整体上釉，易出现手指印迹缺陷。荡釉时易使制品中心釉层过厚，使釉下层模糊不清。浇釉时易产生釉缕。盘碟碗类先旋内釉后外浸外釉时，口沿易造成外釉包裹内釉的卷边痕迹。喷釉不当会堆砌不平，涂釉不当会凹凸不平，等等。

5.2.5　取釉

为便于制品的装烧，施釉后的坯件要进行取釉。施釉时用海绵蘸水擦去足部的釉浆，或在施釉前将坯件的足部沾蜡，以避免足部黏釉。采取海绵蘸水擦足釉的，应将釉浆擦净，以免制品在烧成中黏足。

采取机轮取釉的，应按制品的大小确定机轮的转速，其转速范围一般为 $240\sim400r/min$。坯体的含水率一般为 $5\%\sim7\%$。操作时，将坯件平衡地倒放于机轮上，用专制的金属刀具把足部切削成圆弧面，要求平整光滑，以防制品在烧成中变形。

思考题

1. 日用陶瓷、墙地砖、卫生洁具的施釉方法有哪些？
2. 传统陶瓷常用施釉方法有哪几种？它们各自适用于何种制品？
3. 坯体为什么要施釉？

 第6章

烧成与窑具

导读：本章主要对窑炉的发展历程、制定烧成制度的依据、烧成制度的制定与控制、烧成方式、快速烧成、装窑、窑具和烧成缺陷分析进行了论述。通过本章的学习，希望学习者能够熟练掌握陶瓷制品烧成相关的基本概念；掌握烧成制度对产品性能的影响；弄清拟定烧成制度的依据；掌握低温烧成与快速烧成的原理及应采取的工艺措施；了解陶瓷生产使用的窑具。

6.1 窑炉概述

（1）窑炉的历史

窑炉的发展经历了一个漫长的过程。在窑炉未出现之前经过了一段"平底堆烧"的时期，距今有 7000~8000 年，其烧成温度为 700~800℃。最早的窑称穴窑，距今约 5000 年的仰韶文化时期创造发明（图 6-1），因用于焙烧原始陶器，也称陶窑，烧成温度为 900~1000℃。到了东汉时间（公元 61 年前后），南方青瓷的出现，标志着从陶器到瓷器、从陶窑到瓷窑的飞跃。它说明在窑炉技术上已能初步控制气氛，在窑炉结构上也渐趋完备（图 6-2）。到宋代，由于我国北方盛产烟煤，先后有陕西铜川窑、安徽白土窑、河南鹤壁窑开始用煤作燃料，这比欧洲在 18 世纪才开始用煤要早 1000 多年。由于燃煤的火焰较薪柴短，所以窑室的尺寸受到限制，到后来馒头窑（图 6-3）继续在我国北方发展，逐渐改进为倒焰式煤窑。我国南方森林茂盛，在窑炉发展过程中很长一段时期都以烧木柴为主。木柴的火焰较长，可使窑炉容积增大。

图 6-1　西安半坡仰韶文化时期的窑

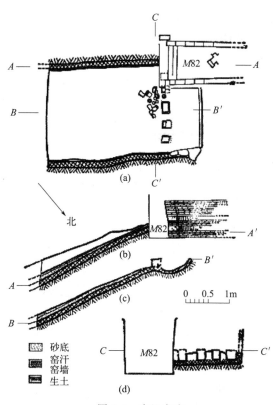

图 6-2　东汉龙窑

A—A′、B—B′、C—C′分别指着这个面的剖面图或切面图

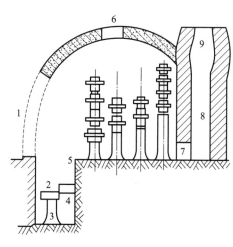

图 6-3　直焰馒头窑

1—窑门；2—炉床；3—支柱；4—炉栅；

5—窑床；6—排气孔；7—吸火孔；

8—烟道；9—烟囱

经过长期摸索，在山坡上砌筑龙窑（图 6-4），使在窑头烧的火焰顺着山势由下向上升至窑尾出去。由于这种窑依山倾斜砌筑，本身就起了烟囱作用，在我国江苏、浙江、福建、广东、江西、湖南等省就从古老的馒头窑逐渐发展成为龙窑。我国景德镇所用的蛋形窑，也是利用烧柴的特点，从馒头窑吸取龙窑的优点发展而来的一种有特殊形式的窑。它的形状非常像半个鸡蛋覆在地上而称为"蛋"形窑，主要部位尺寸如图 6-5 所示。这种窑创始于唐代武德年间，至今已有 1300 多年的历史。名闻中外的景德镇瓷器——白里泛青及著名的青花瓷与铜红釉等色釉瓷都是在这种窑内还原焰烧成的。阶梯窑是我国南方以柴作燃料，依山倾斜砌筑的另一种形式的窑，因其约在明代首创于我国福建德化，故又称为德化窑。阶梯窑由龙窑发展而来，但某些方面不及龙窑，窑内的温差较大，一般是前上部温度高，整个下部温度较低，阶梯窑的燃料消耗比倒焰窑少，这是由于阶梯窑的余热利用比倒焰窑好，易于控制还原气氛，故烧出的产品质量比龙窑好。历代窑炉构型与烧成条件如表 6-1 所示。17 世纪以来，随着我国制瓷技术的外传，我国古窑相继在日本、西欧出现。西方工业革命的兴起，使窑炉技术日益得到改进，我国的古窑就相形见绌了。到了 1858 年，开始出现隧道窑，世界上第一条隧道窑是丹麦弗伦斯堡的制砖技师汉斯约特设计建造的，它把原来的间歇式生产变为连续式生产，大大提高了生产效率，充分利用了燃料。新中国成立以后，1958 年经山东博山瓷厂自己动手建成了第一条用煤烧日用瓷的隧道窑。1959 年经西北建筑设计院设计在咸阳陶瓷厂建成了第一条发生炉煤气烧建筑卫生陶瓷的隧道窑，1971 年经西北建筑设计院设计在唐山陶瓷厂建成了第一条用重油烧的建筑卫生陶瓷的隔焰隧道窑。随着工业的发展，先后以天然气、液化石油气或轻柴油为燃料的轻型结构隧道窑、梭式窑和辊道窑出现，这些窑炉采用高速烧嘴，配合计算机控制系统，实现明焰裸烧，最大限度减少窑体、窑车、窑具蓄热，确保窑炉严格烧成制度，具有烧成合格率高、节约燃料、工人劳动强度低等特点。随着陶瓷窑炉的更新发展，促进了陶瓷产品质量档次提高。

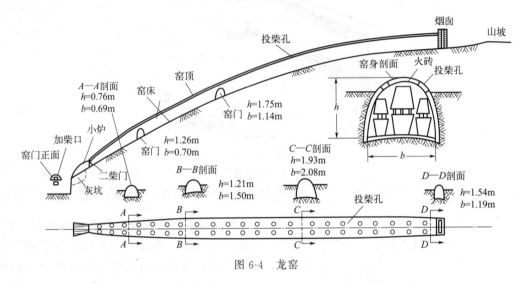

图 6-4　龙窑

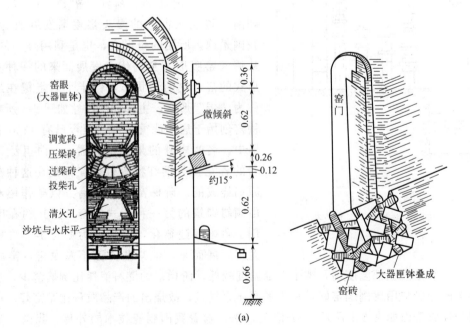

(a)

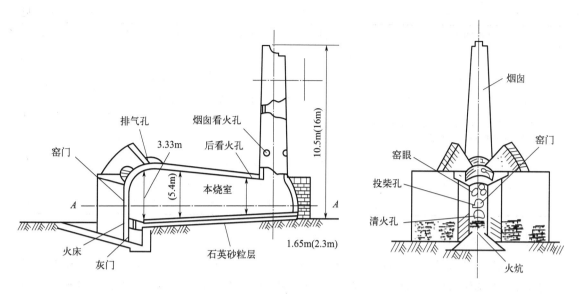

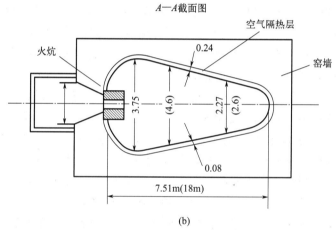

(b)

图 6-5　景德镇柴窑（小柴窑）（括弧内尺寸为大柴窑之尺寸）

表 6-1　历代窑炉构型与烧成条件

烧成条件	时代	窑炉结构
800℃，氧化焰（不控制气氛）	新石器时代早期	无窑露天烧
900～1000℃，氧化焰（不控制气氛）	仰韶文化时期 龙山文化时期	横式穴窑 竖式穴窑
可高达 1200℃，氧化焰、还原焰	商、周时期	形成初级馒头型窑（有火膛、窑床、烟囱）
可高达 1200℃，还原焰、氧化焰	战国至秦汉时期	北方圆形馒头型窑 南方初级龙窑（长 10m，坡度 20°以上）
与秦汉时期相同	三国、两晋、南北朝时期	北方圆形馒头型窑 南方改进型龙窑（长 13m，坡度 13°～23°，有挡火枪排烟孔）
高者达 1300℃±20℃，一般 1200～1300℃之间，控制气氛，大部分为还原焰烧成，部分地区为氧化焰烧成	隋、唐、宋时期	北方馒头型窑 直焰式 　　　　　　半倒焰式（有出火孔） 南方龙窑（长 30～50m，坡度 13°～18°，有出火孔）

续表

烧成条件	时代	窑炉结构
一般在1250～1320℃温度之间烧成。控制气氛，为还原焰，个别窑区为氧化焰	元、明、清时期	龙窑（南方） 馒头窑（北方） 德化窑 { 分室龙窑（长57m，以带通火孔隔墙分隔成十几个窑室，坡度12°～23°） 阶级窑（长18～28m，坡度17°～20°） 景德镇窑 { 葫芦窑 ↓ 小型蛋形窑（长10m之内）↓ 大型蛋形窑（长18～20m，坡度3°，容积150～200m³）

（2）窑炉的分类

烧成是陶瓷制造工艺过程中最重要的工序之一。经过成型、上釉后的半成品，必须通过高温烧成，才能形成一定的矿物组成和显微结构，赋予陶瓷的一切特性。坯体在烧成过程中发生一系列物理化学变化，这些变化在不同的温度阶段中进行，它决定了陶瓷的质量与性能。陶瓷烧成所需时间约占整个生产周期的20%，所需费用约占产品成本的1/3～1/4左右。因此，正确地设计与选择窑炉，科学地制订和执行烧成制度并严格地执行装烧操作规程，是提高产品质量和降低燃料消耗的必要保证。

窑炉是陶瓷制品烧成与彩烤不可缺少的热工设备。日用陶瓷窑炉可按不同特征分类。按生产特点分连续式（隧道窑、辊道窑）、间歇式（梭式窑、平焰窑、阶梯窑、龙窑、倒焰窑、台车式窑）。间歇式窑炉是指陶瓷制品的装、烧、出（卸）等操作工序是依次间歇地、周而复始地完成的窑炉。间歇式窑炉设备投产快，烧成周期长，产量低；热损失大，热效率低，单位制品燃耗较大，劳动强度大，不易机械化、自动化生产，但烧成制度可根据制品的特点灵活变动。连续式窑炉是指陶瓷制品的装、烧、冷、出等操作工序是连续不断进行的窑炉。各种类型的隧道窑皆属连续式窑炉。按工作隧道的形状不同，隧道窑可分为直线形、圆环形和U字形几类。在陶瓷工业中多以直线形为主。具有生产周期短，产量大，质量高，热利用率高，单位产品的燃料消耗低的特点，改善了劳动条件，降低了劳动强度，有利于实现生产机械化与自动化；窑体使用寿命较长（因窑体不经受周期性反复冷热变化）；建造所需材料和设备较多，一次性投资费用大，运用灵活性较小，只适用于大量生产同一类型（对烧成制度要求基本相同）的产品；设备维修和管理量大。

按火焰流向可分为横焰式、直焰式、半倒焰式、倒焰式；

按结构特点可分为明焰式、半隔焰式和隔焰式，单室和多室，单孔道与多孔道，圆形与矩形；

按热源种类可分为柴窑、煤窑、燃气窑、油窑、电窑。

6.2 制定烧成制度的依据

通过高温处理，使坯体发生一系列物理化学变化，形成预期的矿物组成和显微结构，从而达到固定外形并获得所要求性能的工序。烧成制度为烧成合格陶瓷制品和达到最佳烧成效果，对室内温度、气氛压力操作参数的规定，包括温度制度、气氛制度和压力制度。合理的烧成制度对产品的性能有着至关重要的影响。因此需要从多个方面去考虑制定烧成制度的依据。

6.2.1 坯体在烧成过程中的物理化学变化

陶瓷坯体烧成过程中的物理化学反应是很复杂的，黏土-长石-石英系陶瓷各阶段物理化学变化如下。

6.2.1.1 低温阶段（常温~300℃）

排除干燥后留下来的残余水分，坯体不发生化学变化，只发生气孔率增加、强度增加等物理现象。

在此阶段应加强通风，便于水分排除，如果是快速烧成，则必须严格控制坯体入窑水分。若窑内通风较差，则易造成烟气被水汽饱和，使一部分水分由烟气中析出并凝聚在较冷的坯体表面，造成坯体胀大而开裂或"水迹"。此外，此阶段燃烧气体中的 SO_2 在有水存在的条件下与坯体中的钙盐发生反应，在坯体表面生成 $CaSO_4$，$CaSO_4$ 分解温度高，易使产品产生缺陷。低温阶段水分排除很少，一般入窑水分要进行控制，多控制在 1% 左右。

6.2.1.2 分解及氧化阶段（300~950℃）

主要排除结构水，相关矿物排除结晶水的温度如表 6-2 所示。同时，有机物、碳和无机物等的氧化，碳酸盐、硫化物等的分解，其分解温度及产物如表 6-3 所示。在黏土中经常含有碳素及有机物，而坯体在烧结前的低温阶段（小于 1000℃），由于坯体气孔率较高，烟气中的 CO 能够分解析出碳素（这个反应在氧化铁、氧化锰等存在时更为激烈，一直可以进行到 800~900℃才能停止）吸附在坯体表面，它与坯体中原有的碳和有机物往往要到 600℃以后才开始氧化分解。这些氧化分解反应一直要进行到高温，因此碳及有机物的氧化，应在合适的温度中有足够的时间使反应完全。用还原焰烧成时，还原开始的温度要恰当，不应过早（如 900℃以前）。

表 6-2 常用陶瓷原料中的矿物排除结晶水的温度

矿物名称	排除结晶水温度/℃	矿物名称	排除结晶水温度/℃
高岭石	480~600	海泡石	450
迪开石	600~680	水铝英石	150~350
珍珠陶土	600~680	蛇纹石	550~720
埃洛石	480~600	滑石	900~1000
水合埃洛石	400~600	三水铝石	250~450
蒙脱石	550~750	一水软铝石	450~650
伊利石	550~650	一水硬铝石	450~650
叶蜡石	600~750	石膏	130~270

表 6-3 坯体中不纯物的分解温度及产物

化合物	分解温度/℃	气氛	分解产物
FeS_2+O_2	350~450	—	$Fe_2O_3+SO_2$
$FeS+O_2$	500~800	—	$Fe_2O_3+SO_2$

续表

化合物	分解温度/℃	气氛	分解产物
$FeCO_3+O_2$	800	—	$Fe_2O_3+CO_2$
$Fe(SO_4)_3$	560~750	—	$Fe_2O_3+3SO_3$
$CaCO_3$	400~900	—	$CaO+CO_2$
$2CaSO_4$	700~950	—	$2CaO+2SO_2+O_2$
$MgCO_3$	800~1370	—	$MgO+CO_2$
$2Na_2SO_4$	1200~1370	氧化气氛	$2Na_2O+2SO_2+O_2$
$2Fe_2O_3$	1250~1370	氧化气氛	$4FeO+O_2$
Fe_2O_3+C	1100	还原气氛	$2FeO+CO$
$CaSO_4+C$	800	还原气氛	$CaO+2SO_2+CO$
Na_2SO_4+C	1000	还原气氛	Na_2O+SO_2+CO

发生分解和氧化温度除与升温速度有关外,还与窑炉气氛及烟气流通速度有关,一般升温速度增大,则分解与氧化温度要相应提高,即所谓"滞后现象",快速烧成则尤其明显。

本阶段还发生石英的晶型转变:在573℃β-石英转变为α-石英,体积膨胀率为0.8%,且转变速度很快;在867℃又由α-石英缓慢地转变为α-鳞石英,体积膨胀率为14.7%。如果窑炉温度均匀,石英的多晶转变对日用瓷烧成并无影响,但目前生产中使用的窑炉一般温差较大,应引起重视。

本阶段由于坯体中结构水的排除、碳酸盐等的分解以及有机物的氧化,因而坯体重量减轻,气孔率增大;另外碱类物质生成了一些低熔物质,使坯体强度增加。

6.2.1.3 高温阶段(950℃~烧成温度)

坯体内氧化分解反应继续进行,由于在上一阶段水汽及其他气体产物的急剧排除,坯体表面围绕着一层气膜,妨碍着氧气向坯体内部渗透,从而增加了坯体气孔中碳素氧化的困难,如果在进入还原焰操作或釉层封闭以后,碳素还未烧尽,则这些碳素的氧化将推迟到烧成末期或冷却初期进行,易造成气泡或烟熏等缺陷,其他硫化物基本上在这个阶段分解完全,同时这个阶段中还有高价铁的还原和分解反应。

形成液相-固相熔解,高温作用下,长石类熔剂在1170~1200℃左右开始熔融。正长石与SiO_2的最低共熔点为990℃,但由于黏土中含有相当数量杂质,可以形成多种低共熔物,因此液相形成温度更低,一般在950℃。随温度升高,液相量增加,熔融长石和这些低共熔混合物形成玻璃态物质,玻璃相的出现,使黏土颗粒和石英在其中部分熔解并形成均匀分布的针状莫来石。同时晶型转变继续进行从而形成新晶相和晶体长大,使釉熔融。

本阶段坯体强度增加,由于玻璃相和晶相聚集成致密的结构,晶相的增多也加大了坯体的致密度,造成体积的急剧收缩。由淡黄色、青灰色而呈现白色,光泽度增加。对于含铁杂质较多的细陶瓷坯料,本阶段采用还原焰烧成,使氧化铁还原为氧化亚铁,在较低温度中氧化亚铁与二氧化硅结合,生成了淡蓝色易熔的玻璃台物质,消除了氧化铁所导致的黄褐色,同时增大了坯体致密性。

6.2.1.4 保温阶段(烧成温度下维持一定时间)

此阶段为液相量增加、晶体成长(增加、长大)阶段。该阶段坯体内部物理化学变化更趋完善。在保温初期，莫来石晶体及玻璃相的增加很快，以后速度减小，同时结晶质点扩散与液相的浓度力求达到平衡状态，使固相、液相均匀分布，使莫来石、玻璃相遇未溶解的石英颗粒数量及分布情况达到要求，形成良好的陶瓷。

6.2.1.5　冷却阶段（＜烧成温度~室温）

本阶段主要是液相析晶、液相的过冷凝固、晶型转变。因此冷却的方式和速度对陶瓷坯体性能影响很大。

6.2.2　制品尺寸及形状

在制定烧成制度时应充分考虑制品的尺寸及形状。形状复杂的制品在其曲率半径小的部位更易形成应力集中区，更易产生开裂及变形，这些部分虽然坯体厚度可能不大，但其强度极限值相应较小，其抵抗应力能力较小，因此对形状复杂的制品需慎重确定升温速率。坯体尺寸大而厚，由于体积不均匀变化所产生的应力大，开裂和变形的概率就大，因此，窑内升温（降温）速率应缓慢。坯体较厚时，坯体中所含的水分逸出困难，在预热阶段也要控制升温速率，否则可能会使水分急剧汽化而产生"爆坯"，对周围制品产生玷污，因此应严格控制其升温速率。

6.2.3　釉烧方式

在制定烧成制度时，首先要考虑釉与坯的相适应情况，如釉层成熟温度与坯体烧成温度一致，可以在生坯上施釉后一次烧成。应使釉层熔融前坯体中产生气体的反应进行得尽可能完全，如使釉的始熔温度略高于坯体中碳酸盐、硫酸盐等分解温度，以保证釉面和坯体质量。同时需根据所烧制的釉来合理制定烧成制度，如制作光亮釉时，为防止釉熔体有结晶产生而影响表面亮度，则需要快冷（急冷）。然而烧制结晶釉或无光釉、亚光釉时，应延长保温期，慢速冷却，促进晶体生成。

如釉层或与釉层相关的装饰层成熟温度与坯体烧成温度相差较大时，就需二次烧成。一般分为低温素烧、高温釉烧，如我国青瓷、薄胎瓷有高温素烧、低温釉烧两种方法。

6.2.4　选择窑炉

应根据不同产品选择适当的烧成窑炉，达到高质量、低消耗的目的。

除以上四点还有燃料、装窑方法及密度、天气等，这些因素往往是变化的。因此，应根据具体情况综合分析，除制定合理的烧成制度外，在窑炉具体操作时还应根据各种因素的变化情况及时加以调整。

6.3　烧成制度的制定与控制

烧成制度主要包括温度制度、压力制度和气氛制度。温度制度和气氛制度是根据坯釉特性和制品要求，结合炉型和所用燃料种类决定的。压力制度是保证温度和气氛制度实现的重要条件，三者互相制约，共同影响着产品的质量和烧成工艺的顺利进行。

6.3.1 温度制度

温度制度包括了烧成各阶段的升温速度、降温速度及最高烧成温度、高火保温时间等。温度制度通常用烧成温度曲线来表示。烧成温度是指制品在烧成过程中所经受的最高温度，它是一个温度范围。烧成温度曲线表示烧成由室温加热升温到烧成温度，以及由烧成温度冷却至室温的全部温度-时间变化情况。

烧成温度的高低除了与坯料的种类有关系外，还与坯料的细度及烧成时间有关系。坯体颗粒细则比表面积大，能量高，烧结活性大，降低烧结温度。比如液相法制备的粉料比固相法制备的粉料的烧成温度低。在烧成过程中达到烧结温度后继续升温称为"过烧"。过烧后晶相量减少，玻璃相增大，在性能上的表现就是性能恶化，表面起泡，吸水率增大，抗折强度降低，体积开始膨胀。

6.3.1.1 升、降温速度

若入窑前水分较大，则刚开始的升温速度不能加快，一般来说在 150℃ 时自由水和吸附水都可以排除干净（物理结合水），在 150℃ 之后可加快升温，以尽量缩短烧成周期。达到 500~600℃ 时，因为此阶段要经历石英的晶型转变，转变速度快，所以在此阶段要慢。在氧化分解阶段，坯体由于还未出现烧结，结晶水和分解气体可自由排除，所以在一般情况下都可以快速升温。但是如果在这个阶段结晶水含量较多、气体排除量较多就需要注意升温速率。

冷却速度主要取决于坯体的厚度以及坯内液相的凝固温度。在冷却初期，瓷胎中液相的黏度较低，化学活性较高，只有快速冷却才能组成莫来石超微细晶体和石英微粒熔解于液相中的倾向，防止莫来石晶体的继续成长，避免低价铁重新氧化泛黄以及釉层析晶失透，有利于提高制品的强度、白度以及釉面的光泽度和透明度。

冷却初期（850℃ 以前）瓷胎中的玻璃相处于塑性状态，急冷所引起的热应力大部分被液相的塑性和流动性所补偿，不会产生破坏作用。缓冷阶段的温度取决于瓷胎中玻璃相的转化温度，液相中的二氧化硅和氧化铝含量越高，转化温度也越高，一般在 800~830℃ （玻璃相）或 550~750℃ （釉）。低于转化温度，液相开始凝固，残余石英发生晶型转化，必须放慢冷却速度，力求制品截面的温度均匀分布，尽可能消除或减小热应力。温度降至 400℃ 以下，热应力变小，又可以加快冷却速度。

冷却初期在保证窑的截面温度均一，窑具所能够承受的急冷应力冲击的前提下，冷却速度应尽可能快，一般为 150~300℃/h，缓冷阶段为 40~70℃/h，400℃ 以下的降温温度可控制在 100℃/h。快速冷却对釉面的光泽度也有影响，尤其是透明釉，快速冷却可使析晶的可能性降低，增加透明性。

6.3.1.2 最高烧成温度

止火温度即窑炉所要控制的最高烧成温度，主要取决于坯釉料的组成（烧结温度）、软化温度和对成瓷瓷化的要求（主要是吸水率）。它主要出现在高温阶段，此阶段内坯体瓷化，釉层玻化，收缩较大。保证坯体受热均匀，使之高温反应趋于一致是高温阶段的关键。因此升温速度取决于窑炉结构、装窑密度、坯体的收缩变化率及烧结范围。当窑炉容积大、温差大、装窑密度高或者坯体内黏土和熔剂含量多、收缩速率快、烧结范围窄时都应缓慢升温或采取坯体烧结前的适当保温处理。一般，在梭式窑中，强还原阶段升温速度控制在 50～100℃/h，中性焰阶段可提高至 50～80℃/h。隧道窑的升温速度控制在 50～80℃/h 内较宜。

本期内的两个重要温度点是指氧化转强还原温度点，即气氛转化温度（临界温度）和强还原转弱还原温度点。临界温度因坯釉配方不同而异，如临界温度确定过低的话，过早进入还原阶段，坯釉料的氧化分解反应不完全，碳燃烧不尽，造成釉泡或烟熏缺陷。反之，临界温度过高，釉层已玻化封闭坯体，还原介质难以渗入坯内进行有效的氧化反应，易造成高温沉碳以及阴黄、釉泡、烟熏等缺陷。一般临界温度在釉层始熔温度前 150℃ 左右，即 1000～1100℃。强还原转弱还原的温度点标志着还原作用的结束，釉层开始玻化。如继续采用强还原气氛，则玷污釉面。反之，还原结束温度偏低致使还原不足。一般在 1050～1250℃ 采用强还原气氛，1250℃ 转入弱还原气氛。

图 6-6 是坯釉加热过程中的收缩曲线和气孔率曲线。通过坯釉收缩来确定还原阶段的温度范围，当釉层发生强烈玻化收缩的起始温度为还原开始温度，气孔率小于 5% 或接近零时为还原结束温度点。为了保证坯釉质量，坯釉气孔率曲线在 900℃ 以后不能相差太大，釉的强烈玻化在坯体的气孔率小时进行为宜。由此可见，将坯釉气孔率曲线的交点作为临界温度，既保证充分还原，又不致造成沉碳和坯体吸釉、釉面形成"毛孔"等缺陷。

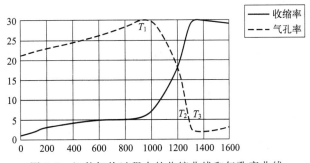

图 6-6　坯釉加热过程中的收缩曲线和气孔率曲线

在烧成过程中，陶瓷坯体吸水率小于 5% 的都称为瓷，但不同的产品对吸水率要求不同，有的希望吸水率大，比如墙面砖，有的希望吸水率小，比如抛光砖。所以说止火温度不一定就是它达到最小吸水率时候的温度点，有可能比它大，也有可能比它小，只要性能满足产品的要求即可。根据制品质量标准，在烧成温度范围内取出某一段区间，在此区间内尽管温度变化但不影响制品质量，称该区间为烧结温度范围。例如，按照国家标准 GB/T 5001—2018 规定，日用细瓷的吸水率不超过 0.5%。对于烧结范围宽的坯料可以选择烧成温度范围的上限作为最高烧成温度，以缩短烧成周期。但对烧结范围窄的坯料则宜在下限温度，延长保温时间进行烧成。一般日用瓷烧成温度在 1280～1400℃，保温 1～2h；陶器最高烧成温度为 1150～1250℃，保温时间应控制在 1h 之内；精素陶烧成温度在 1220～1250℃，保温 2～3h。

6.3.1.3　保温时间

高温保温的目的是减少窑内上下温差，使坯体上下均匀一致，坯体瓷化均匀。同时，给釉面充分的熔融和拉平时间，也可以使釉层中的气泡很好地排出来，以获得高质量的釉面。当然保温不一定就是最大烧成温度点保温，在升温过程或者是降温过程都可以进行保温，比如结晶釉。保温时间虽有利于晶粒的生长，但是要防止它的过分长大。一般电瓷的保温时间要长达 4h 左右，而建筑陶瓷厂中整个烧成周期只有几十分钟，所以在建筑陶瓷砖的制造中对各方面的要求都比较严格，因为烧成周期短很容易变形，其中微小变形对产品是极其不利的。

6.3.2　气氛制度

窑内气氛的性质是以燃烧产物中游离氧及还原成分的含量而定。一般游离氧含量 8%～10%呈强氧化气氛；游离氧含量 4%～5%呈普通氧化气氛；游离氧含量小于 1%而一氧化碳含量在 2%～7%时呈还原气氛，弱还原气氛取下限，强还原气氛取上限。在烧成过程中各阶段对气氛性质要求要根据坯料的化学、矿物组成以及烧成过程中各阶段的物理化学变化特性来确定。一般情况下，瓷坯在还原气氛中烧成温度比氧化气氛中低。主要是由于在还原气氛中瓷坯中的铁大多以 FeO 存在，而 FeO 是较强的助熔剂。对于含有机物和碳素较少、含铁较多的坯体如高岭土-瓷石，适合在还原气氛下烧制。对于含铁量较少，或者是有机物和碳素含量较多就需要在氧化气氛下烧成，如黏土-长石-石英。含铁多的原料适合在还原气氛中烧成，有机物和碳素较多在还原气氛下不易烧掉，所以不宜在还原气氛下烧成。

采取还原气氛烧成制度时一般分氧化保温、强还原和弱还原三个不同气氛的温度阶段。为了使坯内残余结构水完全排除，氧化分解反应进行充分彻底，坯体获得正常的收缩，在转入还原阶段前应采取适当的高温氧化保温，即低速升温或保温。对于烧成温度为 1300℃ 的日用瓷，900～1020℃ 时坯体气孔率最高，黏土物质和碳酸盐的分解，以及碳素的烧尽等反应最激烈，因此在 950～1020℃ 之间希望在最短时间内氧化。通常，硫酸盐与 Fe_2O_3 在高于1300℃ 的氧化气氛中进行分解，此时制品已接近烧成温度，氧化分解所产生的大量气体将损害釉面质量，造成缺陷。因此有必要采取强还原气氛使坯体内的硫酸盐与 Fe_2O_3 在釉层封闭坯胎之前充分还原分解。在此阶段应平稳升温，严格控制气氛。

气氛制度与温度相辅相成，在氧化气氛条件下，气氛重，温度上升；气氛轻，温度下降。但是过剩空气过多将导致温度停滞甚至下降，因此要求氧化阶段在保证燃料完全燃烧的前提下尽可能减少过剩空气量，使升温、氧化两不误。在还原气氛条件下，气氛轻，易升温，气氛重则温度下降。为了同时满足高温和还原气氛两大条件，保证硫酸盐与 Fe_2O_3 的还原分解反应顺利进行，应尽力控制气氛浓度，采取减轻还原气氛浓度，延长还原作用时间的还原烧成法。

6.3.3　压力制度

压力曲线因窑炉结构、燃料、制品种类、烧成气氛性质不同而异。通常情况下，负压有利于氧化气氛的控制，正压有利于还原气氛的控制。在隧道窑烧成时，习惯上将还原气氛以前的阶段称之为"预热带"；还原至高温保温阶段称为"烧成带"；在此以后称为"冷却带"。

压力控制应使窑内各部位不出现过大的正压或负压。负压过大，使大量热量被烟气带走，极不经济，并使窑内温度波动增大，难以控制，易造成局部过烧。过大的负压引起窑炉不严密处吸入外界冷空气，增大了上下温差，破坏了窑内进行正常操作时的温度制度与气氛制度的协调与均衡。反之，正压过大增加了烟气对窑墙的散热，燃耗加大。但适当提高正压利于减小气体分层，改善窑内温度分布的均一性。为了维护合理的压力制度，按照窑炉结构特性通过调节总烟道闸板、排烟孔小闸板控制抽力；调节余热风机的风量与风压以及烧嘴喷气量，调整车下风压和风量进行各部位压力的相互协调与适应。

6.4 烧成方式

烧成工艺可分为一次烧成和二次烧成。

一次烧成是生坯施釉后入窑经高温烧成一次制成陶瓷产品的方法。二次烧成是施釉前后各进行一次高温处理的烧成方法。二次烧成通常有两种类型：第一种是将未施釉的生坯高温素烧，然后进行施釉后在较低温度下釉烧；第二种是将生坯在较低温度下素烧，然后施釉，在较高温度下进行釉烧。陶瓷制品一次烧成与二次烧成的烧成温度制度如表 6-4 所示。

表 6-4 陶瓷制品一次烧成与二次烧成的烧成温度

坯胎种类	组成				烧成方法	烧成温度/℃
	黏土质	石英	长石	白垩或白云石		
硬质瓷器	40~60	25~40	23~30	—	一次	1380~1460
软质瓷器	25~30	0~20	40~60	—	一次	1200~1300
长石质陶器	40~55	55~42	5~3	—	二次（A）	素烧 1230~1280 釉烧 1000~1160
石灰质陶器	35~55	30~40	—	5~20	二次（B）	素烧 960~1200 釉烧 1000~1160
骨灰瓷	24~45	9~20	8~22	骨粉 20~60	二次（A）	素烧 1250~1300 釉烧 1080~1140

国外高档瓷器大多采用二次烧成，先低温素烧（800~900℃），半成品吸水率高达 16%~20%，然后高温釉烧（1320~1400℃），形成烧结的坯体和釉的覆盖层。我国日用硬质精陶釉的熔点低，难以适应一次烧成的工艺技术要求，大多采用二次烧成，素烧温度高于釉烧温度。日用精陶的素烧温度一般为 1230~1280℃，素烧后坯体的吸水率在 9%~13%；釉烧温度为 1120~1180℃，使涂覆在坯体上的釉层熔融，在釉层与坯体之间形成中间层，有助于改善产品的力学性能。薄胎瓷因坯壁太薄，若不进行素烧以增加坯体强度的话，则无法施釉，所以必须采取二次烧成。该二次烧成具有以下优点：因坯体中氧化分解的气体在第一次素烧时已基本排除，避免了施釉后再釉烧时"棕眼""气泡"等缺陷的产生，提高了釉面的光泽度和白度。素烧后坯体强度较高，易于施釉、印花等后续工序的操作实现机械化，降低了半成品的破损率；在素烧时已有一部分收缩，从而减小了本烧阶段的收缩率与产品的变形倾向，利于防止坯体变形。素烧后的坯体先经过依次拣选，可提高成品率。

国内的瓷器大多采用一次烧成。一次烧成可节省能源，减少工序，降低成本。釉层与坯体在同一烧成温度下形成了良好的坯釉中间层，显著地提高了成品的力学性能。但是，为了适应一次烧成，未焙烧的坯体必须具有足够的强度以保证修坯、粘接、上釉、运输等工艺操作的正常进行，并需确定严格的烧成制度以适应坯釉在高温下的物理化学变化及其相互之间的协调。例如控制干燥最终水分含量，在烧成初期放慢升温速度，及时排除水分，使脱碳等脱气反应均在釉层封闭坯体之前结束，保证釉面平整光洁。但日用瓷的青瓷例外，因为青瓷所施的釉层很厚，若不先素烧，无法施釉、装窑，所以必须二次烧成。墙地砖有的是一次烧成，有的是二次烧成。卫生瓷大都采用一次烧成。烧成周期短，成本低，坯和釉的适合性很好。

6.5　快速烧成

快速烧成是一个相对概念。传统上，普通陶瓷的烧成周期都较长，特别是单件质量较大、尺寸及厚度较大的产品，往往需要 $10\sim20h$，甚至更长。因此，凡烧成温度、烧成周期有较大幅度缩短且产品性能与通常烧成的性能相近的烧成方法称为低温快速烧成。一般情况下，对于大部分陶瓷，烧成周期在 10h 以上为常规烧成；烧成周期在 $4\sim10h$ 以内为加速烧成；在 4h 以下为快速烧成。烧成温度之所以能提高归因于坯釉料组成及窑炉的改进。

6.5.1　快速烧成的意义

(1) 节约能源

我国陶瓷工业，燃料费用占生产成本的比例很大，一般在 30% 以上。缩短烧成时间，对节约能源的效果显著。如一次烧成陶瓷墙地砖，在隧道窑中 26h 烧成单位产品热耗为 $4.6\times10^5\,kJ/m^2$，而同样的产品在辊道窑中 90min 烧成时的热耗为 $1.5\times10^5\,kJ/m^2$。由此可见，快速烧成具有明显的节能作用。

(2) 充分利用原料资源

建筑陶瓷常用的地方原料、劣质原料、新开发原料含较多的熔剂成分，来源丰富，价格低廉，很适合配制低温快烧坯釉料（如瓷土尾矿、低质滑石、硅灰石、透辉石、霞石正长岩、含锂矿物等）。因此，低温烧成与快速烧成能充分利用原料资源，并能促进新型陶瓷原料的开发利用。

(3) 提高窑炉与窑具的使用寿命

低温烧成可以显著减少匣钵等窑具的破损和高温荷重变形。同时对筑窑材料的要求也降低，减少了建窑费用，延长了窑炉寿命，目前趋向于不用匣钵烧成。

(4) 缩短生产周期，提高生产效率

建筑陶瓷生产，以釉面砖为例：在隧道窑中素烧需 $30\sim40h$，釉烧需 $20\sim30h$，由此可见烧成这一道工序就占用了两天的时间；而在辊道窑中快速烧成，素烧 60min，釉烧 40min，总的烧成时间仅为 2h 左右，其他工序时间不变，仅采用快速烧成可大大缩短生产周期。

(5) 有利于提高色料的呈色效果

在陶瓷生产中，高温色料品种较少，呈色也不丰富，而低温色料品种较多，色调丰富，呈色艳丽。快速烧成可使坯体中晶粒细小，从而提高瓷件的强度，改善某些介电性能。

由于陶瓷品种繁多，因此并非任何品种陶瓷都可以采用低温快速烧成，而是要根据产品的实际情况而定。

6.5.2 快速烧成的工艺措施

(1) 坯、釉料能适应快速烧成要求

快速烧成对坯、釉料的品质要求有以下几个方面。

① 干燥收缩和烧成收缩要小，坯料中尽量少用含有机物多的黏土，烧失量要小，避免在烧成过程中出现较大的收缩和排气。如：用霞石正长岩代替长石作为坯料的熔剂，可以大幅度地降低烧成温度，拓宽烧成范围，而且能提高机械强度。又如：用硅灰石代替石灰石作为釉料中的熔剂，既可以降低釉的熔融温度，且又无挥发物质，具有很小的湿膨胀。

② 坯料的热膨胀系数要小，随温度的变化接近线性关系，在烧成过程中不致开裂。

③ 希望坯料的导热性能好，使烧成时物理化学反应能迅速进行，又能提高坯体的抗热震性。

④ 与釉的反应性要好，要易于形成坯釉中间层。坯料要容易烧结，烧成范围要宽，游离石英含量要少。

⑤ 快烧用的釉料要求化学活性强，以利于物理化学反应能迅速进行；始熔温度要高些，以防止快烧时原料的反应滞后，引起釉面产生缺陷（针孔、气泡等）；釉料的高温黏度要相对较低，以便于在短时间内使釉面熔融良好，易于成熟；釉料烧成后要有良好的弹性。

(2) 减少坯体入窑水分，提高坯体入窑温度

残余水分少则短时间内即可排尽，而且生成的水汽量也少，不致在快烧条件下产生巨大应力。入窑温度高则可提高窑炉预热带温度，缩短预热时间。入窑坯体的含水量越大，则烧成速度越不能快，因为蒸发水分需要消耗大量的热能。因而，若坯体入窑水分高，会使蒸发期延长，延长预热阶段的时间，且窑温下降快，易导致上下温差大。提高入窑坯体的温度，可以增加带入窑内的显热，可以缩短蒸发期，快速进入氧化分解期。据资料介绍，含50%黏土的釉面砖，如果入窑时的含水量小于0.5%，坯温为200℃，则窑炉预热带的初始温度可提高到600℃。

(3) 控制坯体厚度、形状和大小

厚坯、大件、形状复杂的坯体在快烧时容易损坏，难以进行快烧烧成。陶瓷制品的烧成是热交换的结果，由于制品本身有一定的厚度，热传导需要一定的时间，所以制品的表面与中心存在温差，温差的大小与制品的导热系数有关。若是坯体过厚，过大或形状复杂，各处厚薄不匀，则不宜升温过快，快速升温会导致因坯体在烧成过程中产生的破坏应力大于制品的极限强度，而使坯体开裂。所以快速烧成只能适用于平板、薄形、表面和内部温差小的情况。同时热膨胀系数小的也可快速烧成。

(4) 选用温差小和保温良好的窑炉

小截面窑炉内的温度比较均匀，低蓄热量的窑炉易于升温和冷却。隧道窑主要发展趋势是宽截面、小高度、自动控制等。辊道窑主要发展趋势是截面加宽、传动更平稳、长度加长、全部微机控制。目前国内外均采用轻质高温耐火材料，诸如陶瓷棉毡、陶瓷纤维和硬硅酸钙绝热砖等先进材料。

(5) 选用抗热震性能良好的窑具

快速烧成时，窑具首先承受大幅度的温度变化，它的使用条件比通常的烧成方法要苛刻得多，而窑具的抗热震性是快速烧成能否进行的重要条件。改革传统的黏土质、普通高铝质匣钵和棚板、支柱等，这些材料传热慢，传热效率低。现在趋向使用碳化硅、莫来石、钛酸铝、堇青石等材质的窑具。

（6）采用含硫量低、无灰分的燃料

由传统的固体燃料向液体、气体燃料过渡或对固体燃料进行改造，将煤加工成水煤浆，提高燃烧效率，减少燃烧造成的污染。

目前在我国使用的液体燃料主要有重油、重柴油、轻柴油等。使用的气体燃料主要有天然气、液化石油气、水煤气、焦炉煤气、发生炉煤气等。

（7）采用高速等温喷嘴，保证窑内温度均匀分布

普通型喷嘴的喷出速度 5～10m/s，不能在窑内造成气流的再循环和强烈搅拌作用，高速等温喷嘴的喷出速度达 40～80m/s，甚至可高达 160～300m/s。高速燃气流在窑内引起气流的再循环和强烈搅拌，大幅度提高传热效率且能对制品进行均匀加热。

6.6 装窑

陶瓷制品的烧成，首先要经过装钵和装窑工序。根据产品种类、窑炉结构和燃料特点，分为直接装窑、匣钵装窑和棚板装窑几种。装烧过程中离不开用于支承和隔离的各种辅助用具。

装窑的垫饼有一次用垫饼和多次用垫饼之分。一次用垫饼采用本坯泥制成，具有与产品相同的收缩率，有利于产品在高温时的收缩位移，从而防止变形的发生。但只能使用一次，浪费较大。目前工厂广泛采用耐火黏土或碳化硅压制的垫饼，使用时在装坯面涂覆一层氧化铝料浆，并撒上一层隔黏细粉，此类垫饼可以重复多次使用。

垫圈、垫座、泥钉、泥条是日用陶器装窑的辅助用具，多用坯泥制作。在装烧缸类陶器制品时，对叠装平稳，防止坯件黏结、变形和开裂以及使窑内气流通畅都有良好的作用。

盖帽、托圈、盘条和盘针等用具，常用于日用精陶装钵。盖帽用坯泥制作，其作用是防止杯口素烧过程的变形和落渣。托圈等其他用具主要用来承托盘类制品，以减少素烧、釉烧中的变形。

涂料和隔黏物是装钵、装窑时的防黏结物料。高铝质涂料用工业氧化铝和高岭土配制，涂刷在匣钵口沿和内外底部，防止黏结和落渣。工厂常用工业氧化铝、石英粉或谷壳灰作隔黏物料，既能用于装钵时找平，又可防止黏结。

6.6.1 装钵

传统窑炉采用不洁燃料（煤、渣油），为防止产品污损，装窑时需将产品装入封闭的窑具空间中烧成，这种起封闭作用的窑具称为匣钵。因此，利用匣钵装烧产品的装窑操作也称为"装钵"。

半成品多用匣钵承烧。有些普通陶瓷制品，如日用普陶、建筑陶瓷和低压电瓷等，可与火焰直接接触而不用匣钵。因此，往往以耐火棚板搭设棚架代替匣钵。在使用经过净化的发生炉煤气或天然气烧成日用陶瓷时，也可不用匣钵。

　　装钵通常有座装、扣装、立装、吊装、叠装和套装等多种方式。应根据坯件大小、厚薄和形状来选择最经济简便的方法。精陶盘类因为没有充分烧结不易变形，在素烧时可以几个堆叠在一个钵内，但在釉烧时须逐个隔开或在一个箱式匣钵竖装，用盘针将其分隔。常见的几种装钵方法见图6-7。

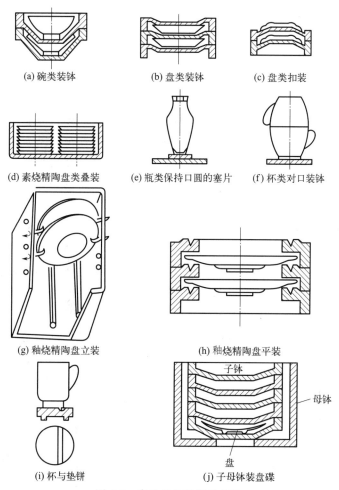

(a) 碗类装钵　　　　　(b) 盘类装钵　　　　　(c) 盘类扣装

(d) 素烧精陶盘类叠装　　(e) 瓶类保持口圆的塞片　　(f) 杯类对口装钵

(g) 釉烧精陶盘立装　　　　　(h) 釉烧精陶盘平装

子钵

母钵

盘

(i) 杯与垫饼　　　　　(j) 子母钵装盘碟

图6-7　常见的几种装钵方法

　　对于品锅、紫砂壶等口沿无釉的制品，可把坯盖与主件配合后装钵。有的工厂用子母钵装烧盘碟制品，收到了较好的效果。

　　装钵操作要注意把坯件和匣钵吹扫干净，取放坯、匣钵时要轻而稳，这对防止变形、落渣和黏钵等缺陷的产生十分重要。

6.6.2　倒焰窑的装窑

　　倒焰窑的装窑可分为直接装窑和匣钵装窑两种。普通陶器、粗炻器一般采用直接装窑，日用瓷器、细炻器和日用精陶制品则采用匣钵装窑。装窑合理与否，对温度制度的控制和产品质量有直接影响。若装窑不当，将影响烧成操作的正常进行，甚至由此造成倒窑等严重的生产事故。

　　装窑前首先要检查窑炉各部位有无裂损，并用耐火泥将窑室涂刷一遍，将窑底及烟道内的积灰与垃圾清扫干净，特别雨季应经常检查烟道有无积水，并及时采取排水措施。

倒焰窑装窑一般应遵循下列原则。

(1) 根据窑内温差和坯釉性能确定窑位

倒焰窑内的温度分布，一般是窑床底部和窑门处温度较低，窑顶及靠近喷火口处的温度较高，中心部位温度较为均匀。

在倒焰窑中烧制不同配方的制品时，可将烧成温度高或烧成范围宽的坯体装在高火位。对于同一配方的坯体可根据大小、形状和厚薄确定火位，例如大型或异型坯件，对温度敏感性较强，受热不匀容易引起破裂，应装在温度均匀的中火位。色釉制品通常也要选择温度均匀的中火位烧成。

(2) 根据气体流动阻力确定钵柱排布方式

阻力分布的均匀性，是温度分布均匀的先决条件。一般在窑内阻力大的部位稀装，阻力小的部位密装，保证沿窑长和窑宽方向上能均匀地透过气体。钵柱排列通常有等距平行和错列或两者结合的排列方式。等距平行钵柱在纵横方向都有一定的相等间距。

错列时能增加窑内有效容积，但同时增大钵柱横向的气体流动阻力。方窑大多数采用等距平行排列，圆窑则采用错列和平行相结合的排列方式。

(3) 合理地提高装窑密度，保证烧成质量

为了充分利用窑炉容积，同时又保证烧成质量，必须根据产品形状和大小选用相应的匣钵，并充分利用匣钵容积。匣钵类型不宜过多，以免装窑操作时排列钵柱工作复杂化。普通陶器直接装窑时，尽可能采用套装、叠装等各种方法，以提高装窑密度。

倒焰窑的装窑方法，尽管各种制品有所不同，但也存在共同的普遍规律。大致可归纳成如下几点。

① 匣钵柱（或坯柱）不能直接接触窑底，应用垫砖或耐火砖以等边三角形把钵柱架起，使之与窑底有一定的距离，以便火焰流通，并应防止在摆放时盖没吸火孔。

② 垫砖与匣钵及垫砖与窑底间都应撒一层石英砂或氧化铝粉，防止在高温时相互黏结。

③ 匣钵柱或坯件的堆叠必须垂直平稳。在匣钵柱之间以及匣钵柱与窑墙之间沿高度方向，每隔一段要用适当形状的耐火物撑持，防止在高温时歪倒。最外一层的匣钵柱，应稍向窑中心倾斜。

④ 匣钵柱间的距离必须适当，一般为 3~5cm。匣钵柱和窑墙的距离根据窑的大小为 8~12cm。匣钵柱离喷火口 10~15cm。

⑤ 匣钵柱的高度，要根据窑炉的结构和窑内各部位温度上升的情况而定。大致上，近喷火口处的匣钵柱应较低，以减小火焰上升阻力。中间的匣钵柱虽然可以较高，但与窑顶之间也要留出足够的空间，使上升的火焰在这里汇合，然后重新分配到各火道中去。一般匣钵柱顶距窑顶 10~15cm 为宜。

⑥ 窑装满后，封闭窑门。窑门最好砌里外两层。里层应与窑墙的内壁齐平，外层应与窑墙外壁齐平。每层都要涂抹耐火泥。在砌窑门时，要留设看火孔。每次装窑的看火孔位置要固定，以便正确测温。

6.6.3 隧道窑的装车

隧道窑烧成采用窑车装载和输送制品。随着节能技术的推广应用，普通材质的标准窑车已逐步被轻质低蓄热窑车所取代。隧道窑的装车是否合理，对窑炉的正常运转、稳定烧成制度、提高制品产量和质量均有直接关系。

隧道窑的特点是窑内烟气作横向平行流动、热气体具有自然向上流动的趋势，窑内温度一般是上部温度高、下部温度低，料垛中一般是外部温度高、内部温度低，预热带温差尤为突出。因此，装车时应做到上部密、下部稀，周围密、中间稀，为缩小温差创造有利条件。

6.6.3.1　直接装车

日用普陶制品大多采用露装（裸装）。根据坯件特点和烧成温度不同，采用叠装和套装法把坯件直接装在窑车上。棚板装车时，主要考虑烟气在窑内的流动情况与窑具的使用寿命情况。通过采用棚板-立柱在窑内或窑车上砌筑成层状结构，产品装于各层棚板平面上。采用这种方法，不必每次重新砌筑，而只需略加修整，因此降低了劳动强度。产品窑具间气体流动畅通，改善了传热状况。与匣钵装窑法相比，可提高装窑密度，减少窑具用量，产品能耗下降，窑炉生产能力提高。

装车时一般控制坯柱纵横间距最小为 1~2cm；边柱距墙 10cm 左右；各柱距离窑顶和车面 5~8cm。窑车两侧的坯柱可向窑车中心微倾斜。

6.6.3.2　匣钵装车

瓷器、炻器和精陶坯体都须装钵后装车。装车时钵柱之间的距离为 3~5cm，距两墙 8~12cm，距窑顶 10~15cm。中间的钵柱要正且牢固，两侧的钵柱应向中心倾斜 3~5cm。尽可能采用同一规格的匣钵装车，这样可以使钵柱之间的通道保持在一直线上，利于烟气流通。若用不同直径的匣钵混装，应使装有同规格匣钵的窑车前后相接或者使窑内相同直径的匣钵都处在同一条直线上。

无论采用直接装车或匣钵装车，装车前都要认真检查窑车质量，以保证运行安全，坯体都要经过干燥使之符合入窑水分。堆叠的坯柱或钵柱要平正、牢固、均匀排列成行，以保证钵柱火路畅通。装车后，窑车要通过标准门检验合格，方可入窑烧成。隧道窑装车时匣钵柱堆装示意图见图 6-8。

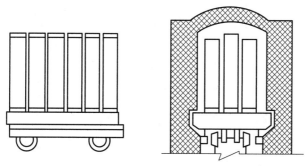

图 6-8　隧道窑装车时匣钵柱堆装示意

6.6.3.3　坯体直接入窑

对普通的陶器、粗瓷器等一般采用直接装窑。常采用大小件套装的方法。

辊道窑坯体入窑时，只需将产品放置在耐火材料制成的垫板上，烧成时产品与垫板一起在窑内辊棒上运动。这种装窑方法，传热状况良好，易于进行机械化、自动化操作。部分日用陶瓷产品，也可采用无窑具烧成。

6.7 窑具

6.7.1 窑具种类

陶瓷制品在窑炉内烧成时，或者为了隔离不净的烟气接触，或者为了制品的支撑、托放及叠装，常用一些耐火材料制成不同形状的辅助材料应用于窑内。这些辅助耐火制品统称为"窑具"，见表 6-5。

表 6-5 普通陶瓷用窑炉及窑具

陶瓷类型	所用窑炉	窑具品种
日用瓷	梭式窑、隧道窑、辊道窑	匣钵、棚板、支柱、窑车材料、辊棒、支架垫饼
建筑陶瓷	隧道窑、辊道窑	棚板、支柱、窑车材料、辊棒
卫生陶瓷	隧道窑、辊道窑、梭式窑	棚板、支柱、托板、窑车材料、辊棒
电瓷	隧道窑、梭式窑、罩式窑	匣钵、垫座、棚板、支柱

新型耐火材料的应用改善了窑具的传热效果，减轻了窑具的质量，降低了能耗。窑具作为陶瓷生产的消耗品，如何提高其寿命，成为窑具设计生产的首要问题。

6.7.2 窑具的性能要求

窑具的主要使用指标是在多次反复冷热循环与荷载下的使用次数。它是反映窑具材质性能、制造工艺及使用条件等方面的综合指标。窑具材料应达到下列主要理化性能指标。

6.7.2.1 结构强度

窑具通常是堆码或搭成棚架在窑内使用的。每件窑具不但承受着自身的重力和生坯的重力，还要受到装、出窑时的机械作用力，所以窑具要有足够的常温机械强度。在高温下，窑具会产生塑性形变、颗粒位移及结构的变动。这种情况直接影响窑具的高温机械强度。窑具的荷重软化性能主要与窑具材料本身性质相关，同时与其造型、结构尺寸有关，另一方面也与使用条件有关。如黏土质匣钵的荷重软化开始温度为 1360℃，堇青石匣钵为 1370℃。

6.7.2.2 热震损伤性（耐急冷急热性）

多次反复地加热与冷却是窑具使用过程的一个重要特点。快速烧成时，升温与冷却更加急剧，窑具的使用条件更加苛刻。因此，良好的抗热震性是窑具必须具备的一个重要性能。

6.7.2.3 重复使用时窑具的体积稳定性

窑具使用过程中体积发生不可逆变化的程度称为体积稳定性。烧成时窑具虽然经历了一系列物理-化学变化，但总是达不到理论上的平衡状态。在使用过程中某些反应有可能继续进行，如晶相数量和大小会改变，液相重新分布，导致微观结构有所变化。这些变化在不同程度上引起窑具体积变化而影响其使用寿命。

（1）二次莫来石的形成与体积变化

用高铝原料（如矾土熟料、工业氧化铝、刚玉等）和耐火黏土制造窑具时，黏土中分解出来的游离二氧化硅在高温下会和高铝原料中的氧化铝反应生成莫来石，这种莫来石称为二次莫来石。$3Al_2O_3 + 2SiO_2 \longrightarrow 3Al_2O_3 \cdot 2SiO_2$ 这个反应在 $1270 \sim <1350℃$ 间开始进行，在 $1350 \sim 1500℃$ 间完成。由于刚玉密度（$3.9 \sim 4.0g/cm^3$）与莫来石密度（$3.03g/cm^3$）的差别引起体积膨胀，因此希望二次莫来石反应在煅烧矾土以及制造窑具时完成，尽量防止二次莫来石在使用过程中发生，以免窑具松散以致崩裂。

（2）碳化硅的氧化与体积变化

碳化硅在 $900 \sim 1000℃$ 间会开始氧化。根据其氧化反应自由能的变化可知，SiC 受到氧、CO 或水蒸气的作用主要生成 SiO_2 和一些气体（CO_2、CO、H_2）。当氧的浓度很低时，也会形成挥发性的 SiO 和 CO。SiC 氧化后重量会增加（SiC 分子量为 40.10，SiO_2 分子量为 60.08），由于碳化硅密度大（$3.21 \sim 3.22g/cm^3$），形成的石英玻璃密度小（$2.0 \sim 2.3g/cm^3$），所以体积增大，高温下氧化产物由无定形转变为方石英，又有体积变化，这些变化使碳化硅窑具多次使用后结构松散以致损坏。

（3）熔融石英的析晶与体积变化

从热力学观点来说，无定形物质是不稳定的，会自发地向晶体转化。所以熔融石英质窑具中的石英颗粒在使用过程中会析晶生成方石英，石英玻璃向 α-方石英转变时的体积效应为 -0.9%，α-方石英向 β-方石英转变的体积效应为 -2.8%，因此窑具使用一段时间后质地疏松，强度降低，组成变动。

一般来说，重烧膨胀与收缩取决于窑具烧成时是否已充分烧结，而实际上涉及原料的纯度、颗粒组成、烧成制度等工艺过程的合理程度。

（4）导热性能

煅烧陶瓷产品时，热量通过窑具传递至坯体，导热性高的窑具能提高烧成时的热效率，导热性良好的窑具有助于产品的均匀烧成，对烧结范围窄的产品更能提高成品率。如同一种陶瓷产品采用黏土质匣钵装烧时，产品得到的热量仅 4.7%，而使用碳化硅质匣钵时，产品得到的热量会增多一倍，达到 9.4%。窑炉的升温及冷却速度、燃料消耗都与窑具、窑车衬砖及砌炉材料的导热性和热容相关。窑炉的导热性取决于其化学组成、矿物组成、气孔率和组织结构等因素。

6.7.3　窑具材质的类型及损坏情况分析

普通陶瓷工业用窑具材质种类颇多，按照其化学组成及使用的主要原料可划分为以下几类。

6.7.3.1　硅铝质

硅铝质窑具指的是不同数量氧化硅与氧化铝的装窑用器具。陶瓷生产中长期采用的是黏土-熟料质（习惯上采用高岭土质熟料或矾土熟料与耐火黏土配制而成，Al_2O_3 的含量为 $30\% \sim 46\%$）及高铝质（采用矾土熟料或合成莫来石作熟料，以高铝质黏土作结合剂，

Al_2O_3 含量大于 46%）二种，后者也可称为莫来石质，因为在 Al_2O_3-SiO_2 相图中 Al_2O_3 组分大于 46%、小于 72% 时高温稳定相为莫来石。而黏土质窑具可称为低莫来石质，高铝质大部分属莫来石质。

黏土质窑具的性能指标不高，在 850～20℃ 之间急冷急热至其破裂的次数不大于 8～12 次，导热系数为 0.7～1.16W/(m·K)，这类窑具的使用寿命不长，通常用于烧成温度靠近 1300℃ 的条件下。高铝质窑具的机械强度和抗热震性能较好，其荷重开始软化温度也较高，可达 1460℃，导热系数为 1.35～1.63W/(m·K)，使用温度可达 1400℃。

6.7.3.2 硅铝镁质

硅铝镁质窑具是由高铝原料及镁质原料配成，一般以矾土熟料或合成莫来石为骨料，以堇青石为基质，故又可称莫来石-堇青石质。有人认为，若以堇青石熟料为骨料、基质为高铝黏土形成的莫来石，则可称这类窑具为堇青石-莫来石质。由于堇青石的热膨胀系数小（20～80℃ 约 1.3×10^{-6} ℃$^{-1}$），因而使这类窑具的抗热震性得到改善。根据 MgO-Al_2O_3-SiO_2 系统相图，堇青石（2MgO·2Al_2O_3·5SiO_2）的组成位于莫来石的初析晶区，达到 1460℃ 会分解为莫来石和熔液，有时还会发生 $2Al^{3+}$ 与 Mg^{2+}＋Si^{4+}、$2Al^{3+}$＋Mg^{2+} 与 $2Si^{4+}$ 之间的相互置换，加上由析出区的液化温度变化较小而液相数量变化较大，使得含堇青石的材料烧结与熔融温度的范围相当狭窄，从而使硅铝镁窑具的荷重软化温度较低，软化温度的范围也缩小，因此莫来石-堇青石质窑具的使用温度限制在 1300℃ 左右。

6.7.3.3 碳化硅质

碳化硅有良好的热物理性能，它的导热系数很高。据文献介绍，90%SiC 砖 500℃ 时 $\lambda=15.12$W/(m·K)，1100℃ 时 $\lambda=11.63$W/(m·K)。碳化硅的热膨胀系数较小，$\alpha=5.57 \times 10^{-6}$～$5.59 \times 10^{-6}$ ℃$^{-1}$。它在高温下不会发生塑性变形，由于具有这些优良性能，所以自二十世纪六十年代以来已用于制造窑具。它的使用温度远高于前二类窑具，可在 1400～1700℃ 之间使用，但碳化硅在氧化气氛中 900～1200℃ 范围内易氧化，生成挥发性的 SiO_2 和 CO，或 SiO_2 与 CO_2，使材料膨胀、松散甚至开裂，这是其致命弱点。

制造碳化硅窑具通常采用耐火黏土作结合剂，这类窑具抗热震性好，可使用到 1450℃，还可加入高铝原料（如氧化铝）作结合剂，以减少游离石英的出现，从而进一步提高窑具的抗热震性和高温强度、使用温度，上述窑具一般含 60%～90%SiC。

加入氧化铝作结合剂的碳化硅在 1500℃ 烧成时，因碳化硅分解而产生活性较好的二氧化硅，反应生成莫来石，形成结合相，因此也称为莫来石结合碳化硅材料。使用氮化物结合的碳化硅性能优于莫来石结合碳化硅。这种材料的制备工艺是以 Si-SiC 粉末为原料，在氮气气氛中烧成。由硅氮反应转变为 Si_3N_4。烧结中随着 Si_3N_4 晶粒长大而气孔率降低，减少了可氧化表面。

在极高温度和还原气氛下，碳化硅颗粒通过再结晶过程而直接结合成再结晶碳化硅，再结晶碳化硅含 SiC 98%～99%。除成型用的黏结剂外，一般不添加结合剂。这类制品的性能优良，导热系数、抗热震性、荷重开始变形温度、高温强度均高于其他类型窑具。

6.7.3.4 熔融石英质窑具

熔融石英质窑具是以熔融石英为骨料的装窑用耐火制品。由于熔融石英的热膨胀系数很小（含 SiO_2 99.5％时 $\alpha=0.54\times10^{-6}℃^{-1}$），而且高温黏度大，所以用它来配置窑具抗热震性好，高温荷重软化温度也比硅铝质及硅铝镁质窑具高，使用温度可达 1380℃。

这类窑具目前是用耐火黏土作结合剂，一般用量为 30％～35％，所以又可称为黏土-熔融石英质窑具，也有用碳化硅或矾土熟料取代部分熔融石英，再与黏土及黏结剂制成窑具，熔融石英质材料在高温下长期使用过程中，石英玻璃颗粒会转变为方石英，逐渐膨胀以致松散剥离，强度降低，这是其主要的弱点。

6.7.4 新型高温窑炉保护陶瓷涂料

作为烧制产品的热工设备，或在高温中生产产品的窑炉，广泛应用于冶金、化工、建材和轻工等部门，其在人类工业发展历史中起到重要作用，窑炉的密封性、保温性、均温性影响所烧产品的质量、产量以及能耗，关系到企业的生产成本、经济效益和热工设备的使用寿命。在窑内衬表面（窑墙、窑顶内表面）上使用高温耐火涂料，不但能改善上述各项指标，而且能进一步提高窑炉的热效率，减少维修次数，延长使用年限。

窑炉高温涂料是指耐高温，耐长期火焰烧烤，具有一定功能性，也就是满足被涂耐火材料上设计的特种涂料。

由于此窑炉内衬涂料涂层的气孔率低，故亦可阻止冶金炉内的氧化铁、溶剂及腐蚀性气体对内衬的侵蚀，延长其使用寿命。除高纯石墨外，耐高温窑炉内衬陶瓷保护节能涂料可以用机械喷涂、手工喷涂或浸渍等多种方法覆在各种耐水基体、金属及木材上，且涂层结合好、固化容易，形成一层耐高温、耐火、致密一体化的涂层，大大延长窑炉内衬材料的使用时间和减少窑炉内衬材料的损坏率。

该涂料至少可在以下几方面得到应用。

① 涂在冶金工业的电炉、鼓风炉、马丁炉、焦炉及钢水泡的内衬或炉顶上，可有效地延长使用寿命，节约能耗；

② 涂在陶瓷、玻璃、水泥等硅酸盐工业热工窑炉及匣钵、棚板等窑具上，效果十分理想；

③ 涂在化工设备、管道及烟囱内壁上，这种低气孔率的非湿润涂层可抵御反应物、腐蚀性气体及流体对它们的侵蚀作用；

④ 涂在铸造用金属膜的内壁，不但能有效地抵御金属溶液的侵蚀作用，而且也是一种良好的脱模剂；

⑤ 涂在金属表面上可防止其被氧化、渗碳或不渗碳及化学腐蚀，保持金属原有的性能，提高其使用温度；

⑥ 涂在砖、木材、泡沫塑料表面上，可起到很好的防火作用。

6.8 烧成缺陷分析

陶瓷常见的缺陷很多，原因也很复杂，从原料到彩烤包装任何一道工序，都可能使产品产生缺陷而报废。坯件在装烧过程中产生的缺陷主要有变形、烟熏、发黄、起泡、针孔、黑点、生烧等。

6.8.1　变形

变形是陶瓷生产中最常见的缺陷，如口部翘扁、局部歪扭或底部上凸下凹等。产生的原因很多几乎贯穿整个生产过程，在装烧方面的主要原因及应采取的相应措施如下。

① 烧成温度过高或高火保温时间过长，或喷火口与窑上部的局部温度过高，致使坯体中的玻璃相产生过多，甚至膨胀起泡或釉面泛黄，此种现象称为过火变形。应严格控制升温速度和止火温度，坚持按坯釉的烧成范围确定止火温度和推车速度，防止制品过烧。严格控制窑内压力，尽量缩小窑内上下温差，确保制品受热均匀。

② 匣钵底部或棚板不平，装坯不正，满窑或窑车及装车操作不当，致使制品的中心偏离，因重力不均匀使产品翘曲，弯扭变形。装坯所用的垫饼、垫圈，坚持磨平，涂料刷匀，棚板不变形。装坯、装车或满窑操作要细心，要求将坯件装正、装平、装稳。钵柱要正直，火路要均匀，进车要平稳，确保坯件在烧成过程中不歪斜。

6.8.2　烟熏

由于制品在烧成中受烟气的影响，全部或局部呈灰色或不纯的白色，俗称"吸烟"。主要原因是烧成操作不当，致使碳素沉积在坯釉中，在釉开始融化之前没有被氧化排除。

6.8.2.1　坯体吸烟

此种现象多发生在倒焰窑或隧道窑的窑车之钵柱下部，造成的原因如下。

① 烟囱的抽力太弱，火焰流速慢，氧化阶段存烟时间太长。或因满窑、装窑太紧，火焰流通不畅。氧化阶段（或隧道窑的氧化炉）的炉子烧清烧亮，适当提高氧化温度，从而使沉积在坯体内的碳素在釉熔融前完全排除。烧隧道窑应适当开大气氛气幕，加大二次空气量，使烟气中的游离碳在预热带完全燃烧。

② 坯体入窑水分太高，烧成时侵入坯体的碳素先被水蒸气薄膜包围，后被熔融的釉所包围，因而难以氧化形成水黑。应降低坯体入窑水分，严格控制在1%以下。

③ 还原前或以氧化焰烧成在上大火之前，窑内温差过大，或因提早还原，使坯内在预热阶段沉积的碳素未完全烧尽，当釉面熔融后而被釉层封闭。温度与气氛要对口，开始还原温度应低于釉料熔化温度150℃左右。

6.8.2.2　釉面吸烟的原因

① 以还原焰烧成的制品，釉料中的方解石用量太多。最好调整釉料配方，以还原焰烧成的制品，其长石釉中的方解石用量最好控制在25%以下，氧化焰烧成的制品无限制。或适当提高釉的始熔温度，降低釉的高温黏度，以利于碳素的挥发。

② 还原气氛过浓，结束过迟，釉层内沉积的碳素太多。还原阶段，气氛不宜太浓，窑内通风不易太弱。

③ 高火保温阶段或隧道窑的高火保温炉烧得过紧，或急冷气幕的风量太小，使火焰倒流；炉子不宜烧得太紧；高火保温阶段宜烧弱还原焰或中性焰。烧倒焰窑，要求窑内上下同时落火。

④ 由于燃料中含硫太多，窑内通风不良，致使硫化物沉积在釉面，造成釉色发黄、发

绿或呈褐色的硫黄斑。烧隧道窑，保持窑内压力稳定，急冷气幕的风量应当以恰好阻住烟气倒流为宜。

6.8.3　发黄

成品局部或全部发黄色，主要是坯中的 Fe_2O_3 在烧成中未被还原成 FeO 所致，或因在还原后期再次氧化，使 Fe^{2+} 又变成了 Fe^{3+}。其主要原因及相应措施如下。

① 由氧化焰转还原焰的临界温度过高，还原气氛太弱，升温太快，致使釉面过早熔化，气孔封闭，造成还原气氛难以进入坯内反应，由于制品还原不足，影响坯釉中的 Fe_2O_3 不能完全还原成 FeO。应严格控制气氛转换的临界温度（1000～1050℃），并根据坯釉中含铁量的高低，控制还原气氛的浓度（CO 含量一般为 3%～4%，Fe_2O_3 含量高的坯，CO 含量不宜大于 6%），促使 Fe_2O_3 全部还原为 FeO。

② 还原阶段窑内上下温差过大，如按上部温度结束还原，会影响下部制品还原不足而发黄。如按下部温度开始还原，则影响上部制品还原过迟，亦会造成上部制品发黄。尽量缩小窑内上下温差和水平温差，保持窑内压力稳定，如烧梭式窑要严格控制中火保温，力争窑内各种温度基本一致，从而缩小窑内上下温差，稳定窑内气氛，以防窑车下部制品发黄。

③ 在还原阶段和高火保温阶段，供气或供油压力不稳定，油量和风量时大时小。因而影响气氛波动频繁，时而出现氧化气氛，也会造成制品还原不足或还原后再次氧化。燃气窑炉要保持气压、风压稳定，保证火枪燃烧正常，窑内气氛稳定。

④ 隧道窑车下压力过大，或窑车密封不良，如在还原带有空气从车下窜入车面上，则会影响车面局部形成氧化气氛而造成部分制品发黄。采用隧道窑烧成，可适当增大气氛气幕的进风，减慢还原区的火焰流速，加长还原区的存火时间，使还原与氧化相对分开，使温度与气氛对口。

6.8.4　起泡

制品表面起泡有坯泡和釉泡两种。坯泡是在制品表面凸起大小不等的空心泡，不能用指甲划破。釉泡是在釉面凸起的小泡，多呈白色透明，一般可用指甲划破，聚集在成品口部边缘或棱角处的釉泡又称水泡边。此种缺陷，除原料中的杂质太多，练泥真空度不够，注浆操作不当等因素外，在烧成方面的原因如下。

6.8.4.1　坯泡

坯泡多出现在梭式窑的下部（或窑车的下部）。由于氧化阶段窑内上下温差过大，致使坯料中的有机杂质氧化分解不完全。当制品进入还原阶段，这些未氧化的有机杂质继续进行分解。因放出的气体被熔融的釉层堵住而无法逸出，故在坯体中鼓成气泡，一般是由于以下原因。

① 氧化阶段升温太快，窑内上下温差大，造成下部制品氧化不足而过早还原；

② 隧道窑预热带末端由于氧化气氛不足或有波动，影响制品氧化不完全；

③ 在还原阶段，因釉的始熔温度太低，致使坯料中的 Fe_2O_3 还原成 FeO 时放出的气体无法排除而形成气泡；

④ 止火温度过高，超过坯料的烧结范围，引起制品发生膨胀而起泡，此种缺陷称为火泡，多出现在喷火口或窑内上部。

6.8.4.2 釉泡

引起釉泡的原因主要是沉积在釉层中碳素或釉中的分解产物，在釉熔化前未烧尽或未排除，而在釉熔融时继续燃烧或分解。此时，所产生的气体不易透过釉层而被包围在釉中，因而形成了釉泡。显然，在釉玻化后，如釉层继续吸附碳素，亦会产生釉泡，主要有如下原因。

① 坯体入窑水分太高，窑内水蒸气较多，易造成碳素沉积在釉中。应使窑内通风良好。在潮湿季节要严格控制坯体的入窑水分。

② 制品氧化不足或还原过早，致使分解产物和沉积的碳素在釉玻化前未排出，而在釉层内。在氧化阶段，使坯体充分氧化，从而促使坯中的有机物全部分解排除。在氧化阶段要尽量缩小窑内温差，防止制品还原过早。隧道窑要适当提高预热带的温度，促使由还原带来的游离碳素完全燃烧。还原阶段升温要平稳，防止窑内温度猛升骤降。窑炉烧嘴堵塞要及时清洗，以免影响火焰发生间断。

③ 强还原气氛过浓，造成碳素沉积于釉中。对含硫酸盐矿物较多的坯料，要保证还原气氛的浓度适当，从而使硫酸钙和硫酸铁在釉熔化之前完全分解排出。严格控制高火保温温度，防止制品过烧而膨胀起泡。

④ 釉的始熔点太低，致使沉积的碳素不能分解。提高釉料的始熔温度，降低釉料的高温黏度，可在釉中加入适量的瓷粉或黏土熟料。

6.8.5 针孔

制品表面出现无釉小孔，或称棕眼，又叫猪毛孔。产生原因很多，如坯釉料制备不当，成型工艺控制不严，烧成方面原因如下。

① 由于釉料高温黏度大，流动性小，如烧成温度太低，致使坯料中的有机物分解后，留下逸出气体的痕迹，未被熔融的釉料填充而形成了无釉小孔。适当提高烧成温度，或延长高火保温时间，使釉充分熔融。

② 窑内水蒸气太多，还原气氛太浓，使碳素沉积在釉层中而形成很小的开口釉泡。严格控制还原气氛浓度，适当增强窑内通风，防止碳素沉积。

6.8.6 黑点

制品表面出现黑褐色的污点，又称斑点，所产生的原因如下。

① 坯件存放太久，灰尘太厚，装坯时没有清除干净。装坯满窑时，要严格清除坯件上的污尘。

② 坯釉中含有较多的细小铁质矿物和金属铁，在小火阶段未充分氧化，或因还原气氛不浓，致使 Fe_2O_3 未完全还原成 FeO 而形成斑点，如在釉层下面，则形成阴黑点。

③ 在还原阶段由于炉子烧得太紧，造成碳素沉积而引起釉面出现微小的黑点。严格还原阶段的操作，既使 Fe_2O_3 完全还原，又要防止碳素沉积。

④ 高火保温阶段由于气氛呈氧化焰，或止火后高温冷却速度太慢，致使低价铁再氧化

成高价铁,也会形成黑点。止火后,在高温冷却阶段,宜用快速冷却。

6.8.7 橘釉

制品釉面缺乏玻璃光泽,类似橘皮釉。其原因主要如下。

① 坯体釉层太薄,或施釉分布不均匀,加之烧成温度过低,高火保温时间过短,造成釉面熔化不良。根据釉料的始熔温度和制品的釉层厚度,适当提高烧成温度。

② 釉面玻化时,由于窑内升温不稳定,突升突降,致使釉面发生沸腾现象。高火保温阶段,升温要均匀,防止炉温猛升骤降。

③ 烧成后高温冷却速度太慢,造成釉面析晶。降低釉面的高温黏度,使釉面在高温时的流动性增强,并根据釉的性质,决定高温冷却速度,以防止釉面析晶。

6.8.8 炸釉、惊裂

制品釉面发生炸釉,指商品釉面炸裂现象,釉面有裂纹或龟裂,俗称惊釉,坯釉同时开裂称为惊裂,产生的原因主要是釉的膨胀系数比坯大得多(如釉中石英含量低,钾钠含量高),或釉层过厚,但烧成操作不当,也会引起某种缺陷,其主要原因如下。

① 坯体未烧结,气孔率较大时,易发生惊釉。根据坯料的烧结温度范围,适当提高止火温度,或延长高火保温时间,使坯釉之间形成良好的中间层,从而防止发生欠火惊釉。

② 制品在 600℃ 以下冷却阶段降温太快,由于石英晶型转变时的收缩较大,致使坯釉同时惊裂。严格控制冷却速度,在制品烧成后至 700℃ 宜快冷,700℃ 以下宜慢冷,以防止石英在 573℃ 和 180~270℃ 时,晶型转变发生体积变化而造成惊裂。

③ 制品在烧成后残留有较多的游离石英,冷却时,体积收缩大,如低温阶段冷却速度太快,易引起惊裂。适当调整坯釉中的石英用量,或提高石英的细度,促使石英在高温中熔融,形成玻璃相或从玻璃相中析出莫来石晶体,从而减少坯釉中的游离石英。

④ 隧道窑烧成,若未使用急冷气幕和热风抽出或风量较小,由于烧成温度高,发生火焰倒流,因而减慢了急冷区的冷却速度,致使低温阶段的冷却加快,也会引起惊釉。适当增大隧道窑急冷气幕的风量,防止火焰倒流,从而加快急冷区的冷却速度,相对减慢低温区间的冷却。

6.8.9 生烧

制品釉面不光,气孔率大,声音不清脆,有时还色泽发黄,产生原因主要是烧成温度不够,多发生在倒焰窑下部或窑车下部。

① 隧道窑烧成温度低于坯釉成熟温度的下限,即使减慢推车速度,也不能将制品烧结;按照坯釉烧成温度范围,适当提高烧成温度或延长高火保温时间。

② 窑内上下温差过大或局部温度太低。烧隧道窑要适当提高高火保温温度,增强窑车下部的辐射传热,从而缩小窑内上下温差。间歇窑烧成要适当延长高火保温时间,使窑内各处止火时的温度基本一致。

③ 装车或满窑钵柱排列密度不合理,致使火焰流动不均匀。合理调整装车或满窑的钵柱密度,使窑内火路均匀。隧道窑装车要求上密下疏,适当增大匣钵柱的距离。

思考题

1. 试分述一次烧成与二次烧成的优缺点。
2. 实现快速烧成可以采取哪些工艺措施?
3. 简述低温快烧的作用和条件。
4. 陶瓷烧成后期为什么要进行急冷?
5. 论述目前最新陶瓷烧成窑炉及其所使用的耐火材料。

第7章
陶瓷装饰

导读: 本章主要介绍了陶瓷颜料,釉上装饰,釉下装饰,釉中彩,颜色釉,艺术釉,新型功能釉,坯体装饰的分类、制备方法与特点;并对釉料、颜料中铅、镉离子溶出原因及影响因素进行了阐述与分析。重点掌握釉上彩、釉中彩和釉下彩的不同点,并能够了解各种陶瓷装饰的特点及其制备方法。了解陶瓷釉料、颜料中铅、镉离子溶出的原因及其影响因素。

7.1 概述

陶瓷装饰是用工艺技术和装饰材料美化日用陶瓷制品的重要手段。它对提高制品的外观质量,丰富人们的日常生活起着积极有效的作用,同时赋予了陶瓷制品更多的时代精神和文化内涵。

陶瓷装饰可对坯体或坯体表面进行加工,也能对釉本身或在釉面上和釉下进行联合装饰。具体方法很多,各有其艺术特点与风格,按装饰技法不同可归纳成以下几种。

① 雕塑——刻花、剔花、堆花、镂空、浮雕、塑造;

② 色坯与化妆土;

③ 色釉——单色釉、复色釉、变色釉、窑变花釉;

④ 晶化釉——结晶釉、砂金釉、液-液分相晶化釉;

⑤ 釉上彩——古彩、粉彩、新彩、广彩、印彩、刷彩、喷彩、贴花;

⑥ 釉下彩和釉中彩——贴花、印彩、彩绘;

⑦ 贵金属装饰——亮金、磨光金、腐蚀金;

⑧ 其他装饰方法:光泽彩、碎纹釉、无光釉、流动釉、斗彩、照相装潢等。

7.2 陶瓷颜料

陶瓷颜料是在陶瓷制品上使用的颜料通称,它包括釉上、釉下以及使釉料和坯体着色的颜料。它是以色基和熔剂配合制成有颜色的无机陶瓷装饰材料。色基是以着色剂和其他原料配合,经煅烧后而制得的无机着色材料。着色剂是使陶瓷胎、釉、颜料呈现各种颜色的物质。

陶瓷绝大多数装饰方法都需依赖陶瓷颜料来提高装饰效果,陶瓷颜料品种愈多,色阶愈全，质量愈好，其装饰效果愈显著。因此，陶瓷颜料是陶瓷装饰的重要材料，对陶瓷颜料进行研究是发展陶瓷装饰的重要工作之一。

7.2.1　陶瓷颜料分类

陶瓷颜料的种类很多，至今还没有统一的分类方法。下面按陶瓷颜料的化学组成与矿相类型进行综合分类（表7-1）。应该指出，这个综合分类法并没有包括目前所有陶瓷颜料类型，但可由此看到陶瓷颜料的概貌。

表 7-1　陶瓷颜料分类表

陶瓷颜料类型		陶瓷颜料举例
简单化合物型	着色氧化物及其氢氧化物	Fe_2O_3、Cr_2O_3、CuO、$Cu(OH)_2$
	着色碳酸盐、硝酸盐、氯化物	$CoCO_3$、$MnCO_3$、$CrCl_3$、$Co(NO_3)_2 \cdot 6H_2O$
	铬酸物、铀酸盐	铬酸铅（$PbCrO_4$）、铀酸钠（Na_2UO_4）
	锑酸盐	拿波尔黄（$2PbO \cdot Sb_2O_5$）
	硫化物与硒化物	镉黄（CdS）、镉硒红
固溶体单一氧化物型	刚玉型	铬铝桃红
	金红石型	铬锡紫丁香紫
	萤石型	钒锆黄
尖晶石型	完全尖晶石型	钴青（$CoO \cdot Al_2O_3$）
	不完全尖晶石型	钴蓝（$CoO \cdot 5Al_2O_3$）
	类尖晶石型	锌钛黄（$2ZnO \cdot TiO_2$）
	复合尖晶石型	孔雀蓝$[Co,Zn]O \cdot (Cr,Al)_2O_3]$
钙钛矿型	灰锡石型	铬锡红
	灰钛石型	钒钛黄
硅酸盐型	石榴石型	维多利亚绿
	楣石型	铬钛茶
	锆英石型	钒锆蓝
混合异晶型		尖晶石与石榴石混晶

（1）简单化合物类型颜料

这一类颜料系指过渡元素的着色氧化物、氯化物、碳酸盐、硝酸盐以及氢氧化物。此外，一些铬酸盐（如铬酸铅红）、铀酸盐（如铀酸钠红）、锑酸盐（如拿波尔黄）、硫化物、硒化物等也归属这一类。

简单化合物颜料在烧成时，除了少数外，一般是不耐高温的，抵抗还原气氛与耐釉的酸碱侵蚀能力也弱。如拿波尔黄颜料，在1180℃以上时，锑挥发而引起发色力降低或完全褪色，它在碱性釉中呈良好的黄色，而在酸性硼釉中则呈乳白色。因此，陶瓷工业上很少直接使用简单化合物颜料而是用它来制造性能好的其他类型的颜料。

（2）固溶体单一氧化物类型颜料

它是着色氧化物或其相应盐类常可以与另一种耐高温的氧化物化合（固溶）而形成稳定的固溶体。这种固溶体虽由两种氧化物合成，但用X射线鉴定时，只表现为一种氧化物晶格，故命名为固溶体单一氧化物类型颜料。例如，MnO_2 通常用作棕色釉下颜料时，发色很弱，高温时又不稳定，但当它与氧化铝固溶时，则成为在还原气氛下 1300℃ 使用的粉红釉下颜料（锰红），用 X 射线鉴定时，它只表现为 α-Al_2O_3（刚玉）晶格。形成这类颜料的条件是这两种氧化物必须能够形成稳定的固溶体，而形成固溶体的条件并不需像形成连续置换型固溶体那样苛刻。属于这一类型的陶瓷颜料有刚玉型的锰桃红、刚玉型铬铝红、金红石型铬锡紫丁香紫与铬钛黄等。

固溶体单一氧化物型颜料一般情况下是耐高温的，但对气氛与熔体侵蚀的稳定性则各不相同，差异很大。

（3）尖晶石型颜料

这类颜料的化学通式为 AB_2O_4 或 $AO \cdot B_2O_3$。当 A 与 B 不是 1：2 时，则为不完全尖晶石，如 $CoO \cdot 2.5Al_2O_3$。而当 B 为四价金属离子而 A 为二价离子时，构成类（似）尖晶石，如 $2ZnO \cdot TiO_2$。同一类型的尖晶石或不同类型的尖晶石可以形成固溶体而构成所谓复合尖晶石，如 $(Co,Zn)O \cdot (Cr,Al)_2O_3$。属于尖晶石类型的颜料有铬铝锌红 $[ZnO \cdot (Cr,Al)_2O_3]$、锌钛黄（$2ZnO \cdot TiO_2$）、孔雀蓝 $[(Co,Zn)O \cdot (Cr,Al)_2O_3]$ 等等。

通常尖晶石类型颜料具有耐高温，对气氛敏感性小与化学稳定性好的特性，因而被认为是一种良好的陶瓷颜料。

（4）钙钛矿型颜料

这类颜料是指以钙钛矿（$CaO \cdot TiO_2$）或钙锡矿（$CaO \cdot SnO_2$）为载色母体的颜料。例如 Cr_2O_3 与钙锡矿固溶形成铬锡红颜料，用 X 衍射鉴定时，只表现为钙锡矿母体的衍射特征。钙钛矿型颜料的发色取决于母体类型与着色氧化物种类。表 7-2 示出几种发色元素在不同母体中的呈色情况。

表 7-2 发色元素在钙钛母体中的呈色

发色元素	V	Cr	Mn	Fe	Co	Cu
$CaO \cdot TiO_2$	黄	茶、紫	黄、茶	黄	绿	黄、灰
$CaO \cdot SnO_2$	黄	赤	黄、茶	茶	浅灰青	浅灰

（5）硅酸盐类型颜料

这类颜料有两种构成形式：一种是着色氧化物与硅酸盐矿物母体形成固溶体；另一种是着色氧化物参与形成硅酸盐化合物。

① 石榴石型颜料。通式为 $3RO \cdot R_2O_3 \cdot 3SiO_2$，其中 R^{2+} 为 Mg^{2+}、Mn^{2+}、Ca^{2+}、Fe^{2+}、Co^{2+}、Ni^{2+}、Cu^{2+}，R^{3+} 为 Cr^{3+}、Al^{3+}。天然的锰铝石榴石（$3MnO \cdot Al_2O_3 \cdot 3SiO_2$）呈淡玫瑰色。人工合成的著名的维多利亚绿是钙铬石榴色（$3CaO \cdot Cr_2O_3 \cdot 3SiO_2$）。这种颜料呈色极稳定且鲜艳纯正，适用范围也很广。

② 榍石型颜料。通式为 $CaO \cdot TiO_2 \cdot SiO_2$ 或 $CaO \cdot SnO_2 \cdot SiO_2$，当发色氧化物与之固溶时即形成榍石型颜料。例如榍石型铬锡红，它是 Cr_2O_3 细粒分散在钙榍石母体中的颜料。榍石型颜料发色取决于着色氧化物与榍石的种类。表 7-3 示出发色元素引入榍石母体中的呈色情况。

表 7-3　发色元素引入榍石母体的发色

榍石母体类型	发色元素						
	V	Cr	Mn	Cu	Co	Ni	Fe
钛榍石 $CaO \cdot TiO_2 \cdot SiO_2$	茶、灰	茶	黄、茶	浅茶、灰	浅茶、灰	黄	黄
锡榍石 $CaO \cdot SnO_2 \cdot SiO_2$	黄、灰	暗红紫	暗灰茶	青、绿	青、绿	青、绿	黄

③ 锆英石型颜料。它系着色氧化物与锆英石的固溶体。研究工作指出，用钒与镨氧化物时，比较容易固溶，而用铁氧化物时，固溶比较困难。这些填隙着色离子是处于锆英石结构的 [ZrO_8] 立方体中。钒离子进入 $ZrSiO_4$ 晶格成为钒锆蓝；镨离子进入其中形成镨黄；铬、铁离子进入，分别形成硅酸锆绿、铁锆红等颜料。但钒锆黄颜料的母体不是锆英石而是锆石（ZrO_2），钒锆黄是分散载体型颜料。

据文献报道，还有以董青石、硅锌矿、钡长石、钙长石、透辉石等晶格为母体的颜料。

7.2.2　陶瓷颜料制造

陶瓷颜料的品种繁多，各种类型的颜料制造方法是不相同的，甚至同种颜料也可用不同方法来制备。因此，这里只能谈颜料制备的一般工艺知识。颜料的制备工艺流程主要有下面几个主要步骤。

配料→混合→煅烧→粉碎→洗涤→烘干→粉碎→过筛

7.2.2.1　原料的加工处理、配料、混合

陶瓷颜料所用的基本原料随颜料种类及制备方法的不同而不同，除一些传统颜料用天然着色矿物原料外，大多为化工原料。对原料纯度的要求是随颜料种类、生产方法与质量要求而定的，通常使用工业纯与化学纯，来保证原料质量的稳定。

陶瓷颜料用的原料一般分成色基、载色母体与矿化剂。色基是颜料中能发色的原料，常用的有着色氧化物、氢氧化物、碳酸盐、硫酸盐、硝酸盐与氯化物，有时也用磷酸盐、铬酸盐、重铬酸盐与钒酸盐等着色盐类。载色母体通常是无色氧化物、盐类或固溶体。矿化剂常为碱金属氧化物、碳酸盐、硝酸盐、氢氧化物、硼酸、硼酸盐、氟化物、钼酸铵、钼酸钠等，使用哪种矿化剂取决于颜料种类与制造方法。

原料在使用前需经过粉碎。粉碎设备中与原料接触的部件不宜用铁质材料，以免铁粉掺入。此外，也要防止各原料之间的相互污染，放置时不能落入灰尘，以免影响颜料的色泽、发色均匀性及鲜艳性。粉磨设备常为高铝瓷衬球磨机与高铝瓷质研磨体粉碎，因而粉碎与混合可以同时进行，混合分湿法或干法两种工艺操作，均以粉料进行。为保证配料混合分布均匀，通常要求色基原料全部通过 180 目筛，载色母体与矿化剂原料的细度控制在 120～160 目筛。在配料中使用水溶性原料时，则宜用干球磨混合，原料含水率要小于 0.3%。湿混时可加少量 NaOH 和 Na_2CO_3 来加速沉淀。若配料组成中含有重铬酸钾或硼酸，则可先使其溶于少量热水中，再将其余混均匀的原料加入其中，拌匀烘干后研碎混合均匀。

7.2.2.2　颜料合成

混合料经干燥后在坩埚或匣钵中进行煅烧合成。煅烧是制备颜料的重要工序，煅烧

温度、保温时间、烧成气氛随颜料种类与配方而定。颜料煅烧温度一般在 1400℃ 以下，为稳定呈色，有时要进行 2～3 次复烧，但不宜烧成结实硬块。烧成气氛视颜料的品种而定，多数采用氧化焰。此外，大多数颜料常在倒焰窑、推板窑、梭式窑及电炉中煅烧合成。

7.2.2.3 煅烧物的粉碎与洗涤

煅烧后的有些色剂烧块破碎后须经稀盐酸或稀硝酸酸洗，酸洗后用温水进行反复洗涤，以除尽所有的可溶性物质。若残留有可溶性盐类会使呈色出现深浅不匀的现象，严重者会导致色脏的缺陷。洗涤后的颜料烘干即可使用。

除上述固相法制备陶瓷颜料外，常见的还有液相法和水热法。液相法是将可溶性盐溶于溶液中，经过充分搅拌、反应、沉淀、分离、干燥、煅烧等过程，从而获得色调均匀、着色力强的陶瓷颜料。液相法与固相法比较最大的特点是合成温度低，色调均匀，着色力强。究其原因是液相混合为均相混合，且原始颗粒小，比表面积大，即表面能高，化学反应充分。

7.2.3 陶瓷颜料发色机理及其影响色剂呈色因素

凡能使陶瓷坯、釉具有对可见光选择性吸收和反射的物质均可制成色料。这些物质有两大类，即形成分子着色和晶体着色的过渡金属和稀土金属的化合物（主要是氧化物），以及能形成胶体微粒着色的少数过渡金属和贵金属。

对于陶瓷着色剂来说，它的呈色首先决定着色离子的存在状态，其次取决于使用时的工艺条件，而后者又会影响前者。

7.2.3.1 着色离子的化合价与配位数

作为陶瓷颜料中的着色离子，其呈色不仅取决于离子的种类与电价，还与着色离子的配位数、极化能力以及周围离子对它的作用有关。因此，离子的光谱项色调不一定是含有该离子颜料的色调，颜料呈色情况更为复杂，一般可能出现以下情况。

① 无色离子构成有色化合物。例如 V^{5+}（$3d^0$）为无色，但 V_2O_5 都为黄橙色。Cu^+（$3d^{10}$）为无色，而 Cu_2O 却为红色。

② 化合物的颜色随阳离子价数增加而变深。例如 TiO_2、V_2O_5、Cr_2O_3 与 Mn_2O_7，它们的阳离子分别为 Ti^{4+}、V^{5+}、Cr^{3+} 与 Mn^{7+}，颜色分别为白色、橙色、暗紫红与紫红色。

③ 同一阳离子，与不同阴离子形成的不同化合物其呈色不相同。如 AgCl 无色，而 AgI 却为黄色。

④ 稀土元素的颜料呈色较稳定。稀土元素处于第六周期，原子核外有六个电子层。发生跃迁的电子是在从最外层向内算的第三层 f 层上，因而跃迁电子不易受邻近离子的影响，故呈色较稳定，色调较柔和，但不够光亮。过渡元素离子的跃迁电子（3d）更靠近外层易受邻近离子的影响，呈色稳定性相对较差。

⑤ 某些填隙式固溶体颜料仍呈现着色离子的色调。例如钒锆蓝，它是 V^{4+}（蓝色）固溶在 $ZrSiO_4$ 晶格中的颜料（蓝色）。又如钒锡黄，它是 V_2O_5（黄色）悬浮在 SnO_2 晶体上的颜料。它们都是颜料色调与其中着色氧化物色调相似的例子。

7.2.3.2 熔剂的组成

色剂配成颜料时，常需和熔剂配合方可使用。熔剂的化学性质对色剂呈色的影响主要表现为对着色离子价态的作用。

从表7-4可见，在酸性强的熔剂中，金属离子有利于向低价转变，因熔剂中游离氧较少。而在强碱性熔剂中，则利于金属离子向高价转变，因其含游离氧多。例如，在高碱熔剂中锰以 Mn^{3+} 存在，显现出紫罗兰色；而在硼酸盐熔剂中，Mn^{3+} 比例相应下降，紫色程度相应降低。含钾熔剂的碱性相对比含钠熔剂的强，故前者更有利于 Mn^{3+} 存在，呈色也就深些。

表 7-4　元素呈色与熔剂性质的关系

发色元素	酸性熔剂		强碱性熔剂	
	氧化物形态	颜色	氧化物形态	颜色
Fe	FeO	碧绿色	Fe_2O_3	黄褐色
Cr	Cr_2O_3	绿色	CrO_3	橙黄色
Mn	MnO	浅黄褐色	Mn_2O_3	紫色
Cu	Cu_2O	无色	CuO	绿色、青色
V	V_2O_3	浅绿色	V_2O_5	褐色

7.2.3.3 基础釉的组成

对于以离子着色的色釉来说，其颜色主要取决于基础釉对着色离子配位状态的影响。同一价态的着色离子，若配位状态不同，其吸收带波长的位置也就不一样。如 Co^{2+} 组成 $[CoO_6]$ 八面体时，吸收带波长较短；而组成 $[CoO_4]$ 四面体时，吸收带波长较长。前一情况呈品红色，后一情况呈蓝色。价态不同的同一着色离子，其配位场分裂能不同。高价离子的分裂能大于低价离子，前者的吸收带波长处于波长较短的波段。如 Fe^{3+} 的分裂能为 167.5kJ/mol，吸收带在紫外区；Fe^{2+} 的分裂能为 12.6kJ/mol，吸收带在近红外区。因此，Fe^{3+} 呈黄、品红色，而 Fe^{2+} 呈青绿色。

经验表明，还原焰烧成时，铜在石灰釉中呈鲜艳稳定的红色；在钾釉中也呈现红色，但不太稳定；在滑石釉、锌釉中呈灰黑色或发黑；在硼釉中呈灰红色。

陶瓷生产中采用的色剂往往是几种着色离子混合着色。它们对基础釉适应的情况列于表7-5中。

表 7-5　色剂在基础釉中适应的情况

颜色	色剂名称	还原焰	氧化焰		
		石灰釉	石灰釉	锌釉	铅硼釉
粉红	锰红	○	○	○	○
	铬锡红	×	○	×	○
	铬锆红	×	×	○	○
黄	锑黄	×	×	×	○
	钒锆黄	×	○	○	○
	钒锡黄	×	○	○	○
茶褐	铬铁锌茶	○	○	○	○
	铬钛茶	×	○	×	○

续表

颜色	色剂名称	还原焰	氧化焰		
		石灰釉	石灰釉	锌釉	铅硼釉
绿	铬绿	○	○	×	○
蓝	孔雀蓝	○	○	○	○
	钒蓝	×	○	○	○
紫	铬锡紫	×	○	○	○
黑	铬铁黑	○	○	○	○
	铁铬钴黑	○	○	○	○
灰	锑锡灰	○	○	○	○

注：○—适应；×—不适应。

此外，着色金属氧化物在釉中的呈色还会受到辅助原料的影响。表 7-6 列出了着色金属氧化物与釉的辅助原料按 1：2 的比例混合，在氧化气氛下，经 1310℃烧成的色调关系。

表 7-6　金属氧化物与辅助原料的色调关系（氧化气氛 1310℃）

辅助原料	氧化铜	氧化锰	氧化铬	氧化钴	氧化铁	氧化镍	氧化锑
硼酸	灰黄	浓褐	浓绿	黝紫	赤褐	暗绿	淡黄
氟化钙	灰色	褐色	鲜绿	黝紫	褐色	黄灰绿	浅灰黄
碳酸钠	黝褐	褐色	浓绿	黝蓝	紫褐	黝褐	浅灰黄
碳酸钾	灰褐	褐色	暗绿	黝蓝	紫褐	黝绿	白色
碳酸钙	青铜色	褐色	浓绿	黝紫	紫褐	黝褐	白色
碳酸镁	黄褐	褐色	绿色	褐紫	黄褐	淡绿	白色
氧化亚铅	暗紫	褐色	褐绿	暗紫	黄褐	青绿	白色
碳酸钡	黝蓝	浓褐	黝绿	鲜紫	暗褐	暗绿	白色
硅酸	灰黄	浓褐	绿色	黝蓝	紫褐	绿色	淡黄
亚硝酸	鸳色	浓褐	黝绿	蓝色	黄褐	褐绿	淡黄
碳酸铅	黝绿	浓艳褐	黄绿	鲜蓝	紫褐	褐绿	黄色
磷酸钙	暗绿	浓褐	黝绿	暗紫	紫褐	灰褐	白色
硫黄	黝褐	艳褐	鲜绿	黝蓝	黝紫褐	暗绿	鲜黄
氧化锡	黝褐	浓褐	黝绿	黑紫	赤褐	黄绿	暗绿
氧化铝	黝褐	浓褐	绿色	天蓝	暗褐	青蓝	白色

由此可知，基础釉必须根据着色剂的稳定性来选择，主要考虑的是釉的碱性成分及其在釉中的含量。

另外，坯体原料对呈色也有一定或重大影响，某些色釉是不宜用于色坯，或达不到理想的色调。如景德镇的影青釉要求坯泥色白、质地致密，才会烧成青白莹润、透明如镜的呈色效果。

除根据色调的效果和坯泥的组成外，还要根据色釉的施釉厚度来考虑坯胎的厚度。如乌金釉、铜红釉及其花釉，釉层都较厚，釉层产生的张应力也较大，因此，坯胎要厚。一般中型产品坯胎厚度约 4mm，厚胎一则可避免釉层产生的张应力使坯胎张裂，二则可吸取较多因釉料带入的水分，而不致使坯体软塌变形。如釉层要求过厚，坯体又不能制得太厚时，则可以先将坯体素烧一次，使其获得一定强度后再施釉。

7.2.3.4　烧成制度

许多着色氧化物的呈色明显受温度的影响。如氧化铁在氧化气氛下800℃以内呈赤褐色或鲜红色，800℃以上增加黑的色调，至1200℃甚至出现黑褐色。锰的氧化物低温时呈紫色，且比较稳定，加热至1200℃常褪色。锑在1000℃以下与铅共用时为良好的黄色色剂，1100℃以上则褪色。

陶瓷颜料中有的品种对烧成气氛是不敏感的，如锆镨黄在氧化及还原气氛中均呈柠檬黄色，锑锡灰均呈灰色，钕硅紫均呈丁香紫色。但有些品种对气氛却是敏感的，如铬锡红在氧化气氛中呈紫红色至桃红色，在还原气氛中则颜色变浅至无色；钒锡黄在氧化气氛中呈鲜黄色，在还原气氛中呈灰色或无色；硒镉红在氧化气氛中呈红色，而在还原气氛中则会褪色。陶瓷颜料呈色与气氛的关系是复杂的，值得系统研究。如果气氛会改变着色离子的价态，影响着色离子在母体矿物中固溶的程度或着色化合物的稳定性都有可能使色剂的呈色发生变化。

7.3　釉上装饰

釉上装饰是在釉烧过的陶瓷釉面上通过不同的方法进行彩饰，然后在不高的温度下（600～900℃）进行彩烤，使产品表面具有彩色画面的一种装饰方法。在日用陶瓷、建筑陶瓷及陈设艺术陶瓷方面应用极为广泛。

7.3.1　釉上彩

釉上彩是在釉烧过的釉面上用低温颜料进行彩绘，然后在不高的温度下进行彩烧的方法。釉上彩的彩烧温度低，许多陶瓷颜料都可采用，故色调极其丰富多彩。此外，彩绘是在强度高的陶瓷釉面上进行的，因而除手工绘画外，其他装饰法均可采用，故生产效率高，劳动强度低，生产成本低。但是釉上彩的颜料是颜料与助熔剂的混合物，由于助熔剂的作用，颜料便与釉面结合在一起，使画面光泽度差，彩绘画面容易磨损脱落，受酸性物质侵蚀时会溶出铅、镉等毒性元素。虽然可采用无铅熔剂来降低铅溶出量，但画面光亮度变差。助熔剂成分不但与彩料的铅溶出量有关，而且选择不当也会破坏颜料的正常发色。通常碱性颜料配弱酸性熔剂，而弱酸性颜料配酸性熔剂。

釉上彩料使用时都需加入使彩料具有流动性的调料。调料大致分两类，即油性调料与水溶性调料（或水）。油性调料常用乳香油、樟脑油、煤油与乙基纤维素、树脂等调制成调料。水溶性调料常用淀粉、饴糖、冰片、甘油等调成。选择调料是根据釉上彩料成分与彩料用途而定。釉上彩料也是需要调制成中间色然后使用，有时调制时还需加入一些助熔剂。釉上彩料的调制方法：红色有 CdS 与 CdSe 配以无铅或少铅酸性熔剂的镉硒红，金红配以少铅多碱硅硼玻璃的紫金红，以及 Fe_2O_3 配以高铅玻璃熔剂的西赤；黄色有锑酸铅配以高铅熔剂的锑黄或铬酸铅配以铅熔剂的铬黄；绿色有氧化铜配以铅熔剂的铜绿或 Cr_2O_3 配以铅硼熔剂的铬绿；蓝色有硅酸钴配以铅硼玻璃的花绀青与钴铝尖晶石配铅硼熔剂的海碧；黑色有

Cr_2O_3、Fe_2O_3、Co_2O_3 等混合物配以铅熔剂的混合黑。

　　釉上彩的手工彩绘技术系一种用笔墨点上彩料在器皿上绘制图案的方法，应用极为普遍。依据所用彩料和绘画技艺的不同可分为古彩（也称五彩）、粉彩和新彩三种。古彩和粉彩为我国创造发明，景德镇的这类产品闻名世界。古彩按国画特色绘制画面，用不同粗细线条来构成图案，且线条刚劲有力，用色较浓且有强烈的对比特点。彩烧温度较高，彩烧后色面坚硬耐磨，色彩经久不变，特别是矾红彩料，使用年代愈长，则愈红亮可爱。但古彩彩料种类少，故色调变化不够多，在艺术表现上有一定局限性。粉彩是由古彩发展来的，它与古彩在技艺上的不同点在于，粉彩在填色前，须将类似花朵及人物衣着等要求凸起的部分先涂上一层玻璃白，然后在涂的玻璃白上再渲染各种料粉使之显出深浅阴阳之感，视之有立体感。但技术要求高，具有画面龟裂及铅溶出量大等缺点。新彩从国外传入，因采用进口彩料易使画面具有西洋风格而得名。它采用人工合成的色料，烧成温度范围较宽，配色可能性大，色彩种类极为丰富，成本低，是一般日用陶瓷普遍采用的一种彩绘方法。

7.3.2　釉上贴花

7.3.2.1　贴花纸

　　陶瓷贴花是将图案先印刷在贴花纸上，然后再将贴花纸上的图案移印到制品表面上的一种装饰方法。对于花边面积小，且要求颜色复杂、线条精细、套色准确等用丝网印刷难以达到要求的装饰制品，采用贴花装饰是较为理想的方法。目前，国外 20% 的陶瓷使用丝网印刷机直接在瓷面上印花，80% 的陶瓷使用贴花纸装饰。

　　近年来除了采用贴花还发展了移花装饰。移花与贴花的原理相同，只是贴花纸是反贴在制品表面，而移花是由印花纸从正面转移到制品上，彩釉印在 45cm 或更长的织物上，然后切带状，用移花机转印到制品表面。

7.3.2.2　贴花

　　贴花是釉上装饰中应用最广泛的一种。贴花纸是专业工厂生产的带有图案的花纸。过去依赖胶水等胶结剂将彩料移到陶瓷釉面上，现在采用薄膜贴花纸，薄膜贴花纸（酒精花纸）是用聚乙烯醇缩丁醛涂于纸基上，用制出纹样的丝网，将陶瓷颜料印制在薄膜上面而成。由于聚乙烯醇缩丁醛易溶解于酒精，用稀释酒精水即可把彩料移到釉面上，操作简单，质量也好。但是，彩烤时应加强通风防止有机物与彩枓的金水起反应导致画面缺金等缺陷。水移式小膜贴花纸（水花纸）用清水即可黏贴，而且黏贴自由灵活，贴花彩烧效率高，色彩鲜艳明亮，纹样细腻光滑。一般情况下，稀释酒精水的配比随季节变化而变化：夏天，酒精 20%～30%，清水 70%～80%；冬天，酒精 60%～70%，清水 30%～40%。

　　贴花操作应注意的事项如下。

　　① 配制黏贴液时，必须按季节气候及薄膜的厚度，适当调整酒精和水的配比。花纸在黏贴时用橡胶刮排除其间的全部空气，确保花纸黏附良好，杜绝气泡、皱纹等缺陷产生。如图 7-1（a）所示。

　　② 膜层下多余的黏贴液，必须排除，否则花纸不平整，呈现皱纹，在烤烧中会产生爆花。如图 7-1（b）所示。

　　③ 瓷器上的余液及灰尘，必须用毛巾抹净，以防冲金、蒙金等缺陷产生。如图 7-1（c）

所示。

④ 干燥后，如发现膜层有气泡，必须用针尖刺破并再涂一次浓酒精液，以排除空气，防止爆花。

⑤ 操作时酒精液不宜敞放，坚持勤添少加，以防酒精挥发。彩烤后的图案如图 7-1(d)所示。

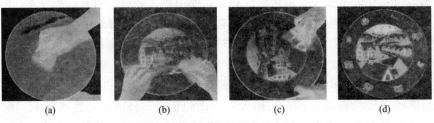

(a)　　　　　　　(b)　　　　　　　(c)　　　　　　　(d)

图 7-1　贴花的操作工序示意图

印彩有图章和丝网印两种。橡皮印章印花的方法只适于单色或液体金的装饰，因为多用于粗陶瓷的装饰及印制商标，明胶印章因弹性好，印出图案细致美观，已在日用瓷生产中广泛使用。丝网印花则是一种广泛使用的易于机械化生产的装饰方法。

喷花与刷花是用镂空板贴在陶瓷釉面上，然后将混有松节油与树脂的釉上彩料涂刷或通过压缩空气与喷枪使彩料只染着在镂空处，以获彩色图案。喷花或刷花的彩料可以是单色的或多色的。

7.3.3　贵金属装饰

用金、铂、钯和银等贵金属在陶瓷釉上进行装饰，一般只限于一些高级细瓷和礼品瓷制品。饰金是常见的，其他贵金属装饰较少见。用金装饰陶瓷有亮金、磨光金与腐蚀金等方法，使用的金饰彩料只有金水与粉末金两种。

7.3.3.1　亮金（金水）

亮金装饰系指金着色材料，在适当的温度下彩烧后可以直接获得发金光的金属层装饰法。亮金是用金水装饰，金水的制造工艺极其复杂。其基本原理是氯化金溶液与含硫的挥发性油（硫香膏）结合成金树脂，这种树脂通过附加铑铋与铬化合物溶剂即可牢固附着在釉面上。其制造方法大致如下：首先用金属金与王水混合物加热到 $200\sim250\,^{\circ}\!C$，待金全部溶解后，蒸发掉硝酸与部分盐酸，冷却后加 NH_4Cl 即成氯化金溶液或氯金酸铵溶液，这种溶液的含金量约 15%；其次将氯化金溶液与预先制好的含硫量约 12% 的硫化油化合成硫化金胶；最后用特制的混合溶液冲淡，使金水的含金量为 10%～12%，即为商品金水。含金量不足的金水，金层易脱落而且耐热性降低。金水的含金量必须控制在 10%～12% 之内。

金水的使用方法与釉上彩彩料相同，直接用毛笔涂画即可，故很方便。金水在 30s 内就干燥成褐色的亮膜，在彩烧后褐色亮膜被还原成发亮的金层。陶器用金水彩烧温度 600～700℃，而瓷器用金水彩烧温度可达 700～850℃。

用白金水作为贵金属装饰材料，与亮金使用相同。白金水系用钯或铂取代金水中部分金制得的，其取代量以金、钯之比为 8：2 较合适。

亮金在陶瓷装饰中广泛采用，主要用于饰金边，有时也用于描绘画面等。每 $1m^2$ 金层的含金量只有 1g，金膜厚度只有 0.05μm。这种金膜容易磨损，通常使用 1～2 个月后表面已出现许多划痕。

7.3.3.2　磨光金（无光金）

磨光金因经过彩烧后金层是无光的，必须经过抛光才能获得金子的光泽而得名。

磨光金的制备是将纯金溶化在王水中，再将所制得的氯化金溶液加以还原。草酸、过氧化氢、亚硫酸或硫酸亚铁等均可用作还原剂。还原后沉淀出的金属黄金为胶态细颗粒呈棕色。其反应为：

$$2AuCl_3 + 3H_2SO_3 + 3H_2O \Longrightarrow 2Au\downarrow + 3H_2SO_4 + 6HCl$$

这些棕色细胶粒经过轻微煅烧后与总加入量为 10% 的碱性硝酸铋与无水硼砂混合物熔剂、松节油和稠化油描绘剂混合，充分细磨即成磨光金装饰用的金彩料，其含金量为 52%～72%。磨光金彩料中加入氧化汞可使金层变薄，加入一些银可以得到淡黄色，加入一些铂则可得到带红色调的金黄色。

磨光金中的含金量较亮金高得多，因此经久耐用，只是金层性软，仍能被刮伤。磨光金通常只用于高级日用陶瓷制品。磨光金彩料可在釉面上直接彩绘，经过 700～800℃ 彩烤后呈无光泽的薄金层，只有用玛瑙笔或细砂或红铁石抛光后才能发亮。

7.3.3.3　液态磨金

液态磨金采用液态金水，但这种金水含金量较高（16%～22%）。经过彩烧后为无光金层，只有经抛光后才能获得亮金层。液态磨金用的金彩料是由 18% 金、24% 银、0.6% Bi_2O_3、8.5% 树脂以及 60% 溶剂（其中 10% 环乙醇、50% 松节油与香精油混合物）组成。充分混合是极为重要的，否则金膜将会不均匀、不致密而且色泽也不佳。

液态磨金彩料可以直接在釉面上彩饰，而且可以涂饰 1～2 次（包括在彩烧后的金层上再涂饰）。金层的厚度以 0.3～0.5mm 为宜，然后在 850～900℃ 下彩烧，最后进行抛光。液态磨金层在显微镜下可见到膜层是粒状的，较厚与密实，但抛光后，晶体消失，金膜变成光亮的与釉面附着良好、耐磨以及具有磨光金的装饰效果。

7.3.3.4　腐蚀金

腐蚀金用彩料是上述磨光金彩料。这种装饰方法是用松节油、汽油把蜡或沥青等熔化制成防腐剂。先将防腐剂涂布在釉面上，然后用金属工具在防腐剂上刻画出图案，再用氢氟酸溶液涂刷无防腐剂的釉面部分，则该釉面自行分解成可溶性化合物（$2KF + 2AlF_3$）与挥发性氟化硅（SiF_4），经过水冲洗后，腐蚀产物被冲去，釉面消失。这样，釉表面变毛与沉陷，而由防腐剂保护的部分保持着原来的光泽。再用煤油、汽油或樟脑油洗去防腐剂并用清水冲洗干净，然后在整个制品表面涂上一层磨光金彩料。彩烧后加以抛光，原来未经腐蚀的釉面上的金层是光亮的，而腐蚀过的部分上的图案则是无光的。彩烧温度为 700～800℃，彩烧 5～6h。

腐蚀金装饰技术的特点是能造成发亮金面与无光金面的互相衬托，具有高雅富丽、雍容庄严的艺术效果，适用于装饰高级日用细瓷及陈设瓷。

7.3.4　光泽彩

陶瓷装饰中使用的光泽彩又称电光釉，是釉面上涂有或多或少能映现出彩虹各种颜色的金属或金属氧化物薄膜的装饰法。

光泽彩的彩虹是由于入射光与光亮的光泽彩薄膜的反射光相互发生干涉的结果。其现象好似水面上浮着一层薄油层的干涉现象。金属氧化物薄膜光泽彩是采用氧化焰烧制的，而金属薄膜光泽彩则是用还原焰烧制的。

光泽彩料的制造方法：第一步制造可溶性树脂皂，它是将氢氧化钠溶解在沸腾热水中，而后再将捣碎的松香缓缓加入沸腾之碱液内，并不断搅拌，待生成透明的松脂酸钠（皂胶）即停止加温和搅拌；第二步制造金属树脂皂，它是将可溶性树脂皂用大量的水稀释，然后慢慢滴入某种金属的氧化物或硝酸盐稀溶液，并不断搅拌，一直滴到溶液 pH 为 7～8 为止（即全部产生不溶性金属树脂皂）；第三步是将制得的金属树脂皂沉淀进行干燥，干燥物被溶入薰衣草油或玫瑰油等醚类的油中即成彩料（也称电光水）。在所有彩料中通常都加有氧化铋，它能降低彩烧温度并使彩料附着在釉面上。光泽彩彩料可分有色的（如铁的、钴的、铜的等等）与无色的（如铋的、铅的、锌的等等）两类。另外，两种或两种以上不同的光泽彩彩料，可以混合调制出其他色调的光泽彩彩料。表 7-7 系主要光泽彩彩料的配制表。

表 7-7　主要光泽彩彩料配制

树脂皂 名称	钴树 脂皂	锰树 脂皂	铜树 脂皂	铅树 脂皂	铀树 脂皂	铬树 脂皂	苯	玫瑰油
钴光泽彩	0.5	—	—	—	—	—	—	1
锰光泽彩	—	0.5	—	—	—	—	0.15	1
铜光泽彩	—	—	0.5	—	—	—	—	1
铅光泽彩	—	—	—	0.5	—	—	0.15	1
铀光泽彩	—	—	—	—	0.5	—	0.15	1
铬光泽彩	—	—	—	—	—	0.5	—	1.5

光泽彩装饰工艺与釉上彩相似，可以用毛笔或喷洒方法将彩料涂在釉烧过的釉面上，但彩料层要薄，待干燥后，在隔焰炉中于 600～900℃ 下彩烧。彩烧后，由于树脂酸盐和展色剂的分解与碳化，产生的碳还原金属氧化物便在釉面上产生一种金属薄膜。但有学者认为，有少数易被还原的氧化物才能在彩烧时被还原成金属薄膜，而大多数光泽彩彩烧后系金属氧化物薄膜。

7.3.5　其他釉上装饰方法

7.3.5.1　墨彩

墨彩是以黑色（艳黑）作为主要色料勾线、染色描绘画面的一种装饰方法。它是用黑色颜料描绘纹样，用红色颜料勾勒人物面部和手部线条，并且淡淡地染点红色，同时勾描金色作为点缀。用色单纯，不填玻璃质的透明颜色。以工整细致、清新明快、素净淡雅、秀丽华贵的特色而独具一格。

墨彩的绘制技法与粉彩相同，主要是在釉面染色并不须罩填各种颜色。烧成温度为700～850℃ 。

7.3.5.2 广彩

广彩是"广州织金彩瓷"的简称，它是我国优秀传统彩瓷之一。它以花鸟、人物、虫鱼图案为题材，构图丰满紧凑，笔法工整，用线较重，色彩浓艳，间以金色平填，表现出金碧辉煌、绚彩华丽的艺术特色。彩烤温度为 700～750℃。

7.3.5.3 照相装潢

照相装潢是一种将照片上的画面转移至陶瓷制品釉面上的装饰方法。它先在一块玻璃板上涂上一层载物质，载物层中分布有对光敏感的物质微粒。载物层是植物胶或各种成分的动物胶，感光物质是重铬酸钾微粒。这种微粒受光照后会分解，同时将胶层受光的地方硬化。当玻璃板涂上感光的胶层以后，用照片的反底片盖上让它曝光。感光后硬化的胶层不再吸收颜料，而深色不透光部分不发生光化作用，胶层还保留它的黏性。因此，底片上曝光部位的胶层硬化，而阴影处的胶层未硬化而能吸收颜料。

当胶层涂上很细的釉上彩料粉末后便附着在原来底片的阴影部分上，加上颜料后再涂上一层胶作为保护层。然后，将玻璃板浸入水中，使胶层与彩料由玻璃板上脱下，细心地将它贴在陶瓷釉面上，最后在隔焰炉中彩烧。彩烧时将所有的有机物烧掉，而颜料与溶剂则牢固地附着在釉面上了。

7.4 釉下装饰

7.4.1 釉下彩

釉下彩是在素烧坯或未烧的坯体上进彩绘，然后施上一层透明釉，高温（1200～1400℃）烧成。釉下彩的画面光亮柔和，不变色，耐腐蚀，不磨损。但是釉下彩的画面与色调不如釉上彩丰富多彩以及不易机械化等原因而未广泛使用。这种装饰方法创始于唐代长沙窑，宋代磁州窑继承了这个传统，元代以后景德镇予以发展。常见的釉下彩有青花、釉里红、釉下五彩、青花玲珑、青花釉里红。

釉下彩所用彩料系由颜料、胶结剂与描绘剂等组成。胶结剂指能使陶瓷颜料在高温烧成后能黏附在坯体上的组分，常用的有釉料、长石等熔剂。描绘剂是指在彩绘时能使陶瓷颜料展开的组分，如茶汁、阿拉伯树胶、甘油与水、牛胶与水、糖汁与水、乳香油与松节油等。

釉下彩料按使用温度不同分为高于或低于 1250℃ 烧成的两种。我国的釉下彩料多用在还原焰下 1300℃ 左右烧制的瓷器上。常用的釉下颜料以湖南醴陵釉下基础颜料为例，见表 7-8。

表 7-8　醴陵釉下基础颜料的七个色系

色系	颜料名称				
红色系	玛瑙红	锰 红	桃 红	芙蓉红	肉 红
橙黄色系	钛 黄	橘 黄	柠檬黄	锗 黄	钒锆黄
绿色系	草 青	浅 绿	水 绿	青松绿	苔 绿

色系	颜料名称
蓝色系	海　碧　　海　蓝　　钒锆蓝
茶褐色系	360# 茶色　　361# 褐色
白色系	241# 白色　　242# 白色
黑色系	艳　黑　　鲜　黑　　821# 黑

表 7-8 中的釉下基础颜料很少直接使用，多数情况是中间色可用釉下基础颜料混合而得，也可用"罩色"法，但后者在技术上要求很高。个别情况下陶瓷器的釉下彩也可用可溶性着色盐类作为颜料。它系用着色盐类与水或甘油溶液混合，然后将该溶液彩涂在多孔性生坯上，釉烧后在釉下呈现柔和的具有云彩状色图。

釉下彩按制品的质量要求、规格尺寸以及釉料种类等因素，分成"三烧制"、"二烧制"与"一烧制"。"三烧制"是将已成型而未施釉的坯体预先经过 $800 \sim 850 ℃$ 低温素烧后再彩饰，彩饰完后的坯体尚需进行第二次低温焙烧，其目的是去掉彩料中的胶、油等有机物，使之便于上釉，最后施透明釉入高温窑进行釉烧。"二烧制"即省去生坯素烧，或者省去第二次低温焙烧。"一烧制"是指只有一次釉烧的方法。

景德镇地区的釉下青花、青花釉里红和醴陵的各色釉下彩陶瓷，在国际上享有很高声誉。一般釉下彩都用墨汁或黑色彩料画线条，用彩料与水的混合物填色。墨汁烧尽后，图案便成为白色或黑色轮廓，用淡色青料填色，画面全由深浅蓝色组成。青花用的颜料是一种含钴的矿物，它主要是含锰钴的氧化物，以云南所产的珠明料为最好，目前也有用工业氧化钴来配制青花料的。青花产品是还原气氛烧成，烧成温度在 $1280 \sim 1350 ℃$ 之间，温度过高不但会使产品发生过烧，而且氧化钴在高温下挥发使青花颜色趋于灰黑色。青花虽是单色的釉下彩饰，但由于采用多种绘制技法，使画面的浓淡、深浅、粗细、大小适当，因而艺术效果极佳。

7.4.1.1　青花

青花装饰通常采用彩绘与贴花等方法，彩绘的工艺流程是画面设计—过稿—勾线—分水—施釉—烧成，该方法对彩绘工人的操作技艺要求很高；贴花工艺流程是画面设计—制作印刷凹版—印制花纸—贴花（或加分水）—施釉—烧成。釉下青花贴花纸是将青花色料用特制的黏合剂调和，通过凹版印刷方法制成贴花纸。青花贴花纸目前有二种：一种是青花带水贴花纸，即具有青花线条与分水效果的花纸；另一种是青花线条贴花纸，这种贴花后仍需用手工分水。此两种贴花的操作方法是一样的。

青花的装饰效果和许多因素有关，其中以色料的化学组成、釉料性质、釉层厚度及烧成条件等影响最大。青花所呈现的蓝色并非氧化钴的呈色效果，而是由钴、铁、锰甚至少量铜，所产生的混合色调。青花料中 CoO、Fe_2O_3、MnO、CuO 等着色氧化物的比例以及 SiO_2 与 Al_2O_3 的比值、熔剂氧化物的数量都会影响所呈现的色调。一般说来，青花料中 CoO 含量多则呈深蓝色调。采用钴土矿作青花料时，要控制 Fe_2O_3 与 CoO 及 MnO 与 CoO 的比值。采用氧化钴配制青花料时，蓝色之中会泛现紫红色。采用尖晶石型蓝色料时呈色稳定，但仍免不了紫红色调，不及天然钴土矿色调的柔和与安定。

不同成分的釉料会使同一种青花料呈色有所差异。古代青花瓷多采用石灰釉，其透明度高、成熟温度较低，对着色剂发色有利，釉层稍厚不致朦花。因而传统青花瓷清澈如水、明朗透底。采用长石-滑石质釉料时，青花色调鲜艳明快，但透明度较差，釉层稍厚即易朦花，景德镇陶瓷工厂的实践经验表明，青花瓷采用石灰-碱釉较为恰当。青花瓷釉较适宜的化学式为：

$$\left.\begin{array}{l}0.22\sim0.34\ K_2O+Na_2O \\ 0.46\sim0.62\ CaO+MgO \\ 0.01\sim0.20\ ZnO+BaO\end{array}\right\} \cdot 0.4\sim0.8\ Al_2O_3 \cdot 3.5\sim7.0\ SiO_2$$

$$SiO_2/Al_2O_3=8\sim10$$

要求釉料透明度高、成熟温度低时，Al_2O_3 数量取下限；要求热稳定性高时，Al_2O_3 数量取上限。

一般说来，釉层过薄会使青花趋于暗黑色，易出现铁疤或料刺等缺陷；釉层过厚则会使花纹模糊不清，色调偏向灰紫。

烧成条件对青花质量的影响主要表现在气氛与烧成温度两方面。以氧化钴着色的青花色料对气氛并不敏感。但气氛对含有一定数量铁质的坯、釉会带来不同的色调，从而使青花的呈色受到影响。还原气氛下釉面呈现白里泛青或深浅不同的青色。这时青花与之相衬则和谐清新。此外，色料中的铁、锰、钛、镍等在还原气氛下对青蓝颜色无不良影响，在氧化气氛中釉面白中泛黄，这时青花与之配合会呈蓝绿色或暗绿色调。所以有人认为青花宜在弱还原焰中烧成。烧成后若坯体玻化完全、釉料充分熔融，则能很好地衬托和显现出青花的颜色。因此青花瓷宜在较高温度下烧成，但过高温度会使青花变黑和泛现紫红色。

7.4.1.2　釉里红

釉里红是景德镇的传统装饰之一，它是用铜作着色剂的色料在坯体上描绘各种纹样，然后施透明釉经高温还原气氛烧成，在釉里透出红色的纹样，故称"釉里红"。因其呈色条件复杂，故其产品极为名贵。从元代开始将青花与釉里红两种釉下装饰方法同时用于一件器皿上，创造出青花釉里红。这类产品既具有青花的雅致沉静，又增添釉里红的明丽浑厚，十分名贵。由于二种着色物质性质不同，对烧成的要求也有差异，要使同一器皿上红、蓝二色都能色泽鲜美，其技术难度是十分高的。

7.4.1.3　釉下五彩

釉下五彩又称为窑彩。它不像青花那样色彩单一，而是多种色彩，故称为五彩。根据生产的条件和实际需要，釉下五彩可在素烧的无釉坯体或生坯上彩绘，也可在素烧的或未烧的釉坯上加彩。在素烧的无釉坯体上彩绘后，通常再经低温素烧，以排除画面上的墨线及调色的有机物便于上釉，最后施透明釉后高温烧成，这样就经过三次烧成。若在素烧的釉坯上彩绘，则在花纹上喷上一层同种釉料后再行烧成。这种经过二次烧成的方法实际上属于釉中彩。生坯经过素烧可以增加机械强度，便于彩饰和运输，而釉坯素烧则能使坯釉结合良好，运用各种技法（如罩色、分水、连续渲染、贴花等）彩绘时都不致因水渗透而使坯釉分离，但素烧毕竟增多了一个工序。如果生坯的干后强度较高、壁厚，或彩饰时没有大量水分与坯体接触，则可在生坯上彩饰，不必素烧。不过工厂的生产实践表明，生坯彩饰后再施釉容易朦花；由于彩饰的部位有胶、油等黏性物质，使坯体吸釉不均匀，若釉料高温流动性差，釉面会出现波纹。所以许多工厂在未素烧的釉坯上彩绘，再在画面上喷釉，然后一次烧成。

釉下五彩的起稿、描线、填色、混水方法和青花的操作方法相似。其烧成温度在 1250～1280℃之间，过高则颜色会发生变化，如绿色变淡、黄色变为青褐色、玛瑙红会出现紫色。

7.4.2 其他釉下装饰方法

7.4.2.1 釉下喷花

喷花也称喷彩，原是釉上一种装饰方法，现在已发展到釉下及釉中喷花。它是利用通入压缩空气的喷枪将用清水调和的颜料喷成雾状细粒，雾粒穿过贴放在坯体上的镂空版（金属或纸质）落在坯上组成图案花样。

釉下喷花可在瓷器或生坯上喷饰，但都需在画面上再行施釉。釉下喷花所喷的颜料层要稍厚些，可在颜料中掺入 20％～25％的干釉粉。喷花可以是单色，也可以是多色喷花。釉下喷花的彩烧温度为 1280～1300℃。

7.4.2.2 贴花

釉下花纸可贴在湿坯上，利用湿坯所含的水分渗透花纸面，溶解印花料，使图案花纹与纸面分离。也可用凹版印刷的花纸贴于干坯上，贴花时先在坯体上涂一笔清水，把花纸（印花一面）复贴于坯面的装饰部位，接着用清水涂于花纸背面，按平花纸，略干后，徐徐将花纸的托纸撕下，纸上的花纹即附着在坯面上，然后施釉入窑经高温烧成。

7.5 釉中彩

釉中彩料又名高温快烧颜料，是二十世纪七十年代发展起来的一种新的装饰材料和方法。这种陶瓷颜料的熔剂成分不含铅，是在陶瓷釉面上进行彩绘后，在 1060～1250℃温度下快速烤烧而成（一般在最高温度阶段不超过半小时）。在高温快烧的条件下，制品釉面软化熔融，使陶瓷颜料渗透到釉层内部，冷却后釉面封闭，颜料便自然地沉在釉中，具有釉中彩的实际效果。这种装饰方法不仅降低了釉对彩料的侵蚀，而且还不受产品烧成气氛等的影响，故彩料的品种增多，克服了釉下彩因彩料品种不多，画面与色调不如釉上彩丰富的局限性。另外，釉中彩有釉面的保护，提高了画面的耐酸碱性和耐磨性能，从而解决了陶瓷的铅、镉溶出。它兼有釉上、釉下装饰的优点，所用颜料和新彩相似，但相互之间不能任意覆盖。

釉中彩的装饰方法除了彩绘外，还有贴花、丝网印花和喷花等。贴花是将高温花纸贴在釉面上，一次高温釉烧即可。丝网印花是将釉中彩调合成丝网印花彩料，通过丝网将图案纹样印在坯体釉面上的一种方法。目前，印花彩料的开发、丝网的版网制备技术、印花机械的性能都日趋完善，这有利于釉中彩的开发使用。另外，也可通过喷花的技术，直接将釉中彩喷在生坯釉面上再进行釉烧。还可以通过模板套喷使图案层次清晰达到更佳的艺术效果。

7.6 颜色釉

颜色釉简称色釉，是在无色透明釉或乳白釉料中引入适量的颜料，经过一定的温度烧成，即为色釉，它是陶瓷制品简便而廉价的装饰方法。它除了具有一般釉料固有的防污、不吸水等性能外，还富有装饰作用。

现在的陶瓷生产中，往往是先将着色元素配制色料，使用时，将其引入不同温度范围的基础釉中即成颜色釉。除此，也有直接用着色氧化物进行配制等方式。使用颜色釉的目的主要是装饰功能，供人们欣赏，使人们体味到色彩的美。

颜色釉分类主要有以下几种。

1）以自然界的景物、动植物命名。

2）按用途、产地等命名。

3）若器物通体一色者为单色釉，多色相间者为花釉。

4）以色系来分，颜色釉有如下几种：

① 青釉系统，如天青、龙全青、豆青、粉青、梅子青、玉青、菜青、冬青、鸡蛋青等。

② 蓝釉系统，如雾蓝、蓝、霁青、天蓝等。

③ 红釉系统，如祭红、郎窑红、钧红、火焰红等。

④ 绿釉系统，如苹果绿、浅绿、墨绿、水绿等。

⑤ 黄釉系统，如葵花黄、米黄、橙黄等。

⑥ 紫釉系统，如玫瑰紫、茄皮紫等。

⑦ 黑色系统，如艳黑、乌金黑、灰黑等。

⑧ 灰釉系统，如浅灰、深灰、黑灰等。

⑨ 复色釉系统，如各色花釉。

5）釉面颜色产生的根源是过渡金属元素，因此生产中也常按颜色釉中起主要作用的金属元素进行分类。其主要种类有铁系色釉、铜系色釉、钴系色釉、锰系色釉、铬系色釉、钛系色釉、钒系色釉、镍系色釉、锆系色釉等。

6）按釉的成熟温度可分为低温颜色釉和高温颜色釉。低温颜色釉是指在 1000℃ 左右烧成的以硅酸铅为基础或以硼-硅-碱质熔块为基础的易熔釉。高温颜色釉是指成熟温度在 1250℃ 以上烧成的石灰釉或石灰-碱釉为基础的颜色釉。

本章主要以釉的成熟温度来介绍颜色釉的种类。

7.6.1　低温颜色釉

东汉的绿色陶釉是将含铅的化合物与硅砂及含铜、铁的着色物混合，熔化成硅酸铅质玻璃，再把它施于陶坯上，在小于 1000℃ 烧成，釉面呈黄绿色。铅釉除成熟温度低外，釉面光滑平整，釉层透明，光泽度强。但是化学稳定性差，不耐磨损，易受环境大气的侵蚀。赫赫有名的唐三彩事实上也是一种用低温含铅色釉装饰的产品。

7.6.1.1　唐三彩

唐三彩（Tang tricolor）是用几种低温颜色釉装饰陶器的方法，属于多色低温铅釉。盛行于唐代，它以黄、绿、白三色较多而得名。此外还有紫、蓝、黑色，黄色釉中含铁，绿色釉中含铜，紫色釉中含锰，蓝色釉中含钴，艳黄色釉中含锑等。它是在同一陶器上施以多种色釉，烧后不同色釉互相浸润，加上铅釉折射率高，使陶器绚丽多彩，光彩夺目。见图 7-2。

图 7-2　唐三彩仕女骑马俑

唐三彩陶器为二次烧成，坯体先经过 1050～1150℃ 素烧后，在坯体上用刷釉的方法刷上几种低温色釉，釉烧是在 800～950℃ 氧化焰烧成。用铜绿釉来装饰陶瓷制品很早就盛行，如唐三彩（表 7-9）中绿釉就是铜绿釉。铜绿釉的色调富有变化，给人以清雅的感觉。

表 7-9　唐三彩釉配方组成　　　　　　　　　　　　单位：%（质量分数）

名称	红丹	白铅粉	石英	二氧化锡	氧化铜	氧化铁	长石	氧化锌
绿色	65	—	20	2	3～6	—	3	—
褐黄	70	—	15	—	—	4～7	3	—
白色	—	70	20	—	—	—	4	6

著名的唐三彩中的黄就是以氧化铁为主要着色剂的铁黄釉。古瓷中的综合装饰艺术釉"浇黄三彩"中的浇黄釉，色泽润黄，娇嫩欲滴，其着色剂就是含氧化铁高达 40% 的赭石。

根据施釉对象，铁黄釉既可配生料釉，也可配熔块釉。

综上所述，铁黄釉的基础釉以低、中温釉为宜，釉烧温度不宜超过 1240℃；釉中 Fe_2O_3 含量 2%～8%，要求 Fe_2O_3 都能分散在釉熔体中而不分解，也不聚集析晶。

7.6.1.2　法华

法华原名粉花，始于元而盛于明朝。以黄、绿、紫三种颜色较多，故又称"法花三彩"，此外还有蓝、白等色。法华色彩艳丽，线条生动，形象简练，具有独特的山西地区风格。它多用于烧造寺庙祭器，故在釉色前冠以"法"字。如法黄、法翠、法蓝、法紫、法白等。见图 7-3。

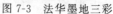

图 7-3　法华墨地三彩

法华三彩创于明代，又名珐华、法花。之后在山西晋南盛行，是一种较特殊的陶瓷艺术。用特制带管的泥浆袋，在陶胎表面勾勒成凸线的纹饰轮廓，然后分别施黄、绿、紫釉料，填出底子和花纹色彩，入窑烧成为法华三彩。

7.6.1.3　铁红釉

铁红是以 Fe_2O_3 着色的呈铁红或棕红色的颜色釉。这种生料釉的基础釉一般是低温铅釉或中温的硼釉、铅硼釉等。釉中 Fe_2O_3 的含量比较高，最少也达 10%。釉烧温度一般不超过 1240℃。

以铅釉为基础釉，添加一定量的 Fe_2O_3，很容易制得低温烧成的铁红釉。以石灰釉为基础釉，添加 Fe_2O_3 也可制得铁红釉。铁红釉的组成中，首先 SiO_2 含量比较低，釉的高温黏度大，使 Fe_2O_3 不易被釉熔体熔解和反应，即仍以 Fe_2O_3 存在于釉中而呈红色；其次，Fe_2O_3 含量较高，一般不少于总量的 10%；最后釉烧温度较低。

制配铁红釉的工艺要点：①配釉原料中尽可能少含其他着色元素，以防止与 Fe_2O_3 发生反应，釉中，$SiO_2/Al_2O_3=4.0\sim6.0$；②釉浆细度为万孔筛筛余 0.05%～0.15%，相对密度控制在 1.30～1.50，釉层厚度为 0.8～1.5mm；③氧化气氛、烧成温度不宜超过 1240℃，在高温时，升温速度不宜过快，否则易发泡、变色。

7.6.1.4　铜蓝釉

与铜绿釉不同，铜蓝釉中应含有较高的碱金属氧化物，如钾、锂等，较低的碱土金属氧化物如钙、镁、钡等。铅含量要低，否则釉色发绿；硼使色调变为蓝绿色、氧化焰烧成。铜蓝釉配方示例见表 7-10 所列。

表 7-10　铜蓝釉配方示例　　　　　　　单位：%（质量分数）

配方 1	熔块 1[①] 15	石英 40	硅酸铅 7	高岭土 2	硝酸钾 36	—	氧化铜 7.5	烧成温度 1080℃
配方 2	熔块 2[②] 92	—	—	高岭土 4	—	碳酸铜 4	—	烧成温度＜1000℃
配方 3	玻璃粉 70	—	SnO_2 6	—	Li_2CO_3 24	—	氧化铜 3	烧成温度 1040℃

① 熔块 1 配方/%：碳酸钾 46，石英 54。
② 熔块 2 配方/%：长石 15，石英 30，硼砂 8，硼酸 10，锂云母 12，石灰石 11，滑石 9，硝酸钾 5。

7.6.1.5　镉硒大红釉

在各类能够生产红釉陶瓷的色剂中，只有硫硒化镉可以产生纯正的大红色。然而镉红的耐热性在 600℃ 左右。在热分解时，$Cd(S_xSe_{1-x})$ 固溶体变为 CdS 与 CdSe 的混合物。在高温与氧作用下 CdSe 可氧化为 CdO 和 SeO_2，从而使色彩消失殆尽。

$ZrSiO_4$ 晶体包裹 $Cd(S_xSe_{1-x})$ 色料可以制得高温大红色，但其对基釉的要求很严格，烧成要快速，只有在合适的基础釉组成和烧成温度下才能够获得。

7.6.2　高温颜色釉

成熟温度在 1250℃ 以上的颜色釉，又名高温色釉。釉料中含黏土、石英及助熔剂（长石、石灰石、滑石、白云石、氧化锌等）。着色剂主要是含有铁、铜、钴、锰等的化合物，具有较好的理化性能。

传统高温色釉以 $CaO-Al_2O_3-SiO_2$ 系统的石灰釉或 $K_2O-CaO-Al_2O_3-SiO_2$ 系统的石灰-碱釉。这类色釉多在还原焰中烧成。由于不易控制颜色的稳定和艺术效果，高温颜色釉制造工艺的难度大于低温颜色釉。

7.6.2.1　青釉

青瓷在我国古代青瓷釉中极负盛名，如越窑秘色瓷、南宋和北宋官窑瓷（开片青瓷）、汝官瓷（开片青瓷）、龙泉青瓷、耀州青瓷、景德镇影青瓷等，一直是中外学者研究的热门课题。

青釉是以含铁化合物为着色剂，还原焰烧成的一种高温颜色釉。由于在还原气氛中部分 Fe^{3+} 被还原成 Fe^{2+} 使釉呈青色，为此 Fe^{3+} 和 Fe^{2+} 以不同比值可使釉呈现由黄褐到青绿的各种色调，如月白、天青、粉青、梅子青、豆青、豆绿、翠青、玉青等。

影响青釉呈现不同色调的因素：

① 胎体的色调。铁质少的坯体会使青釉明快青翠，铁质过多则使釉层发暗。

② 釉的厚度。青瓷釉较一般透明釉厚些，釉层愈厚则釉色愈深。但釉层过厚则会流釉，引起鸡爪纹或开裂。

③ 烧成气氛的影响。还原气氛烧成釉中 Fe^{2+} 增多，会呈深浅不同的青色。氧化气氛烧成的青釉中 Fe^{3+} 多釉变成黄绿色。故青釉对烧成气氛极为敏感。

青釉的基础釉历来都是用石灰釉或石灰-碱釉。石灰釉的碱性成分以 CaO 为主，一般含量在5%以上，我国古代的高钙石灰釉 CaO 含量达20%。景德镇传统的石灰釉是以釉果为基础，以釉灰为主要助熔剂，属于石灰石·石英-绢云母质釉。石灰釉的白度随釉灰含量的增加而降低，用釉果和釉灰二元配方制备的石灰釉具有很多优点，釉灰中含有90%的石灰，具有优良的高温助熔作用。釉的高温黏度较低，有利于釉中亚铁青色玻璃相的形成，使釉具有白里泛青的特色。同时，釉的透明性好，非常适合釉下彩装饰，尤其对釉青花装饰特别适应。但是，含钙高的釉易吸烟，需较高的烧成条件。

石灰-碱釉中 CaO 含量为7%～15%，KNaO 含量为4%～6%。这种釉的高温黏度比石灰釉要高，釉面光泽度、透明度比石灰釉稍差，呈半光亮。宋代龙泉青釉多以石灰-碱釉为基础釉。

以长石、釉果、石英、滑石、石灰石为原料配制出的白度较高的混合釉，现已在各瓷厂广泛应用。有时还加入少量的 ZnO 或 $BaCO_3$，对提高白度效果明显，同时对釉的发色也有利。如果在上述基础釉中，含有1%～3%的 Fe_2O_3，经还原焰烧成，就可得到青釉。

铁青釉根据色调特点，又有影青、豆青、粉青、梅子青等色釉之分。对青瓷发展具有深刻影响的有龙泉青瓷等。

① 龙泉青瓷。龙泉青瓷极盛于宋代，尤以官窑、哥窑、弟窑烧制的青瓷具有代表性，在世界上享有盛誉，使中外陶瓷科技工作者极感兴趣。

龙泉青瓷的突出特点是釉层较厚，品润如脂，釉色青翠，色调从粉青到梅子青皆全。以石灰碱釉为基础，施釉厚度一般在1～2.5mm，釉层越厚，釉色越深。青釉釉色因气氛的浓淡、铁含量高低而不同。粉青的 Fe_2O_3 量为0.02～0.025mol。豆青的 Fe_2O_3 在0.04～0.06mol，还原期 CO 的浓度宜控制在4%～6%。梅子青的 Fe_2O_3 量0.025～0.040mol，还原期 CO 的浓度控制在6%～8%，深豆青也是如此。烧成温度宜在1280～1300℃。冷窑过程中，冷却速度要适宜，以防止高温冷却过慢产生二次氧化，而使釉面出现"青中带黄"的色调。釉中杂质元素要少，才能达到翠青的色调。

坯料含铁量同样影响釉的呈色，坯内铁含量在 2.5% 左右时，即使施白釉还原焰烧成也能获得淡青色釉。

② 影青釉。它釉色似白而青、釉层较厚、晶莹润澈、透明度高，可映见瓷胎上暗雕的图纹。

我国古代的影青釉以景德镇湖田窑最有代表性，也是现在较广泛应用的影青釉，景德镇一般用釉果、龙泉石、白云石、石灰石等作配釉的原料。

③ 豆青釉。豆青釉黄绿色调深浅适中，氧化铁在 0.04~0.09mol 之间，是强还原焰烧成而呈现的色调。由于氧化铁的量及施釉厚度不同，豆青釉有豆青和深豆青之分。施釉厚度为 1~1.5mm 的呈豆青，釉层厚度达 2.5mm 的呈深豆青。在基础釉加入含铁量较高的紫金土或者氧化铁配制，施釉较厚（2.5~3mm），往往要反复多次浸、喷釉，还原焰 1280~1300℃ 烧成；还原比值在 6~9 之间，如果还原不足，制品会呈现黄褐色或黑灰色。

④ 粉青、梅子青。粉青是青绿色的釉，含铁量在 0.02~0.025mol 之间，釉色较影青深。龙泉粉青是著名色釉，釉面呈色青翠、光泽柔和、色调鲜艳、滋润犹如美玉一般。烧成至关重要，需采用还原气氛，还原期 CO 含量控制在 4%~6%，重还原期宜控制 CO 含量在 6%~8%；烧成温度 1240~1280℃，烧成期后，也应注意防止二次氧化。

龙泉梅子青也是传世名釉，其特点是呈色青翠、绚丽静穆、幽雅润澈，有"青瓷之花"的美誉。梅子青工艺和粉青差不多，只是要求重还原期稍长一些，还原气氛更重一些。粉青瓷是著名色釉瓷，国内各地及国外争相仿造，创造了各具特色的粉青色釉瓷。景德镇生产的粉青釉呈现浅湖绿色调泛浅蓝色，是以氧化铁和氧化钴为着色剂的混合釉。工艺上和前述基本相同，要求施釉厚度为 1~1.5mm，还原气氛下于 1260~1300℃ 烧成。仿造的青釉，大多数加钴，实际上这些仿造的青釉已属铁钴青釉。各类青釉见图 7-4。

(a) 康熙豆青釉梅瓶　　(b) 粉青瓷菱花口折沿盘　　(c) 汝瓷卵青釉三足洗(宋代·汝窑)

图 7-4　青釉

7.6.2.2　铜红釉

铜红釉（copper red glaze）是以含铜物质为着色剂，经还原气氛烧制成的红釉。外观上有色调均一的单色红釉，也有夹杂其他颜色的花釉。其色彩艳丽、烧制难度大，引起了国内外学者的关注和研究。塞格尔（Seger）分析了我国的红色釉并通过实验发现，它是以石灰钾釉为主，呈色是由 Cu_2O 所致。当 Cu_2O 含量低，透明性强、色浓；当 Cu_2O 含量高，釉透明性差且呈色淡。一般 CuO 含量在 0.5% 以上时，则成不透明红釉；含量在 0.1%~0.15% 时，则成金红色透明釉。

名贵的品种有钧红、祭红、郎窑红、桃花片、玫瑰紫等，见图 7-5。

铜红釉"红牛"　　　　　钧窑玫瑰紫　　　　　清代祭红梅瓶

图 7-5　铜红釉

(1) 钧红

钧红制品最早出现，是钧红釉的简称，是我国最早出现和产量较大的铜红釉种，据古时文献记载最初为河南禹县（今为禹州）烧制，因禹县古代属钧州管辖故名钧红。其特色是釉色鲜艳紫红、釉面滋润均匀、华丽而不俗、透明照人，釉面具有细小裂纹而且有垂流现象。它是在焙烧过的石胎上施釉，于强还原气氛下 1300～1320℃烧成。

钧红是以石灰釉为基础釉，多以铜花及 CuO 为着色剂。配方如下。

景德镇钧红示例/％（质量份）：釉果 28.44，釉灰渣 8.20，绿玻璃 22.20，窑渣 16.20，锡晶粒 15.58，铅晶粒 8.00，食盐 1.00，铜花 0.40。

釉的化学组成/％：SiO_2 61.29，Al_2O_3 8.81，Fe_2O_3 0.88，CaO 9.05，MgO 1.61，K_2O 3.46，Na_2O 7.20，Cu_2O 0.51，PbO 5.79，B_2O_3 0.01，SnO_2 0.41，BaO 0.02，P_2O_5 0.34，CoO 0.002，MnO 0.56，TiO_2 0.08。

河南禹县钧红示例/％（质量份）：长石 10，汝岳土 52，方解石 16，滑石 3，石英 13，二氧化锡 1.7，铜矿石 4，氧化铜 0.3。

工艺要求如下。

① 湿法球磨，细度为万孔筛筛余 1.8％，釉浆相对密度 1.5 左右。

② 胎素烧后浸釉一次，待干后再用含水率 50％的釉浆喷 3～5 次，釉层厚度为 1.5～2mm，要求上厚下薄。

③ 还原气氛烧成，烧成温度 1280～1310℃。气氛或温度的微小差别，也会使钧釉产生"窑变"，出现多种色调。人们通常把上红下蓝、釉面有细小裂纹、有隐隐约约可见珍珠点制品称"玫瑰紫"；呈色红黑泛蓝、局部出现红似海棠花的优美色调称为"海棠红"；呈色红蓝交错似茄子皮色彩的称为"茄皮紫"；呈色鲜红或大部分是鲜红的脱口、纹理较大，称为"鸡血红"。

在钧红釉面上，再施一层不同组成的色釉，可制得复色釉。

(2) 祭红

祭红又称霁红、醉红、极红、鸡红，古代皇室用这种红瓷作祭器而得名。祭红是钧红之后，于明代宣德期间烧制的铜红色釉。祭红是以铜为着色剂，生坯上釉，置于还原气氛下，在 1250～1300℃温度下一次烧成。

祭红色泽深沉安定，不流釉，不脱口，也不龟裂。但因它对烧成条件极为敏感，品质很不稳定，好的成品并不易多得，即用一种配方，在同一次烧成中由于温度和气氛的少许差异，也会出现多种不同的色调，成品率很低。

祭红比钧红名贵，烧成困难、成品率低是一个主要原因。在古代像珊瑚、玛瑙、玉石、珠子、烧料等珍贵原料的使用也在所不惜，一般配方要使用十多种原料及多种名贵原料，有的配方甚至真的掺入黄金，可是烧成率仍然很低。由于该釉的高温黏度较大，呈色要红要光亮，且无龟裂。因此，再配釉时，要根据烧成温度、气氛的变化选择基础原料。按景德镇传统的烧成条件，一般选用熔融温度较低的瓷石，如陈湾、三宝蓬、瑶里釉果等为主要原料，选石灰石为熔剂原料配制的石灰釉为基础釉，对呈色有利。

作为着色剂的铜花或氧化铜的用量一般在 0.2%～0.5% 为好。

景德镇祭红配方示例（质量份）：铜花 0.14，寒水石 2.35，花乳石 2.35，海浮石 1.23，陀星石 1.23，云母石 0.82，铅晶体 1.64，珊瑚 0.14，石英 0.41，釉果 73.85，二灰 14.40，锡灰 0.90。

（3）郎窑红

郎窑红又名牛血红、宝石红，是我国传统名贵色釉中的后起之秀，制作历史较钧红、祭红都晚，始作于清朝，以清康熙督窑官郎廷极而取名，是铜红釉中最鲜艳的一种。见图 7-6。

图 7-6　郎窑红

郎窑红是以铜为着色剂，生坯上釉，置于强还原气氛下，在 1300～1320℃ 温度下一次烧成。

特点：釉面有大片裂纹，透明度高，釉的流动性大，颜色由上而下逐渐加深，而器物口边无色，俗称"脱口"。郎红釉仍以石灰釉为基础釉，着色原料以铜花为主。釉中 CuO 的含量比钧红要低一些。

（4）美人醉

美人醉又叫美人祭、美人霁、桃花片、海棠红、苔点绿、苹果绿、孩儿脸、孩儿面等名称，相传始于明代中叶，盛于清康熙、雍正时期。由于烧成温度、气氛等控制不一致，釉的组成及高温性能不同，尤其是釉的粒度及着色剂（铜化合物）粒度不一致，加上釉层厚度不均匀等，即使是同一配方，也会使色调极不一致，因而出现很多别名。若粉红中出现绿点的，称为苔点绿；粉红中带灰点的称为豇豆红；粉红中有成片红块的叫孩儿脸；粉红上布满了绿点的是苹果绿；等等。色调最艳的叫美人醉，其色调与钧红、祭红、郎红的深红色明显不同的是，其是粉红色的，颇似桃花，所以也称桃花片，而且美人醉是指色调最艳丽的粉红色釉。该釉工艺制作方法是：在坯胎上先施一道青白釉，再将美人醉色料吹在上面，然后又施一层白釉，在还原气氛下，以 1280～1300℃ 温度烧成。

7.6.2.3　铜绿釉

铜绿釉是指以铜化合物为主要着色剂在氧化气氛下烧成后，釉层呈现绿色或蓝绿色的釉料。高温铜绿釉，因铜在高温下易挥发呈色不如低温鲜艳，见表 7-11 所列。

表 7-11 高温铜绿釉配方示例 　　　　　　　　　　单位:%（质量分数）

编号	长石	石英	石灰石	高岭土	硼砂	白云石	膨润土	碳酸铜	CuO	烧成温度/℃
1	65	—	16	7	10				2	1200 左右
2	40	17	5	—	5	7	4	4	—	1280
3	47	30	6	15					2.3	1280

7.6.2.4 钴系色釉

钴系色釉是指以钴化合物为主要着色剂的颜色釉。钴系色釉以蓝色调为主，掺杂其他元素后可获得绿色、粉红色、黑色等颜色釉。

（1）钴的着色原料

钴着色原料可分为天然矿物原料和化工原料两大类。闻名中外的青花瓷即是以钴土矿为着色原料。云南产钴土矿（云墨）称"珠明料"，湖南等地产称"珠子"。由于天然钴矿物原料中一般都混有铁、锰、镍、铜等的化合物，所以在某些方面可以获得特殊效果，但配制色釉，往往得不到预期的效果。所以，在含钴色料的配制中多采用化工原料，主要有如下几种（表 7-12）。

表 7-12 常用钴着色原料

名称	分子式	外观	备注
氧化钴	Co_2O_3	灰黑色粉末	配制钴蓝釉及青花料
氧化亚钴	CoO	灰绿色粉末	
四氧化三钴	Co_3O_4	灰黑色粉末	
硝酸钴	$Co(NO_3)_2 \cdot 6H_2O$	红色结晶,易潮解	—
氧化钴	$CoCl_2 \cdot 6H_2O$	红色结晶,失去部分结晶水或浅蓝色结晶	—
碳酸钴	$CoCO_3$	红蓝粉末,不溶于水	—
磷酸钴	$Co_3(PO_4)_2 \cdot 8H_2O$	—	—

钴的着色力很强，配色釉的一般用量都低于 6%（折合成 CoO 的含量），最低用量为 0.005% 左右。

钴在釉中不易受气氛影响，高温下均呈稳定的 CoO 状态，这也是在钴系色釉中的基本状态。

（2）影响钴在釉中的呈色因素

Co^{2+} 和 Ba^{2+}、Ca^{2+}、Zn^{2+}、Mg^{2+}、Mn^{2+}、Fe^{2+}、Ni^{2+} 等离子在电价、配位数等方面十分接近，易发生类质同象。

釉中的 Co^{2+} 由于釉组成的影响，可形成 $[CoO_6]$ 和 $[CoO_4]$ 两种配位体，其颜色不同，前者为紫红色，后者为蓝色。

① 着色原料。钴系色釉的颜色与所用的着色原料关系极大。钴土矿是良好的钴天然着色原料，被广泛使用，钴土矿所含的锰、铁、镍等杂质，对钴的呈色影响很大，如以石灰釉为基础釉，添加百分之几的钴土矿物，若钴含量高，则釉色呈钝蓝色，若钴土矿中锰含量高，则呈现出带灰紫色或褐色的青色。

钴土矿中一般都含有较多的锰、铁、镍等杂质，为了减少钴土矿中带入的锰、铁、镍对呈色的影响，宜用还原焰烧成，使深色的锰、铁、镍化合物变为浅色化合物。

用氧化钴等化工原料作着色原料，则可避免上述杂质成分的带入，用钴蓝釉用色料，则呈色稳定，钴蓝釉中含有少量的 Fe_2O_3、NiO 反而会使釉色更美丽。

② 釉的组成。釉的组成不同，也会使钴的着色发生变化，镁釉使钴蓝色中会带红，甚至呈现紫色；石灰釉作基础釉，钙有利于钴蓝呈色；钡釉易使钴蓝向土耳其蓝变化；长石釉中，釉色往往呈现暗蓝色；锌釉使钴蓝色变浅或呈现绿色。

钾、钠、锂等较高的釉中，钴蓝色调鲜艳；釉中硅高铝低时，氧化钴易与 SiO_2 生成带紫味蓝的硅酸钴固溶体，即使采用钴铝尖晶石作着色剂，在釉中矿化剂的作用下也会生成硅酸钴固溶体，使蓝色釉带紫味。

向钴蓝釉中加入少量骨灰或磷酸盐，或用磷酸钴作着色剂，会使蓝色釉面呈现紫色阴影的鲜明色调。

（3）钴系色釉配方示例

单位为质量份，烧成温度 1280℃ 左右。

① 雾蓝釉。长石 40，釉果 14，石灰石 12，滑石 3.5，石英 18，高岭土 11，氧化钴 1.5，外加 Fe_2O_3 0.8%。

② 天青釉。釉果 86.2，白云石 10.7，珠明料 3.1。

③ 青紫色釉。钾长石 70，白云石 5，氧化锌 5，高岭土 6，石英 14，外加氧化钴 1.5%，氧化铁 0.8%。

④ 海蓝釉。长石 43，石英 27，石灰石 18，碱石 12，外加海蓝色料 3%～4%。

7.6.2.5 铁系色釉——天目釉（不包括青瓷釉）

天目釉是指以铁的化合物为主要着色剂的黑釉，特指曜变天目、油滴天目、兔毫天目等品种。天目釉以宋代福建建阳、江西吉州天目为代表，其特点主要是色调丰富多彩，有茶黄黑、浓黄黑、酱油黑、棕黑、褐黑、绀黑、艳黑等。釉面光泽稍差，有的会出现各种 Fe_2O_3 的流纹、斑块、斑点，天目釉在我国宋代就有很多产瓷区已生产出来。由于各地生产的天目釉的颜色、纹样不同，就给予很多不一样的名称。如建阳天目、吉州天目、河南天目、油滴天目、玳瑁天目、兔毫天目等。有的通过剪贴装饰，在制品上呈现出图纹，如梅花天目、木叶纹天目等。铁釉的类型也取决于基础釉组成、烧成工艺和铁含量。见图 7-7。

建窑黑地油滴水盂(北宋建窑)   建窑兔毫釉盏

图 7-7 天目釉

（1）天目釉种类

① 曜变天目。它是天目釉中最珍贵的品种。其特点是黑色表面上悬浮着大小不一的斑点，斑点周围闪烁着晕色似的丰富多彩的蓝色光辉，且随观察角度的不同，呈现不同的颜色。

曜变天目产生的原因，主要是釉熔体中产生了多级液相分离。釉中的斑点，实际上是细微的铁氧化物结晶的集合体，其结晶非常小，即使放大 400 倍，也不能一一分辨其形状。斑点周围有很薄膜层，约为万分之几毫米。曜变即是由釉面斑点周围的薄膜受到光波干涉而产生不同的颜色所致。

根据光波干涉公式光程差 $=2dn\cos\theta$ 知，当膜的组成、密度等不同，折射率 n 也发生变化；当观察角度不同，即折射角 θ 也发生变化；薄膜厚度是难以控制的，对光造成的干涉条件不同，斑点周围的颜色也随 d、θ、n 而变化。从宋代几种釉来看，它们都以石灰釉为基础，所含 CaO、Al_2O_3、Fe_2O_3、MgO 都较接近。说明宋代的曜变天目、油滴天目、兔毫天目化学组成基本相似，由于烧成工艺不同，形成油滴、兔毫或曜变等。如果高温缓慢冷却的结晶后期，烧成温度突然升高又迅速地快速冷却，使形成油滴天目釉中的铁氧化物的结晶体微量熔解而形成薄膜，则获得曜变天目；如果温度控制不当，薄膜没有形成，则不能获得曜变天目；如果温度突然升得较高，使形成的油滴流动，则成兔毫釉。

② 乌金釉。它是景德镇名贵的色釉之一，是黑釉中最光润明亮的，如黑漆一般。由它装饰的"马踏飞燕"是极名贵的艺术品。其组成主要是以石灰釉为基础釉，含有 4%～7% 的 Fe_2O_3 以及少量的着色剂。着色剂应熔解分散在釉层中。乌金釉是直接采用含有较多铁（如 Fe_2O_3）和钙以及微量锰、钴、铜等元素的黑色黏土所制成的釉，在还原气氛 1280～1300℃烧成。

③ 油滴天目。它是在黑色的釉面上布满许多闪亮的圆星点，恰像水面漂浮的油滴。根据星点颜色的不同，也有红油滴、银油滴之称。特别是银油滴，"盛茶闪金光，盛水闪银光"，别具风格。油滴天目亦以建盏为代表在宋代数处都有生产，如河南、四川、广东、广西等。但能做到釉面光亮、星点圆润者仍如凤毛麟角。

油滴天目形成机理如下。

一般情况下，油滴是釉中氧化铁过饱和后从釉层中随釉泡上浮至釉面，在釉表层附近析晶长大所形成的比较厚的、以赤铁矿或磁铁矿或其混合物为主要成分的镜面。磁铁矿反射率比一般硅酸盐高得多，且其反射色为银白色，故在宏观上使油滴反射成银白色斑，赤铁矿反射色为黄红色，则形成红油滴斑。有的油滴在高温下流动拉长，变成类似兔毫的长条纹。油滴釉料中 Fe_2O_3 含量要控制适当，Fe_2O_3 低于 4% 无晶体，高于 8% 出现铁锈，都不能形成油滴，同时坯料也应采用含 Fe_2O_3 较高的黏土原料配制，以便对黑釉产生衬托作用。

油滴的烧成和普通黑釉的烧成基本相同。但烧成温度要恰到好处，温度低了，形不成油滴，温度高了形成的油滴会流开，或者流成"兔毫"。这是由于温度高，形成油滴的铁氧化物微晶和釉都发生流动，由于流速不同，而形成不同呈色的兔毫纹。所以，兔毫釉的烧成温度较油滴釉要高。

由于釉的黏度较一般黑釉大，烧成时釉中所含 Fe_2O_3 和碳酸盐等物质分解放出的气体，从釉中逸出留下痕迹成为铁化合物聚集的中心，因而在制品釉面上形成银灰色的斑点。在显微镜下可以观察到，油滴中密集着许多粒状和块状的赤铁矿以及少量磁铁矿的结晶斑，有时油滴中还有少量辉石和石英晶体。

④ 兔毫天目。兔毫天目因黑釉中透出状如兔毛般的细流纹而得名，纹色有淡棕色、金红色或银灰色，因而又有"金毫""银毫""玉毫"的称谓。在同一色调中，有的毫毛光亮，有的无光。以福建建窑产最为出名又称建盏。由于宋代"斗茶"风的盛行，多数窑场都生产

有黑盏，但能生产兔毫盏者并不多，目前所见除建窑外，还有定窑、耀州窑、吉州窑及河南、四川等地的窑场。兔毫釉是以铁为呈色剂，因其含有少量的磷酸钙，当烧成温度升高至 1000℃ 左右一部分釉料开始熔融，与坯体密接着的釉，有力地同坯体黏合，表面上没有和坯体接触的釉料，因熔融流向下方，因而同时产生失透和结晶两种作用，并导致釉面产生兔毛型的丝条纹，很受人欣赏。

兔毫呈色机理有两种显微结构形式，一种是釉内有大量 CAS_2（钙长石）析晶，晶间液相分离为基相与微相，铁富集于孤立小滴内，小滴聚集粗化成"巨滴"。在还原气氛下，"巨滴"中是 Fe_3O_4 较完整析晶，则生成表面光亮的银白色毫纹；在氧化气氛下，是 Fe_2O_3 较完整析晶，则生成金黄色毫纹。另一种形式是釉内无 CAS_2 析晶，釉面附近局部区域发生液相分离，孤立小滴稍有聚结，同样在还原气氛下是 Fe_3O_4 较完整析晶，则生成银毫纹，在氧化气氛下是 Fe_2O_3 较完整析晶则生成黄毫纹。当然也有 Fe_3O_4 或 Fe_2O_3 不析晶、析晶不完整或杂乱析晶等形式，则表现为毫纹发灰、发黄、不够光亮等状况。毫纹表面的结构与其外观密切相关，如果毫纹表面仍有微米厚度的釉层，则毫纹显得光滑闪亮；若 Fe_2O_3 在表面随机杂乱生长，则会生出釉面，毫纹表面就显得无光泽了。

⑤ 茶叶末。黄褐、黄绿或墨绿色的釉面上，呈现有许多碎屑状斑点，颇似茶叶的细末，茶叶末釉由此得名。其最早出现于唐代耀州窑，清代景德镇茶叶末釉有"古雅幽穆，足当清供"的美誉。

茶叶末釉中析出晶体较多，是辉石类型的析晶釉，其主晶相为普通辉石类中伪深绿辉石，第二晶相为斜长石中的培长石。深绿辉石本身呈黛绿色，含铁的斜长石为褐色。釉中析出辉石的种类、含量、晶体的粒度、分散度以及釉中铁的浓度，决定了釉呈黄绿色还是墨绿色。同时釉中玻璃相在显微镜下呈深棕色，局部呈棕黄色，其铁浓度甚至超过了晶体中的铁浓度。铁在釉中分布不均匀，使釉呈色浓淡不一，表现出类似茶叶末的外观效果。

⑥ 铁锈花。铁锈花是一种 Fe_2O_3 含量较高的微晶结晶釉。《陶雅》载："紫黑之釉，满现星点，灿然发亮，其黑如铁"则谓之铁锈花。

铁锈花是在石灰釉中引入大量的 Fe_2O_3、MnO_2。由于高温流动性大，加上 MnO_2 的存在，抑制晶体的长大，所以 Fe_2O_3 高度分散在釉内。但 Fe_2O_3 含量高，由于 Fe_2O_3 的亲氧性和釉玻璃的不混溶性，在局部还是会出现 Fe_2O_3 的富集而析出微晶，这些微晶的斑点犹如铁锈一般，若冷却缓慢，结晶也会长大成为完整的晶型。

（2）天目釉的配制

古瓷天目釉的组成见表 7-13 所列。

从表 7-13 中可以看出：釉中除油滴的 P_2O_5 偏低外，其余都在 1% 以上，吉州玳瑁已接近 2%。一般认为，釉中 SiO_2 含量为 60%～65%，Al_2O_3 小于 20%，Fe_2O_3 为 4%～8%，CaO 为 6%～9%，MgO 为 2%～3%。这个化学组成范围内的釉，在高温下容易发生液相分离。

P_2O_5 对釉的液相分离起着特殊的作用。当 Fe_2O_3 含量在 5% 时，P_2O_5 可促进釉内液相分离，加速釉内含铁的微相形成，又抑制铁氧化物晶体长大。当釉中 Fe_2O_3 含量低于 2%，P_2O_5 的这种作用微弱或消失。釉中 Al_2O_3、MgO 含量使釉黏度正适宜于发生液相分离。

表 7-13 天目釉的化学组成   单位:% (质量分数)

产地		吉州	吉州	吉州	耀州	建阳	吉州	山西	建阳	山西
品种名称		耀变	玳瑁1	兔毫	玉兔毫	兔毫1	玳瑁2	红油滴	兔毫2	银油滴
化学组成	SiO_2	62.10	61.90	60.25	65.63	61.48	60.76	64.31	62.02	65.00
	Al_2O_3	12.82	13.50	13.94	15.57	18.61	12.77	14.70	18.79	15.08
	TiO_2	0.67	0.091	0.71	0.73	0.57	0.88	0.99	0.70	0.89
	P_2O_5	1.57	1.59	2.03	0.30	1.26	1.91	0.25	1.07	0.15
	Fe_2O_3	6.22	4.31	5.08	5.17	5.66	4.57	6.33	6.64	6.80
	CaO	9.00	8.01	9.08	6.43	6.58	9.03	6.73	5.55	6.23
	MgO	3.30	2.62	3.26	2.33	1.97	2.73	2.00	1.56	2.66
	K_2O	2.93	5.11	4.21	2.30	3.01	4.95	2.55	3.11	2.58
	Na_2O	0.23	0.34	0.32	0.97	0.09	0.28	1.10	0.11	1.20
	MnO	0.87	0.92	1.12	0.10	0.72	1.21	0.10	0.56	0.09

很多地方的黄土黑釉在一定烧成条件下,可以产生油滴、兔毫、茶叶末等釉色,山东、山西、陕西等地即有如此配制的方法。

建阳天目的胎为铁黑色,也是不同于其他天目的特色之一。

其他几种示例配方如下。

景德镇茶叶末釉/%:釉果 60,氧化铁 4~7,石英 4~12,方解石 17~21,烧滑石 8~12;烧成温度 1260~1280℃,1100℃保温 1h。

山东油滴釉 1/%:氧化铁 6,氧化锰 2,土料 6,釉果 40,龙泉石 20,紫金土 10,釉灰 14,氧化镁 2。

山东油滴釉 2/%:黑釉土 100。

兔毫釉/%:长石 30,石英 30,滑石 6,高岭土 18,石灰石 7,氧化铁 5.2,氧化钛 0.8,氧化锰 1,牛骨灰 2;烧成温度 1300~1320℃。

铁锈花代表性的配方为:氧化铁 46.8%,氧化锰 20%,釉果 26.6%,釉灰 6.6%。釉式为:

$$\left.\begin{array}{l} 0.086\ K_2O \\ 0.118\ Na_2O \\ 0.742\ CaO \\ 0.054\ MgO \end{array}\right\} \cdot 0.452\ Al_2O_3 \cdot 3.569\ SiO_2 \cdot \left\{\begin{array}{l} 3.160\ Fe_2O_3 \\ 2.473\ MnO \end{array}\right.$$

工艺要求如下。

① 釉料比一般釉要适当粗一些。

② 釉层要有一定厚度,一般在 0.6mm 以上,多数在 0.8~1.2mm 之间。

③ 釉液要有适当的黏度。一定厚度和适当黏度的釉,使 Fe_2O_3 分解的氧气泡不能及时排出,当强迫长大至能排出釉层时,其周围也富集了相当多的铁氧化物。

④ 烧成温度及烧成制度要恰当。冷却析晶温度区要有 30min 以上的保温时间。

⑤ 釉中各氧化物含量要有能够生成分相的条件,这是在一定烧成温度下,釉具有特殊工艺效果的前提条件。

7.6.2.6 花釉

花釉（fancy glaze）也称复色釉，它是釉料由配方组成、或烧成温度与气氛、或施釉方法所致，烧成后在釉面上形成两种或两种以上色彩自然交混的纹理效果，千变万化，多姿多彩，装饰性强，有很高的欣赏价值。它是由单一色釉衍生出来的多色相间的复色彩釉。

花釉属颜色釉的复色体系，大部分的花釉可说是颜色釉堆积而成的效果。花釉装饰方法简便又绚丽多彩，有事半功倍之效。早期花釉主要用于艺术瓷装饰，现在已广泛应用于建筑瓷面砖、彩釉砖的装饰中，如纹理釉、大理石釉和斑纹釉等。

花釉有多种分类法，如下所列。

① 以烧成温度分，有高温、低温、中温花釉。

② 以烧成气氛分，有氧化焰、还原焰花釉。

③ 以釉的基本色调分，有红色系、黑色系、蓝色系、白色系、黄色系等。

④ 以其纹理色彩分类，有云纹、流纹、片纹、斑纹、大理石纹、羽毛纹、珍珠纹等。

⑤ 按其形成方式分，有窑变花釉法、复层与单层釉法、粒釉法及不均混釉法花釉等。

任何不均匀的施釉方式、任何不同色彩的色釉搭配以及不同烧成温度釉料的混施都可能形成花釉，只是艺术观感不同而已。因此，花釉也就有数不胜数的品种了。

一般将花釉按照烧成气氛划分为两种。

① 还原焰窑变花釉，如红釉系花釉（包括铜红系窑变花釉），因起源于钧窑，也可称之为钧窑花釉，因为这种釉是用钧红作底釉制作的，故有此名。从宋到明的漫长岁月中，人们一直弄不清楚这种色釉的成因，只概称它为"窑变"，即烧窑时火不均匀的巧遇。

此釉奇丽色彩的产生，主要是利用一种覆盖在钧红釉表面的特制釉料（叫作花釉），并通过高温窑火借釉料的垂流而自然形成的。此釉呈色是一道纯红色底釉上呈现蓝白交错的色丝，形状多样，有像春风拂舞的杨柳，有像波涛翻滚的怒潮，有像节日的礼花，非常有趣。

釉的配方与烧成是釉面色丝形成的环节。其工艺过程是用已烧过的钧红瓷重沾一道钧红釉，再在其表面涂滴一种熔融温度较钧红还低的花釉，这种釉是用含钴、铁、锰的硅酸盐熟料组成，用毛笔涂滴注意疏疏密密，粗粗细细，要求滴成蚯蚓盘绕状，在 1280～1320℃ 温度下，以还原气氛烧成。

② 氧化焰烧成的黑釉系花釉，河北邯郸磁州窑花釉即属此系。

黑釉系花釉是采用含铁多的钙质黏土为底釉，以各种颜色的乳浊釉为面釉，氧化焰烧成。在高温下底釉起泡冲破面釉，并起搅动面釉的作用。随着温度提高釉泡平伏，从而形成黑色底上交混着各种颜色斑点或条纹的光亮釉面。当面釉流动性小于底釉时，形成彩斑，反之则形成条纹。如果器型适当，可出现羽毛状彩色纹样。所以极适于装饰禽兽等艺术品。

"三阳开泰"是用乌金釉和郎窑红两种色釉交织填涂的综合艺术釉，多用来装饰花瓶等名贵产品，闻名海内外。由于在乌黑闪亮的釉面上，呈现出三处扁圆形的红釉，红釉四周喷射黄、青、绿各色光芒，恰似三颗太阳喷薄而出，故称"三阳开泰"。现在有画家也画三只羊，这主要是由于羊是温顺、美丽的动物，常被人看作善良的象征，因为小羊羔总是跪着吃奶，所以民间又把羊比作孝子等。古代人把"羊"与"祥"通用，"大羊"即"大吉祥"，用羊作装饰的图案中就有吉利祥瑞的意义。《易经》上有"正月为泰卦，三阳生于下"之说，意为冬去春来，阴消阳长，万物复苏，古人把上述釉色称为"三阳开泰"，寓有"三阳开泰运，五福转新机"的祝寿之意。它表示大地回春，万象更新的意义，也是兴旺发达，诸事顺遂的称颂。

花瓶口部出现一道青白和淡红色调是郎窑红在高温下自然流动的余色，其颈部和下部红黑两釉相接处，则是郎窑红和乌金釉两种釉料在高温下相互渗透，融会调和，特别是腹部纯黑的乌金釉与鲜艳的郎窑红对比强烈，恰似红日喷薄而出，给人以朝气蓬勃、欣欣向荣之感。

7.7 艺术釉

艺术釉是在颜色釉的基础上，采用专门的工艺方法，以增加釉面艺术效果的一类釉。它广泛装饰于日用陶瓷、陈设瓷和建筑陶瓷，增加了陶瓷产品的艺术感染力和附加值。除透明釉是接近于非晶质玻璃体以外，很多类型的釉都含有形状大小不同的晶体。乳浊釉中的晶粒尺寸为 $1\sim3\mu m$ 或者更细小。无光釉中晶粒虽较乳浊晶粒大 $5\sim6$ 倍，但仍较小，肉眼不能察出。天目釉、油滴、兔毫等釉中的晶粒大小也属于微晶范畴，只有砂金釉才具有肉眼可见的悬浮小晶粒。此处所谓结晶釉，是指釉面分布着星形、针状或花叶形粗大聚晶体的一种装饰釉。

7.7.1 结晶釉

(1) 定义及分类

结晶釉（crystalline glaze）是在釉熔融后进行缓慢冷却，釉中的结晶物质处于饱和状态，从而呈现星形、针状或花叶形粗大聚晶体的一种装饰。按釉中结晶剂的种类可将其分为六类，即硅酸锌、硅酸钛、硅锌铅、锰钴等结晶釉和砂金釉。常见的结晶形体有星形、冰花、晶簇、晶球、花朵、松针以及纤维状等。硅锌矿和硅锌钛系结晶釉制造较普遍，前者易于结晶、晶花大而圆，因而极适于装饰花瓶类产品。后者晶花比较小，呈松针状或朵状小花，容易满布器皿，对小烟缸、小动物之类艺术品尤为合适。

在基础釉中引入一种或两种以上的结晶剂，使其在釉的熔融过程中过饱和，在冷却过程中析出，形成结晶花纹。我国两宋时期的"茶叶末""铁锈花""油滴釉"等都是结晶釉名贵品种。今日结晶釉的品种繁多，从巨型到微型无不包括，可以装饰在瓷器、精陶、陶砖、搪瓷等产品上。

结晶釉可以按晶花的大小、形状或形态来分类，如"兔毫""星盏""砂金"等，以晶体的形状而言，有菊花状、放射状、条状、冰花状、星状、松针状闪星及螺旋状等。更多的是按结晶剂的种类来分类命名，如氧化锌系、氧化钛系、氧化锰系、铁系结晶等。

(2) 原料与配方

结晶釉用的原料按照它们的作用可分为三类，即晶核剂、熔剂和着色剂。组成对结晶釉的影响主要有以下几点。

① 二氧化硅用量要适当，用量过多，则黏度增大，生成结晶的概率降低。釉料基质中以二氧化硅和其他结晶物质的浓度影响最大，即所谓过饱和度的高低，它是影响结晶釉组成

的关键因素。饱和度低，结晶难以长大，饱和度过高，则晶核堆积，晶花过小或析晶粗糙。釉式中 SiO_2 的相对物质的量一般在 1.2~2 之间。

② 硼量多时不能生成结晶。

③ 氧化铝增加黏度。由于 Al_2O_3 会提高釉的黏度，降低釉的流动性，阻碍晶体的析出与生长。所以结晶釉中通常不会含 Al_2O_3 或者含量很低，釉式中的 Al_2O_3 相对物质的量小于 0.1。

④ 基础釉主要用来调整结晶釉的烧成温度、黏度和热膨胀系数，碱金属氧化物含量不能过多，否则会削弱析晶作用。碱土金属氧化物会促进析晶。

某些物质既是结晶剂也是着色剂，既呈色同时又有结晶作用，如氧化铁、氧化镍等。除结晶组分外，其中呈色物质的主要作用是赋予釉体和晶花特定的色调，一般用量少，影响作用小。但是，色剂在不同组成的结晶釉中，着色效果不尽相同。如 CoO 在硅锌矿结晶釉中，晶花呈现蓝色，而在辉石结晶釉中，使晶花呈现粉红色。

表 7-14 为硅酸锌和硅酸钛系结晶釉的常用配方。表中 1♯ 和 2♯ 釉的晶花为 $ZnSiO_4$ 晶体，3♯ 釉的晶花为硅酸钛。ZnO、SiO_2、TiO_2 为上述釉的晶核形成物质。玻璃粉、长石、硼砂、铅丹为形成釉玻璃的熔剂原料，并可促进晶体的形成和调节釉的熔融温度和结晶状态。NiO、Fe_2O_3、TiO_2 为着色剂，使釉玻璃和晶花着色。

表 7-14　结晶釉的配方组成　　　　　单位：%（质量分数）

样品号	玻璃粉	ZnO	TiO_2	SiO_2	Fe_2O_3	长石	坯泥	硼砂	Pb_3O_4	NiO	釉面形貌
1♯	40	30	—	20	—	2	—	2	5	1	黄底蓝色大晶
2♯	40	30	—	20	—	2	—	2	6	—	白底白色大晶
3♯	70	8	15	—	4	—	3	—	—	—	黄底金黄松针形

釉料组成直接影响着釉面析晶的效果。结晶釉料常用玻璃粉，它主要调节釉的高温黏度与析晶温度。若玻璃粉用量少则釉高温黏度大，晶体不易析出与生长。但用量过多，会因引入大量碱金属氧化物增大了釉的膨胀系数而导致釉面开裂。

硅锌矿 $2ZnO \cdot SiO_2$ 的析晶与生长速度大，所以常用 ZnO 作为晶核剂。ZnO 用量过多则晶花浮在釉面上使表面粗糙，用量过少则不易析晶。硅-锌系统结晶釉中 ZnO 含量为 25%~35% 之间。釉中石英含量多会提高釉的黏度和降低析晶速度。石英数量少时，减少硅锌矿晶体的生成，而且釉面易开裂。

（3）晶种

结晶釉经常不能在制品的指定部位析出晶体，从而影响装饰的预期效果，因此也不能成批成套生产。目前采用预放晶种的方法，即在施釉前或施釉后的坯体上，在预定的部位放置一定粒度的人工合成晶体，并使它在釉烧温度下不完全熔解而成为结晶中心。然后再控制烧成工艺，在析晶温度处保温，此时釉料基本上已完全熔化，而新的晶核又难以形成，所以成晶组分只能而且极容易就围绕着预放晶种结晶长大，从而克服了上述缺点。它可以达到晶花生长位置的人为控制，为生产出更美的艺术品打下基础。

硅酸锌晶种的制备方法是，将氧化锌 76.2%、氧化钛 9.5%、氧化镁 9.5% 与稻壳灰（含二氧化硅 90% 以上）4.8%，配比后入磨，混合均匀达到一定细度后，制成米粒大小的颗粒或 1.5mm 左右的细棒，预烧后备用。

对于流动性较大的釉可以用坯上埋晶种定位法，对于流动性较小的釉，可以用釉下或釉上点晶法。

① 坯上埋晶种定位法。坯体未施釉前在定位点用小刀垂直向下钻一小孔，其尺寸为直径0.15mm、深2mm，将粉状晶种垫满小孔内。然后用涂抹法施釉，釉层厚度控制在2～3mm即可。

② 釉下点晶法。坯体未施釉前，先将甘油与水按1:50混合均匀，然后放入少量粉状晶种混合湿润后，用毛笔蘸少量带甘油水的晶种，使它黏附在坯体上，点晶时避免晶种堆积，稍等片刻即用浸釉法上釉。

③ 釉上点晶法。坯体浸釉后，待干后用毛笔蘸少量带甘油水的晶种，使它黏附在欲定点的位置上，点晶时也要避免晶种堆积。

(4) 定型晶花

组成确定后，结晶花的形态主要是通过烧成工艺参数控制，尤其是析晶温度区间的保温温度和保温时间控制。主要有以下几种方法。

① 保温温度选择。保温温度决定花形状。根据美国戴安（Diane）的研究，在晶体生长阶段保温温度与晶花的形态有图7-8所示关系。即保温温度从高至低，晶花形态从棒状→带状→蝴蝶结状至花朵状依次变得完整、美观，在析晶区间较低的温度下保温，可以获得蒲公英等形态的结晶。

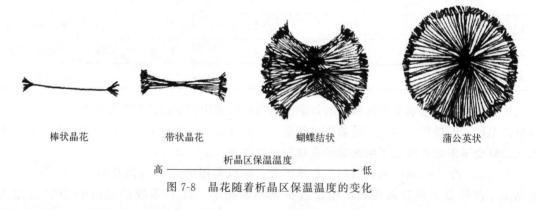

棒状晶花　　　　带状晶花　　　　蝴蝶结状　　　　蒲公英状

高 ——————— 析晶区保温温度 ——————→ 低

图7-8　晶花随着析晶区保温温度的变化

② 保温时间确定。保温时间决定晶花大小。保温时间可以在0.5～56h的区间内选择，甚至范围可以更大，一般随着保温时间的延长，晶花逐渐长大，硅酸锌结晶晶花可以达10mm左右。但有时保温时间过长，也可能造成晶花重叠或长出釉面而出现无光等缺陷。

③ 保温方式。保温的方式也影响晶花形态，如果采取反复数次的保温方式，就会造成圈圈环绕的晶花形状。

除上述方法外，也有加入结晶促进剂的方式。据戴安介绍在铁、锰等结晶物中加入1%以下的钼或镉或钨等元素，不仅能促进结晶的快速生长，而且可以获得特殊的艺术效果。

(5) 工艺特点

结晶釉在制备工艺方面有如下特殊要求。

① 结晶剂要在釉磨细后加入。混磨即可，以保证釉中有一定量的晶核存在。

② 釉层要厚，一般在1～1.5mm之间。结晶釉高温黏度小，为了减少流釉，可先在坯体上施一层黏度大的底釉。

③ 烧成是关键，要快烧慢冷。所谓快烧，是指在坯体安全条件下，尽量进行快速升温，且只要满足釉玻璃化完全的要求。高温保温时间尽量短，这样可以避免大量流釉及结晶剂熔融。所谓慢冷，是指在冷却过程中，应在最佳析晶区保温足够时间，再慢冷却。根据经验总结出"烤、升、平、突、降、保、冷"七字操作法，具体介绍如下。

烤——制品在低温阶段宜稍慢。

升——制品干燥、脱去结晶水后应尽可能快速升温。

平——接近釉料开始玻化时略加保温，以便釉和坯体中的物理化学反应进行得均匀，为下阶段快烧作准备。

突——尽可能快地提高到最高烧成温度。

降——快速降温至析晶保温温度。

保——在析晶温度平稳保温，使晶体充分发育。

冷——析晶完毕，在窑中自然降温，使制品冷却。

7.7.1.1　砂金釉

砂金釉是釉内结晶呈现金子光泽的细结晶的一种特殊釉，因其形状同自然界的砂金石相似而得名。砂金釉中的微晶体通常是 Fe_2O_3，但也有的为 Cr_2O_3 或铀酸钠。铁砂金釉中的微晶呈相互孤立像小金箔一样闪闪发光的单个薄片状晶体。微晶颜色视其粒度而异，最细的发黄色，最粗的发红色。结晶数量愈多则釉的透明性愈差。以 Fe_2O_3 为晶体的铁砂金釉，是在红色坯体上出现氧化铁结晶。而以 Cr_2O_3 为结晶体的铬砂金釉，晶粒更细小。前者有金星釉之称，而后者有猫眼釉之称。

按结晶剂的不同，金星釉又可分为铁金星、铬金星、铀金星、铬铁金星及铬铜金星等。

（1）铁金星釉

铁金星釉是铁硅酸盐结晶，它主要用于面砖及彩釉砖上，以增加建筑艺术效果。铁砂金釉中，Fe_2O_3 引入量较高（10%～30%），以求釉熔体对 Fe_2O_3 有过饱和特性。Al_2O_3 应尽可能低，以防止熔体高温黏度太大。$SiO≥0.4mol$ 时，有阻止微晶形成的不利影响。ZnO 对形成微晶不利，釉不引入 ZnO。PbO 能使铁金星釉外观更美丽，它提高铁金星釉的光亮度。铁金星釉通常制成熔块釉，但也有用生料釉的。表 7-15 是几种铁金星釉配方。

表 7-15　铁金星釉配方实例

序号	配　方	工　艺
1	釉料:熔块 64,石英 22,苏州土 5.2,Fe_2O_3 8.8 熔块:$BaCO_3$ 3.5,石英 42,Fe_2O_3 8.5,纯碱 3.5,硼砂 3.9,铅丹 3.5	1150～1180℃ 用非铁质坯熔块釉
2	石英 26.0,Fe_2O_3 2.0,钠长石 39.0,Cr_2O_3 0.7 石灰石 18.3,大同土 14.0	1280～1310℃ 用非铁质坯生料釉
3	石英 44.0,$BaCO_3$ 2.6,长石 1.4,KNO_3 3.7,烧硼砂 32.6,膨润土 1.0,Fe_2O_3 14.7	1020～1120℃
4	无水硼砂 13.5,Fe_2O_3 16.0,硼酸 4.1,石英 54.0,无水纯碱 7.2,高岭土 5.2	1160℃

（2）铬铜金星釉

铬铜金星釉是在黄绿以至深橄榄绿的釉面下，出现悬浮在透明玻璃基体中的许多互相孤立的极细小金粒，在入射光的照射下，闪耀着金光灿灿的光辉。

低温铬铜金星釉配方与工艺如下。

熔块配方：硼砂30％，石英30％，铅丹8％，石灰石6％，碳酸钡10％，氧化铜4％，重铬酸钾12％。

釉配方：熔块100份，苏州土6份。烧成温度：1100～1190℃。

综上所述，砂金釉釉层宜厚一些，但一般不超过2mm。釉层过薄时釉色向黑色方向转化，结晶也小。过厚则不仅易发生流釉与黏足缺陷，而且晶体易出现在釉层深处，效果差。砂金釉可以施在铁质坯体上，也可施在非铁质坯体上。铁质坯体有利于铁砂金釉析晶，但由于铁含量高的坯体，烧结温度低，烧结温度范围窄，对砂金釉的析晶温度控制不利。

砂金釉的烧成制度对析晶很关键。一般采用氧化焰烧成。升温时宜快速，熔块釉比生料釉有利。降温时，在进入析晶温度范围内宜缓慢冷却，甚至在某一温度下保温。一般在比釉熔化温度低50～80℃下保温。

7.7.1.2 微晶釉

釉组成中含有50％～95％微晶相，称其微晶釉，其名称来自微晶玻璃。由于其具有微晶玻璃的诸多优点，如比一般玻璃釉有更高的硬度、更好的耐磨耐腐蚀性等，近年来在建筑瓷面砖上得到应用，在日用瓷等方面的应用还在试制中。其制作方式有两种：一种是以熔块粉为釉料施于坯体，在一定的烧成制度下，使玻璃熔块粉晶化制成；另一种则是选择合适的釉料组成，直接通过烧成制度控制获得。

由于一般微晶釉有一定的乳浊性，因此，不适宜用于釉下贴花等釉下装饰。

7.7.1.3 铁红结晶釉

铁红结晶釉是棕褐色的釉面散布有橘红或大红色的晶花，随着组成和工艺条件的不同，有的会形成红色的花蕊周围金环包裹，有的釉底层中散布有大小不等的分相液滴或小气泡，类似水珠，随着入射光线角度改变水珠似乎也在转动，奇妙无比，也非常难得。

铁红釉是近期发展的一种新型朱红釉，如红色以斑点状出现，则称之为朱斑釉。它是在含碱和镁比较多的石灰釉中，添加11％～15％的氧化铁和同等数量的骨灰，于氧化焰或还原焰烧成的釉。氧化烧成的朱斑釉在棕色彩底上呈现出蚕豆大的橘红色斑块（红花），还原烧成时底色变黑，习惯上称之为铁红结晶釉。铁红结晶釉配方示例见表7-16。

表7-16 铁红结晶釉配方示例   单位：％（质量分数）

编号	长石	石英	Fe_2O_3	滑石粉	高岭土	骨灰	石灰石	烧成温度/℃
1	46	13	11	5	5	13	7	1200
2	35	25	8	12	10	8	氧化锡2	1300
3	40	15	12	13	5	15	—	1280
4	38	11	11	11	3	14	黄土12	1260～1280
定位结晶	晶种：颗粒状硅酸铁，面釉采用编号4的配方							1260～1280

7.7.2 无光釉

无光釉的表面对光反射不强烈，没有玻璃那样高的光泽度，只在平滑的表面上呈绢状、蜡状或玉石状的光泽。这种釉用在艺术陶瓷和建筑陶瓷上可以获得特殊的艺术效果。无光釉可用以下三种方法来制得。

① 降低釉烧温度或增加釉料中的 Al_2O_3 含量；

② 用稀氢氟酸溶液轻度腐蚀釉面；

③ 冷却时使透明釉析出微晶。

在实际生产中第一种与第三种方法采用比较多。在含有石灰石的无光釉中，所生成的微晶主要是钙长石或硅灰石。在加入含钡原料时，则微晶为钡长石。

控制普通光泽釉中各氧化物比例可以制得无光釉。减少 SiO_2，增加 Al_2O_3 可使釉无光。低温无光釉的铝硅比（物质的量比）为 1：3，高温无光釉为 1：6。也可以控制氧化物 $\left(\dfrac{2SiO_2+3B_2O_3}{RO+R_2O+3Al_2O_3}\right)$ 的各氧化率，高温无光釉氧化率为 4：3，低温无光釉为 3：2，而普通光泽釉为 4：1。无光釉的酸度系数应控制在 1～1.25 之间。例如光泽釉（$0.72CaO+0.28K_2O$）· $0.4Al_2O_3$ · $2.8SiO_2$，酸度系数为 1.27，变更组成为（$0.72CaO+0.28K_2O$）· $0.65Al_2O_3$ · $2.6SiO_2$，酸度系数为 1.13，即成无光釉。

在黏土多的陶瓷坯体与长石多的瓷器坯体上，形成无光釉的组成范围是不同的。因为坯体成分熔入釉中会改变釉层的组成。高温无光釉可用生料釉配成，低温无光釉常用熔块釉配制。向普通的光泽釉中加入少量的 $BaSO_4$ 可得到白色无光釉；加入 TiO_2 可得深浅不同的黄色无光釉；加入合成的钡长石、硅锌矿也可得到很好的无光釉；也可以用 RO 取代部分 Na_2O，以 MgO 取代部分 CaO 与 K_2O，或引入 ZnO 与 SnO_2 都可以获得无光釉。

冷却速度是制造无光釉的关键之一。一般采用缓慢冷却，可以使釉析晶而无光。冷却过快，会变成透明釉。无光釉中加入色料即成为无光色釉。

7.7.3　裂纹釉

裂纹釉又称碎纹釉、纹片釉、开片釉、龟裂釉等。它是由于胎、釉膨胀系数的差异在烧成后的冷却过程中自然形成的纹理，釉面龟裂本是釉之缺陷，然而，将其合理利用，又会形成一种很特别的装饰效果。釉面上的裂纹是陶瓷产品的一种缺陷，但是碎纹釉是人为地在釉中造成清晰的开裂纹样，使陶瓷产品具有独特的艺术效果。由于裂纹形态不一，其名也随之而异，如鱼子纹、百圾碎、冰裂纹、蟹爪纹等品种。最名贵的一种叫"金丝铁线"或"鳝爪纹"，它是在粗疏的黑色纹片中交织着细密的红、黄色裂纹，色调深、浅的裂纹相互衬托。宋代著名的哥窑、官窑、汝官窑皆因釉面裂纹而另有风韵，特别是哥窑器，是裂纹釉的代表作。过去，裂纹釉因釉面裂缝不易清洗干净而只能用于艺术观赏瓷，随着装饰技术的进步，现在，裂纹釉经施面釉、重烧等方法处理，亦可用于一些实用器皿的装饰。

釉料组成、釉层厚度和烧成制度对裂纹形态均有影响。当坯体组成一定时，釉具有高膨胀系数是形成裂纹釉的基础。减少釉中石英含量，增加碱金属氧化物的含量，釉料中石英颗粒的细度对釉裂的影响较明显。细颗粒石英易熔解于长石熔体中，降低釉膨胀系数，不易形成裂纹。若釉中未熔解的石英颗粒增多，转化成方石英的机会也多，易使釉面开片。釉层厚度对开裂与否起决定性作用，同样的釉，厚釉层较薄釉层易开裂。制造碎纹釉时，釉要厚一些，通常在 0.8～1.5mm 之间。为此，釉浆的相对密度要大，且采取多次施釉来保证釉层厚度。在烧成过程中，釉与坯反应形成中间层的状况、釉成分的挥发对釉裂均有影响。快速烧成时，釉与坯结合不牢固，中间层没有形成，则冷却时釉面易布满网状裂纹。若釉烧温度高，釉中低温熔剂挥发，以及釉熔解坯体中的 SiO_2 增多，会使釉的膨胀系数降低，釉面不易开裂。当烧成时间较短时，则烧成温度越高的坯体中残余石英量越少，生成方石英的机会也少，釉层中的压应力愈低，从而易于釉裂。若烧成时间长，坯体中石英剩余量虽少，但因冷却时间也长，方石英生成充分，坯体的膨胀系数大，对于组成一定的釉料来说尚不致出现裂纹。对陶器制品，素烧温度对釉裂比较敏感，降低素烧温度或缩短保温时间则釉易出现碎纹。

7.7.4　变色釉

又称异光变彩釉，一般色釉是异光同色的，即其颜色不因照射光源的波长而影响。变色釉则在不同光源照射下，釉面呈现不同的颜色，而且这种光敏特性是可逆的称为变色釉。

变色釉由二部分组成，即基础釉与专用的着色剂。基础釉为高级细瓷白釉釉料，着色剂是以钕、铈、铽、镨、钐、铕、镧、镝、钬等混合稀土氧化物，经过一定的工艺处理精制而成。然后按比例与基础釉一道配制成釉料，经施釉、干燥后入窑烧成，使它在高温下发生物理化学变化，生成一种新的固溶体。该固溶体在不同的光源照射激发下产生电子跃迁，出现能级差，使釉面呈现不同的颜色。变色釉采用稀土氧化物作着色剂，这是镧系元素的电子层结构比较特殊的缘故。它们具有 $5d^{0-1}6s^24f^x$ 型电子结构，随着镧系元素原子序数的增加，原子最外面二层电子层的排布几乎无变化，所增多的电子任意分布在 7 个 4f 轨道之间，使其电子能级与光谱线条多种多样，因而可在紫外、可见光以至红外区域内吸收与反射各种波长的辐射波，而呈现异光变色的效果。用混合稀土氧化物作着色剂的变色釉其表面反射率较强的波长为：410nm（紫）、440nm（蓝）、490nm（青绿）、550nm（绿）、610nm（橙）、650nm（红）、700nm（红）。

7.7.5　金属光泽釉

指釉面产生色调和光泽等外观类似某种金属表面的陶瓷光泽釉。如金光釉、银光釉、铜光釉、铜红色金属光泽釉等。金属光泽釉由于具有高雅、豪华、庄重的艺术效果，加上釉面化学稳定性好，不氧化，耐酸碱腐蚀性好，具有优良的实用性能，近年来越来越受到建筑陶瓷行业的重视，用其进行装饰的建筑陶瓷制品具有逼真的金属装饰效果。见图 7-9。

图 7-9　仿黄金金属光泽釉

早期以金水涂敷釉面，再经低温烤烧使其产生金色效果，但其金水是以贵重黄金或白金为原料，成本高且不能大面积使用。目前生产金属光泽釉的方法已多样化，并使一些较为廉价的代金材料得到应用，因而推动了此类装饰方法的盛行。

目前生产金属光泽釉的方法主要有以下几种。

（1）烧结法

使釉料含有过量的氧化物，如 MnO_2、TiO_2、PbO、CuO、NiO、Fe_2O_3、V_2O_5 等。在釉烧过程中，金属氧化物达到饱和状态，冷却时在釉表面析出金属，使釉面呈现金属光泽。

此法工艺简单，成本低，但结釉组成要求严，某些品种效果不够稳定。金属光泽釉作为一种特殊的结晶釉，由于其耐气候性和耐腐蚀性都很好，而且还可以形成十分逼真的金属质感光泽效果，具有很高的使用和欣赏价值，因此被广泛地应用于建筑陶瓷行业。

仿黄金金属光泽釉由 83.7％熔块外加 6.3％未素烧高岭土、10％发色剂组成。其熔块配方（质量分数）：石英 35.62％，高岭土 7.49％，碳酸钙 12.64％，碳酸钠 5.4％，铅丹 38.85％。在 $MnO_2/CuO=5$（质量比），发色剂中加入 TiO_2 后釉面光泽更好更鲜艳。TiO_2 占发色剂的百分含量在 8％～15％都能形成黄色金属光泽，其中占 15％时效果最好。随着 TiO_2 含量的继续增加，到 35％时，釉面银色金属光泽越来越多。NiO 占发色剂的百分含量在 5％～13％都能形成黄色金属光泽，其中占 11％时效果最好。在 1160～1200℃ 氧化焰烧成，冷却时 750℃ 范围需缓慢冷却可获得满意的效果。施釉厚度为 0.3～0.5mm 时可得较好的金属光泽。釉层薄，则釉面无光或者半无光。釉层太厚会使釉面成为无光黑色的表面而失去光泽。

（2）热喷涂法

在炽热的釉面（600～800℃）喷涂无机金属盐溶液或有机金属盐溶液，在高温的热分解作用下使釉表面形成一层金属膜。由于不同类型的金属氧化物而呈现不同的金属光泽，从而形成金属光泽釉装饰。

建筑陶瓷多采用此法，常在辊道窑的冷却带的高温段向窑内喷入无机或有机金属盐溶液，冷却后即可得到金属光泽釉的产品。

（3）低温镀膜法

在干净陶瓷釉面上涂覆一层金属盐溶液，涂覆时陶瓷制品应加热。干燥后在 600～800℃烤烧，制得金属氧化物薄膜产生金属光泽。各具优缺点，需依据生产规模、质量要求等选择。

（4）蒸镀法

此方法实际上是化学气相沉积（CVD）和物理气相沉积（PVD）工艺在陶瓷装饰上的应用。常见的镀膜物质是氮化钛。由于其具有与金膜相似的色彩，是目前陶瓷仿金装饰的重要材料之一。与金膜相比，具有硬度高，耐磨性、耐蚀性好，且膜层较薄，结合牢固等优点而受到广泛的重视。然而，此法需用较昂贵的真空镀膜设备，如真空蒸镀机、阳极溅射镀膜装置和离子涂敷设备等，以及新技术的掌握和对产品尺寸的限制等，致使该方法的应用面受到很大的限制。

仿金膜涂敷的具体工艺是在制品上先涂上烃氧基钛，再与氨反应，即形成氮化钛膜。该方法实际上属 CVD 工艺，但它不需要真空设备，沉积的工艺较简单。另一种工艺方法是首先将液态的四氯化钛和气态的氨反应，形成固态的 Ti-N-Cl 化合物，将它与陶瓷制品同置于加热区中加热，同时通入氨气，这样 Ti-N-Cl 固态化合物就会升华，形成氮化钛而沉积在陶瓷制品表面。尽管氮化钛可以用于一般陶瓷的装饰，但要使氮化钛膜色调纯正，也需较高的技术，从而也影响了它的广泛使用。电镀成本高，且电镀的金属表面层不耐磨，易氧化，因而限制了使用。

（5）火焰喷涂金属釉

用氧乙炔高温喷涂设备，将金属丝在喷出过程中熔化成雾状喷涂于瓷胎面，经打磨处理，成为金属釉层，从面呈现真实金属色。陶胎青铜器即是以此方法制成的。

（6）涂敷热解法

它是将金属或金属氧化物制成胶状液体，再涂敷于瓷釉面，经 750～830℃ 烧烤使釉面产生金属光泽。过去使用较多的是黄金水、白金水及各种电光水，近年来又发展了各种代金材料。下面简略介绍云母代金方面的研究。

日本和俄罗斯学者都曾介绍过用金云母或钛云母代金制造金色釉上彩的方法。日本水野英男等发明了在无铅熔块中加入超细云母制成的方法，其熔块组成（％）为：氧化铋 30.8、碳酸锂 3.3、碳酸钠 11.7、氢氧化铝 3.4、硼酸 13.7、石英 37.1。釉上金彩分上下两层，下层熔块多、云母少，上层熔块少、云母多。具体组成为：下层含熔块 100g、陶瓷红颜料 5g、钛云母 5g，加入胶后涂到釉面上，干后再涂上层，上层用钛云母 100g，熔块 0.5g，陶瓷红颜料 0.5g，加入松节油和亚麻子油制成彩料，在 650℃ 下彩烧。

俄罗斯建材研究院也是用金云母和白云母为主要原料制作仿金彩料。实例是：90％金云母，8％水玻璃，2％糊精构成的釉上彩，涂到陶瓷釉面上，经 150～200℃ 干燥，在 1000℃ 下烧成，即呈现金色效果，若用白云母则是银色效果。

7.7.6 乳浊釉

在透明釉中引入一定量的乳浊剂，由于其具有不溶性、重结晶或分相等作用而使釉层乳浊或失透，则成为乳浊釉。乳浊釉广泛应用于墙地砖及卫生陶瓷的生产中，以遮盖低质原料的坯料，提高釉面美观程度。

透明釉层中存在着密度与玻璃不同的微小晶粒、分相液滴或微小气泡时，入射到透明釉层中的光线遇到小于其波长的微粒，在微粒界面上由于光波的作用，其原子和离子成为以光波频率振动的偶极子，吸收光波能量的同时发生二次光辐射，使入射光的方向改变。在介质中光线由于偶极子光辐射或平面光波的漫反射使光线偏离入射方向的现象称为光的散射。

根据分类依据不同，乳浊釉可以分为表 7-17 所列的类型。生产中常用的主要是锆乳浊、锡乳浊和钛乳浊等。

表 7-17　乳浊釉的分类与特征

分类依据	种类	引起乳浊的特征
乳浊机理	原始晶粒乳浊釉	釉中引入的原始乳浊剂粒子
	析出晶粒乳浊釉	釉中乳浊剂熔解后再析出的乳浊剂粒子
	分相乳浊釉	乳浊剂熔解后在釉中分离出第二相液滴
	气相乳浊	釉层中存在微气泡

续表

分类依据	种类		引起乳浊的特征
乳浊程度	高乳浊釉		釉层对可见光的透过率<10%
	中乳浊釉		釉层对可见光的透过率=10%～20%
	低乳浊釉		釉层对可见光的透过率>20%
釉的颜色	乳白色		釉层为乳白色
	彩色乳白釉		釉层为彩色
乳浊釉种类	氧化物乳浊釉	锆釉	以锆英石或氧化锆为乳浊剂
		锡釉	以氧化锡和铅锡灰为乳浊剂
		钛釉	以氧化钛为乳浊剂的二次析出晶相乳浊
		氧化锌	以氧化锌为乳浊剂析出富锌液相乳浊
		铈釉	以二氧化铈作为乳浊剂
	氟化物乳浊釉		加入冰晶石、萤石、氟化钠、氟化硅钠使釉(仅作为辅助性)乳浊
	磷酸盐乳浊釉		加入骨灰、磷灰石、各种磷酸钙作乳浊剂(仅作辅助性乳浊)
	复合乳浊釉		加入两种以上乳浊剂的乳浊釉
使用或制造条件	按用途		分卫生瓷、釉面砖、炻器等
	按配料方式		熔块或生料乳浊釉
	按烧成条件		快烧、慢烧或一次、二次或高温、低温乳浊釉

7.7.7 偏光釉

偏光釉可从不同的角度观察到不同的颜色,从而形成一种丰富多彩的梦幻般的装饰效果,是一种新型的陶瓷釉装饰材料。

偏光釉的呈色机理是基于釉产生"视觉闪色效应",亦即随视角异色现象。实质是无机偏光材料,以其原始状态分布于偏光瓷釉中。即在釉中均匀分布着偏光材料的众多微小晶体,它们对光线的照射产生反射、吸收和干涉,从而产生独特的偏光效果。

釉料配方:熔块85%～90%,苏州土3%～5%,无机偏光材料5%～10%,陶瓷色料(外加)1%～5%,外加剂0.2%～0.3%。

工艺参数要求:釉料细度万孔筛筛余小于0.1%;釉浆浓度1.60～1.65g/cm²;喷釉压力0.40～0.50MPa;施釉厚度0.20～0.40kg/m²(干质量);釉烧温度850～900℃;烧成周期2～3h。

其影响因素有:

① 偏光材料的选择是偏光釉研制的关键之一,它必须能随视角产生异色现象,还能适合于在较高温度下烧成,又能抵抗釉熔体的侵蚀。

② 基础釉熔块有一定要求,以利于偏光材料在釉中的完好分布。一定的 SiO_2、Al_2O_3、K_2O、Na_2O、CaO、PbO、B_2O_3,有利于偏光效果的产生,釉料的碱性组分不宜过高,以免破坏偏光材料的表面晶体结构,降低甚至失去偏光效果。实验指出 $RO+R_2O<0.55$ 为宜。

③ 釉烧温度不宜过高,在850～900℃之间,取下限为好。

7.7.8 虹彩釉

虹彩釉是陶瓷釉面呈现多种颜色的幻彩或多色虹彩效果，或类银色或类不锈钢或类珍珠光泽等。虹彩是由于釉面析出结晶膜或晶体与玻璃折射率不同，从而形成光的干涉效应所致。虹彩釉绚丽斑斓，装饰性强，可用于装饰艺术瓷及建筑陶瓷，提高产品附加值。

虹彩釉的组成有铅-锌-钛系、铅-锌-锰系、钙-镁-铁系、硼熔块-铜系、锂-铅-锰-铜-镍系等几个体系。

① 铅-锌-钛系虹彩釉。以铅锌釉为基础釉，加入二氧化钛晶核及促进二氧化钛晶体生成的偏钒酸铵，就能形成金红石型二氧化钛针状晶体，由于其厚度很小，使光线产生了散射，故呈现了红、蓝、橙等虹彩现象。釉组成实验式如下所示。

$$\left.\begin{array}{l} 0.100\ K_2O \\ 0.037\ Na_2O \\ 0.013\ CaO \\ 0.017\ MgO \\ 0.365\ ZnO \\ 0.478\ PbO \end{array}\right\} \cdot \left.\begin{array}{l} 0.216\ Al_2O_3 \\ 0.002\ Fe_2O_3 \end{array}\right. \cdot \left\{\begin{array}{l} 0.250\ SiO_2 \\ 0.233\ TiO_2 \\ 0.043\ V_2O_5 \end{array}\right.$$

烧成温度 1250~1280℃。烧成制度对其影响很大。在烧成过程中须经二次保温，其中高温保温可获得优良的釉面质量。当降温至析晶区再行保温是形成虹彩釉的关键。具体工艺是在烧成温度下保温 20min，后以 10~20℃/min 的冷却速度冷至 1060℃，在此温度下保温 50min 后自然冷却，即可得到虹彩釉面。

② 钙-镁-铁系虹彩釉。在钙镁基础釉中加入氧化铁（8%）和稀土类氧化物，Nb_2O_3 5%，W_2O_3 3%在氧化气氛 1280℃烧成，可得到棕色底釉橙红色虹彩的釉面，适用于同温度下的各种坯料。釉组成式为

$$\left.\begin{array}{l} 0.32\ K_2O \\ 0.49\ CaO \\ 0.19\ MgO \end{array}\right\} \cdot 0.45\ Al_2O_3 \cdot 3.7\ SiO_2$$

③ 铅-锌-锰系虹彩釉。以高铅熔块、氧化锰、偏钒酸铵等组成，在釉中析出黑锰矿，成三角锥形分布在釉里，形成金、银、蓝、绿、褐色虹彩。配方化学组成如下所示（%）：SiO_2 35.91，Al_2O_3 7.50，Fe_2O_3 0.13，K_2O 1.88，Na_2O 4.97，CaO 1.56，MgO 1.04，ZnO 5.40，PbO 31.49，MnO_2 10.11，外加偏钒酸铵 6%。

釉料细度为 250 目筛筛余 0.08%~0.10%，氧化锰后加入磨好的釉中，以保证结晶剂的粒度。釉浆相对密度 1.25~1.35，施釉厚度 0.6~0.8mm，生坯、素烧坯均可使用。

最佳烧成温度 1180℃，高温保温 8~12min，析晶温度 850℃，析晶保温时间 25min，以弱氧化或中性气氛烧成为好。在铅-锌系的基础釉中，加入适量二氧化钛及析晶促进剂偏钒酸铵，在 1200~1250℃下氧化焰烧成，在 1100℃下保温 1.5h，可得到金黄色的虹彩效果。

④ 锂-铅-锰-铜-镍系虹彩釉。在锂铅锰的基础釉中加入氧化铜 2%，氧化镍 1%，于 1280℃氧化气氛下烧成，则在深黑棕釉上形成磨光铜器般的金色光泽虹彩。

7.8 新型功能釉

7.8.1 变色釉

变色釉主要指釉色在不同光源下呈现不同色调的瓷釉,其制备方法是:将合成好的硅酸钕型变色色料,引入到含硅酸较高的釉中,也可同时引入结晶剂,从而烧制出变色釉或变色结晶釉。

变色釉由基础釉加变色剂组成,色剂可以选择钕、铈、铽、镨、钐、铕、镧、镱、钬等混合或单一稀土氧化物为着色元素,与其他金属氧化物、非金属氧化物混合配制。由于钕元素的发色效果理想,所以通常以氧化钕作为变色剂。变色釉用钕变色色料有两种——铝酸钕与硅酸钕。硅酸钕可采用品位较低的富钕氧化物来合成,而铝酸钕色料必须用化学纯的氧化钕来合成。

色料配方如下:

A. 富钕氧化物 $60\% \sim 80\%$,石英粉 $20\% \sim 40\%$,硼砂 $5\% \sim 20\%$。

B. 氧化钕 50%,氧化铝 50%,外加硼砂 $8\% \sim 10\%$。

C. 氧化钕 74%,氧化铝 22%,H_3BO_3 4.3%,Cr_2O_3 0.1%。

D. 色料组成/%:Nd_2O_3 $45 \sim 55$,Pr_2O_3 $0 \sim 6.0$,Sm_2O_3 $0 \sim 6.0$,石英 $25 \sim 30$,硼砂 $10 \sim 12$,长石 $3 \sim 5$。

色料制备工艺为:配料→煅烧→粉碎→洗涤→烘干→过筛→备用。

熔块配方如表 7-18 所列。

表 7-18 熔块配方 单位:%(质量分数)

编号	配方
1#	长石 27,石英 28,钟乳石 9,丹铅 10,硼砂 26,外加锆英石 10
2#	长石 27,石英 32,钟乳石 9,丹铅 10,硼砂 21,外加锆英石 10
3#	长石 38,石英 20,方解石 7,小苏打 8,硼砂 14,碳酸锶 3,烧高岭土 10

变色釉通常以白釉或熔块釉作为基釉,示例配方如表 7-19 所列。

表 7-19 变色釉配方

编号	组成/%(质量分数)	烧成温度/℃	自然光色
1	1#熔块 90,苏州土 5,氧化锆 5,色料 A 10	1060	紫罗兰色
2	2#熔块 95,苏州土 5,色料 A 10	1060	紫罗兰色
3	长石 49,石英 25,软高岭土 15,滑石 10,方解石 1,色料 B 15	1320	紫罗兰色
4	3#熔块 95,苏州土 5,色料 C 10	1050	粉红色

D 色料中以 Nd_2O_3:Pr_2O_3:Sm_2O_3=10:1:1 配制,加入不同温度的基础釉中,均有更为理想的变色及着色效果,色料加入量以 14% 左右为宜。变色釉的制备工艺基本与其他颜色釉相同。

7.8.2 抗菌陶瓷釉

抗菌陶瓷是一种保护环境的新型功能材料，在保持陶瓷制品原有使用功能和装饰效果的同时，增加消毒杀菌及化学降解的功能，使其可抗菌、除臭、保健等，从而能够广泛用于卫生、医疗、家庭居室、民用或工业建筑，有着广阔的市场前景。

目前，有银系抗菌釉和钛系抗菌釉。生产抗菌陶瓷的主要方法有：①将抗菌剂直接引入釉料，一次烧成陶瓷抗菌釉面；②在底釉上喷涂抗菌釉层，中温一次或二次烧成；③在普通陶瓷器件的表面，涂敷抗菌薄膜，低温烤烧即可，此法有较好的抗菌效果，但制备方法复杂，牢固度差。

7.8.3 荧光釉

荧光釉是发光材料和陶瓷釉相结合生成的一种具有装饰和使用效果的陶瓷釉，装饰在陶瓷制品上，能在暗处或夜晚发出带颜色荧光。

铝酸盐体系、硅酸盐体系、硫化物-硫氧化物体系长余辉发光材料均可以很好地应用于陶瓷釉中，余辉性能优越。在陶瓷釉中应用较多的是传统磷光体中的 ZnS、新型磷光体中的 $SrAl_2O_4$。

荧光釉的制备工艺主要有以下三种。

① 将合成好的荧光基质、激活剂和基础釉料混合均匀，然后施釉烧成。

② 将已经合成好的含有激活剂的荧光粉和釉料混合均匀，然后施釉烧成。

③ 将所有原料按一定比例配好料，在烧成过程中自动形成可发光的荧光物质，从而达到荧光效果。

方法②的优点是可以选用专业厂家生产的荧光粉，有利于专业化，也是长余辉发光釉主要采用的制备形式。

7.8.4 自释釉

自释釉是坯体因配方的原因，在烧成过程中自然在表面形成釉层。自释釉陶瓷砖可用于装饰建筑的内外墙和地下通道，也可在食品和化学工业中作耐酸材料使用。自释釉的形成有两种方式。

① 以弱碱溶液作坯料的混合剂，如 $NaOH$ 和 Na_2CO_3，在干燥过程中含碱成分沿坯体厚度定向分布并绝大部分释于砖坯正面，因为碱是强溶剂，所以经烧成后制品表面就会形成性能不亚于传统玻璃状层面的釉层。釉层的出现是含碱成分与砖料硅酸盐基质相互作用的结果。

② 以特殊的坯体配方，使其在烧成温度下生成一定量的液相，并且液相在烧成过程中有部分迁移至胎体表面，从而形成适当厚度的釉层。该类瓷胎中可塑性料一般较少，可使用分布广泛且储量大的酸性火山玻璃岩如黑曜岩、松曹岩、凝灰岩、珍珠岩及其他一些火山岩为原料。

湖南陶瓷研究所以方法②开发的自释釉低温陶瓷，主要原料为硅灰石、黏土、钾长石及石英。化学组成为 75% 左右的 SiO_2，13% 左右的 Al_2O_3，12% 左右的 CaO，1% 左右的 K_2O，烧成温度 1200～1250℃，形成 90～170μm 厚的自释釉层。

7.8.5 自洁釉

自清洁材料有超疏水材料和超亲水材料两种。目前超疏水材料由于水珠分布不均匀，清洁不彻底，自洁作用比较有限；而超亲水材料是整个面成一个水膜在重力的作用下流下，同时由于其跟水的亲和能力比脏污的要强得多，水会自动渗到脏污下面，把脏污浮起，随水一起流下，因此自清洁效果优越于超疏水材料。2003 年 7 月 TOTO 新开发了陶器专用釉，用该釉装饰的卫生洁具舒适干净，易清洁，即便黏附脏物，只要经过简单清洁就能除掉而且闪闪发光。这种釉能在洁具表面形成离子隔离层，当污垢接触到壁的瞬间，离子力量即时发生反应，将其弹出。超越细微层次的超平滑表面，根除了容纳污垢的空隙，即使有污垢，也能被轻松冲掉，杜绝污垢黏附和黑斑产生。超平滑表层及由此产生的离子力量，在洁具表面形成隔离层，令污垢难以附着清洗更容易，洁净效果非同凡响。最近，笔者利用 $CaTi_2O_5$ 的亚稳性和独特的配方组成让其在釉中原位形成纳米晶 SiO_2/TiO_2，并使其均匀分散到釉表面及釉层中，所制备釉的综合性能明显高于目前市场卫生自清洁陶瓷产品的性能，尤其是在受外界因素如力、光、温度等的破坏下，该釉的自清洁性能并未衰减。

7.8.6 感光釉

感光釉是以成像原理将照片印于瓷面所用的感光油墨，一般由釉料、感光剂、增感剂及黏着悬浮作用的添加剂等组成。通过把底片制成胶片在感光釉面上曝光，再加热定像即可将照片成像于瓷面上。

7.8.7 免烧釉

免烧釉是用在工艺品及外墙砖体上的一种无毒、耐腐蚀、耐磨、耐擦洗、耐候性强的乳胶或乳液。一般以水溶性乳液或乳胶为好，有改性丙烯酸类、消化棉类等。免烧釉亦有透明、乳浊或无色、彩色之分。免烧釉与其专用色料或丙烯颜料配合使用，可得到比一般瓷釉更为丰富多彩的装饰效果。对瓷胎的要求是有一定吸水性、利于釉涂层的附着性、坯面平整光滑等。

7.8.8 珠光釉

以字面含义而论，珠光釉应是使釉面呈现珍珠般光泽的釉。然而，自云母钛珠光釉出现以来，其独特的珠光效果，使得这一名词成为云母钛珠光釉的专指。

珠光体主成分，选用人工合成云母，其化学式为 $KMg_3(Si_3Al_{10})F_2$，属单斜晶系，密度为 $2.889g/cm^3$，可在 1100℃下长期稳定，因为它具有高的耐温性，可适合釉烧温度在 1100℃以下釉面砖的要求。为了防止云母在高温下被釉中某些成分侵蚀产生分解，一方面在云母外可包膜二氧化钛的水合物，利用二氧化钛与云母折射率不同，具有高折射率的特性，使釉料产生珠光效果；另一方面在它外面再包膜二氧化锡水合物等难熔氧化物，可以阻止易熔的釉成分侵蚀云母钛基体，起到保护作用，使釉料冷却时，云母钛能重新析晶，并呈现珠光效应。

常用珠光釉是将云母钛珠光颜料加之特殊组成的熔块中制成釉料，施于釉面砖上，在低于 1100℃的釉烧温度下即可呈现柔软细腻的丝光状釉面。随着不同色料的加入能产生具有各种颜色烛光效果的釉面效果。

7.8.9　闪光釉

闪光釉是釉面对入射光有金属镜面般的反射效果，是近年才出现的新釉种。其银白镜亮的闪色效果，可以丝网印花或其他绘制图案形式装饰于白色瓷面，高雅、素净又不失华贵，与其他装饰综合使用，有画龙点睛之效。

观察闪光釉成品时，在一定的光入射角度下可看到金属般的反光，这种金属样反光与金属光泽釉的反光不同，它具有镜面反射的特征。

7.9　坯体装饰

7.9.1　色坯、斑点、绞胎

7.9.1.1　色坯

色坯是使陶瓷坯体整体着色的装饰方法，其着色机理可以看作着色离子与坯料中的 Al_2O_3 与 SiO_2 等形成着色的硅酸盐、铝硅酸盐。最后这些盐类与坯料成分结合成均匀带色体。

色坯常用天然着色黏土着色，也可以在白色的坯体中加入着色氧化物或陶瓷颜料。例如，红色颜料用氧化铁与锰红；黄色用锑黄、钒锆黄与铬钛黄；绿色用氧化铬；蓝色用氧化钴与钴铝锌蓝；棕色用氧化锰及铁铬氧化物混合物；黑色用铁、钴、锰、铬氧化物的混合物；等等。其加入量随着色能力的强弱与对色调深浅要求而异，一般外加 1%～10%，有时也可高达 15% 或低于 1%。

着色剂氧化物和陶瓷颜料的细度，以及它与坯料混合均匀性，直接影响色坯的装饰效果。当颜料细度不够与混合不均匀时，将引起着色不均匀，甚至表面出现"色斑"。通常是颜料与坯料一起进行湿法球磨粉碎，细度控制在万孔筛筛余 0.1%～0.5%，这样既可保证细度要求又能达到充分混合的作用。若所使用的颜料硬度大，应在使用前先将颜料单独细磨后再混入坯料中进行球磨，这样可以防止坯料过分细磨而影响坯料的其他工艺性能。

色坯装饰在建筑陶瓷上采用较多，而就日用陶瓷来说采用不多，因为要使制品外观着色并不需要将坯体整体带色，也可采取在石膏模型内壁先注上色泥，后注入泥浆的合并浇注成型来达到色坯的整体装饰效果。另外，采用化妆土或色釉装饰法，同样能达到制品外观带色，这样可以节约大量的颜料与降低成本。

7.9.1.2　斑点

斑点是将色泥通过造粒的方法与基料（常为白坯料）混合，经压制成型、干燥、烧成使坯体形成色斑的装饰方法。这种装饰使产品表面具有仿天然花岗岩效果，又称仿花岗岩。

就造粒的斑点而言，有大斑点（粒径 1～10mm）与普通斑点（粒径<1mm）之分。从装饰效果看，大斑点具有极佳的仿天然花岗岩的效果，而无天然花岗岩的放射性危害问题，作为建筑陶瓷的装饰深受广大消费者的喜欢。但是大斑点瓷质砖生产技术难度大，主要面临几个问题：一是造粒问题，这是大斑点造粒的核心技术；二是混合好的坯料运输，由于大、小颗粒粒径相差太大在输送与贮存时容易造成颗粒偏析现象；三是成型的布料，因大、小颗

粒流动性相差悬殊，导致布料不均或者偏析。

斑点坯料的制备可用混喷法（塔内混合）或粉料混合法（塔外混合）制备。

（1）喷雾塔混喷法

工艺流程：原料→配料→球磨→除铁过筛→喷雾干燥→计量泵供浆→混合器。

通过喷雾塔内色料喷枪配置的多少和调节色浆计量泵，可达到粉料按设定比例配色，可以是单色，也可以是多色。由于混喷生产时，色浆污染白色基础浆料，而且细小的色粒也均匀分布于白粉粒之中，使粉料中的色料不清晰，层次不分明，故现在很少采用此法生产。

（2）粉料混合法

工艺流程：原料→配料→球磨→除铁过筛→柱塞泵供浆→喷雾干燥→粉料罐。

基础白粉料与色粉料的水分、颗粒级配要相适应，两者掺和比例视装饰效果需要而定，一般为 10%～50%。也有用二种或三种色粒调配的，三种以上较为少用。色料加入基础浆料搅拌，而不是与基础原料进入球磨共同粉碎，色料的细度应全部通过 325 目筛，色料应加水搅拌成色浆后再加入到基础浆料池中，与基础浆料一起搅拌，搅拌时间不少于 2 小时。色粒粉料中的细粉应尽量少，过细粉末应重新回到浆池，以减小砖面的色痕缺陷。

大颗粒粉料除了单一颜色外，还可以由多种不同颜色的小色粒结成，或多种颜色层层包裹结成的大颗粒，颗粒外形有各种形态。大颗粒粉料制备方法有三种：流化床法、辊压制粒法、搅拌成球法。

① 流化床法。将喷雾干燥的基础白粉料送入振动流化床，在不断向前移动中，由喷淋嘴将色浆喷入处于"沸腾"状态的粉料中，黏结成大小不等的颗粒，经干燥过筛，获取大小适合的大颗粒。整个过程连续进行，生产效率高，但只能生产单色粒子，已很少使用。

② 辊压制粒法。把喷雾干燥的基础白粉料，与一种或多种色粉料按一定比例混合均匀，然后进入对辊成球机中，压制成 30～50mm 大小的腰形粉球，经打碎、过筛获得大小适合的大颗粒，此工艺把混合、辊压成球、打碎、过筛连成作业线，每小时产量可达 2～8 吨。

③ 搅拌成球法。一种方法是把基础的粉料和 1～3 种不同色的色粉料按比例放入圆盘中，通过多种形式的搅拌机构进行搅拌，边搅拌边喷洒少量的水，出料过筛获得大颗粒。另一种方法是将白粉料放入圆盘搅拌过程中，喷洒色浆搅拌成球后，再加入白粉料，搅拌成球，多次反复后达到层层包裹的效果。

色粒坯料成型时的布料有一次布料与二次布料之分。一次布料是将色粒坯料通过布料机构均匀地填充在模框中。二次布料是将白色基料先填充模框内，然后再次推料将粒料坯均匀填充模框。冲压成型是正打，即砖面向上，此方法可减少色坯料用量，但成型效率一般降低 50% 以上。大斑点坯体成型时，在布料过程中，由于大颗粒粉料在转移及刮料时往上表面移动，细颗粒料下沉，因此，砖坯正面应朝上。另外，还有电脑布料法，即布料由电脑按预先设定程序（布料图案纹样）进行布料，造成云状、大理石纹和各种花岗岩石纹样，效果极为逼真。常用色料与色坯料配方见表 7-20 与表 7-21。

表 7-20　常用色料

色料名称	成分	显色	最高烧成温度/℃
锰红	Mn-Al	粉红	1300

色料名称	成分	显色	最高烧成温度/℃
棕红	Fe-Si	红棕	1200
铬绿	Cr-Al	绿	1280
橘黄	Ti-Sb-Cr	橘黄	1250
普黑	Fe-Cr	灰黑	1280
艳黑	Fe-Cr-Co	灰黑	1300
钴蓝	Co-Al-Zn	蓝	1300
孔雀蓝	Co-Cr-Al	孔雀蓝	1300
孔雀绿	Co-Cr-Al	孔雀绿	1300
钒锆蓝	V-Zr-Si	青蓝	1300

表 7-21　常用色坯料配方

色坯料	配方/%(质量分数)	适用温度/℃
桃红色	基础白料 100,锰红 2~5	1200~1250
红棕色	基础白料 100,棕红 2~4	1180~1200
绿色	基础白料 100,氧化铬 0.5~2	1200~1230
绿色	基础白料 100,草绿 0.2~2	1200~1250
蓝色	基础白料 100,钴蓝 1~2	1200~1250
黄色	基础白料 100,橘黄 1~4	1200~1250
灰色	基础白料 100,艳黑 0.1~1	1200~1250
黑色	基础白料 100,普黑 2~4	1200~1250

7.9.1.3　绞胎

　　将二种以上不同色调的坯泥不均匀地掺合在一起成型,造成坯体出现不同色调的花纹达到装饰的效果称为绞胎(又称绞泥)。

　　将不同的颜料加入到坯料中,制成不同色调的可塑坯料,再把这几种颜色的坯料揉捏在一起,利用辘轳旋压成型或者手工拉坯成型,使坯体形成绞纹的装饰,干燥后施透明釉,釉烧即可。也有不施釉的制品。另外,也可在成型好的坯体上浸一层这样的泥浆形成绞泥纹。这种装饰方法多用于陶器制品。

7.9.2　镂空、刻花、堆雕

7.9.2.1　镂空

　　又称镂雕、透雕,是景德镇瓷区和广东枫溪产瓷区的传统陶瓷艺术品种。它是以镂空为主,结合圆雕、捏雕、堆雕等技法在陶瓷坯体上把装饰纹样雕通,再在上面黏贴花草或加彩的一种装饰方法。镂雕的造型和设计与一般陶瓷设计相同,但要特别注意纹样应互相连接,镂空的面积不宜过大,形状也不宜繁杂,多以弧形组成,一般多采用粒形、弧形或规则的几何形状,以免在坯胎烧成时变形。小型镂雕瓷的坯料一般采用日用瓷的坯料,大型镂雕瓷的坯泥必须含有足够的氧化铝和适当的熟料,以防变形,同时要求具有较高的可塑性。镂雕瓷用的注浆泥浆的含水率为 29%～30%，加入 0.5%～0.6% 的水玻璃电解后，泥浆经搅拌均匀后过 80～120 目筛用于注浆。镂雕产品一般都采用注浆方法成型，有些造型复杂的采用印坯方法成型。注浆成型的小件产品与日用瓷的注浆操作相同，大型产品则采取二个模型分别注浆，然后再进行粘接。为了防止干燥时的变形，在大件坯体脚下铺垫一层 1～2mm 厚的生滑石粉，以便坯体干燥收缩，坯体干燥至含水率为 20%～22% 时进行修坯。镂雕花纹的坯体有的采用干坯，有的采用湿坯。干坯应以坯体发白方可进行镂雕，而湿坯应在含水率为 14%～15% 进行镂雕。操作时进出刀要准确流畅，刀尖要保持与坯体垂直，运刀要迅速敏捷，用力要稳。双层镂雕应先完成内层坯体的镂雕和粘贴然后粘接上外层坯体，再雕通之。见图 7-10。

(a) 注浆成型后的坯体　　(b) 用小尖刀慢慢雕刻出坯体纹样　　(c) 在雕通完毕的坯体表面上寄贴人物图案

图 7-10　雕刻过程

镂雕制品有的施釉，有的不施釉。施釉的产品多采用喷雾施釉，釉浆相对密度为 1.5～1.65，烧成温度一般为 1250～1350℃。双层镂空则通过外层孔洞向内层加彩，然后彩外层，烤花温度 750～850℃。

7.9.2.2　刻花

刻花是我国陶瓷传统装饰方法之一。它是依照设计的稿样在坯体上用铁，竹制的刀、扦等工具刻画出装饰纹样，施透明釉烧成。这种装饰方法目前多用在陶器上，如江苏宜兴、重庆荣昌、安徽界首等地。它们保持和发展了传统的刻花装饰，而且具有独特的艺术风格。刻花通常用竹木、金属制成刻画工具，对坯泥进行刻花，刻花又分干坯刻花和湿坯刻花，对坯料性能要求与镂空要求相同。刻花有的施釉，有的不施釉。另外，色釉刻花是将刻花和颜色釉结合运用的一种装饰方法，它是把多种色釉按作者的设计要求，运用刻画纹样的不同部位，使画面层次鲜明，色调变化丰富，具有板画的效果。刻花的纹样和器型结合紧密，同时又和坯釉相联，立体感强，题材多半是花草、图案，也有书法篆刻，形象简练，线条刚健有力，手法灵活，具有朴素大方的特点。图 7-11 为刻花过程。

(a) 用铅笔在素坯表面勾画出纹样　　(b) 选用扁平刻刀以半插刀的方式刻画出纹样　　(c) 烧制后的刻画花

图 7-11　刻花过程

刻花是用工具直接在坯体上刻画，充分利用原材料，一般不需要其他装饰材料进行加工，因而具有节省材料、操作简便、成本低、便于生产等优点，在日用陶瓷和陈设陶瓷上均可装饰。在大生产中，目前有用模印的方法来代替手工制作的，也有将刻花与釉下彩结合应用的装饰。经过刻花的坯体，即可施釉烧成。有的将坯体先烧成涩胎，然后施低温釉再烤烧一次。

7.9.2.3 堆雕

堆雕是我国传统的陶瓷装饰方法之一，它是在坯体表面上，用笔蘸取和坯体同性质的泥浆或用泥料填堆出各种纹样，花纹凸出坯面，具有浮雕装饰效果，故又称凸雕、浮雕。堆雕可分为堆泥和堆釉两种。

(1) 堆泥 (堆花)

堆泥 (堆花) 是用泥浆或各种不同色泽的彩泥用手指或笔在坯体表面堆出各种浮雕状的纹样。它主要以拇指作为画笔，塑造出栩栩如生的各种树木花草、飞禽走兽、山川云石。形象具体，远近分明，层次清晰，具有粗犷奔放的民间风格。常用手法有搓、揿、拓、捺、印、划、贴印等。将所设计的图案画在纸上，用透明的赛璐珞板 (厚约 0.25mm) 覆在画稿上面，再用锋利的小刀，按纹样镂刻。要注意镂穿部分的连接，不要使局部的纹样掉落下来。将刻好镂空花纹的赛璐珞板覆于坯体表面，然后用拇指涂布彩色泥于镂空部分，揭去赛璐珞板后，坯上即获得与镂空部分相同的凸形花纹。菊花捏制过程如图 7-12 所示。

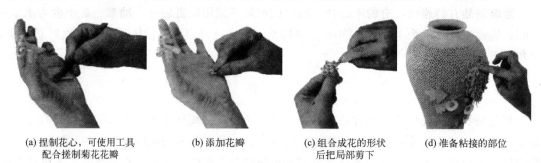

(a) 捏制花心，可使用工具　　　(b) 添加花瓣　　　(c) 组合成花的形状　　　(d) 准备粘接的部位
　　　配合搓制菊花花瓣　　　　　　　　　　　　　　　后把局部剪下

图 7-12　菊花捏制过程

(2) 堆釉

用毛笔蘸取白釉浆在施好色釉的坯体上堆填纹样，因釉料在高温烧成时会流动，故画面形象必须概括简练，同时釉质透明，可充分利用其特点来表现物体轻重、厚薄等不同质感，具有其他装饰方法所不及的特殊效果，堆釉在陶器上用得较少。手工堆釉效果虽然好，但生产效率低，目前大生产已采用特制的花纹模板将白釉浆转贴于坯体上，且往往和颜色釉结合运用，以增强装饰的色彩效果。其操作步骤是：

① 根据坯体造型进行画面设计，再用手工堆成浮雕纹样；

② 将乳胶液注进堆成的花纹，注满后将余浆液倒掉，这样反复三四次，达到所需要的厚度为止，待干燥后掀下修整即成乳胶模；

③ 将含水率为 23%～28% 的白釉浆，再加 1%～2% 纯净桃胶，抹入凹形纹样的乳胶花模中，洗净周围余釉后，将原用的色釉涂一笔作底釉，然后将乳胶模贴于已施底釉的坯体上，抹平后轻轻撕开乳胶花模即可。

7.9.3　化妆土

总体来说，化妆土是用一种或多种天然黏土，或由黏土、长石、石英为主并添加一些功能组分制成的白色或彩色泥浆，施敷于坯体表面用于掩盖坯体表面的不良颜色、缺陷，或粗糙及外露的有害物质，起到化妆的作用。化妆土一般为白色，也有特意添加着色剂或利用带色黏土制成彩色化妆土来装饰坯体表面的。以化妆土装饰，我国新石器彩陶上已有使用，唐宋时期磁州窑系的剔刻花、剔花填彩等更是将其用到了极致。公元前 3000 年的埃及陶器上有 0.5～2.5mm 厚的化妆土层，并能精巧地使用红、黑、白色化妆土。

化妆土的用途很广，从日用陶瓷器皿、陈设瓷到建筑卫生陶瓷都有使用。对建筑墙地砖和部分卫生陶瓷，为使表面完好并得到理想的颜色釉，常施一层化妆土或底釉，再上面釉。而在劈离砖和饰面瓦上常施一层玻璃化化妆土而不施釉。玻璃化化妆土可大量取代釉料，降低产品成本。

(1) 分类

化妆土一般分为两种，一种是在坯体上施好化妆土后再施釉，通常将此种化妆土称为釉底料或底釉，用于掩盖坯体中铁化合物的颜色，以提高釉面白度或颜色釉的呈色效果，通常选用烧后呈白色的黏土；另一种化妆土用于改变坯体的表面颜色和抗风化能力，在制品的表面施此种化妆土后，使产品形成类似某种天然矿物的表面，可以在化妆土层上剔划或描绘纹样作为装饰。

白化妆土一般是施于坯体后再施釉，用于掩盖坯体中铁、钛化合物的颜色，通常选用呈色较白的黏土制备，也有加入乳浊剂的。有色化妆土主要用于不施釉制品的表面装饰，如花盆、宜兴砂壶等。玻化化妆土用于改变坯体的表面颜色和抗风化能力等，在坯体的表面施此种化妆土后，使产品形成某种天然矿物的表面。其中有的类似釉，但组成依然是坯料形式，烧成后无色无光，也不改变坯体颜色，却能不吸水、不挂脏，如劈离砖和某些饰面瓦化妆土。

几种示例配方如表 7-22 所列。

表 7-22　不同坯体状态下化妆土配方示例

组成/%	温度范围/℃								
	940～1100			1100～1200			1200～1320		
	湿	干	素烧	湿	干	素烧	湿	干	素烧
优级高岭土	25	15	5	25	15	5	25	15	5
煅烧高岭土	—	20	20	—	20	20	—	20	20
球状黏土	25	15	15	25	15	15	25	15	15
长石	—	—	—	—	—	—	20	20	20
霞石正长岩	—	—	—	15	15	20	—	—	5
石英	20	20	20	20	20	20	20	20	20
滑石	5	5	15	5	5	5	—	—	—
锆英石	5	5	5	5	5	5	5	5	5
熔块	15	15	15	—	—	5	—	—	5
硼砂	5	5	5	5	5	5	5	5	5

（2）化妆土外加组分

① 填充剂。用石英作为填充剂以调配化妆土的收缩及热膨胀系数，并使化妆土有所要求的硬度。

② 硬化剂。为使化妆土干燥后更好地黏附于坯体表面，加入一些硼砂或碳酸钠，两者均为可溶性的，当施于坯体表面上的化妆土干后，它们移析到表面，形成较硬的薄膜以减少搬运损伤。也可以使用有机物黏结剂如甲基纤维素、树胶之类。

③ 失透剂。为提高化妆土的白度和掩盖能力，一般加入锆英砂作失透剂，也有加入氧化锡的，但价格昂贵。

④ 着色剂。化妆土可以采用任何用于釉料中的着色氧化物，不过要想使颜色和釉接近，着色氧化物的含量较引入釉中的要高一些。同时，也可将氧化物配合使用以得到多种颜色。也可把加入坯泥中的色剂加入化妆土中进行着色。

7.9.4 渗花

渗花是采用丝网印花等方法，借助可溶性着色剂渗入坯体中进行彩饰的方法。尽管受着色剂种类的局限，开发出的颜色还不够丰富，但在建筑陶瓷的瓷质砖生产中应用很广。

坯体渗花用液体色剂都是具有着色作用的可溶性盐类。渗花用的彩料是由色剂加一些辅助材料组成，可直接用于渗花装饰。通常对渗花色剂的要求是：具有着色作用的可溶性无机盐类；在高温烧成中呈色稳定；对干坯和丝网没有太大的腐蚀性。渗花色剂见表 7-23。渗花彩料是由色剂、稀释剂、增稠剂和渗透剂等辅助材料按一定的比例配制而成。渗花彩料常用辅助材料见表 7-24。

表 7-23 常用渗花色剂

原料名称	分子式	颜色	用量范围/%	显色效果
氯化钴	$CoCl_2 \cdot 6H_2O$	红色晶体	1～8	蓝色
硫酸钴	$CoSO_4 \cdot 7H_2O$	红色晶体	2～8	蓝色
硝酸钴	$Co(NO_3)_2 \cdot 6H_2O$	红色晶体	1～5	蓝色
硝酸镍	$Ni(NO_3)_2 \cdot 6H_2O$	青绿色晶体	5～20	黄褐色
氯化镍	$NiCl_2 \cdot 6H_2O$	绿色片状晶体	5～20	黄褐色
乙酸镍	$(CH_3COO)_2Ni \cdot 2H_2O$	绿色单斜晶体	5～20	黄褐色
氯化铜	$CuCl_2 \cdot 2H_2O$	绿色晶体	5～20	绿色
硫酸铜	$CuSO_4 \cdot 5H_2O$	蓝色晶体	5～20	绿色
硝酸铜	$Cu(NO_3)_2 \cdot 3H_2O$	蓝色晶体	5～20	青色
重铬酸钾	$K_2Cr_2O_7$	橙红色晶体	1～5	黄色
重铬酸铵	$(NH_4)_2Cr_2O_7$	黄色晶体	1～5	黄色
氯化金	$AuCl_3$	红色晶体	5～20	桃红色
氯化铂	$PtCl_4 \cdot 5H_2O$	红色晶体	5～20	灰黄色
硝酸铀	$UO_2(NO_3)_2 \cdot 6H_2O$	黄色晶体	5～20	黄色
氯化锰	$MnCl_2 \cdot 4H_2O$	玫瑰红晶体	5～20	红色
氯化铁	$FeCl_3 \cdot 6H_2O$	棕色晶体	2～10	棕褐色

表 7-24　渗花彩料常用辅助材料

序号	类别	材料名称
1	增稠剂	甘油、羧甲基纤维素、淀粉、阿拉伯树胶
2	稀释剂	水、工业酒精
3	渗透剂	表面活性材料的水溶液
4	其他	纯碱、氨水

　　渗花彩料应全部过 100 目筛，静置陈腐 12～24h。渗花彩料密度为 1.05～1.2g/cm³，流动性根据丝网和使用增稠剂种类而定。酸碱度一般控制在 pH＝6～8 的范围，以免损坏坯面，必要时可用纯碱或氨水加以调节。彩料不宜长期存放，尤其是色剂加入量较大的彩料，时间过长会出现析晶现象或水解变质，一般不超过 15 天。

　　渗花用砖坯有生坯和素烧坯两种，即一次烧成和二次烧成。采用素烧坯的二次烧成渗花工艺，其优点是渗花较深，砖坯破损少，边缘无裂纹，可以多次套色。渗花工艺参数及影响因素有以下几点。

　　① 坯体在保证有足够的生坯强度情况下，应有良好的渗水性能，因此尽量少用黏土，多用瘠性原料，必要时加入坯体增强剂。用于渗花工艺的砖坯的成型压强通常比普通瓷质砖低 3～5MPa，以增加空隙，提高渗透性。如采用素烧坯渗花效果会大大提高。

　　② 实际生产中，对一次渗花砖来说，坯体温度一般控制在 50～70℃内，坯体含水率＜0.2％。若温度过高，彩料在丝网上受热而使水分蒸发，黏度变大，彩料堵塞丝网，出现"黏网""花纹色泽不均"等缺陷。若温度过低，水分不易挥发，容易出现裂纹。

　　③ 对丝网孔径要求，视印制的图案纹样和生坯、素坯渗花工艺而定。生坯渗花宜用孔径为 0.280mm（60 目）～0.170mm（90 目）；而素坯渗花宜用孔径为 0.154mm（100 目）～0.125mm（120 目）；特别精细的图案宜用孔径为 0.11mm（140 目）。

　　④ 丝网印刷前的喷水是为了调整坯体温度和增加坯体润湿程度，以利彩料渗入。印花后的喷水是为了帮助彩料进一步渗入坯中，水量越大，渗入深度越深，但色剂在坯内厚度方向的浓度梯度变化也加大，而且坯体强度急剧下降，会造成坯体裂纹。如需加大喷水量时，可分二次喷水。一般喷水量为：印花前 60～120g/m²，印花后 200～300g/m²。为了增加渗入功能，也可在水中添加适量促渗剂。二次烧成渗花砖，素烧坯印花后喷水量为 400～500g/m²。

　　⑤ 渗花线上砖坯运行速度与喷水、印花等机构的布排位置也是影响渗花效果的重要因素。一般输送带速度 12～20m/min，以每次坯体刚好全部吸入所喷水量和彩料时，开始下一工序为原则。

　　⑥ 渗入深度以 2～2.5mm 为宜，渗入深度少于 1.5mm 时，抛光时易被磨去颜色，渗入太深也没有必要。

7.9.5　陶瓷墨水

7.9.5.1　国内外陶瓷墨水的研究现状

　　陶瓷喷墨打印技术的普及促进了传统色釉料生产企业的转型升级，在国产喷墨打印设备不断完善和改进的前提下，国内色釉料行业也迎来了一次技术革命。随着国产陶瓷墨水用量的不断增加，以及产品性能的不断改进，产品品质得到了很大的提升。对照国外墨水公司近几年的色卡，国产墨水的发色效果也在逐步完善，在技术服务、墨水价格等方面，国内墨水生产企业的优势已经超过了进口墨水供应商。另外，大孔径喷头、喷釉喷头的推出对于国产墨水企业也是一个发展良机。

国产墨水要与国外墨水竞争，除了价格优势外，国产墨水的安全性、稳定性、使用性能、发色等方面必须不断进步，从实质上达到或超过国外同类产品。建筑陶瓷功能化是传统建筑陶瓷产业升级的必由之路，利用喷墨技术将功能性的陶瓷墨水打印在陶瓷砖上，可以实现建筑陶瓷的个性化和功能化，并且大幅度提高产品的附加值。

2015 年 6 月，广东省地方标准《陶瓷装饰用溶剂型喷墨打印墨水》顺利通过专家组审定，在陶瓷喷墨墨水领域填补了国内空白。这是全国第一份陶瓷喷墨墨水的标准，该标准的制定为促进产业健康发展提供了保障，也为规范和提高陶瓷喷墨打印墨水生产技术提供了有力的技术支持。

目前，国内陶瓷墨水已研发 12～14 种，包括 7 种不同颜色。其中蓝色发色力最强，黄色发色力较弱，现有的黄色墨水带有绿色调。棕色居中，鲜艳的红色仍然很难达到，且白色墨水的白度也不高。此外，现有进入生产的组合陶瓷墨水一般为 3 色（蓝、棕、黄）、4 色（蓝、棕、黄、橘）、5 色及 6 色。

2014 年西班牙瓦伦西亚国际瓷砖卫浴展上，FERRO（西班牙）研发的水溶性墨水获得化工领域的阿尔法奖。水性墨水制备出的瓷砖产品色彩鲜艳、亮丽，引发了国际市场的广泛关注，水性陶瓷墨水的推出可能迎来喷墨技术的新一轮技术变革。

7.9.5.2　陶瓷墨水的技术创新路线

图 7-13 为陶瓷墨水产品技术创新路线图。

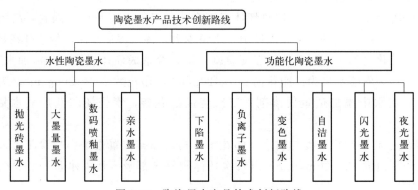

图 7-13　陶瓷墨水产品技术创新路线

喷印技术能大幅提高产品的仿真度和清晰度，增强产品的竞争力，助力企业抢占终端市场。未来的陶瓷墨水产品技术创新，主要集中在水性陶瓷墨水和功能化陶瓷墨水两大领域。

7.9.5.3　喷墨打印水性体系陶瓷墨水的技术创新

（1）抛光砖陶瓷墨水已实现中试生产

抛光砖墨水是最近研发成功并应用于抛光砖图案打印的墨水，可适用于表面强度高、耐磨性能好的抛光砖装饰。抛光砖墨水区别于釉面砖使用的墨水，但都是使用喷墨打印机将墨水喷印在抛光砖上，属于水性体系墨水。目前，已经成功上线应用，渗花深度达 3～4mm，总体效果趋于稳定，技术基本成熟。

喷墨抛光砖是指采用可溶性液体染色物作为发色体，通过喷墨打印技术，将图案打印到坯体表面，液体染色物渗入到坯体（或釉体）内部，经过高温烧成后，从而呈现出具有色彩的装饰图案。喷墨抛光砖的面世是墨水、喷头和设备联动创新的成果，抛光砖墨水需要专门的水性体系喷头和适应水性体系墨路的喷墨打印机。目前，已成功开发出灰、褐、蓝、灰绿、咖啡、黄绿、黑、白等颜色的墨水，开发的墨水扩散问题得到解决，能够很好地避免喷墨后墨水横向扩散，并且垂直渗透能力强，渗透深度达到 4mm 以上，抛光后渗透深度仍然有 2mm 以上，垂直渗透还得益于喷墨后喷特殊的助渗剂。

喷墨抛光砖与传统丝网印刷的亮点在于喷墨同时喷印，定位准确，不同颜色的发色因子相互叠加、均匀合理，可以在砖面得到浓淡相宜、颜色平缓过渡的版面效果，可实现平行和垂直的喷印。现在已经设计出鲜绿、鲜黄调的版面效果，其具有翡翠般的玉质感。未来喷墨抛光砖将具有质感、玉感、触感的效果，其设计空间将是无限的。另外，喷墨抛光砖的另一亮点在于设计模仿将难于抛釉砖，因为喷墨抛光砖的发色与坯体的配方关系密切，将有利于品牌的保护。表 7-25 给出了喷墨抛光砖的一些生产参数。

表 7-25　喷墨抛光砖的一些生产参数

喷墨量/(g/m²)	助剂用量/(g/m²)	坯温要求/℃	负压/kPa	渗透深度/mm
40～50	100～200	35～40	50～70	3～4

（2）大墨量水性陶瓷墨水

从现在喷墨产品来看，现有的油性墨水在生产浅色瓷砖上具有优势，而缺点在于难于发出大红、大紫、柠檬黄等图案比较鲜艳饱满的颜色，难以得到炫彩图案，一些大图案始终比不上辊筒印刷。而伴随着喷头的设计创新，喷墨量将达到 100～1000g/m²，喷墨量提升后，墨水的颗粒亦可进一步放大。如此大的喷墨量，需要水性体系的墨水进行配合，方可完全与釉料兼容，避免出现裂釉等缺陷，同时在环保上得到改善，也有利于仪器设备的清洗。

在国外，已经有水性体系的墨水在流通；在国内，2015 年广州陶瓷工业展上，也有水性体系的墨水展出，不过除了渗花墨水有应用样板外，其他的普通水性色料体系墨水未见应用样板展出。从目前的文献资料来看，装饰用的水性陶瓷墨水可供参考的研究性文献极少，其关键技术主要被掌握在少数西班牙陶瓷色釉料公司。在 2015 年广州陶瓷工业展上亦有一些进口助剂公司，如毕克化学等，相关水性助剂的展示也在一定程度上加速了水性墨水产品的研发力度和进度。在大墨量水性陶瓷墨水的工业应用配套方面，国外的喷墨打印用设备厂商，也一直在研究适用于大墨量墨水喷墨打印的喷头，详细参数如表 7-26 所示。

表 7-26　适用于大墨量墨水喷墨打印的喷头参数

名称	Xaar 1002 GS40	Xaar 1001
墨滴溶剂	40～160pl	20nl
喷孔数量/个	1000,2 行	16
喷孔密度(npi[①])	360	40/50
喷孔间距/μm	70.5	400
打印宽度/mm	70.5	10.5
喷射速度/(m/s)	5	2.5

名称	Xaar 1002 GS40	Xaar 1001
喷射频率/kHz	6	1
灰阶级别	5	—
墨水黏度/(mPa·s)	—	5~35
适应墨水种类	油性	水性

① 单一控制通道每英寸（25.4mm）上实际的喷孔数量用 npi（nozzles per inch）表示。

（3）喷釉喷墨一体化技术

数码喷釉墨水包括下陷釉、金属釉、闪光釉、哑光釉、白花釉、渗花釉等。喷釉通过特殊的陶瓷喷墨打印喷头将功能墨水、釉料直接通过喷头喷射到瓷砖表面，呈现立体感强的特殊装饰效果，如各种立体颗粒、凹凸纹理等。喷釉是陶瓷喷墨的发展趋势，目前的数码喷印设备发展的趋势是集喷墨喷釉于一体，喷釉与喷墨功能可在同一设备上灵活配合使用，可进行喷头的混搭、兼容，可支持使用不同品牌，墨水配置的多样性和对陶瓷色釉料的兼容性，以及强大的电脑软件管理系统的开发，为喷釉技术的实际应用提供了技术支持，带来无限可能。数码喷釉亦将在大规格板材方面具有优势，在国外工业展上曾展示出 5400mm × 1800mm 规格的大板，如此大规格的陶板，唯有喷釉技术才能进行施釉。所以，随着日后的大规格板材和薄板需求增多，喷釉技术能很好地配合特殊规格板材的生产。

（4）喷墨打印功能化陶瓷墨水的技术创新

功能墨水是指用于瓷砖的釉面表层，赋予瓷砖有益于人身体健康或有特殊效果、用于特定环境、特殊要求下的附加功能，是色料墨水成熟应用之后发展起来的陶瓷墨水新品。利用喷墨技术将功能性陶瓷墨水打印在陶瓷砖上，可以实现建筑陶瓷的个性化和功能化，顺应了国家政策和消费者的主流，对于陶瓷企业研制新产品，打造品牌具有十分重大的意义。

近年来，国内墨水企业专注于功能墨水的研发，并成功研发出负离子墨水、下陷墨水、爆花墨水、金属效果墨水、闪光墨水、自洁墨水、变色墨水等功能性墨水。目前，各大产区以及海外一些大型品牌企业已经应用功能墨水进行产品创新并取得了重大的成效。另外，一些适合我国国情的功能墨水，如负离子墨水，在国际上未见相关报道。

1）负离子功能墨水

负离子陶瓷墨水数码技术是指将负离子材料研制成陶瓷墨水并应用陶瓷喷墨机打印在陶瓷砖表面，经烧成后能够永久产生负离子的技术。具有成本低廉、不影响砖面图案效果、负离子发生量高、放射性达到 A 类合格水平、应用方便等优点。同时还具有普通油性墨水一样的使用性能，可直接在现有体系的喷头和工艺条件上应用。负离子砖产生的负离子可以净化空气，能让人精力充沛，提高人们的工作效率，在一些公共场所，如学校、医院、办公楼、养老院、娱乐场所等地方将能发挥很好的作用，有利于改善人们的健康。负离子墨水的技术指标如表 7-27 所示。负离子墨水数码喷印的参数如表 7-28 所示。

表 7-27　负离子墨水的技术指标

细度 D_{10}/μm	细度 D_{50}/μm	细度 D_{100}/μm	黏度(40℃)/(mPa·s)
大于 0.005	0.01~0.03	小于 1	20~30
表面张力/(mN/m)	相对密度	烧成温度/℃	打印发生量/[个/(s·cm²)]
25~35	1.20~1.30	1000~1200	大于 1500

表 7-28　负离子墨水数码喷印的参数

喷头负压/kPa	喷印方式	喷印用量/(g/m²)	喷印灰度
6～85	全喷	3～5	20～40

2) 变色功能墨水

变色功能墨水是将稀土元素的发光特性充分应用在陶瓷喷墨墨水中, 利用稀土独特的光学性能作为着色或助色原料。近些年来, 稀土在高级建筑装饰材料和艺术陶瓷、日用瓷等方面的应用越来越广泛, 能够达到一些传统色料不能达到的效果。使用稀土原料烧制成的陶瓷是采用一般着色剂的产品难以比拟的, 其色泽艳丽、柔润、均匀, 如橘黄、娇黄、浅蓝、银灰、紫色等玲珑精美, 且独有的变色和发光效果更是精绝。随着照射光线强弱的不同而变化的各种颜色异彩纷呈、瑰丽多姿。变色功能墨水喷印在陶瓷砖表面经烧结后, 由于稀土氧化物谱线繁多, 其在可见光区具有多个明显狭窄吸收峰, 在不同光照下能呈现出不同的色彩, 其中以钕稀土为变色材料的墨水在日光灯下呈现出蓝色色彩, 而在弱光下呈现出粉红调的色彩。变色功能墨水经过对粉体进行改性, 墨水具有良好的使用稳定性和高温呈色稳定性, 墨水适应现在市面上流行的各种喷头和喷墨设备。变色功能墨水的技术指标如表 7-29 所示。

表 7-29　变色功能墨水的技术指标

细度 D_{50}/μm	黏度(40℃)/(mPa·s)	表面张力/(mN/m)	相对密度
0.1～0.3	20～30	25～35	1.25～1.35

3) 下陷功能墨水

下陷墨水是使用在高温条件下能够产生溶蚀效果的材料制得的墨水, 其下陷效果深浅可调节, 下陷线条宽度可减小到 1mm 以下。达到相同的瓷砖图案, 相比下陷釉节省至少 50% 的用量。烧成温度范围广, 在 1000～1200℃ 之间的范围均可, 一次烧、二次烧墙地砖均可。墨水不会影响砖面色彩的发色, 其表现的立体、简洁、高贵的效果, 是新一轮开发新产品高峰的首选科技产品。目前, 已在一些知名陶瓷品牌厂家应用, 在开发抛釉砖类、墙纸类产品和一些小地砖产品上效果明显, 形成异彩纷呈的图案, 图案逼真, 市场反馈很好, 下陷功能墨水开启 3D 打印新时代。下陷墨水的技术指标如表 7-30 所示。

表 7-30　下陷墨水的技术指标

细度 D_{50}/μm	黏度(40℃)/(mPa·s)	表面张力/(mN/m)	相对密度
0.1～0.3	20～30	25～35	1.30～1.40
烧成温度/℃	喷头负压/kPa	烧成呈色	下陷线条宽度/mm
1000～1200	70～85	无色	0.5～3(可调)

4) 自洁功能墨水

随着居住要求不断提高, 人们对生态环境的重视程度也越来越高, 致力于利用自然条件和人工手段来创造一个更舒适、健康的生活环境, 同时又要控制自然资源的使用, 保持建筑外观的美丽洁净。自洁陶瓷在日本已得到大量的应用, 其主要原理是瓷砖表面有一层经高温烧成后能够使得瓷砖表面细腻光亮平滑的材料, 即憎水材料, 从而使得污垢极难附着在瓷砖表面上, 非常容易清洁。一个很简单的检测方法可以对比喷印了自洁墨水的瓷片砖与普通瓷片砖的自洁效果, 即在砖面上倒 100g 左右的水, 然后用嘴吹砖面的水，将会发现具有自洁效果的砖能够使得水很容易流动，而普通的亮面砖很难使得水流动。所以，对于外墙砖和应用在厨房、卫生间的瓷砖就具有很好的清洁效果。自洁功能墨水是使用特殊材料制得的陶瓷墨水，经喷墨打印后均匀施在陶瓷砖表面上。自洁功能墨水的技术指标如表 7-31 所示。

表 7-31　自洁功能墨水的技术指标

细度 D_{50}/μm	黏度(40℃)/(mPa·s)	表面张力/(mN/m)	相对密度
0.1~0.3	20~30	25~35	1.20~1.30

5）其他功能墨水

① 闪光墨水开启喷墨打印金碧辉煌时代，喷印在瓷砖釉面，高温烧成后析出矿物晶体而使釉面强烈反光。

② 金属墨水点石成金，打造陶瓷中的土豪金，墨水喷印在瓷砖釉面上，有金属般的光泽，有金色、黄色、黑色、银灰色等系列。

③ 夜光墨水喷印在瓷砖表面后经烧成，瓷砖在黑暗的条件下能够发光。

④ 银离子和二氧化钛材料能起到抗菌杀菌的作用，所以把一些银离子和二氧化钛材料制作成墨水喷印在瓷砖表面，使得瓷砖具有抗菌杀菌的效果。

⑤ 除此之外，还有一些珠光效果的墨水，可喷大墨量的亲水釉料墨水，使得瓷砖表面具有凹凸效果的憎水墨水，可黏颗粒的胶水墨水，等等。

综观国内外喷墨技术的现状与发展，喷头、设备与墨水创新不断，并且创新空间仍然巨大，陶瓷墨水的创新将驱动建筑陶瓷产品的转型升级。目前，陶瓷墨水朝着水性体系和功能化两大创新技术方向发展。水性陶瓷墨水又将细分为抛光砖墨水和大墨量墨水，而功能墨水又包括具有环境友好型的负离子功能、抗菌杀菌功能、自洁功能、防静电功能等功能和特殊装饰效果功能的下陷 3D 效果、贵金属效果、闪光效果等墨水。陶瓷墨水的创新，将促进五位一体釉线技术，实现施釉＋炫彩＋装饰＋功能＋喷釉为一体的釉线装饰材料墨水化，使得建筑陶瓷更具个性化、功能化、艺术化，成为美化人居环境的首选建材。

7.10　釉料、颜料中铅、镉离子的溶出

用于装饰陶瓷产品的低温釉料及彩料中，常引入含铅、镉等重要离子的原料。施这类釉料及彩料的餐具，在使用时与食物长期接触，则铅、镉等重金属离子会不同程度地溶解在酸性食品中，当这些溶出离子进入人体内会影响身体健康。因此，世界各国对于接触食物的日用器皿均要求控制其溶出的数量。我国对日用陶瓷制品铅、镉溶出量的限制列于表 7-32。

在国家标准 GB 4806.4—2016 中规定，铅、镉溶出量测定的条件为：釉面或画面在 4%（体积分数）乙酸溶液中，温度为（22±2）℃，浸泡 24h±20min，萃取陶瓷制品表面溶出的铅和镉，用原子吸收分光光度计进行测定。

4%乙酸（体积分数）：取 40mL 密度为 $1.05g/cm^3$ 的冰乙酸用蒸馏水稀释至 1000mL（使用时配制）。

扁平制品/空心制品的溶出量以从萃取液中测得铅、镉的浓度（mg/L）表示。

陶瓷器：用于与食物接触的陶瓷制品，例如，瓷器、炻器、有釉和无釉陶器。

扁平制品：从制品内部最低水平面至口沿水平面的深度小于或等于 25mm 的陶瓷器。

空心制品：从制品内部最低水平面至口沿水平面的深度大于 25mm 的陶瓷制品。

大空心制品：容积大于或等于 1.1L 且小于 3L。

小空心制品（杯类除外）：容积小于 1.1L。

表 7-32　与食物接触的陶瓷制品铅、镉溶出量允许极限（GB 4806.4—2016）

陶瓷器类型	铅≤	镉≤
扁平制品	0.8mg/dm²	0.07mg/dm²
小空心制品（杯类除外）	2.0mg/L	0.30mg/L
大空心制品	1.0mg/L	0.25mg/L

7.10.1　溶出原因

7.10.1.1　铅的溶出

含铅的釉料及釉上颜料常用的熔剂，其化学组成多属于 $PbO\text{-}SiO_2$、$PbO\text{-}B_2O_3\text{-}SiO_2$ 或 $R_2O(RO)\text{-}PbO\text{-}B_2O_3\text{-}SiO_2$ 系统。烧成后它们形成含铅的低熔点玻璃。这种玻璃受到酸液作用时，Pb^{2+} 会从玻璃的硅氧网络上脱落，可用下列反应式表示。

$$\begin{array}{c} Pb \\ O \quad O \\ Si \quad\quad Si \end{array} + 2H^+ \longrightarrow \begin{array}{c} OH \quad HO \\ Si \quad\quad Si \end{array} + Pb^{2+}$$

由于 Si—O 的单键强度大（443.5kJ/mol），而 Pb—O 的单键强度低（150.6kJ/mol），所以酸液能将 Pb—O 键打断，使网络上的 Pb^{2+} 游离，溶入溶液中。在含碱的系统中，K—O 和 Na—O 的键结合力比 Pb—O 更弱，因此碱离子比铅离子更容易被酸溶出。这样在网络上留下空位，成为铅溶出的通道，使 Pb^{2+} 继续溶出。由此可见，釉及颜料在酸性介质中溶出的离子不仅是铅，而且还有其他离子，后者对铅的溶出是有影响的。

此外，釉及溶剂的耐酸能力实质上是其玻璃结构网络稳定性的反映，网络愈紧密则其耐酸能力愈强。例如在含硼的釉料或溶剂中，硼常以 $[BO_4]$ 四面体和 $[BO_3]$ 三角体状态存在，而且二者会随釉或熔剂组成的不同而互相转变。$[BO_4]$ 可以和 $[SiO_4]$ 构成复合的玻璃网络，使结构趋向致密，因而化学稳定性强，铅溶出量低。而 $[BO_3]$ 在玻璃体中呈链状或层状结构与 $[SiO_4]$ 相连，链力较弱，结构疏松，会使釉或熔剂的化学稳定性变弱，铅溶出量大。因此含硼的釉料和熔剂，希望其硼离子尽量呈四配位状态存在。

7.10.1.2　镉的溶出

含镉较多的釉料主要为镉硒红釉，它以硫硒化镉 Cd(S,Se) 固溶体为着色剂所组成。含镉较多的颜料主要以硫化镉作着色剂的镉黄。它们溶出的方式是相似的。

文献报道，镉釉表面存在两种相：一种为玻璃相，除其他碱性成分外，还含铅和少量镉；另一种为硫化镉或硫硒化镉晶体。在使用和试验过程中，晶相受光-氧作用会变成可溶性硫酸盐。在黑暗条件下，镉和铅一样，都是由玻璃相中溶出，而在光线照射下，还由晶体中产生，溶出量取决于对光线的敏感性。因此，在光照的条件下，镉的溶出量是黑暗条件下的若干倍。镉硒红釉在釉烧时，部分 Cd(S,Se) 晶体溶解于釉玻璃中，部分挥发（CdS 和 CdSe 的挥发温度分别为 980℃ 和 688℃），在强氧化气氛下还会生成气态 SO_2 及 SeO_2。这样使釉面上出现微孔，成为镉、铅溶出的通道。

7.10.2 溶出量的影响因素

对铅、镉溶出量的影响因素有釉的化学组成与结构、颜料与色剂本身的稳定性及有关制造工艺、彩烧的工艺制度和测试条件等。

7.10.2.1 釉的化学组成与结构

许多文献报道，降低铅、镉溶出量，单纯地减少釉及溶剂中的铅、镉含量是不全面的。它主要取决于釉的化学组成、玻璃网络结构、阳离子的极化、键强和溶解度等因素。

① [SiO₄] 四面体构成釉玻璃连续的网络结构。釉中 SiO_2 含量愈多，则 [SiO₄] 的相对数量也越多。由于 Si—O 单键强度大，因而使玻璃体的化学稳定性好。此外，SiO_2 多则 [SiO₄] 四面体包围 Pb^{2+} 及 R^+ 愈紧密，更加降低其在水中或酸性介质中的溶解度。

② 釉与颜料在受到酸性介质的作用时，溶出的不仅仅是 Pb^{2+}、Cd^{2+}，还有其他离子，而其他离子的溶出又会影响 Pb^{2+}、Cd^{2+} 的溶出；另一方面 PbO 是极化率高的氧化物，在一定条件下也可以成为玻璃形成体。在 $Na_2O\text{-}PbO\text{-}SiO_2$ 系统中，随着 PbO 含量增加，玻璃结构紧密，表现为化学稳定性强，溶出量低。而在 $K_2O\text{-}PbO\text{-}SiO_2$ 系统中，K_2O 为网络体外氧化物又有反极化作用，会破坏玻璃的紧密性，纵使 PbO 含量不增多，也会使铅溶出量增加。

③ 多数情况下 Al_2O_3 的引入有利于减少铅釉及含铅熔块的重金属溶出。Al^{3+} 在铅釉及低温熔剂中有两种配位。当 Al/K+Na≤1 时，易形成硅酸盐网络骨架。Al^{3+} 进入硅酸盐骨架四配体位硅的位置，电荷不需碱金属来补偿，因此网络骨架结构最强，Si—O—Si 桥键的弯曲振动最弱。当 Al/K+Na>1 时，部分 Al^{3+} 可能进入六配位的状态，削解了 Si—O—Si 桥键的强度，故六配位铝不如四配位铝稳定。另外，引入铝量多时，虽也可促进与增强四面体网络形成，但必须有 K^+、Na^+ 电荷补偿才能发生。若 K^+、Na^+ 溶出，则四面体网格上的 [AlO₄] 电荷失去平衡，最易受到侵蚀，使铅溶出量增大。

④ 在铅釉和含铅熔剂中 R_2O 均是调节剂，充填于四面体网络空隙中。大量 R^+ 会破坏玻璃网络。比较起来，K^+ 的离子半径较大（约 0.13nm），与网络中 [SiO₄] 四面体束缚力小些，而 Na^+ 离子半径为 0.095nm，与网络束缚力较大。加之 K^+ 在溶液中的扩散系数较大，$D_k^+ = 2×10^{-8} \sim 1×10^{-6} cm^2/s$，因而 K^+ 易为酸液溶解。由此可见，单独引入碱金属氧化物使釉或熔剂铅溶出量增大的顺序为 $K_2O > Na_2O > Li_2O$，引入碱土金属氧化物时，也是离子半径大的愈使铅易于溶出，其顺序为 $Ba^{2+} > Sr^{2+} > Ca^{2+} > Mg^{2+}$。

⑤ 釉中加入 ZrO_4、TiO_4、SnO_4 等乳浊剂不会增大铅溶出量，有时还会降低。因为这些氧化物能形成四面体 [MeO₄] 进入玻璃网络，加固硅氧网络，使玻璃体更为稳定。

⑥ 将着色氧化物或合成的色剂引入釉中时，它们对铅溶出量的关系和基础釉的组成、釉烧制度有关。有的情况下无影响，有的会增多溶出量。国际铅锌研究机构（The International Lead and Zinc Study Group，ILZSG）的研究结果认为：对釉烧范围为 1000～1160℃ 的铅釉来说，Cr_2O_3、Co_3O_4、Fe_2O_3、MnO_2、$ZrO_2 \cdot SiO_2$ 和 Pb-Sb 黄、Cr-Al 红、Sn-Sb 灰、Co-Cr-Fe 黑的采用对釉的铅溶出量无影响，均可以配成低于允许溶出量的釉料，但若将 2％CuO 加入到 1024℃烧成的铅釉中，则铅溶出量为基础釉的若干倍至十倍。

7.10.2.2　生产工艺因素与铅溶出量的关系

陶瓷的生产工艺过程是很繁杂的，其中除釉的组成、结构外，还有釉层厚度、釉与坯之间的相互作用、烧成时间、温度和气氛等工艺因素都会对铅釉形成后，它在酸性溶液中浸泡时铅的可溶性产生影响。这些工艺因素与铅溶出量的关系可归纳成如下几点。

① 画面的设计。釉上彩画面的安排与铅溶出量的关系是密切的，这涉及画面面积与器皿容量的比例、纹样的安排、颜色的采用、装饰工艺的选择等。实践表明，同一花面贴在不同大小的瓷碟上，所测出的铅溶出量差异很大（图 7-14），大容量器皿上的溶出量较小容量器皿低。也就是说，容量大的器皿要配用占产品面积较小的花面。釉上喷彩的溶出量较高，往往超出限定值。

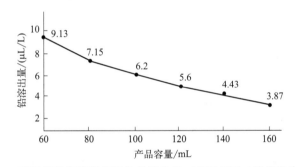

图 7-14　不同容量瓷碟彩烧后的铅溶出量（花面相同、彩烧温度相同）

② 釉层厚度。一般来说，釉层愈厚则铅溶量愈大。这可从坯、釉的反应来解释。薄釉层和坯体作用后溶解较多的 SiO_2、Al_2O_3，使铅溶出量降低。虽然厚釉层也会和坯作用，但所溶解的 SiO_2、Al_2O_3 尚不致影响釉的溶出量到如此明显的程度。

③ 颜料的质量。从铅溶出量来说，我国釉上颜料铅溶出量过高，颜料质量不稳定。若用这类装饰产品，彩烧后铅溶出量会超过规定值。

④ 烧成工艺。适当高的烧成温度和较长的烧成时间均可以提高釉面的耐酸性能，从而降低了铅、镉溶出量。这可能是在高温下，长时间的烧成从坯体溶入更多的耐酸性的氧化物，从而使釉的耐酸性增强。唐山陶瓷研究所将画面花纸在不同温度下彩烧，测得其铅溶出量数值如表 7-33 所示。

表 7-33　烧成温度对铅溶出量数值的影响

编号	彩烧温度/℃	铅溶出量/（mg/kg）
1	700	111.4
2	750	83.7
3	780	15.8
4	810	1.7
5	850	1.27

由此可见，适当提高彩烧温度使窑内温度均匀达到800℃以上可以降低铅溶出量到限定要求以下。

产品码装和装窑密度对铅、镉溶出量也有直接影响，这主要是与窑内温度的均匀性及铅的挥发有关。采取稀码和加强窑内通风，及时将铅蒸气排出窑外，对降低铅、镉溶出量效果明显。

7.10.2.3 降低铅、镉溶出量的方法

① 选用耐酸性的颜料、花纸与熔剂，希望采用色剂及熔剂的耐酸性均高的颜料。尖晶石类色剂、硅酸锆系色剂的耐酸性较高。通过调整熔剂的组成可获得铅溶出量低的颜料。采用含铋的无铅色剂印成的花纸。选用高温快烧釉中彩的装饰方法。

② 恰当画面设计，包括安排画面大小与产品容量的比例，选用装饰方法与花样，确定用色的深浅。一般来说，改进画面设计，用色边、边花与花朵结合，色调清淡的冷色也可达到降低铅、镉的溶出量。

③ 改进彩烧工艺，适当提高彩烧温度及延长彩烧时间可降低铅溶出量。加强窑内通风、控制装窑密度、注意装窑方法，可降低铅的溶出。在大容积的窑中彩烧时，将盘、碟类内表面贴花或彩绘的产品码在顶部，下部可装杯、碗类外表面贴花或彩绘的产品。产品的复烧也可降低铅溶出量，但不经济，且复烧时容易使产品上的金边减薄或断缺。大件产品复烧时易出现裂纹。

④ 蒸汽处理，在彩烧过程中，喷入水蒸气可大幅度降低彩瓷的铅、镉溶出量。其原理在于水蒸气与硅酸盐类物质进行反应，生成硅氧凝胶，在产品表面形成薄膜，从而提高其表面的耐酸性能。

⑤ 化学处理。将彩烧后铅溶出量高的产品放入酸类溶液中浸泡后，可使溶出量明显降低。实践表明，不同的酸所溶解的铅量是不同的。对于同一花面、同一大小的产品，在酸的浓度固定的条件下，用不同酸处理后，铅溶出量大小的顺序为：硝酸＞硫酸＞盐酸＞柠檬酸＞乙酸＞草酸＞碳酸。应注意这个方法对釉面光泽和色彩的影响。

思考题

1. 釉上彩、釉下彩、釉中彩各自有什么特点？
2. 如何避免釉料、颜料中铅、镉离子的溶出？
3. 无光釉的制备方法有哪几种？
4. 陶瓷颜料按照化学组成与矿相类型可分为哪几类？并简述其各自特点。
5. 如果想做透明颜色釉，从配方组成、工艺和着色剂角度来分析，应采取什么样的措施来制备？

第8章

陶瓷制品缺陷及其分析

导读： 本章主要包括日用陶瓷制品缺陷分析、墙地砖制品缺陷分析和卫生陶瓷制品缺陷分析三个主要内容。通过本章内容的学习，了解日用陶瓷变形、开裂原因及解决方法和流釉、落渣等缺陷；了解墙地砖色差成因及解决方法和釉裂等缺陷成因及解决方法；并对卫生陶瓷开裂、缩釉原因及其解决方法有所了解和掌握。

陶瓷工艺生产过程非常复杂，因此常会使陶瓷产生各种缺陷，现将不同陶瓷制品缺陷的名称、现象、产生原因及其改进方法进行简单论述。

8.1 日用陶瓷制品缺陷分析

陶瓷生产过程中常见的缺陷有几十种，其中各种缺陷的中英文缩语对照表见附录1，高档日用陶瓷应达到五无（无斑点、无落渣、无擦伤、无针孔、无色脏）、一小（变形小）、一低（铅、镉溶出量低）、三光滑（釉面光滑、花面光滑、毛口或底足光滑）。附录2是不同日用陶瓷产品合格等级标准划分（GB/T 3532—2022）。

变形：制品呈现不符合规定设计的形状，是最常见、最主要的缺陷之一，几乎在生产全过程中的所有工序都有可能引起变形。

日用陶瓷变形的表征有多种，最常见的有边沿下垂、收口、三角变形、多角变形、塌坯、凹凸底、厚薄不匀、嘴耳把歪、盖身不合等。

产生原因如下。

① 因操作不当，接嘴、耳、把时对位不正；
② 切削不当，造成嘴、耳、把歪斜；
③ 嘴、耳、把设计不当；
④ 嘴、耳、把取模时过湿或托饼不平不正；
⑤ 接头泥配方助熔剂过多，使嘴、耳、把向下位移。

8.2 墙地砖制品缺陷分析

8.2.1 裂纹

裂纹按其出现的形式分为横裂、直裂、角裂、中间面裂和底裂五种。按裂纹产生的原因可分为机械裂纹和热应力裂纹两种。机械裂纹是机械应力过于集中而造成的缺陷，此种裂纹较长容易破损；热应力裂纹是排湿或升温过程过快或者不均而引起的应力集中所导致的裂纹。

8.2.2 夹层（起层、层裂、分层）

砖面上起泡严重的情况下，产品出现两层或多层现象，或者无法成型。在实际生产中，夹层的存在会使压机有效压制次数减少，损耗增大，产品内在和外观质量降低。

（1）产生原因

① 坯料中使用的软质黏土量过多。

② 粉料含水率太低或太高，成型时排气不畅。

③ 粉料陈腐时间不足，水分不均匀。

④ 粉料颗粒级配不合理，细粉过多。

⑤ 压机施过急或模具配合不当，粉料中的气体未能排出。

（2）解决方法

① 在保证坯体有足够强度的情况下，减少软质黏土的用量。

② 调整并控制好粉料的水分（一般为 7% 左右）。

③ 保证粉料有足够的闷料时间（1～3 天），使粉料水分均匀。

④ 调整并控制好粉料的颗粒级配（直径为 0.2～0.8mm 的颗粒在 80% 以上，直径为 0.16mm 的颗粒在 8% 以下为宜）。

⑤ 调整压机的冲压频率和施压制度以适应粉料的性能（冲压次数以小规格砖 16 次/min 左右，大规格砖 8 次/min 左右为宜）。

⑥ 改善上下模具的配合。

8.2.3 缺花

渗花砖有时出现局部无花的现象称为缺花。产生原因有：

① 抛光返抛，抛光深度过深；

② 产品变形大；

③ 花釉少、渗透不好、花釉结晶；

④ 施水量不够，花釉渗透不够深；

⑤ 花网、刮刀调节不好，未及时添加花釉，未及时擦网，未及时更换花网。

8.2.4 尺寸误差

砖坯所有的边长均与标准尺寸不符，整体偏大或偏小。瓷砖烧后产品的尺寸超过允许范围称为尺寸偏差，常见的尺寸偏差缺陷有大小头、厚度偏差、缩腰凸腰等。

大小头：产品某两端尺寸有明显差异，使砖面四边失去其平行度而变成梯形。

厚度偏差：产品偏厚、偏薄或一边厚一边薄呈楔形。

缩腰凸腰：产品某两平行边的中间部分凹进（缩腰）或凸出（凸腰）。

产生原因如下。

1）高塑性原料用量过多，干燥与烧成收缩过大，使产品尺寸难以控制，从而造成产品尺寸偏差。

2）矿物原料成分波动过大，造成坯料组成的改变，从而影响其收缩，导致产品尺寸偏差。

3）坯料中石英含量过多，易导致产品尺寸整体偏大。

4）坯用色料的加入，改变了坯体烧成温度，导致产品尺寸偏差。

5）原料细磨工艺对砖坯尺寸的影响。球磨参数（球磨时料、球、水比及球磨时间）有波动，造成坯料颗粒有时粗有时细，从而导致产品尺寸偏差；球磨时间过长，球磨介质磨损量过大，导致坯料成分变化，从而使产品产生尺寸偏差，如球磨介质为燧石质（SiO_2），则坯料中 SiO_2 含量增加，使产品尺寸增大。

6）粉料性能对砖坯尺寸的影响。粉料干湿不均匀，使坯体各部位收缩不一，导致产品尺寸偏差；粉料颗粒产生偏析分离，即粉料密度不均匀，使成型后坯体各部位致密度不均匀，使烧成时坯体各部位收缩也不均匀，从而导致产品尺寸偏差。

7）成型对砖坯尺寸的影响。

压制成型是造成砖坯尺寸偏差的主要因素，成型工艺产生这些缺陷的原因主要有推料器问题、压机问题、模具问题等。

① 推料器问题。主要是指推料器结构、布料形式和位置设定以及运动速度、振动频率、振幅的调节等问题。而且，推料器问题不仅仅指推料器本身，还包括原料临时储存的料斗和它前面的给料输送带等。推料器的结构指的是推料器盛料处隔栅内栅板的构造和排列问题，内栅板的构造和排列不合理，容易造成填料不均，即不同模腔内填料多少不同或相同模腔内不同部位填料多少不同，这样成型出来的坯体烧成后便出现大规格砖大小头、长条砖长短不一、小规格砖的尺寸不规整等一系列的缺陷。此外，刮料板应平直光滑，以保证填料均匀。料斗供给推料器的原料要适量，否则会导致填料不均匀。推料器运动速度通常使其前进速度大、后退速度小，以避免填料时出现模腔中粉料量前少后多的不均情况。推料器位置设定不当，易使砖坯出现大小头缺陷。推料太前，则产品出现前大后小的大小头；推料器太后，则产品出现前小后大的大小头。推料器振幅设定应与所成型砖坯尺寸和模具形式相适应，振幅小易产生鼓腰，振幅大易造成缩腰。

② 压机问题。压机问题有压机性能与制造精度、成型压力的控制、成型速度的调节、下模的上升时刻和脱模时机的设定等，还包括砖坯取出机和砖坯输送带等。

压机性能和制造精度，是指压机上冲头的下平面与压机下模安装平台的上平面的平行度误差。压机平行度误差大，将导致各部位压力不一，使不同砖坯或同一砖坯不同部位的密度与强度不同，烧成后，产品便出现尺寸不规整、大小头、鼓腰、缩腰等一系列的缺陷。压机成型压力大小应根据不同规格产品而定，否则会使产品尺寸整体偏大或偏小。下模的上升时刻主要是影响推料器填料的均匀性。模框上升时刻过早，产品便呈前小后大；模框上升时刻太迟，产品便呈前大后小。

③ 模具问题。模具问题包括模具的加工制造质量问题和模具的使用与安装问题。其中模具的加工制造质量问题主要有模具硬度问题、光洁度问题、配合间隙问题、尺寸误差问题、平行度问题。

模具材料硬度低，则模具表面易磨损或变形，使模腔内填料不均，从而造成产品尺寸偏差、大小头等一系列缺陷。模具的尺寸误差问题很多，但对产品尺寸影响较大的是上模芯厚薄误差问题。上模芯过厚过薄或厚薄不均都会导致产品尺寸偏差。平行度问题是指上模芯工作面与下模芯工作面的平行度差，成型的产品易出现大小头、鼓腰、缩腰、弯扭等缺陷。

模具在安装、使用中应注意上模芯工作面对下模芯工作面的平行度，以免成型产品产生尺寸偏差。另外，模具使用时的加热温度要适当，以免模框变形。

8）烧成工艺对产品尺寸的影响。

① 窑内存在水平温差，导致产品大小头。

② 烧成周期波动，产品尺寸整体偏大或偏小。

③ 窑底有堆积破坯，其蓄热导致窑内局部温差，使产品产生尺寸偏差。

改善砖坯尺寸偏差的措施如下。

① 坯料配方组成中，尽量控制高塑性（收缩大）原料的加入，同时控制石英的加入量。

② 严格执行原料入厂检验标准，以控制其成分在较小范围波动。

③ 对玻化砖来讲，对不同颜色的产品，可适当调整模具尺寸或烧成温度，以保证产品尺寸一致。

④ 坯料制备各工艺参数要严格控制，尤其是泥浆细度，应控制在较小范围内。

⑤ 注意球磨介质磨损给坯料增加的石英量，如石英质球石磨损较大，配料时可酌情减少坯料配方中石英的加入量（通常减少 2%）。

⑥ 控制好粉料的含水率及颗粒级配，并注意粉料陈腐时间，做到成型时粉料水分分布均匀，颗粒级配适宜。

⑦ 制定各相应成型参数，并严格执行之。对成型设备及模具加强维修保养，不合格模具应及时更换。

⑧ 烧成周期与温度应严守一致。

⑨ 及时清理窑内辊底积坯。

8.2.5 变形

分为上翘和下弯两种，其主要原因有配方组成、辊棒变形、后期变形、抛光等，变形不能完全解决。

（1）产生原因

① 坯釉膨胀系数不匹配。

② 坯料中可塑性原料用量过多。

③ 坯料的颗粒过细。

④ 粉料陈腐时间不足，水分不均匀。

⑤ 成型时布料或施压不均，使坯体密度不一致。

⑥ 坯件在干燥或烧成过程中受热不均匀，使其内外或上下表面收缩不一致。

⑦ 承载坯件的垫板、辊子、匣钵等变形或有黏附物。

⑧ 窑内辊棒不圆滑或辊棒间不平整。

⑨ 辊棒间距过大，与坯件的规格不匹配。

⑩ 烧成温度过高或窑内压力不合理。

（2）解决方法

① 调整坯釉配方，使之与膨胀系数相匹配。

② 减少坯料中可塑原料的用量，以减少坯体的收缩率（吸水率＜0.5％的制品总收缩率控制在 8％以下；吸水率为 3％～6％的制品控制在 6％以下；二次烧成釉面砖控制在 0.5％以下；一次烧成釉面砖控制在 0.9％以下为宜）。

③ 适当增大坯料的颗粒。

④ 保证粉料有足够的陈腐时间。

⑤ 调整推料框栅格结构和压机动作，使推料框与下模的动作匹配，达到布料均匀。

⑥ 大规格砖可采用等静压模具，使坯体受力均匀。

⑦ 更换变形较大的垫板、辊子和匣钵并及时清理黏附物。

⑧ 采用辊棒间距小的窑炉烧成或缩小辊棒的间距，尽量使辊棒在同一水平面。

⑨ 调整并严格控制坯件干燥制度、坯体的烧成曲线和压力，减少同一截面的温差。

8.2.6　色差

是指同一块砖或同一批砖出现的颜色上的差别，影响装饰效果。色差又分为两类：两批或两块砖之间的色差和单块砖上的色差。导致色差产生的原因也是多种多样，原料、坯料成型和烧成等环节控制不好都会产生色差。

8.2.7　釉面缺陷

在瓷砖产品中，釉料为附着于瓷胎的玻璃物质，在烧成与后期阶段经常发生一系列釉缺陷，从而直接降低产品质量，导致废品率上升，影响到企业的经济效益，是多年来令人挠头的问题。通常釉缺陷原因表现如下：玻璃釉形成反应不完全、窑炉烧成条件不良、烧成中曾出现过不良的釉应力扩散、烧成操作不适当、工艺卫生与生产环境状况不良等。釉缺陷的种类较多，其中有剥釉、釉泡、麻釉、斑点等，都是瓷砖生产企业期待解决的技术问题。

(1) 剥釉

在瓷砖产品中，当釉与坯体处在适当的压应力条件下时，呈现为机械稳定状态。釉的压力是烧成冷却时坯体的收缩大于釉的收缩形成的。若坯体的收缩超过釉太多，而且坯体本身不能承受该压力时，即会发生剥釉缺陷。我们日常看到许多低档的瓷砖产品包括伪劣产品，釉面掉块即属于剥釉缺陷。剥釉常出现于边缘或明显的弯曲面部位。釉从坯体脱落或剥落，通常是沿着中间层进行，或者开裂的边缘重叠进入临近的釉中，当釉产生的压力大于其下面坯体的强度时就会产生剥釉的缺陷，不过，强度很大的瓷坯如玻化瓷坯较少出现剥釉趋向。因此适时提高烧成温度，促进多孔坯基体形成较大的玻璃结合层，就会大大减少剥釉缺陷，提高产品的实物质量。近年来建陶产品与卫生陶瓷制品已经实现质地瓷质化，加之熔块釉的推广，釉剥落现象已大量减少。

(2) 釉疤与针孔

瓷砖釉面的凹陷与针孔是釉泡破裂后形成的痕迹。如果釉料熔融过早很容易形成阻挡层使气体无法排出，形成釉疤与针孔缺陷。针孔指最大直径小于 2 毫米的小孔眼，凹痕亦称釉疤，是由于大气泡破裂后釉液的流动变慢已无法填充造成的，产品在生烧及过烧时都会造成釉的凹陷，当釉面被针孔和釉疤完全破坏时，形成如蛋壳或橘皮类的外观，解决的方法是增大或减小釉的黏度。具体的措施为：检查与控制好熔块的质量；注意熔块料内是否存在未完全熔融成分，如釉料内是否有粗颗粒原料，是否由于熔块熔融温度太低使熔块夹生。

（3）釉泡

瓷砖的玻璃釉和熔块原料在烧成玻化过程中产生大量的气体，其中一部分被溶解，一部则以不同尺寸大气泡存在，形成釉泡缺陷。瓷砖釉料中几乎含有不同程度的气泡。但这些气泡的数量少且尺寸很小，有的则直径大于釉的厚度。许多轻微的气泡并不影响釉面质量，尚在容许范围内。按照国际陶瓷产品质量要求，属明显型的釉面气泡及针孔者均在贸易限制范围内。形成釉泡的气体必须在工艺生产中予以处理。在烧成方面，瓷砖进行低温快烧时，结晶水水蒸气容易迅速陷入已封闭的釉层内形成釉泡。比如某些结晶水的水蒸气直到 900℃ 时才被释放干净，而此前有些釉已经开始软化，排除不尽的水分即形成釉泡缺陷。此外，产品的釉层厚度、釉面的表面张力、釉熔融后的高温黏度及釉料的总体选配等，都会对釉泡的形成产生影响。

（4）釉裂

瓷砖的釉裂亦称釉龟裂，属于釉内细微裂纹网络的缺陷形式，此类裂纹极易从釉坯界面扩散到釉表面，釉龟裂通常集中于釉厚部位，某些裂纹因太细不易发觉。瓷砖产品中，龟裂严重损害制品外观，降低产品的性能，尤其易造成产品的后期吸湿膨胀，导致釉面起翘。釉龟裂分前期或后期。前期龟裂是开窑后即发生开裂现象。后期开裂亦称二次龟裂，属于坯吸湿膨胀的龟裂缺陷。如果在配料中加入适量的滑石，可降低吸湿膨胀，也不会影响气孔率。滑石有助于微量石英转化成方石英，方石英的存在会增加坯体的热膨胀系数，提高釉的受压程度，因此能提高产品的抗龟裂性。

（5）麻釉

此种缺陷能够用手摸到与肉眼看到。釉面常出现粗糙的外观，以放大镜可看出未融原料的颗粒。造成此缺陷的原因主要有以下几个方面：某些釉料的组织成分入磨后易沾在磨口未受到细粉碎，仍是粗颗粒，如果采取有效过筛工艺，可解决此问题；黏土类原料入釉浆前宜先细粉碎一下，避免其和可溶性盐物料形成胶皮状；调整釉浆流动性时必须重新过筛与除铁；釉料作悬浮状存放时，应避免外来灰尘污染；厂方工作与维修时的气体排放均会携带灰尘，这需要注意，因为灰尘也是造成麻釉缺陷的主因之一；釉料的长期贮存地点温度不要太高，气温的升高也会造成气泡的大量产生，而气泡是形成麻釉的直接原因之一。

（6）斑点

瓷砖产品中的异色斑点比较普遍，大多数斑点呈现黑色，尤其是浅色制品出现黑色斑点时，等于为产品宣判死刑。透明釉中的白色斑点也是缺陷，如出现在乳浊釉中倒也无大妨碍，但在釉最厚处及釉过烧时出现的斑点却很明显。建陶产品出现斑点的原因，主要是形成斑点的成分或原料，在熔块或釉内出现不熔性，尤其是铁等物质最容易形成黑色斑点缺陷。克服的方法是采用高强高磁除铁设备，多次进行除铁操作。特别是黏土原料，含铁矿物成分很高，但如通过釉浆除铁法即可将绝大部分的铁除掉，不过还须防止釉浆在使用过程的再次铁污染。特别注意来自球磨粉碎与釉料贮存过程的杂质污染。除了铁之外，铝制金属作釉料加工器具时，磨损下来的颗粒属非磁性而难以去除，也会形成斑点缺陷。乳浊釉中的白斑是由乳浊剂分散不均匀造成的，透明釉中的各类白斑是由石灰球颗粒造成的。在烧成时各种粉尘颗粒很可能通过循环风机或其他途径传播至辊道窑内的坯体上形成斑点。

(7) 其他缺陷

其他缺陷如缺釉、缩釉、落脏、飞沙、熔洞、釉缕等。釉缕是指釉面砖垂直于淋釉方向有条弧形的釉隆起。

8.2.8　吸湿膨胀性

指多孔陶瓷制品暴露在潮湿空气、水中或吸收可溶性盐类，干燥后因其胎体不可逆膨胀，甚至使制品釉面出现裂纹（后期龟裂）。主要是由于胎体不致密，吸湿膨胀大，坯料配方、化学组成不合理所致。砖铺贴后水泥砂浆凝结时发生收缩，砖吸水后产生膨胀。

8.2.9　阴阳色

产品左右或前后颜色不一致，调换方向有色差。主要原因有刮刀、花网高度调节不一致；施水不均匀，窑炉出现左右温差，气氛差，网版本身设计存在阴阳色，抛光深度不一致；砖坯氧化不好。

8.2.10　针孔

砖面有圆点状小孔。正常情况下所有产品都存在针孔，但过多则成为针孔缺陷。针孔产生的原因主要是原料中的有机物、可分解盐类在烧成过程中产生 CO_2、SO_2，在排除过程中留下排气通道，经高温通道表面逐渐封闭，经抛光后封闭在内部的气孔打开，称之为针孔。产品如高温情况下残留气体逐渐聚集，形成较大针孔。氧化不好的情况下，气体产生时间滞后，在表面封闭前气体残留较多，造成针孔较多。针孔无法彻底消除，因此，抛光砖产品需要进行防污处理。

8.2.11　露底

微粉产品底部粉料颜色显露，原因为：a. 抛光深度过深；b. 布料不好；c. 粉料性能影响。瓷片常见的"透底"质量缺陷成因为：釉面砖铺贴时，有时水泥浆或其他液体污物会透过砖底，造成产品变黑而出现色差。

8.2.12　黑心

指砖坯中间呈现不同颜色。由于砖坯中含有大量有机物和碳酸盐类分解物，这些物质必须在砖坯出现液相前充分氧化分解，窑炉烧成时必须给砖坯足够的氧化时间。原料含有机物过多、配方烧失量大、成型压力过大、进入烧成段过早、预热温度低、砖坯水分过高等都会造成黑心。

8.2.13　龟裂

龟裂分为前期龟裂和后期龟裂。a. 前期龟裂：如果坯釉之间的膨胀系数匹配不当，在烧成冷却阶段往往引起热应力的破坏作用，釉层在张应力超过其抗张强度时，便产生釉面裂纹，甚至使坯体开裂。b. 后期龟裂：固釉层应力性质改变，导致延期产生釉面龟裂的现象（主要与坯体的吸湿率有关）。

8.3　卫生陶瓷制品缺陷分析

8.3.1　斑点

铜斑：斑点是绿色，绿点中心色泽较深，一个或几个独立存在，直径一般在 2~5mm 之间。

铁斑：斑点是黑色或棕褐色，在釉面分布不均，直径一般在 0.3~1.5mm 之间。

(1) 产生原因

① 坯、釉料中含有或混入铜屑、铁屑等杂质。

② 坯、釉加工过程中因机械磨损而混入铜屑或铁屑。

③ 坯、釉料加工的储存场地设施卫生欠佳，混入铜屑、铁屑。

④ 坯、釉浆除铁时，因过筛设备或工艺失控，铁质难除净。

⑤ 喷釉时压缩空气不干净，带入杂质，抹坯不干净。

⑥ 入窑前半成品表面未吹干净。

⑦ 燃料含硫量过高。

(2) 解决方法

① 进行原料精选、清洗，注意除净含铜、铁杂质料块。

② 改善原料堆放、加工场地的设备和管理，加强铜件、铁件设备的维修和保养。

③ 完善坯、釉浆的除铁过筛工艺。

④ 净化前吹净半成品的表面。

⑤ 采用含硫低的燃料或对含硫量高的燃料进行清硫。

8.3.2　棕眼

棕眼是指在成品釉下层的坯体上，直径在 1.5mm 以上的无釉小孔。

(1) 产生原因

① 原料中有机物含量过高。

② 原料处理贮存不当，致使坯体的密度降低。

③ 泥浆真空脱气不完全。

④ 模具含水量过大，对泥浆的吸水率下降，使坯体的密度降低。

⑤ 成型时注浆速度过快，返工时未擦好坯体表面。

⑥ 施釉时未将坯底上的灰尘抹干净。

(2) 解决方法

① 进行原料精选。

② 避免泥浆过热（一般在 25℃ 以下）。

③ 完善泥浆的真空处理设施。

④ 控制好模具的含水量，模具过湿时应停用。

⑤ 调整控制好注浆速度，返工时擦好坯体表面。

⑥ 施釉时应将坯体表面擦干净。

8.3.3　脏

釉脏：釉面带有异物。

坯脏：釉面的异物颗粒较大，与坯的颜色相同。

风尘脏：釉面落上尘土，烧成后呈暗红色，摸上去较粗糙的密集小斑点（0.3mm）。

(1) 产生原因

① 釉浆中混入了杂质，施釉时杂质落在釉面上，施釉前坯体表面吹不干净。

② 装车时半成品表面的脏物、尘埃未吹干净。

③ 装车时窑具清扫不干净或操作不当，使窑具的颗粒或杂质落在产品上。

④ 匣钵或窑具破损，烧成时有杂物从其缝隙进入。

⑤ 裸烧时，窑顶或风管有脏物落到产品上。

(2) 解决方法

① 保持釉浆贮存场地和设施清洁、施釉清洁，施釉前釉浆要过细筛，防止漫筛现象。

② 装车时吹净产品和窑具，并要轻拿轻放。

③ 及时换破损匣钵和维修窑门。

④ 定期清理窑顶及风管。

⑤ 改善车间环境卫生。打标识时，避免色迹污染釉面。

8.3.4　缺釉

比棕眼大而坯体不受伤的无釉部分。

(1) 产生原因

① 釉面配方不当，坯釉结合不良。

② 釉料颗粒过细，釉浆不均匀。

③ 釉的高温黏度过高，流展性差。

④ 使用的釉浆添加剂不当。

⑤ 施釉时坯体表面沾有油污、灰尘等。

⑥ 施釉时坯体过热，釉面干燥后又受潮，釉层过厚。

⑦ 坯体在运送、装车过程中被碰或摔，使釉面破损。

(2) 解决方法

① 调整釉料配方，使坯釉结合良好，或降低釉的高湿黏度，增加流动性。

② 调整添加剂的种类或用量。

③ 调整控制好釉浆的球磨细度和釉层厚度。

④ 施釉前要用清水将坯体擦干净，坚持干坯施釉。

⑤ 施釉时适当降低坯体温度。

⑥ 运送产品或装车时避免碰撞产品。

8.3.5 橘釉

橘釉：釉面缺乏光泽呈橘皮状。

(1) 产生原因

① 釉料配方不合理，烧成范围窄。

② 釉的高温黏度高，表面张力小，流动性差。

③ 坯料中高温挥发物过多，高温时间短，有机物氧化不完全。

④ 坯体入窑水分过高，釉层过厚。

⑤ 装窑密度过大，气体流通不畅。

⑥ 烧成曲线不合理，釉料熔融时开温过快或局部温度过高，超过釉面的成熟温度。

(2) 解决方法

① 调整釉料配方，扩宽釉的烧成范围。

② 调整泥浆浆料配方，适当减少高温挥发物多的原料用量。

③ 严格控制入窑水分，一般在 1.5% 以下。

④ 适当降低装窑密度。

⑤ 调整并控制好烧成曲线，减少窑内温差，高温阶级适当保湿。

8.3.6 色脏

油脏：釉面呈密集或分散的大小不一致的褐色斑点，和釉融为一体很光滑。

泥迹：表面局部呈现带状或曲线形的黑色或土褐色痕迹，多出现在位于注浆模具上方的坯体部位或注浆口、放浆口周围。

(1) 产生原因

① 油脏

a. 原料中含有较多的黑色有机物悬浮浆料中，注浆后附在坯体表面，烧后呈现异色。

b. 釉浆中混入油污或其他杂质。

c. 贴商标操作不当，使商标的颜色污染其他部分。

d. 装车时手上的污物黏在坯体上。

e. 烧成时燃油雾化不好，油滴落在坯体上。

② 泥迹

a. 泥浆流动性差，注浆速度快，泥浆在模具壁上留下痕迹。

b. 成品局部有凸棱或粘接技术差，粘接部位有痕迹。

c. 模具不干净，模具缝隙过大。

(2) 解决方法

① 对原料进行精选，清除黑色有机物，出磨泥浆细筛，调整泥浆流动性。

② 改善釉料加工、储存、使用时的环境，泥釉浆池加盖封严，保持环境清洁。

③ 经常清洗压缩空气管路的油水分离器，定期清扫预热带拱顶内层；隔焰板密封要好。

④ 注浆前仔细擦净模具。

⑤ 贴商标和装车时操作要谨慎，避免异色污染。

⑥ 改善窑炉的喷嘴或供油压力，使燃油雾化良好。

8.3.7　波纹

波纹是指产品釉面有波纹或鱼鳞状，釉面光泽差，瓷质发黄。

（1）产生原因

① 釉料配方不当，高温黏度高，流动性差。
② 釉浆的添加剂不当或釉浆的黏度过大。
③ 喷釉时压力不足，釉雾化不良，使釉面呈点状。
④ 喷釉操作欠佳，釉层厚薄不均。
⑤ 烧成温度偏低。

（2）解决方法

① 调整釉料配方，保证流动性良好。
② 调整釉浆添加剂的种类或用量，改善釉浆黏度。
③ 调整控制好喷釉压力，提高喷釉的雾化力。
④ 调整控制好烧成曲线，使釉面充分熔融。

8.3.8　坯泡

落泡：制品釉面有微小的凹坑，坑底无异色，坑周边凸起。
注泡：制品双面吸浆部位的表面呈现数个大小不等的坯体大凸泡，泡内表面较平滑。
烧成泡：因烧成温度过高引起的凸泡，泡内表面较粗糙。
修黏泡：仅在产品粘接部位凸起的小泡。

（1）产生原因

① 釉面始熔温度过低，使坯体分解的气体无法排出。
② 坯料含高温分解的原料过多。
③ 模具上用作擦模具的滑石粉未擦干净，黏附在坯表面。
④ 成型时注浆速度过快，使空气排除不畅，放浆不及时，发生空浆，双面吹浆时间不足吸不实或坯体厚度不均。
⑤ 粘接泥浆过稠，内含空气未排出或粘接泥浆混入杂质。
⑥ 粘接泥浆溢出来刮不干净，形成浮浆。
⑦ 烧成温度过高，气化剧烈，使坯体表面形成大小不等的凸泡。

（2）解决方法

① 调整釉料配方，提高釉的始熔温度。
② 调整釉料配方，减少坯料中高温分解原料的含量。
③ 注浆前将模具清扫干净。
④ 改善和控制好注浆速度，并保证模具气眼畅通，出现空浆时及时补浆。
⑤ 调整粘接用浆的稠度（反复调制，排出空气）并避免杂质混入。
⑥ 坯体粘接后要将余浆刮净、抹平。
⑦ 施釉时应将坯体表面的脏物清除干净。

⑧ 调整控制好烧成温度，防止局部高温。

8.3.9　裂纹

成型裂：粘接部位裂，底油、孔眼的细小裂，气眼堵塞的崩裂，单双面交界处的裂纹。

干燥裂：裂纹的断面有皱纹、呈闭合状态。

装碰裂：裂纹处的釉面有碰伤或支垫收缩痕迹，断面无釉，开裂呈开放状态，装窑支垫部位的裂呈月牙形、鸡爪形。

风惊裂：裂缝极细且贯通坯和釉，断面光滑，边缘锋利。

烧裂：裂纹较大贯通坯和釉，开裂的断面较细致，无皱纹，常见横断裂和垂直大裂。

杂质裂：裂纹密集且短呈射状。

(1) 产生原因

① 坯料含可塑性原料或游离石英量过多形成应力。

② 浆料过筛不当，出现满筛，使石英、石灰石等颗粒混入浆料中。

③ 泥浆陈腐时间不足。

④ 模具的擦水方法不当，模具过干或过湿，水分不均。

⑤ 脱模前放浆不当，使坯体内的交界面处余浆过多，干燥时在内交界处裂。

⑥ 巩固气压及时间不足，使单面浆处干燥裂。巩固气压漏气，形成气孔周边干净。

⑦ 打孔工具或方法不当，修补不当，气孔的位置排布不当，单面浆空腹位没有气压巩固。

⑧ 湿坯干燥得快，各部位收缩不均。粘接时各部位水分不一致，粘接用浆未处理好，粘接不密。

⑨ 半成品在运送、装车过程中震伤或碰伤。半成品支垫不良，使其烧成收缩应力过大。

⑩ 入窑水分过高，窑车运行碰撞，使产品受震动、碰伤。烧成制度不合理，操作不当升温过快或降温不当。

(2) 解决方法

① 整好坯料配方，减少可塑性原料及游离石英的含量（可塑性原料一般在 30% 以下）。

② 完善泥浆制备、陈腐制度，改进设施和管理，防止杂质混入，保证泥浆性能符合技术要求。

③ 控制好模具水分，刷模时使模具水分均匀。

④ 调整巩固气压和巩固时间。气压巩固口用泥封死，以免漏气。

⑤ 改善调整巩固气位。改善模具，让气压充满单面浆空腹位。

⑥ 脱模前将余浆放清。打孔时刀具或开孔器要锋利，孔周边抹上浆水。

⑦ 改善粘接用浆，并使各粘接部件水分一致。

⑧ 调整控制好坯体干燥速度，必要时，湿坯用尼龙膜或毛毯覆盖。对干坯要用煤油找裂纹。

⑨ 半成品运送和装车要小心，轻拿轻放。改善半成品与窑具的接触（可在半成品与窑具间撒放些石英粉，以减少烧成过程的应力）。

⑩ 严格控制入窑水分，装窑时要细心掌握好坯体重心。调整和控制好烧成曲线，减少上下温差，控制冷却降温。

8.3.10　变形

变形指烧成后制品形状不符，表现为多种形式。

产生原因如下。

① 配方不合理，坯料中可塑料用量过多，硅铝及熔剂比例不当。

② 泥浆的颗粒过细，万孔筛筛余在 1% 以下，泥浆含水量过大。

③ 擦模方法不佳，脱模时间不合理或模具过湿，使坯体的厚度过筛或托板变形。

④ 脱模时吹气不均匀，脱模不得要领。

⑤ 打孔时坯体过软。

⑥ 承放坯体的托板或窑具变形，装窑时误将变形釉坯入窑。

⑦ 装坯时坯件的放置角度不当，重心不稳。

⑧ 烧成温度高于产品烧结温度，出现液相过多的产品不能承受的自重而变形。

8.3.11　烟熏

当产品局部或全部呈蓝黑、彩黄、泥红等异色时，应与泥迹相区别。如果烟熏出现在产品底部，则考虑与装窑用支垫有关。

产生原因如下。

① 装坯密度过大，使窑内通风不良。

② 坯体入窑水分大，坯体内有机物未能完全氧化排除，使碳素泥积于坯体中。

③ 窑具含水分较大，预热带开温速度控制不当，影响坯体氧化。

④ 窑内氧化气氛不足，在高温还原状态下，硫化物、碳化物与釉不融为一体使釉呈黄色。

8.3.12　磕碰

产生原因如下。

① 半成品在运送、储存或装坯过程中被碰伤，入窑烧后表现开裂或部分残缺，残瓷断面有釉，为坯磕。

② 制品出窑或运送过程中被碰，残瓷断面细致无光泽，无吸釉现象，釉层边沿锋利，为出窑磕碰。半成品装窑时被磕碰，受碰部分釉面有碰伤痕迹，为装磕。

8.3.13　色差

产生原因如下。

① 原料成分波动，着色离子含水量变化。

② 配料称重不准，操作配料系统不当。

③ 泥浆相对密度、水分、黏度、筛余量控制不稳定。

④ 成型操作不慎。

⑤ 釉浆性能不稳，原料未精选，施釉厚度不一。

⑥ 最高烧成控制不当。烧成周期变化，窑具波动使预热带、烧成带、冷却带发生变化，气氛变化，烧嘴开，火候控制不当，窑炉温差大。

8.3.14　熔洞

产生原因如下。

① 注浆成型操作不慎，石膏残屑附在坯上，修坯时未清除掉，烧成后制品表面为土褐色、熔斑点和熔洞。

② 注浆操作不慎，将木屑、布丝、海绵渣等黏附在坯上，使烧后产品表面有各种纤维样熔洞，无釉覆盖。

8.3.15　冲水不合格

产生原因如下。

① 成型时，打冲洗圈眼的角度不符合规定。

② 水道粘接装置的位置不当。

③ 水道裂，漏气。

④ 用水量不足或安装方法不当。

8.3.16　坑包

坑包可分为注泡、修黏泡、烧泡、釉泡。

釉泡是指釉面出现凸包或破口，泡的内表面光滑且无釉。

产生原因如下。

① 管道设置不合理或供浆压力高、速度快，泥浆冲击力大，有空气卷入泥浆内。

② 模型的空气眼不通畅；注浆速度快。

③ 实心注浆坯体内部有空气，烧成后制品表面凸起或破口。

④ 模型过湿，形成开口注浆泡；模型对口缝不严，在注浆过程中出现跑浆，造成泥浆液面升降不稳，或使泥浆液面降至空腔的某一部位，形成"二次空腔"，空腔部位的空气难以排除，再注浆产生注浆泡。

修黏泡外观为釉面上凸，坯体破口，粘接处釉面起泡与坯体分离。粘接零部件时，所用的粘接泥浆含有空气泡，粘接时挤出的残浆未刮干净形成浮浆，烧成后在制品的粘接部位形成密集小泡。

烧泡是指在烧成过程中形成的大小不等凸起的坯泡。这是由于坯体的烧成温度和烧成范围窄；在烧成过程中，升温过急，烧成温度偏高或局部温度偏高，超出坯体的烧成温度范围。坯体开始烧结时，坯体中的碳素、碳酸盐、硫酸盐等尚未分解完毕而继续分解，但釉已经熔融形成很大的阻力，气体不易逸出而形成坯泡。

釉泡是指表面可见的气泡，有破口泡和落泡。这是由于坯釉料中的可溶性盐类因干燥而聚集在坯体边缘与棱角部位，阻碍气体逸出。釉浆中含有空气泡，施釉前釉浆搅拌不均匀，釉层过厚；烧成时氧化反应所放出的气体逸出釉面，冷却后再在制品表面留下釉坑。坯釉料含碳素、有机物、碳酸盐、硫酸盐等杂质多，坯体在烧成过程中气体排出量大。釉料始熔温度低，高温黏度大，气体排除困难。喷釉操作不当。

8.3.17 釉薄

釉薄特征：产品釉薄部位暗淡无光。

(1) 产生原因

① 釉浆相对密度低于 1.60（磷锆釉、全锆釉、锆锡釉等）。

② 喷釉气压不稳，压缩空气压力高于 6kgf/cm² （588399Pa）以上，釉浆附着力差，气压低于 5kgf/cm² （490332.5Pa），釉浆雾化程度差，会出现釉点、釉滴。

③ 喷坯体时遍数不足，或喷枪角度不准，使坯体厚薄不均匀。

④ 坯体含水量高，釉浆附着力差。

(2) 解决方法

① 根据釉浆黏度，调整釉浆相对密度，在 1.6 左右为宜。

② 及时搅拌釉浆，防止沉淀，保证釉浆均匀一致。

③ 提高喷釉技术，分品种喷釉遍数要一样，重点部位要突出。

④ 喷釉气压不可过高，防止釉浆雾化浮着力差，同时也要防止喷釉时，气压不稳忽高忽低。

⑤ 喷釉后的产品，运输中要保证釉面完好，防止擦蹭，同时防止存放过久，被灰尘污染。

附录1

缺陷术语中英文对照表

附表1　缺陷术语中英文对照表（GB/T 3303—2018）

缺陷描述（中文）	缺陷描述（英文）	缺陷定义说明
变形	deform or warpage	制品呈现不符合规定设计的形状
嘴耳把歪	distortion of handle and spout	嘴、耳把高低不适，歪斜不正
疙瘩	body bloating	釉下坯体凸起的瘤状实心体
坯泡	blister	釉下坯体凸起的空心泡
泥渣	body refuse	尚未除净的泥屑、釉渣残留于坯上造成的缺陷
缺泥	breaching of body	坯体残缺的现象
釉泡	glaze bubble	釉表面的小泡
水泡边	small bubble at rim	制品口部边沿出现的一连串小泡
刺边	rough edge	制品边沿不圆滑，有刺手感的现象
坯爆	body peel off	坯体入窑前水分控制不当，烧成时引起的局部剥落
炸釉	glaze craze	制品釉面炸裂的现象
裂纹	crackle： a. crack under the glaze; b. crazing; c. crack both on body and glaze	指坯、釉开裂而形成的纹状缺陷。包括： a. 阴裂：指坯体开裂而釉面未裂； b. 釉裂：指釉面开裂而坯体未裂； c. 坯釉皆裂：指坯体和釉均裂
熔洞	fusion hole	易熔物在烧成过程中熔融而产生的孔洞
斑点（铁点、黑点）	cpecks or iron spots	制品表面呈现的有色污点
毛孔（亦称针孔、棕眼、猪毛孔、针眼）	pin-hole	釉面呈现的小孔
落渣	dropping grog	制品釉面粘有匣钵糠灰等渣粒
底沿沾渣	stuck on bottom rim	制品底脚边缘粘有细小渣粒
针点	pin mark	支承体留在制品上的痕迹
粘疤	stuck scar	烧成时坯体与外物粘接形成的疤痕
火刺	flashing	由火焰中飞灰造成的黄褐色粗糙面
缺釉	glaze-peels： a. glaze-lacking at joint; b. crawling	制品表面局部脱釉，包括： a. 压釉：坯体接头凹下处细条状缺釉； b. 滚（缩）釉：釉面两边滚缩形成中间缺釉
橘釉	orange-peel glaze	釉面类似橘皮状
釉珠	pearl glaze	制品表面呈现的珠状或连珠状积釉
流釉	flowing glaze	制品釉面呈现垂流条带的现象
剥釉	peeling glaze	制品釉层呈现的剥离现象

续表

缺陷描述（中文）	缺陷描述（英文）	缺陷定义说明
泥釉缕	thread-like surface flaws	坯体、釉面局部凸起的缕状现象
釉薄	thin glaze	制品表面由于釉层过薄，形成局部釉面不光亮的现象
色脏	dirty stain	制品表面呈现不应有的杂色现象
彩色不正	dull colour	同一花纹色彩浓淡不匀或由于欠火而产生不光亮的现象
画线缺陷	banding defects	用线条装饰的线和边的缺陷
画面缺陷	decoration defects	画面残缺，色泽不正或有刺手感等缺陷
烤花粘釉	sticking stain of decoration-firing	烤花过程中制品釉面粘上的有色污点及釉面损伤
底足粘脏	dirty foot	底足粘有其他杂质而变色
嘴耳把接头泥色差	color inhomogeneous of sticking-up slip	嘴、耳把接头泥的色泽与产品本身的色泽不一致
石膏脏	plaster dirt	坯体由于粘有石膏而形成的异色现象
胎脏	body dirt	素胎表面的粘附物经釉烧形成的缺陷
蓝金	purple gold	由于金层过薄而形成的发蓝现象
烟熏	smoked	制品局部或全部呈现灰黑、褐色现象
阴黄	yellowing of glaze	制品局部或全部发黄
釉面擦伤	scrub mark on glaze	制品釉面出现条痕和局部失光的现象
磕碰	chip	制品局部被冲击或残缺
滚迹	roller mark	在滚压或刀压成型中产生的弧线状痕迹
合缝迹	seam mark	制品表面呈现的合缝痕迹
波浪纹	ripple glaze	制品釉面高低不平呈现的波浪纹样
底款缺陷	defects on bottom stamp	底印字体或图案的线纹不清，断线或位置不正
生烧（欠火）	underfiring	制品未达到烧成温度，呈现釉面光泽度低且粗糙，外观发黄，尺寸不符，敲击时声音不脆等现象
过烧（过火）	overfiring	制品超过烧成温度，呈现釉面轻微沸腾、起泡或流釉，颜色暗黄，尺寸不符等现象

不同日用陶瓷产品合格等级标准

附表2　不同日用陶瓷产品合格等级标准（GB/T 3532—2022）

序号	缺陷名称	量和单位	产品规格	优等品	一等品	合格品
1	变形[①]	高度 mm	盘碟类			
			小型	不大于0.5	不大于1.0	不大于2.5
			中型	不大于1.0	不大于2.0	不大于3.0
			大型	不大于1.5	不大于2.5	不大于4.0
			特型	不大于口径的0.6%	不大于口径的0.9%	不大于口径的1.5%
			鱼盘类			
			小型	不大于1.0	不大于1.5	不大于3.0
			中型	不大于2.0	不大于2.5	不大于3.5
			大型	不大于2.5	不大于3.0	不大于5.0
			特型	不大于长径的1.0%	不大于长径的1.5%	不大于长径的2.0%
		口径 mm	碗类			
			小型	不大于0.5	不大于1.0	不大于2.5
			中型	不大于1.0	不大于2.0	不大于3.0
			大型	不大于1.5	不大于2.5	不大于4.0
			特型	不大于口径的0.7%	不大于口径的1.0%	不大于口径的2.0%
			杯类			
			小型	不大于0.5	不大于1.0	不大于2.0
			中型	不大于1.0	不大于1.5	不大于2.5
			大型	不大于1.5	不大于2.0	不大于3.0
			特型	不大于口径的1.5%	不大于口径的2.0%	不大于口径的2.5%
			壶类			
			<60	不大于1.0	不大于1.5	不大于2.5
			≥60	不大于1.5	不大于2.0	不大于3.0
2	落渣[②]	直径 mm	小、中型	不允许	显见面不允许，非显见面不大于0.5限2个	显见面不大于1.0限2个，非显见面不大于1.5限3个

序号	缺陷名称	量和单位	产品规格	优等品	一等品	合格品
2	落渣②	直径 mm	大、特型	不允许	显见面不大于0.5限2个，非显见面不大于1.0限2个	显见面不大于1.5限2个，非显见面不大于2.0限3个
3	毛孔③	直径 mm	小型	不允许	不大于0.5限2个	不大于1.0限4个
			中型	不允许	不大于0.5限3个	不大于1.0限6个
			大型	显见面不允许，非显见面不大于0.5限2个	不大于0.5限5个	不大于1.0限8个
			特型	显见面不允许，非显见面不大于0.5限3个	不大于0.5限7个	不大于1.0限10个
4	斑点	直径 mm	小型	不允许	不允许	不大于1.5限2个
			中型		不允许	不大于1.5限3个
			大型		不大于0.5限1个	不大于2.0限3个
			特型		不大于1.0限1个	不大于2.0限4个
5	色脏④	面积 mm²	各型	不允许	显见面不大于3.0，非显见面不大于10.0	显见面不大于12.0，非显见面不大于24.0
6	熔洞	直径 mm	小型	不允许	显见面不允许，非显见面不大于1.0限1个	不大于2.0限2个
			中型		显见面不允许，非显见面不大于1.5限1个	不大于3.0限2个
			大型		显见面不允许，非显见面不大于2.0限1个	不大于3.0限3个
			特型		显见面不允许，非显见面不大于2.0限2个	不大于3.0限4个
7	石膏脏	直径 mm	小型	不允许	显见面不允许，非显见面不大于1.5限1个	不大于2.5限2个
			中型		显见面不允许，非显见面不大于2.0限1个	不大于3.0限2个
			大型		显见面不允许，非显见面不大于2.5限1个	不大于3.5限2个
			特型		显见面不允许，非显见面不大于3.0限2个	不大于4.0限3个
8	疙瘩、坯泡⑤、泥渣⑥	直径 mm	小型	不允许	不大于1.0限1个	不大于3.0限3个
			中型		不大于1.5限2个	不大于3.5限4个
			大型		不大于2.0限2个	不大于4.0限4个
			特型		不大于2.0限4个	不大于4.5限5个

序号	缺陷名称	量和单位	产品规格	优等品	一等品	合格品
9	釉泡[7]	直径 mm	小型	不允许	不大于 0.5 限 2 个	不大于 1.0 限 3 个
			中型		不大于 0.5 限 3 个	不大于 1.5 限 4 个
			大型		不大于 0.5 限 4 个	不大于 2.0 限 5 个
			特型		不大于 0.5 限 5 个	不大于 2.0 限 6 个
10	底沿粘渣[8]	长度 mm	各型	不允许	外沿不允许,内沿不大于底周长的 5%,宽度不大于 1.0	外沿不大于周长的 10%,内沿不大于底周长的 15%,宽度不大于 2.0
11	缺釉[包括压釉、滚(缩)、釉][9]	长度 mm	各型	不允许	压釉长不大于 2.0,底内沿长不大于 10.0,其他缺釉不允许;底足缩釉:小、中型面积不大于 30,大、特型面积不大于 40	压釉长不大于 10.0,底内沿长不大于 40.0,其他缺釉面积不大于 30.0;底足缩釉:小、中型面积不大于 60,大、特型面积不大于 80
		面积 mm^2				
12	裂纹[10]	长度 mm	小型	不允许	显见面不允许,非显见面阴裂不大于 3.0	阴裂不大于 6.0
			中型		显见面不允许,非显见面阴裂不大于 4.0	阴裂不大于 8.0
			大型		显见面不允许,非显见面阴裂不大于 5.0	阴裂不大于 10.0
			特型		显见面不允许,非显见面阴裂不大于 6.0	阴裂不大于 12.0
13	水泡边、刺边	直径与长度 mm	小型	不允许	水泡边不允许,刺边长不大于 6.0	不大于 1.0,长不大于 15.0
			中型		水泡边不允许,刺边长不大于 12.0	不大于 1.0,长不大于 30.0
			大型		水泡边不允许,刺边长不大于 24.0	不大于 1.0,长不大于 45.0
			特型		水泡边不允许,刺边长不大于 36.0	不大于 1.0,长不大于 60.0
14	粘疤[11]	长度 mm	各型	不允许	粘足不大于底径的 5%,深度不大于 0.5	粘足不大于底径的 15%,深度不大于 1.0
15	烤花粘釉[12]	面积 mm^2	小型	不允许	不允许	不大于 5.0
			中型			不大于 10.0
			大型			不大于 20.0
			特型			不大于 30.0
16	缺泥[13]	面积 mm^2	小型	显见面不允许,非显见面不大于 10.0	不大于 15.0(其中口沿不大于 2.0)	不大于 40.0(其中口沿不大于 5.0)
			中型	显见面不允许,非显见面不大于 15.0	不大于 20.0(其中口沿不大于 2.0)	不大于 60.0(其中口沿不大于 5.0)
			大型	显见面不允许,非显见面不大于 20.0	不大于 25.0(其中口沿不大于 3.0)	不大于 80.0(其中口沿不大于 7.0)
			特型	显见面不允许,非显见面不大于 25.0	不大于 30.0(其中口沿不大于 3.0)	不大于 100.0(其中口沿不大于 7.0)

续表

序号	缺陷名称	量和单位	产品规格	优等品	一等品	合格品
17	画线缺陷	长度 mm	各型	断边断线不允许，断金不允许。蓝金很不明显，线边色差不匀及残缺很不明显	断口不超过 2.0（宽金边断不允许），蓝金不明显，线边色差不匀及残缺不明显	断口不超过 4.0限 5 处，蓝金不太严重，线边不匀及残缺不太严重
18	画面缺陷⑭	面积 mm²	各型	不大于 4.0 限 1 处	不大于 7.0 限 2 处（或不大于 10.0限 1 处）	不大于画面的 20%
19	火刺	面积 mm²	小型	不允许	不允许	40.0
			中型			50.0
			大型			70.0
			特型			90.0
20	釉面擦伤、胎脏	—	各型	不允许	不明显	不严重
21	烟熏、阴黄	—	各型	不允许	不允许	不严重
22	釉薄、橘釉	—	各型	显见面不允许，非显见面很不明显	不明显	不严重
23	嘴耳把歪、接头泥色差、彩色不正	—	各型	很不明显	不太明显	不严重
24	泥釉缕、波浪纹、滚迹	—	各型	显见面不允许，非显见面很不明显	显见面不明显，非显见面不严重	不严重
25	底款缺陷	—	各型	不允许	不明显	不严重

　　① 多边变形优等品不允许，一等品、合格品应将规定的幅度减少 50%。底部凹凸不平优等品很不明显，一等品不太明显，合格品不太明显。

　　② 一等品口沿落渣不允许，合格品口沿落渣不大于 0.5 限 1 个，其他部位落渣应铲去尖峰。

　　③ 特型注浆产品：一等品、合格品规定的幅度不变，数量各增加 1 个，毛孔不能密集。

　　④ 底足粘脏一等品不明显，合格品不严重。

　　⑤ 坯泡应为较平滑的，手感明显的不允许。

　　⑥ 适合釉下较平者，凸者按疙瘩检验。

　　⑦ 开口釉泡一等品不允许，合格品口沿开口釉泡允许。

　　⑧ 粘渣应磨钝；鱼盘按底足长径计算。

　　⑨ 底足缩釉宽度均不能超过 1，小、中型嘴、耳、把处压釉一等品不大于 2.0，合格品不大于 4.0。

　　⑩ 一等品耳、把和壶内扎眼处等隐蔽处坯釉皆裂不大于 2.0 限 1 处；合格品坯釉皆裂（不透）小、中型不大于 3.0，大、特型不大于 5.0，耳、把和壶内扎眼处等隐蔽处坯釉皆裂不大于 2.0 限 2 处。

　　⑪ 其他部位粘疤不允许；鱼盘按底足长径计算；底足应磨光。

　　⑫ 合格品口沿不允许。

　　⑬ 优等品、一等品缺泥深不大于 0.5，合格品缺泥深不大于 1.0。

　　⑭ 满花一等品、合格品各加一处；薄膜迹优等品很不明显，一等品不明显，合格品不太明显；局部淡金按画面缺陷处理。人物、飞禽走兽的头部、手、足，装饰中的文字符号优、一等品不允许残缺，合格品残缺不明显。

　　注：除已明确规定，本表所列缺陷允许范围均指显见面，非显见面的缺陷均可按显见面规定的尺寸加大 50%，毛孔尺寸按规定不变，数量以 2 个折算 1 个。

　　直径小于规定幅度 50% 的缺陷，数量较规定的略多时，可以 2 个折算 1 个，但所增加的绝对个数不应超过原等级规定总数的 50%（如原规定总数为单数时，可将总数加 1，变成双数再折算）。

　　未限处数和个数者均可按尺寸相加计算

　　一等品、合格品中直径不大于 0.3mm。长度不大于 0.5mm，面积不大于 1mm² 颜色清淡的微小缺陷以及其他不明显缺陷，可不作缺陷计。

　　和本表所列缺陷相类似的缺陷，可参照处理。

附录3

陶瓷常用名词注释

[1] 马铁成.陶瓷工艺学 [M].北京:中国轻工业出版社,2011.

[2] 李家驹.陶瓷工艺学 [M].北京:中国轻工业出版社,2006.

[3] 国轻工业联合会.日用陶瓷分类:GB/T 5001—2018 [S].北京:中国标准出版社,2018.

[4] 任强,李启甲,嵇鹰.绿色硅酸盐材料与清洁生产 [M].北京:化学工业出版社,2004.

[5] 王芬,张超武,黄剑锋.硅酸盐制品的装饰及装饰材料 [M].北京:化学工业出版社,2004.

[6] 武秀兰,陈国平,嵇鹰.硅酸盐生产配方设计与工艺控制 [M].北京:化学工业出版社,2004.

[7] 曾令可,王慧,程小苏,等.陶瓷工业干燥技术和设备 [J].山东陶瓷,2003 (01):14-18.

[8] 俞康泰.国内外陶瓷添加剂的发展现状、趋势及展望 [J].佛山陶瓷,2004 (04):3-6.

[9] 董伟霞,包启富,顾幸勇,等.建筑墙地砖干坯的制备及性能研究 [J].中国陶瓷,2017,53 (02):63-66.

[10] 董伟霞,包启富,顾幸勇.长石矿物及其应用 [M].北京:化学工业出版社,2010.

[11] 包启富,董伟霞,周健儿,等.粉青釉的研制 [J].佛山陶瓷,2017,27 (01):19-20,24.

[12] 包启富,董伟霞,周健儿,等.工艺条件对中温裂纹釉的影响 [J].陶瓷,2014 (09):22-24.

[13] 包启富,董伟霞,周健儿,等.高温冰裂纹釉的研制 [J].陶瓷,2015 (05):25-29.

[14] 宋晓岚,祝根,林康,等.喷墨打印用陶瓷墨水的研究现状及发展趋势 [J].材料导报,2014,28 (03):88-92.

[15] 贾欢欢,陈蕴智,王新.喷墨制版技术打印机制的研究 [J].包装工程,2016,37 (03):157-159,169.

[16] 郑树龙,张缇,林海浪.陶瓷墨水的技术创新及功能化发展 [J].佛山陶瓷,2015,25 (10):1-4,18.

[17] 广东省陶瓷职业技能鉴定指导中心组.广东省陶瓷职业技能培训教材(日用工艺类)[M].广东:广东经济出版社,2007.

[18] 邱柏欣,顾幸勇,董伟霞,等.利用铬铁废渣制备黑色陶瓷釉 [J].硅酸盐学报,2019,47 (03):396-402.

[19] Qiu B X, Dong W X, Luo T, et al. Preparation and characterization of green glazes using ferrochromium slag waste [J].Journal of the Australian Ceramic Society,2020,56 (4):1625-1632.

[20] 包启富,董伟霞,周健儿,等.利用粉煤灰和玻璃废料制备泡沫陶瓷的烧成工艺 [J].稀有金属材料与工程,2015,44 (S1):358-360.

[21] 董伟霞,包启富,顾幸勇,等.利用金属尾矿制备高温无光黑釉 [J].中国陶瓷,2016,52 (09):61-64.

[22] 董伟霞,包启富,顾幸勇,等.Fe-Cr-Zn-Al 系尖晶石棕色料的制备 [J].中国陶瓷,2015,51 (08):58-61.

[23] 董伟霞,包启富,向文宝.仿龙泉哥窑冰裂纹釉工艺条件因素的研究 [J].陶瓷,2016 (10):30-32.

[24] 董伟霞,包启富,Seok C W.Fe_2O_3 对粉青裂纹釉的制备及性能影响 [J].中国陶瓷,2019,55 (01):64-69.

[25] 周健儿,董伟霞,包启富,等.冰裂纹釉的制备 [J].中国陶瓷,2014,50 (01):64-66,69.

[26] 董伟霞,包启富,梁铁生.乌金釉的试制 [J].砖瓦,2016 (08):28-30.

[27] 董伟霞,包启富,常启兵,等.工艺条件对高温黑釉影响的研究 [J].陶瓷,2016 (01):38-39.

[28] 顾幸勇,陈玉清.陶瓷制品检测及缺陷分析 [M].北京:化学工业出版社,2006.

[29] 王志辉.陶瓷墙地砖在压制过程中缺陷的成因分析及预防措施 [J].中国建材装备,1998 (04):17-19.

[30] 马养志,成智文.大规格抛光砖主要缺陷分析 [J].中国陶瓷,2006 (06):27-29,41.

[31] 曾令可,戴武斌,税安泽,等.陶瓷减水剂的运用及发展现状 [J].中国陶瓷,2008 (09):7-10.

[32] 包启富,董伟霞,周健儿.不同组元复合熔剂的熔融特性及其对瓷质玻化砖性能的影响 [J].中国陶瓷,2020,56 (07):53-58.

[33] 董伟霞,包启富,刘志飞.仿银金属光泽釉的研制 [J].中国陶瓷工业,2010,17 (01):12-15.

[34] 董伟霞,包启富,陆健.仿黄金光泽釉的研究 [J].佛山陶瓷,2008 (06):1-3.

[35] 董伟霞,包启富,周健儿,等.无铅仿金属光泽釉的试制 [J].佛山陶瓷,2018,28 (01):5-8.

[36] 董伟霞,包启富,顾幸勇,等.$CuO-MnO-V_2O_5-Fe_2O_3-TiO_2$ 仿金属光泽釉的制备 [J].中国陶瓷,2017,53 (12):70-73.

[37] 包启富,董伟霞,吴帆.熔剂和保温时间对仿金属光泽釉的影响 [J].陶瓷,2017 (10):63-66.

[38] 包启富,董伟霞,周健儿,等.无铅基础配方组成对金属光泽釉的影响 [J].砖瓦,2017 (10):26-28.

[39] 包启富,董伟霞,周健儿,等.SiO_2/Al_2O_3 对仿铜金属光泽釉面的性能影响 [J].中国陶瓷,2012,48 (08):43-45.

［40］ 董伟霞，包启富，陈波，等．着色剂对琉璃瓦用仿铜金属光泽呈色效果的影响［J］．砖瓦，2010（07）：63-65.

［41］ 包启富，刘宏宇，王浩，等．铜绿釉的研制［J］．砖瓦，2020（10）：17-18.

［42］ 刘韩，周健儿，包启富，等．TiO_2 对（K,Na)$_2$O-CaO-Al$_2$O$_3$-SiO$_2$-B$_2$O$_3$ 系分相乳浊釉性能及结构的影响［J］．硅酸盐学报，2018，46（09）：1287-1296.

［43］ 李祥木，包启富，杨瑞强，等．RO（R＝Mg、Ba、Zn）对（K,Na)$_2$O-CaO-Al$_2$O$_3$-SiO$_2$-B$_2$O$_3$-SiO$_2$ 系分相釉乳浊化及显微结构的影响［J］．中国陶瓷，2021，57（09）：91-98.

［44］ 童彭，包启富，刘昆，等．R$_2$O 与 RO 对（K,Na)$_2$O-CaO-Al$_2$O$_3$-SiO$_2$-B$_2$O$_3$-TiO$_2$-SiO$_2$ 系分相乳浊釉性能及结构的影响［J］．中国陶瓷，2020，56（06）：62-68.

［45］ 曹体浩，董伟霞，包启富．砂金天目釉的制备［J］．陶瓷，2021（12）：15-17.

［46］ 董伟霞，梁砚，刘宏宇，等．雾蓝釉的研制［J］．陶瓷，2020（08）：38-41.

［47］ 董伟霞，包启富，刘宏宇，等．配方组成对祭红釉的影响［J］．陶瓷，2018（08）：44-46.

［48］ 包启富，董文婕，董伟霞，等．仿宋兔毫釉的研制［J］．砖瓦，2021（12）：33-34.

［49］ 董伟霞，包启富，顾幸勇，等．一种利用 $CaTi_2O_5$ 表面改性剂制备的亲水陶瓷釉及其制备方法和应用：CN 202010117271.0［P］．2021-09-14.

［50］ 稀土编写组．稀土：上册［M］．北京：冶金工业出版社，1978.

［51］ 包启富，董伟霞，周健儿，等．黄色兔毫釉的研制［J］．佛山陶瓷，2018，28（03）：16-19.

［52］ 宋锡滨．新材料产业发展之我见（17）：先进陶瓷研发和产业发展现状［EB/OL］．（2022-05-03）［2023-03-30］. https：//mp.weixin.qq.com/s/Q4vgql5yiSx23YEnRPAcyA.